中等职业教育课程改革规划新教材
机械工业职业教育专家委员会审定

机械基础

（多学时）

主　编　李宗义
副主编　黄建明
参　编　闫宫君　王泽荫　陈　俐
主　审　胡松涛

机械工业出版社

本书是根据教育部2009年发布的《中等职业学校机械基础教学大纲》编写的，包括基础模块、选学模块内容。

基础模块包括绪论、杆件的静力分析、直杆的基本变形、工程材料、联接、机构、机械传动、支承零部件、机械的节能环保与安全防护，计9章，是各专业学生必修的基础性内容和应该掌握的知识。

选学模块是根据专业培养的实际需要自主确定的选择性内容，包括机械零件的精度和液压与气压传动两章，主要学习极限与配合、形位公差、液压与气压传动等基本知识。

本书既可作为中等职业学校机械类及工程技术类相关专业的教学用书，也可作为相关岗位培训教材。另外，本书配有《机械基础实训指导》（综合实践模块）、《机械基础练习册》、《机械基础教学指导》、电子教案等教学资源，其中《机械基础练习册》随主教材发行。为了便于教师选用和组织教学，选择本书作为教材的教师，可登录机械工业出版社教材服务网（www. cmpedu. com），注册后免费下载《机械基础实训指导》、《机械基础教学指导》、电子教案等教学资源。

图书在版编目（CIP）数据

机械基础（多学时）/李宗义主编．—北京：机械工业出版社，2011.3（2023.8重印）
中等职业教育课程改革规划新教材
ISBN 978-7-111-33626-6

Ⅰ.①机… Ⅱ.①李… Ⅲ.①机械学-中等专业学校-教材 Ⅳ.①TH11

中国版本图书馆CIP数据核字（2011）第033875号

机械工业出版社（北京市百万庄大街22号 邮政编码100037）
策划编辑：汪光灿 责任编辑：汪光灿
版式设计：霍永明 责任校对：李秋荣
封面设计：姚 毅 责任印制：邓 博
北京盛通商印快线网络科技有限公司印刷
2023年8月第1版第10次印刷
184mm×260mm · 17.25印张 · 417千字
标准书号：ISBN 978-7-111-33626-6
定价：49.80元

电话服务 网络服务
客服电话：010-88361066 机 工 官 网：www. cmpbook. com
010-88379833 机 工 官 博：weibo. com/cmp1952
010-68326294 金 书 网：www. golden-book. com
封底无防伪标均为盗版 机工教育服务网：www. cmpedu. com

前　言

《机械基础》是中等职业学校机械类及工程技术类相关专业的一门基础课程。根据教育部2009年发布的《中等职业学校机械基础教学大纲》的要求，教学内容包括基础模块、选学模块和综合实践模块三大部分：基础模块是各专业学生必修的基础性内容和应该达到的基本要求；综合实践模块是以典型机械拆装、调试和分析为主的综合性实践教学内容；选学模块及各模块中标“*”的内容是由学校根据专业培养的实际需要自主确定的选择性内容。

本书紧扣教育部最新的《中等职业学校机械基础教学大纲》而编写，涵盖基础模块和选学模块，内容简洁精练，突出中职教育的实用性和应用性，力求做到深入浅出，图文并茂，通俗易学。

本书配有《机械基础实训指导》、《机械基础练习册》、《机械基础教学指导》电子教案等教学资源，以利于教师选用和教学组织。

本书教学学时建议64~120左右，学时分配可参考下表，另配套1~2周综合实践。

模　块	教学单元	建议学时数
基础模块	第1章　绪论	4
	第2章　杆件的静力分析	4~8
	第3章　直杆的基本变形	8~18
	第4章　工程材料	6~10
	第5章　联接	6~8
	第6章　机构	10~12
	第7章　机械传动	18~24
	第8章　支承零部件	6~8
	第9章　机械的节能环保与安全防护	2~4
	基础模块小计	64~96
选学模块	第10章　机械零件的精度	10~12
	第11章　液压与气压传动	10~12
	选学模块小计	20~24
合　计		64~120

本书由甘肃省机械工业学校李宗义任主编，并编写第3章及第5章的部分内容；黄建明任副主编，并编写第1章、第4章及第5章、第7章的部分内容；闫官君编写了第2章及第3章、第7章的部分内容；王泽荫编写了第6章、第8章、第9章；陈俐编写了第10章、第11章及第7章的部分内容。

本书由胡松涛担任主审，他对书稿提出了很多宝贵意见，在此表示衷心的感谢！

由于编者水平有限，书中错误和不足之处在所难免，恳请广大读者批评指正。

编　者

目　　录

基础模块

第1章　绪　　论

人类通过长期的生产实践活动，不断创造出了各种各样的劳动工具和机械，以便代替或减轻体力劳动，提高工作效率，同时也促进了人类社会的文明与发展。我们日常生活中使用的洗衣机、复印机、自行车、摩托车，旅途乘坐的汽车、火车、轮船、飞机，生产实践中随处可见的拖拉机、电动机、机床以及高新尖端产品机器人、核电站、宇宙飞船、火箭、卫星等都属于机械。可见，学习机械基础知识非常重要。

学习目标

◎ 了解本课程的主要内容、性质、任务和学习要求；
◎ 了解一般机械的组成，机械零件的材料、结构、承载能力；
◎ 了解摩擦、磨损和润滑的基本要求。

1.1　课程的内容、性质和任务要求

1.1.1　课程的内容

《机械基础》课程的内容包括基础模块、选学模块和综合实践模块三大部分。

基础模块包括绪论、杆件的静力分析、直杆的基本变形、工程材料、联接、机构、机械传动、支承零部件、机械的节能环保与安全防护9章，章节中配有阶段性实习训练，是各专业学生必修的基础性内容和应该掌握的知识。

主要学习内容：一般机械的组成及机械零件的材料、结构、摩擦、磨损和润滑等；杆件在力作用下处于平衡的问题；直杆轴向拉伸与压缩时的应力分析及强度计算，连接件的剪切与挤压，圆轴扭转，直梁弯曲等知识；选择工程材料；键联接、销、螺纹等联接知识；常用的机构、传动知识；轴、滑动轴承、滚动轴承等知识；机械润滑、密封、环保与安全防护等知识。

选学模块是根据专业培养的实际需要自主确定的选择性内容，包括机械零件的精度和液压与气压传动两章，主要学习极限与配合、形位公差、液压与气压传动等基本知识。

综合实践模块是以典型机械拆装、调试和分析为主的综合性实践教学内容，侧重实践技能培养。综合实践模块内容另见《机械基础实训指导》配套资源（电子版）。

1.1.2　课程的性质和任务

众所周知，各行各业都离不开机器。例如，电气设备、精密机械、工业自动化装置和许多仪器仪表都是由不同的机构组成的。《机械基础》课程是中等职业学校机械类及工程技术类相关专业的一门基础课程。其任务是掌握必备的机械基本知识和基本技能，懂得机械工作

原理，了解机械工程材料性能，准确表达机械技术要求，正确操作和维护机械设备；培养分析问题和解决问题的能力，使其形成良好的学习习惯，具备继续学习专业技术的能力；进行职业意识培养和职业道德教育，使其形成严谨、敬业的工作作风，为今后解决生产实际问题和职业生涯的发展奠定基础。

1.1.3 课程的基本要求

通过《机械基础》课程的学习，具备对构件进行受力分析的基本知识，会判断直杆的基本变形；具备机械工程常用材料的种类、牌号、性能的基本知识，会正确选用材料；熟悉常用机构的结构和特性，掌握主要机械零部件的工作原理、结构和特点，初步掌握其选用的方法；能够分析和处理一般机械运行中发生的问题，具备维护一般机械的能力。具备获取、处理和表达技术信息，执行国家标准，使用技术资料的能力；能够运用所学知识和技能参加机械小发明、小制作等实践活动，尝试对简单机械进行维修和改进；了解机械的节能环保与安全防护知识，具备改善润滑、降低能耗、减小噪声等方面的基本能力；养成自主学习的习惯，具备良好的职业道德和职业情感，提高适应职业变化的能力。

《机械基础》课程与已经学习过的《数学》、《物理》等基础课程有一定的联系，《机械制图》是本课程的先修课，应该具有相应的读图能力和绘制简单机械图样的能力。学习《金工实习》时要注意观察，以便增加对机械的感性认识。

在学习方法上，首先要认真理解课程的基本概念、公式和方法，并通过例题、思考题和习题予以巩固，以掌握基本的分析问题和解决问题的方法，提高分析问题和解决问题的能力及基本运算的能力。其次，还要注意在学习本课程的过程中，适时复习先修课程的相关内容；在学习本课程的后面内容的同时，适时复习本课程已学过的相关内容，使整个学习内容前后融会贯通。最后，要善于做好学习内容的阶段总结，对学习内容总结的过程，就是复习、归纳、提高的过程。

1.2 一般机械的组成及基本要求

1.2.1 一般机械的组成

让我们先认识一个日常生活中常见的机械实例——小轿车，如图 1-1 所示。

小轿车的工作原理：油箱中的燃料汽油由燃料供给系统输送，经化油器与空气混合成可燃混合气后，送入发动机的活塞缸内，当曲柄滑块机构带动活塞向上运动压缩可燃混合气后，点火系统适时点燃，膨胀的气体推动活塞下行，通过连杆使得曲轴转动，经过离合器、减速箱、联轴器、传动轴等驱动车轮使车辆行驶。驾驶员可以通过转向盘、油门、离合器踏板、变速操作杆、制动及电气开关等控制车辆的方向、速度、起停、照明等。

小轿车主要由发动机、传动装置、行驶和控制装置、车身、电气设备等五部分组成，其中，传动装置、行驶和控制装置合并称为底盘。各部分的主要功用为：

1）发动机：动力装置，使供入其中的燃料汽油燃烧而发出动力。

2）传动装置：将发动机输出的动力传给驱动车轮的装置。

3）行驶和控制装置：支承全车并保证汽车正常行驶的装置。

图1-1 小轿车

4）车身：是驾驶员工作和装载乘客、货物的场所。

5）电气设备：汽车照明、信号装置等。

1. 机器的组成

由图1-1所示的小轿车可以看出，一般机器由动力、传动、工作、控制四个部分组成。

（1）动力部分 动力部分的功用是将非机械能转换为机械能并为机器提供动力。最常见的动力源是发动机、电动机。

（2）传动部分 传动部分的功用是将原动机提供的机械能以动力或运动的形式传递给工作部分。传动部分的形式多种多样，例如齿轮传动、带传动等。

（3）工作部分 工作部分的功用是完成机器预定功能，如小轿车的行驶和控制装置、车床的刀架、飞机的客舱等。

（4）控制部分 控制部分的功用是保证机器的起动、停止和正常协调动作，如汽车照明、信号装置、各种按钮、操纵手柄、仪表等。现代新型的自动化机器都是利用计算机实现控制。

想一想

举例说明我们生活中有哪些机器？

机器的组成是否都有四个部分？

2. 机器、机构和机械

在人们的生产和生活中，广泛使用各种机器，尽管它们的构造、用途和性能各异，但具有三个共同的特征：它们都是人为的实物组合；它们的各组成部分之间具有确定的相对运动；能代替或减轻人类劳动，完成有用的机械功或转换机械能。机器是由机构组成的，机构只具有机器的前两个特征，其主要作用是传递运动和变换运动形式或速度，但不能做机械功或转换机械能。从结构和运动的观点看，机器与机构之间并无区别，因此，常用“机械”一词作为“机器”与“机构”的总称。

3. 零件、构件和部件

从制造的角度看，可以认为机器是由若干零件组成的。零件是机器组成中不可再拆的最小单元，是机器的制造单元。按使用特点，零件常分为通用零件和专用零件两大类。通用零件是指各种机械中普遍使用的零件，如齿轮、螺栓、轴和轴承等；专用零件是特定类型机械才用到的零件，如发动机曲轴、气门、活塞等。

从运动角度看，可以认为机器是由若干构件组成的。机器中各构件之间必须具有确定的相对运动，所以构件是机器的运动单元。构件可能是一个零件，也可能是若干零件的刚性组合体。如图 1-2 所示，发动机连杆就是由连杆体、连杆盖、螺栓、螺母和轴瓦等装配起来的刚性组合体，是一个构件。从装配角度看，可以认为较复杂的机器是由若干部件组成的。部件是机器的装配单元，如汽车的发动机、机床的主轴箱、进给箱等。

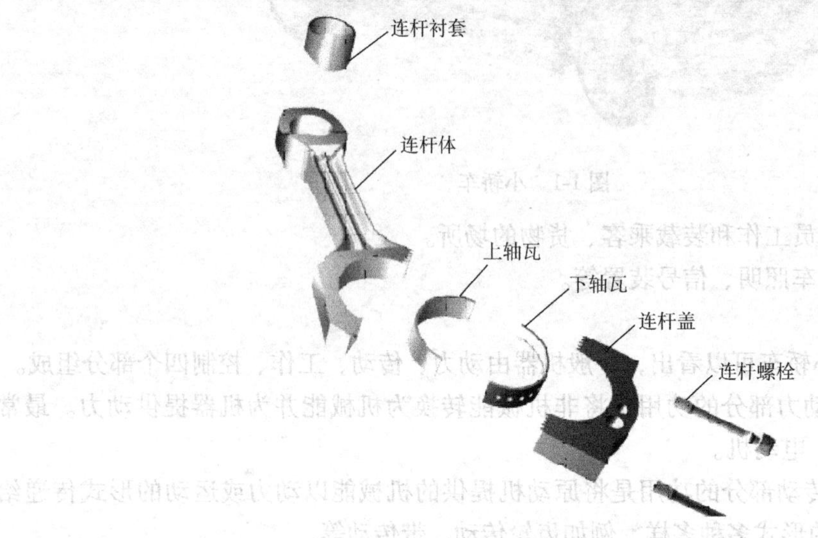

图 1-2　发动机连杆

知识要点

零件是机器最小的制造加工单元。

构件是由零件刚性连接组成的最小的运动单元。

部件是机器的安装单元。

1.2.2　一般机械的基本要求

一般机械的基本要求包括使用性、经济性、安全性、加工和装配工艺性、可靠性等诸多因素，涉及材料、结构、承载能力、摩擦、磨损和润滑等方面。

1. 材料

材料是指可以用来直接制造有用物件、构件或器件的物质。材料是人类生产和生活所必需的物质基础。正是由于材料的重要性，历史学家根据人类所使用的材料来划分时代：石器时代、青铜时代、铁器时代、钢铁时代、新材料时代。

材料可以分为金属材料、非金属材料和新型材料，例如钢、铸铁、塑料和陶瓷等。由于金属材料具有良好的使用性能和工艺性能，所以被广泛用来制造机械零件和工程结构件。所谓使用性能是指其在使用过程中表现出来的性能，包括力学性能、物理性能（如密度、熔点、导热性、热膨胀性和磁性等）、化学性能（如耐蚀性、抗氧化性和化学稳定性等）。所谓金属材料的工艺性能是指其在各种加工过程中所表现出来的性能，包括铸造性能、锻造性能、焊接性能、热处理性能和切削加工性能等。

金属材料的力学性能是指金属材料在外力作用下所表现出来的抵抗性能，其主要指标有

强度、塑性、硬度、韧性和疲劳强度等。

由于机械零件的结构形状及其大小既会影响金属材料工艺性能的好坏，也会影响其强度、刚度等力学性能。因此，机械零件的承载能力不仅取决于材料的力学性能，还取决于零件的结构工艺性。而机械零件的承载能力是选择材料的主要依据。

2. 摩擦和磨损

摩擦是指两物体的接触表面阻碍它们相对运动的机械阻力。按照两物体相对运动的状态，可以分成滑动摩擦、滚动摩擦、滚滑动摩擦和旋转摩擦等。

磨损是由于摩擦导致机械零件表面材料的逐渐丧失或转移的现象。通常按照磨损的机理可以分成粘着磨损、磨料磨损、疲劳磨损、冲蚀磨损及腐蚀磨损等。磨损会影响机器的效率，降低工作的可靠性，甚至促使机器提前报废。

机械零件的磨损曲线如图1-3所示。

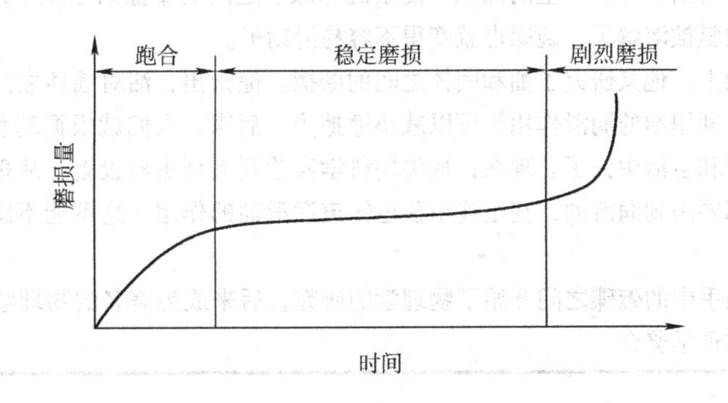

图1-3 磨损曲线

磨损过程大致可分为跑合、稳定磨损、剧烈磨损等三个阶段。

(1) 跑合阶段　在运转初期，摩擦副的接触面积较小，单位面积上的实际载荷较大，因此磨损速度较快，而且在不断变化。但随着跑合的进行，实际接触面积不断增大，磨损速度在达到某一定值后，即转入稳定磨损阶段。

(2) 稳定磨损阶段　这个阶段内，机械零件以平稳而缓慢的速度磨损，标志着摩擦条件保持恒定不变。这个阶段的长短代表着机件使用寿命的长短。

(3) 剧烈磨损阶段　经过稳定磨损阶段后，机械零件的表面遭到破坏，运动副中的间隙增大，引起额外的动载荷，出现噪声和振动，最终导致失效。这时就必须停机更换零件。

大量的统计表明，机械零件大多是由于磨损而损坏的。虽然零件的强度不够及腐蚀等因素也可能导致零件的失效，但磨损是引起机械零件失效的主要原因，故应尽可能减少磨损。

从磨损过程的变化来看，为了提高机械零件的使用寿命，机器在初始使用时就应保证良好的磨合，延长稳定磨损阶段，推迟急剧磨损阶段的到来。如果设计不当或工作条件恶劣则不能建立稳定磨损阶段，或在短暂的磨合后立即转入急剧磨损阶段，零件便很快损坏。

摩擦和磨损是自然界和社会生活中普遍存在的现象。据估计，约有80%的机器是因为零件磨损而失效的。磨损是决定机器使用寿命的主要因素。有时人们也利用它有利的一面，例如车辆行驶、带传动和制动等都是利用摩擦实现的，精加工中的磨削、抛光等则是利用磨损的原理实现的。

3. 润滑

为了更好地认识润滑的起源、机理与功用，让我们先放松一下读一个小故事。

物理学家瑞利的故事

一天，瑞利的家里来了几位客人。瑞利的母亲亲自动手沏茶，并很讲究地把小茶碗放在精致的小碟子上，端到客人面前。

年轻的瑞利始终坐在一边，他看到，母亲每次端茶时，一开始，茶碗在碟子里很容易滑动。可是，他发现当洒一点热茶在碟子里后，即使母亲的手摇晃得更厉害，碟子倾斜得更明显，茶碗却像粘在碟子上一样，一动不动了。这引起了他的浓厚兴趣，经过不断的实验、记录、分析，他对茶碗和碟子之间的滑动做出了这样的结论：茶碗和碟子看上去光洁、干净，实际上表面总留有指头和抹布上的油腻，使茶碗和碟子之间的摩擦因数变小，容易滑动。当洒了热茶后，油腻被溶解了，碗碟也就变得不容易滑动了。

在这个基础上，他又研究了油和固体之间的摩擦。他指出，油对固体之间的摩擦力的大小有很大影响，利用油的润滑作用，可以减小摩擦力。后来，人们就根据瑞利的发现，把润滑油应用到生产和生活中去了。现在，从尖端科学实验到大型机器设备，从现代化生产到日常生活，几乎都要用到润滑油，甚至连小孩也知道润滑油的作用。这不能不感谢瑞利所作出的贡献。

瑞利从母亲手中的碗碟之间开始了物理学的研究，后来成为著名的物理学家，并于1904年获得诺贝尔物理学奖金。

所谓润滑实际上就是为了减少机械中两个相对运动的接触表面之间的摩擦及磨损而采取的措施。减少机械表面相互间的摩擦和磨损的方法，是设法避免两摩擦表面的直接接触。最简便的方法是在摩擦表面间加润滑剂以便隔开摩擦表面，防止它们直接接触，这就是通常所说的“机械的润滑”。

根据摩擦零件的工作条件和润滑油在摩擦表面间所起的作用，将机械零件的润滑分为两个类型：流体润滑及边界润滑。

（1）流体润滑　是指在两摩擦表面之间存在具有一定压力的流体薄层，流体将摩擦表面完全隔开，而流体中的压力平衡了摩擦零件所受的外载荷。流体润滑还可进一步分为液体动力润滑、液体静力润滑和气体润滑。

1）液体动力润滑是利用两摩擦表面间的相对运动，使收敛形缝隙中的粘性液体产生压力，用以平衡外载荷，并使液体形成足够厚的油膜将两摩擦表面完全隔开。

2）液体静力润滑是借助外部设备，向摩擦表面间供给一种具有压力的液体，将两摩擦表面分开，并由液体的压力平衡外载荷。

3）气体润滑是利用空气、氢气、氦气等气体作润滑剂，隔开两接触表面。

（2）边界润滑　是指不光滑表面之间发生部分表面接触的润滑状况。边界润滑是由液体摩擦过渡到干摩擦（摩擦副表面直接接触）过程之前的临界状态，它广泛存在于实际机械设备中，即便是正常工况下处于流体润滑的表面也有相当长的时间属于边界润滑状态，例如起动、停车、超负载运行及制造装配误差等。

几种润滑类型的油膜厚度和摩擦因数的大致范围见表1-1。

表1-1　几种润滑类型的油膜厚度和摩擦因数

润滑类型	油膜厚度/mm	摩擦因数
液体静力润滑	$5\times10^{-2}\sim5\times10^{-3}$	$10^{-6}\sim10^{-3}$
液体动力润滑	$10^{-2}\sim10^{-3}$	$10^{-3}\sim10^{-2}$
弹性液体动力润滑	$10^{-3}\sim10^{-4}$	$10^{-3}\sim10^{-2}$
边界润滑	$10^{-3}\sim10^{-6}$	0.05～0.15

润滑不良的机械，轻则功率降低，磨损增大；重则可使机械损坏。据估计，世界1/3到1/2的能源，最终是以各种不同形式的摩擦消耗掉。因此，改进润滑工作，可以降低机械的摩擦损失，提高机械效率，保证机械长期可靠地工作，节约能源等。

知识要点

机械是机器与机构的总称，零件是制造单元，构件是运动单元。

机器由动力、传动、工作、控制四个部分组成。

磨损是由于摩擦导致机械零件表面材料的逐渐丧失或转移的现象。

磨损过程大致可分跑合、稳定磨损、剧烈磨损三个阶段。

机械的润滑是用润滑剂来隔开摩擦表面以减轻磨损。

第2章　杆件的静力分析

机器是在力的作用下运行的，构件的受力情况直接影响机器的工作能力，因此，在设计和使用机器时，都需要对构件进行受力分析。机器平稳工作时，许多构件处于相对地面静止或匀速运动状态（即平衡状态）。例如，厂房、静止的物体和作匀速直线运动的汽车等均处于平衡状态。构件的静力学分析，是选择构件材料、确定构件具体外形尺寸的基础。

学习目标

◎ 理解力的概念与基本性质；
◎ 了解力矩、力偶、力向一点平移的结果；
◎ 了解约束、约束力和力系，能作杆件的受力图；
◎ 会分析平面力系，会建立平衡方程并计算未知力*。

2.1　力的概念与基本性质

2.1.1　力的概念

1. 力的定义

力是物体间的相互机械作用，这种机械作用使物体的运动状态或形状尺寸发生改变。例如：人用手推小车，小车就从静止开始运动；落锤锻压工件，工件就会产生变形等，都是物体之间产生的相互作用。也就是说，物体机械运动状态的变化，都是由其他物体施力的作用结果。

2. 力的三要素及表示方法

力对物体的作用效果取决于三个要素：力的大小、力的方向和力的作用点。三要素中任何一个要素改变都会使力的作用效果改变。

力是一个既有大小又有方向的矢量。力矢量用一条有向线段来表示，如图2-1所示。线段的长度表示力的大小；线段的方位和箭头表示力的方向；线段的起始点（或终点）表示力的作用点。力的国际单位为牛［顿］，记作N。有时也用千牛，记作kN，换算关系为：1kN = 1000N。

3. 刚体

在受力情况下保持形状和大小不变的物体称为刚体。刚体是一种理想的力学模型。

4. 平衡

物体相对于地面处于静止或作匀速直线运动的状态。

2.1.2　静力学基本公理

静力学的基本公理是静力学的基础，是符合客观实际的普遍规律，是人们长期生活和实

践积累的经验总结。

公理 1（二力平衡公理）

作用在刚体上的两个力，使刚体保持平衡的必要和充分条件是：这两个力大小相等，方向相反，作用在同一直线上，如图 2-2 所示。

只受两个力的作用而保持平衡的刚体称为二力体。如图 2-3 所示结构中的 *CD* 杆，不计其自重时，可视为二力杆。

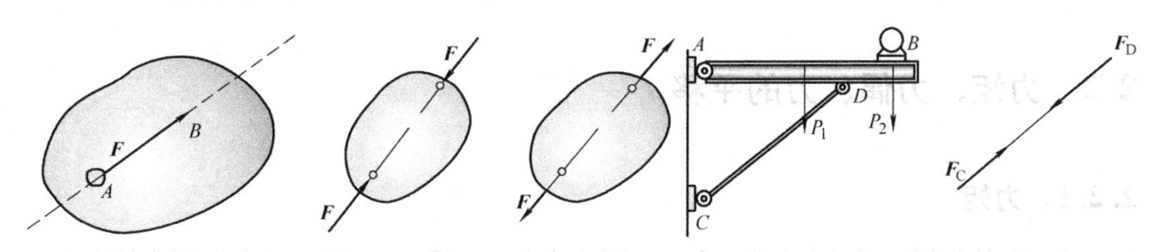

图 2-1　力矢量　　图 2-2　二力平衡　　图 2-3　二力杆

公理 2（加减平衡力系公理）

在已知力系上加上或减去任一平衡力系，并不改变原力系对刚体的作用。

推论 1（力的可传性）

作用在刚体上的力，作用点可沿作用线任意移动而不改变其作用效果，如图 2-4 所示。

公理 3（力的平行四边形公理）

作用在物体上同一点的两个力，可以按平行四边形法则合成一个合力。此合力也作用在该点，其大小和方向由以这两力为边构成的平行四边形的主对角线确定，如图 2-5 所示。

$$\boldsymbol{F}_{\mathrm{R}} = \boldsymbol{F}_1 + \boldsymbol{F}_2 \tag{2-1}$$

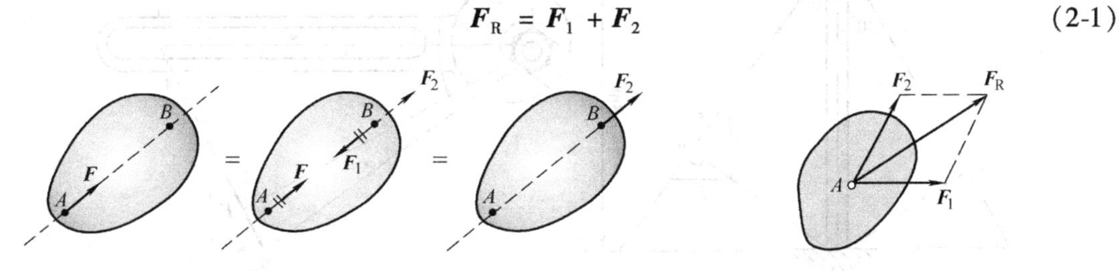

图 2-4　力的可传性　　图 2-5　力的合成

推论 2（三力平衡汇交定理）

若刚体受到同平面内三个互不平行的力的作用而处于平衡状态，那么这三个力的作用线必汇交于一点。如图 2-6 所示，刚体受不平行的三力 $\boldsymbol{F}_1$、$\boldsymbol{F}_2$ 和 $\boldsymbol{F}_3$ 作用而平衡时，这三个力的作用线必汇交于一点。

公理 4（作用力与反作用公理）

作用力和反作用力同时存在于相互作用的物体之间，这两个力大小相等，方向相反，沿作用线分别作用在这两个物体上。如图 2-7 所示，足球放置在桌面上，足球对桌面的作用力为重力 $\boldsymbol{G}$，同时桌面对足球产生一个反作用力 $\boldsymbol{N}$。

这个公理表明，力总是成对出现的，只要有作用力就必有反作用力，而且同时存在，又同时消失。

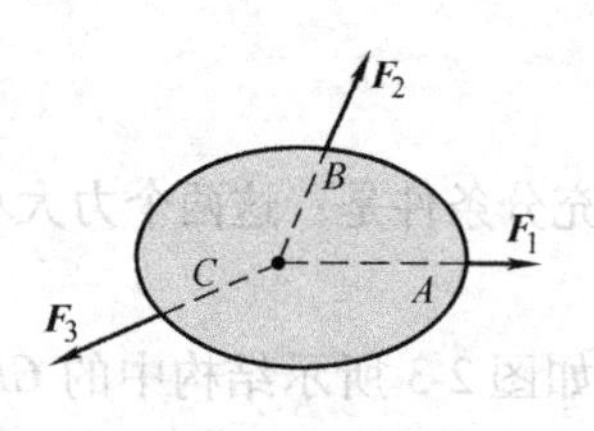

图 2-6　三力交汇

图 2-7　作用力与反作用力

2.2　力矩、力偶、力的平移

2.2.1　力矩

力对物体作用时可以产生移动和转动两种效应，如图 2-8a 所示，电线杆固定拉索力 $\boldsymbol{F}_1$、$\boldsymbol{F}_2$ 对点 O 的作用就属于后者。为了度量力的转动效应，需引入力矩的概念。

1. 力矩的定义

如图 2-8b 所示，当用扳手拧紧螺母时，如果加在扳手上的力越大，或者力的作用线离中心越远，就越容易转动螺母，可见力 $\boldsymbol{F}$ 对螺母拧紧的转动效应不仅与力的大小有关，还与转动中心 O 至力的垂直距离 d 有关。

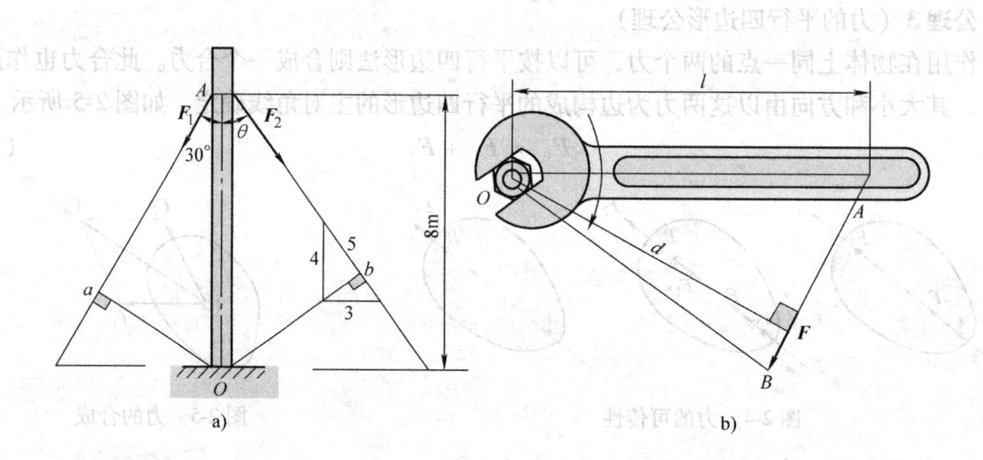

图 2-8　力矩

因此，可用二者的乘积 Fd 来度量力使物体绕点 O 的转动效应，称为力 $\boldsymbol{F}$ 对点 O 之矩，简称力矩，以符号 M_O（$\boldsymbol{F}$）表示，即

$$M_O(\boldsymbol{F}) = \pm F \cdot d \tag{2-2}$$

式中，点 O 称为矩心，d 称为力臂。力矩正负号的规定：力使物体绕矩心逆时针转动时为正，反之为负。在国际单位制中，力矩的单位是牛顿米（简称牛米），记作 N · m。

2. 力矩的性质

1）力矩不仅与力的大小有关，而且与矩心的位置有关，同一个力，因矩心的位置不同，其力矩的大小和正负都可能不同。

2）力矩不因力的作用点沿其作用线的移动而改变。

3）力等于零或者力臂等于零，即力的作用线通过矩心时力矩为零。

2.2.2　合力矩定理

合力矩定理：平面汇交力系的合力对平面任一点的矩，等于力系中所有各分力对于该点力矩的代数和。数学表达式为：

$$M_O(\boldsymbol{F}) = M_O(\boldsymbol{F}_1) + M_O(\boldsymbol{F}_2) + \cdots + M_O(\boldsymbol{F}_n) \tag{2-3}$$

例 2-1　已知力 $\boldsymbol{F}$ 的作用点 A（x，y），如图 2-9 所示，求力 $\boldsymbol{F}$ 对坐标原点 O 的矩。

解　由于没有给定明确的力臂，直接应用力矩定义计算就比较麻烦，而利用合力矩定理计算很方便，将力 F 沿坐标轴分解为两个分力 $\boldsymbol{F}_x$、$\boldsymbol{F}_y$，则

$$\begin{aligned} M_o(\boldsymbol{F}) &= M_o(\boldsymbol{F}_x) + M_o(\boldsymbol{F}_y) \\ &= F_y x + F_x y \\ &= Fx\sin\alpha + Fy\cos\alpha \end{aligned}$$

提示：利用合力矩定理，可以简化力对点之矩的计算，特别是当力臂不易计算时，利用合力矩定理计算力对点之矩尤为方便。

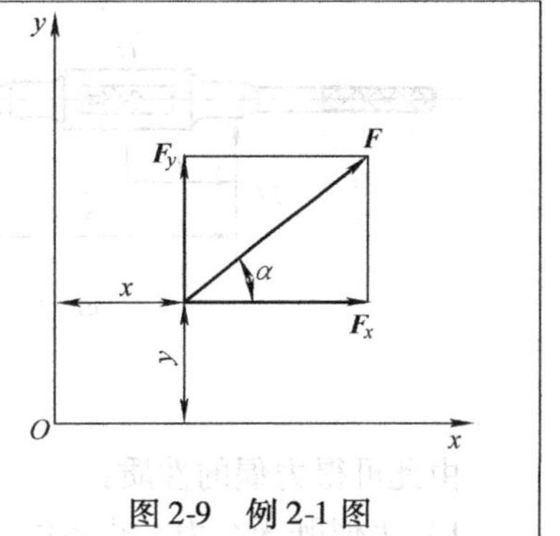

图 2-9　例 2-1 图

2.2.3　力偶和力偶矩

1. 力偶及其力偶矩

由两个大小相等、方向相反且不共线的平行力所组成的力系称为力偶，如图 2-10 所示。

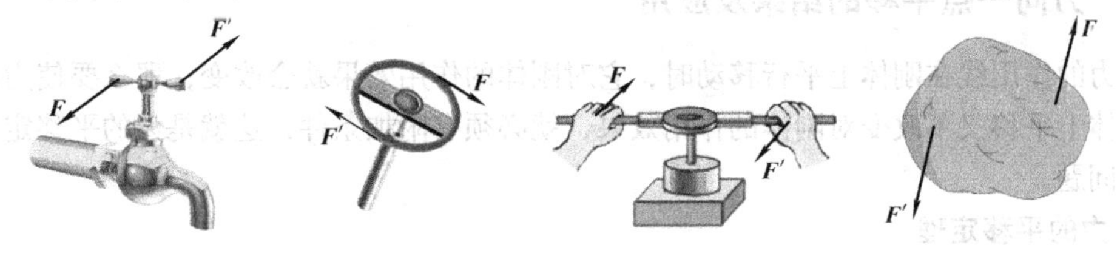

图 2-10　力偶实例

用两手指旋转水龙头、用双手转动转向盘、用板牙攻螺纹等，都是施加力偶的例子。力偶用符号（F，F'）表示，力偶的两力之间的垂直距离称为力偶臂。力偶中两力所在平面称力偶作用面。力偶对物体作用效果用力偶矩来度量。实践可得，力偶矩的大小等于力的大小与力偶臂的乘积，即

$$M_O(\boldsymbol{F},\boldsymbol{F}') = M_O(\boldsymbol{F}) + M_O(\boldsymbol{F}') = F \cdot d \tag{2-4}$$

简单记为：$M = F \cdot d$，力偶矩的单位为牛顿米，记作 N · m。

力偶矩的方向规定：逆时针转向为正，顺时针转向为负。

2. 力偶的性质

力偶矩是决定力偶对物体作用的唯一因素。因此，只要保证力偶矩的代数值不变，任何一个力偶总是可以用同平面内的另一个力偶等效替换，而不改变它对物体的作用。

同平面内力偶的等效定理：在同平面内的两个力偶，如果力偶矩的大小相等，转向相同，则两个力偶等效。如图 2-11a 所示，力的大小不变，力偶矩相同，转动转向盘的效果相同。如图 2-11b、c、d 所示的三种情况中力偶矩都是 $-F \cdot d$。

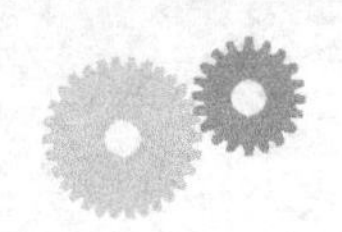

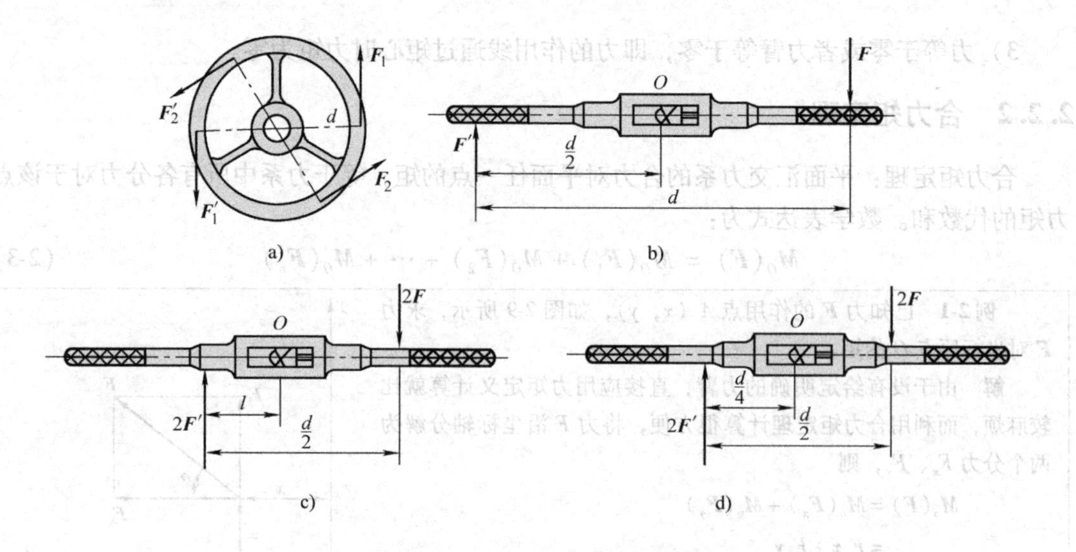

图 2-11　同平面内力偶的等效

由此可得力偶的性质：

1）力偶既无合力，也不能和一个力平衡，力偶只能用力偶来平衡。

2）力偶对刚体的作用效果与力偶在其作用面内的位置无关。

3）只要保持力偶矩的大小和转向不变，可以同时改变力偶中力的大小和力偶臂的长短，而不改变其对刚体的作用效果。

2.2.4　力向一点平移的结果及应用

当力的作用线在刚体上平行移动时，它对刚体的作用效果就会改变，那么要使力的作用线在刚体上平移又不改变对刚体的作用效果，就必须有附加条件，这就是力的平移定理所要解决的问题。

1. 力的平移定理

如图 2-12 所示，攻螺纹时必须用双手均匀握住丝锥扳手两端，而且用力要相等，不能只用一只手扳动。因为作用在扳手 AB 一端的力 $\boldsymbol{F}$，与作用点 C 的一个力 $\boldsymbol{F}'$和一个力偶矩 M 等效，这个力偶使丝锥转动，而力 $\boldsymbol{F}'$却易使丝锥产生折断。

力的平移定理：作用于刚体上的力，可平移到刚体上的任意一点，但必须附加一力偶，其附加力偶矩等于原力对平移点的力矩。

力的平移定理是力系向一点简化的理论依据，而且还可以分析和解决许多工程问题，如图 2-13 所示。

厂房立柱受到力 $\boldsymbol{F}$ 的作用，立柱在偏心力 $\boldsymbol{F}$ 的作用下相当于 O 处有一力和力偶矩为 M 的力偶作用。如果将力 $\boldsymbol{F}$ 平移至点 O 且使其作用效应不发生改变，就必须在点 O 附加一个力偶 M'。其力偶矩为

$$M(\boldsymbol{F},\boldsymbol{F}') = \pm F \cdot d = M_O(\boldsymbol{F}) \tag{2-5}$$

2. 应用

根据力的平移定理，可以将力替换为同平面内的一个力和一个力偶；反之，同一平面内的一个力和一个力偶也可以用一个力来等效替换。力的平移定理不仅是力系向一点简化的依

据，也可以解释一些实际问题。

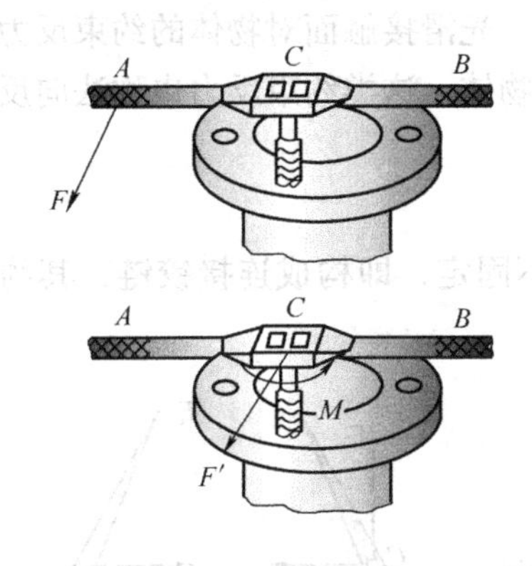

图 2-12　攻螺纹时的力偶

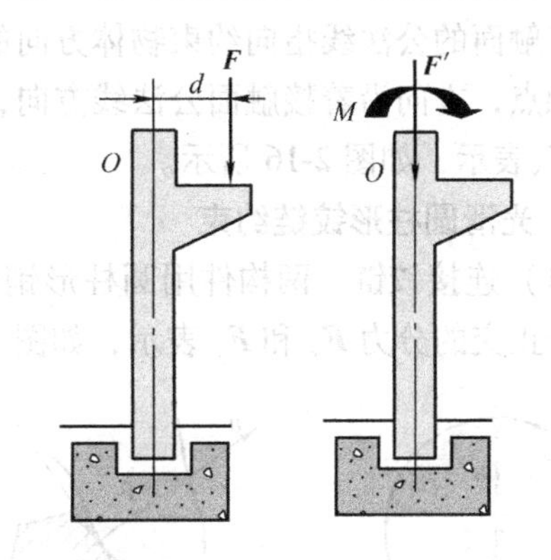

图 2-13　厂房立柱的力偶

2.3　约束、约束力、力系和受力图应用

2.3.1　约束与约束力的基本概念

物体的运动要受到周围其他物体的限制，如机场跑道上的飞机要受到地面的限制，转轴要受到轴承的限制，房梁要受到立柱的限制。这种对物体的某些位移起限制作用的其他物体称为约束。约束对物体的作用力称为约束力。

确定约束力有如下原则：①约束力的作用点就是约束与被约束物体的相互接触点或相互连接点；②约束力的方向与该约束所阻碍的运动趋势方向相反；③约束力的大小可采用平衡条件计算确定。

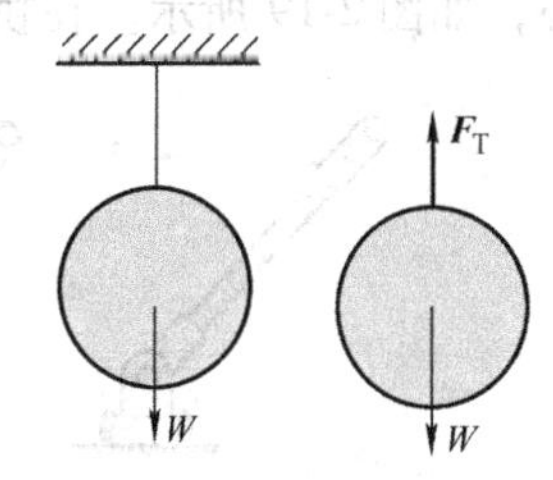

图 2-14　约束和约束反力

一般将物体所受的力分为两类：一类是能使物体产生运动或运动趋势的力，称为主动力，如重力、拉力、推力。主动力有时也叫载荷。另一类是约束反力，如图 2-14 所示的力 $\boldsymbol{F}_T$，它是由主动力引起的阻碍物体运动或运动趋势的力，称为被动力。

2.3.2　常见的约束类型

1. 柔性约束（柔索）

柔性约束由绳索、胶带或链条等柔性物体构成，只能受拉，不能受压。

柔性约束对物体的约束反力作用在接触点，方向沿着柔体的中心线背离物体，通常用 $\boldsymbol{F}_T$ 表示。如图 2-15 所示，约束反力为拉力 $\boldsymbol{F}_{T1}$ 和 $\boldsymbol{F}_{T2}$，方向沿轮缘的切线方向。

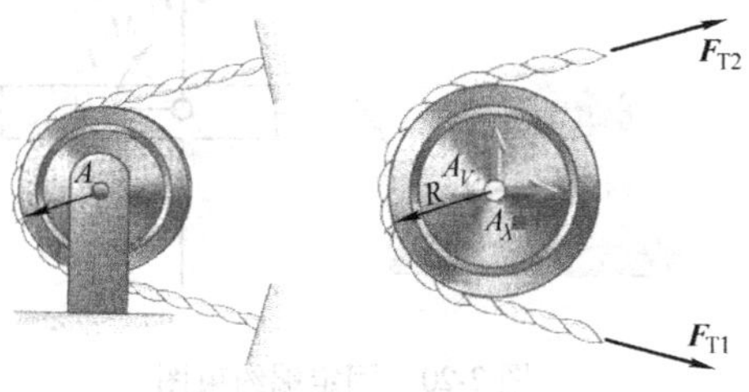

图 2-15　柔性约束

2. 刚性约束

当两物体接触面之间的摩擦力小到可以忽略不计时，可将接触面视为理想光滑的约束。这

时，不论接触面是平面或曲面，都不能限制物体沿接触面切线方向的运动，而只能限制物体沿着接触面的公法线指向约束物体方向的运动。因此，光滑接触面对物体的约束反力是：通过接触点，方向沿着接触面公法线方向，并指向受力物体。这类约束反力也称法向反力，通常用 $\boldsymbol{F}_{\mathrm{N}}$ 表示，如图 2-16 所示。

3. 光滑圆柱形铰链约束

（1）连接铰链　两构件用圆柱形销钉连接且均不固定，即构成连接铰链，其约束反力用两个正交的分力 $\boldsymbol{F}_x$ 和 $\boldsymbol{F}_y$ 表示，如图 2-17 所示。

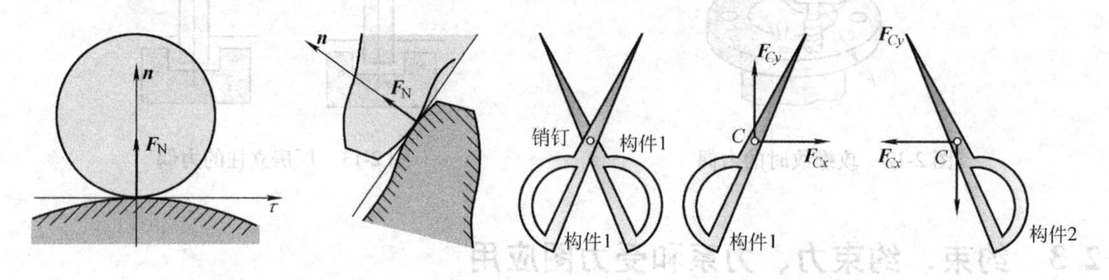

图 2-16　刚性约束　　　　图 2-17　连接铰链

（2）固定铰链支座　如果连接铰链中有一个构件与地基或机架相连，便构成固定铰链支座，其约束反力仍用两个正交的分力 $\boldsymbol{F}_x$ 和 $\boldsymbol{F}_y$ 表示，如图 2-18 所示。

（3）活动铰链支座　在铰链支座的底部安装一排滚轮，可使支座沿固定支承面移动，这种支座的约束性质与光滑面约束反力相同，其约束反力必垂直于支承面，且通过铰链中心，如图 2-19 所示。在桥梁、屋架等工程结构中经常采用这种约束。

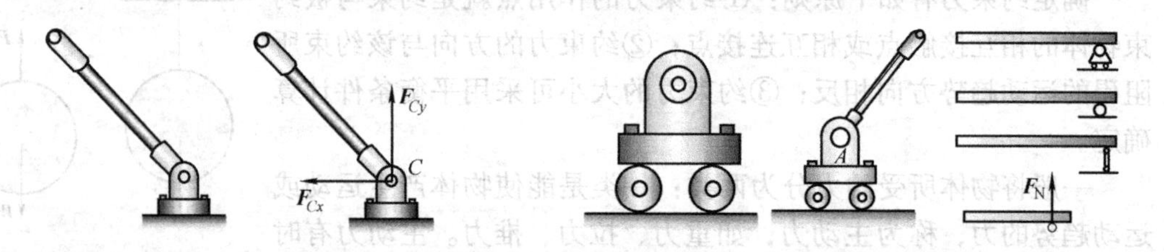

图 2-18　固定铰链支座　　　　图 2-19　活动铰链支座

4. 固定端约束

固定端约束能限制物体沿任何方向的移动，也能限制物体在约束处的转动。如图 2-20 所示，固定端 A 处的约束反力可用两个正交的分力 $\boldsymbol{F}_{Ax}$、$\boldsymbol{F}_{Ay}$ 和力矩为 $\boldsymbol{M}_A$ 的力偶表示。

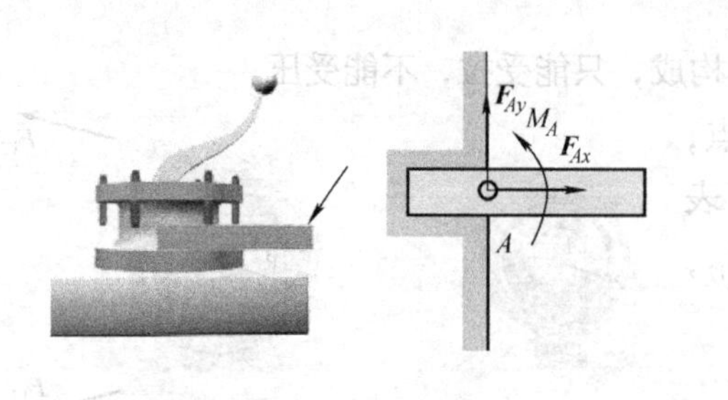

图 2-20　固定端约束图　　　　图 2-21　球铰链支座

5. 球铰链支座

球铰链是一种空间约束，它能限制物体沿空间任何方向移动，但物体可以绕其球心任意转动。球铰链的约束反力可用三个正交的分力 $\boldsymbol{F}_{Ax}$、$\boldsymbol{F}_{Ay}$、$\boldsymbol{F}_{Az}$表示，如图 2-21 所示。

2.3.3　力系

1. 概念

作用于物体上的一群力称为力系，若各力作用线均在同一平面内则称为平面力系，若平面力系中的各力作用线都汇交于一点，则称平面汇交力系。如果一个力系可以用另一个适当的力系代替而对物体的效应相同，则过两个力系互称为等效力系。

2. 平面汇交力系

平面汇交力系是力系中较简单的一种。如图 2-22a 所示起重机的挂钩，受到 $\boldsymbol{F}_A$、$\boldsymbol{F}_B$、$\boldsymbol{G}$ 的作用，三力的作用线在同一平面内且汇交于一点。如图 2-22b 所示的房屋横梁，受到 $\boldsymbol{F}_{NA}$、$\boldsymbol{F}_{NB}$、$\boldsymbol{G}$ 的作用，三力的作用线在同一平面内且汇交于 C 点。

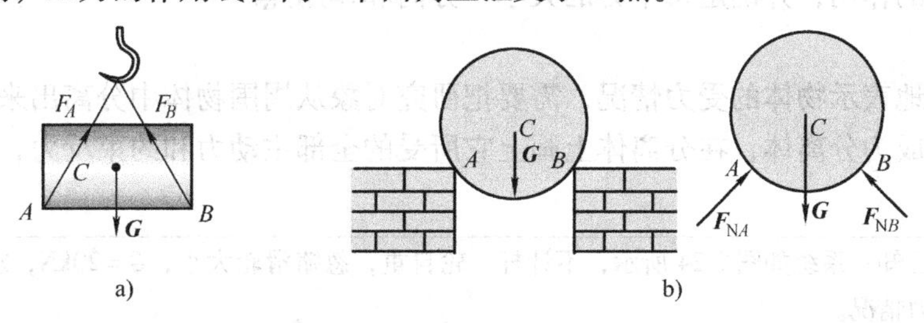

图 2-22　平面汇交力系

平面汇交力系的合成有几何法和解析法两种方法。用几何法求解平面汇交力系平衡问题时，作图很难做到精确，因此在工程实践中解析法应用较多。

3. 平面汇交力系平衡的解析条件及步骤

如图 2-23 所示，解析法求平面汇交力系的合力是根据合力投影定理，求出力系中所有各力在坐标轴上的投影的代数和，得到合力 $\boldsymbol{F}$ 在这两坐标轴上的投影 $\boldsymbol{F}_x$、$\boldsymbol{F}_y$。

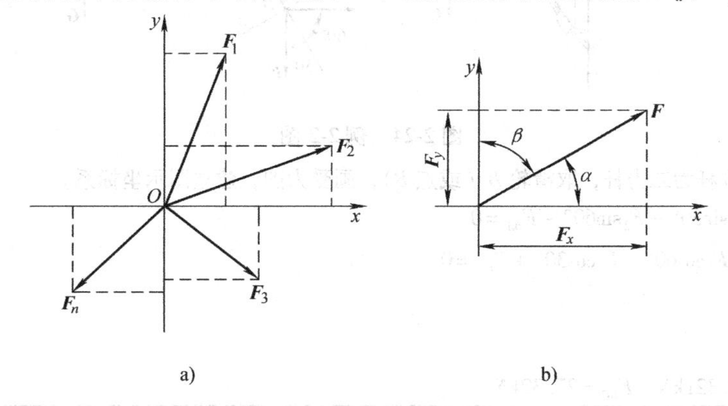

图 2-23　平面汇交力系的解析法

平面汇交力系平衡的解析条件：力系中各力在两直角坐标轴上投影的代数和分别等于零，即

$$\left.\begin{array}{l}\Sigma F_x = 0 \\ \Sigma F_y = 0\end{array}\right\} \tag{2-6}$$

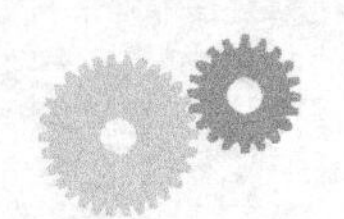

式中

$$\left.\begin{aligned} F_x &= F\cos\alpha \\ F_y &= F\cos\beta = F\sin\alpha \\ \tan\alpha &= F_x/F_y \end{aligned}\right\} \tag{2-7}$$

求解平面汇交力系平衡的步骤：①选取适当的平衡物为研究对象，并画出简图。②进行受力分析。画出研究对象的全部已知力和未知力，并设定未知力的方向。③选取合适的坐标系，计算各力的投影。④列平衡方程解出未知量。

2.3.4 受力图

在工程实际中，常常需要对结构系统中的某一物体或部分物体进行力学计算。这时就要根据已知条件及待求量选择一个或几个物体作为研究对象，然后对它进行受力分析，即分析物体受哪些力的作用，并确定每个力的大小、方向和作用点。

1. 概念

为了清楚地表示物体的受力情况，需要把研究对象从周围物体中分离出来，单独画出轮廓简图，使之成为分离体，在分离体上画上它所受的全部主动力和约束反力，就称为该物体的受力图。

例 2-2 已知：系统如图 2-24 所示，不计杆、轮自重，忽略滑轮大小，$G=20\text{kN}$，求系统平衡时，杆 AB、BC 受力情况。

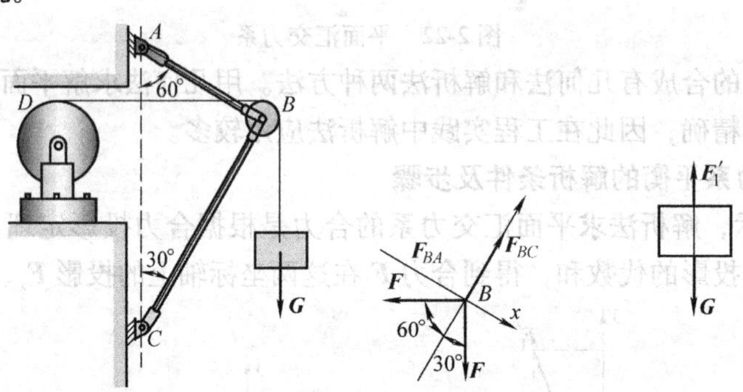

图 2-24 例 2-2 图

解 AB、BC 杆为二力杆，取滑轮 B（或点 B），画受力图，建立图示坐标系。

$\Sigma F_x=0 \quad F_1\sin30° - F_2\sin60° - F_{BA}=0$

$\Sigma F_y=0 \quad -F_2\cos60° - F_1\cos30° + F_{BC}=0$

$F_1=F_1'$

$F_1'=G$

得 $F_{BA}=-7.321\text{kN} \quad F_{BC}=27.32\text{kN}$

2. 画受力图的步骤

画受力图是解平衡问题的关键，画受力图的一般步骤为：①据题意确定研究对象，并画出研究对象的分离体简图。②在分离体上画出全部已知的主动力。③在分离体上解除约束的地方画出相应的约束反力。

画受力图的过程中必须注意以下事项：①必须明确研究对象。分离体的形状和方位须和

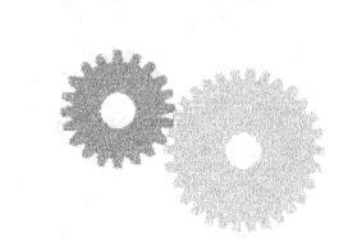

原物体保持一致。②主动力和约束反力不能多画也不能少画。在画约束反力时，必须严格按照约束性质画出，不能随意取舍。③注意作用力与反作用力的关系。④注意应用二力平衡公理、三力汇交原理。⑤不画出内力。

例 2-3　如图 2-25a 所示，三铰拱桥由左、右两半拱铰接而成。设半拱自重不计，在半拱 AB 上作用有载荷 F，试分别画出拱 AC 和 BC 的受力图。

解　拱 BC 受铰链 C 和固定铰链支座 B 的约束，BC 杆为二力杆。力的指向一般由平衡条件来确定，如图 2-25b 所示。

拱 AC 在铰链 C 处的约束反力根据作用力和反作用力定理得到，拱在 A 处受到来自固定铰链支座的约束反力，如图 2-25c 所示。系统整体受力图如图 2-25d 所示。

左拱 AC 在三个力作用下平衡，也可按三力平衡汇交定理画出左拱 AC 的受力图，如图 2-25e 所示。此时整体受力图如图 2-25f 所示。

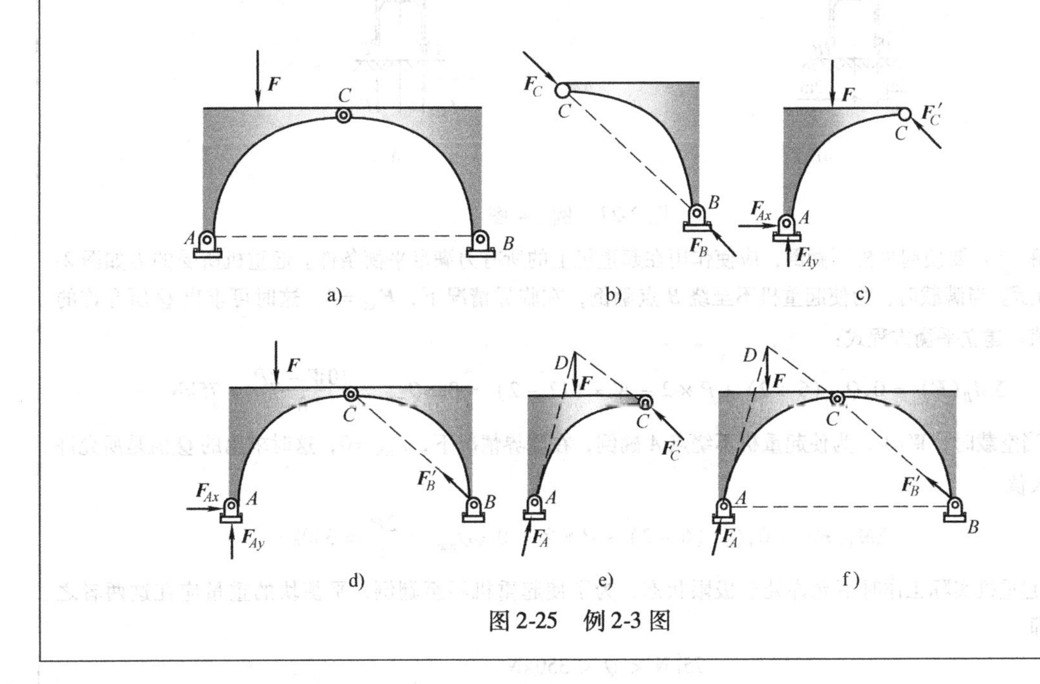

图 2-25　例 2-3 图

*2.4　平面力系的平衡方程及应用

平衡方程是在解决工程实际问题中，通过对力的分析计算时所建立起来的数学解析表达式，是工程实际中对受力情况的一种定量分析的方法。

2.4.1　平面平行力系的平衡方程及应用

各力作用线在同一平面内且相互平行的力系即为平面平行力系，如图 2-26 所示。

图 2-26　平面平行力系

平面受平行力的平衡方程为

$$\left.\begin{aligned}\Sigma F_y &= 0\\ \Sigma M_O(\boldsymbol{F}) &= 0\end{aligned}\right\}\qquad(2\text{-}8)$$

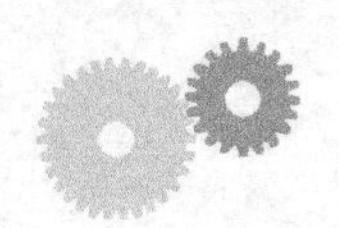

例 2-4 塔式起重机如图 2-27a 所示。机架重 $P=700\text{kN}$，作用线通过塔架的中心。最大起重量 $W=200\text{kN}$，最大悬臂长为 12m，轨道 AB 的间距为 4m。平衡块到机身中心线距离为 6m。

求解：1）保证起重机在满载和空载时都不至翻倒，求平衡块的重量 $\boldsymbol{Q}$。2）当平衡块重 $Q=180\text{kN}$ 时，求满载时 A、B 给起重机轮子的反力。

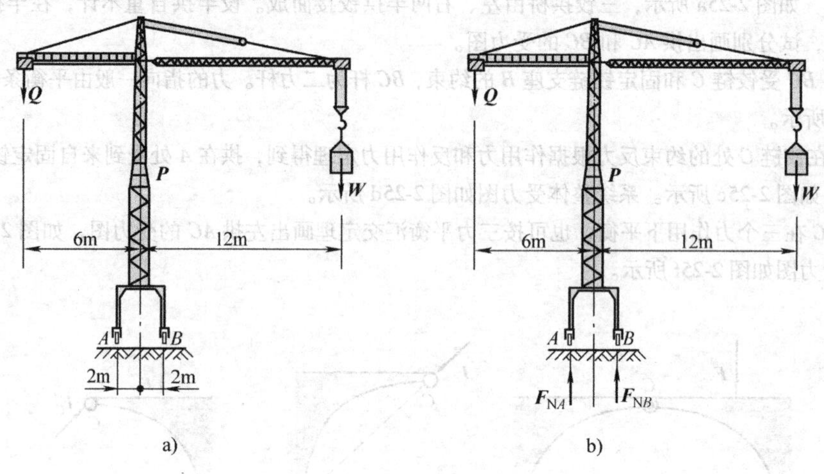

图 2-27 例 2-4 图

解 1）要使起重机不翻倒，应使作用在起重机上的所有力满足平衡条件。起重机所受的力如图 2-27b 所示。当满载时，为使起重机不至绕 B 点翻倒，在临界情况下，$\boldsymbol{F}_{NA}=0$，这时可求出 $\boldsymbol{Q}$ 所允许的最小值。建立平衡方程式：

$$\Sigma M_B(\boldsymbol{F})=0, Q_{\min}(6+2)+P\times 2-W\times(12-2)=0 \Rightarrow Q_{\min}=\frac{10W-2P}{8}=75\text{kN}$$

当空载时，$W=0$，为使起重机不绕点 A 翻倒，在临界情况下，$F_{NB}=0$，这时求出的 $\boldsymbol{Q}$ 值是所允许的最大值。

$$\Sigma M_A(\boldsymbol{F})=0, Q_{\max}(6-2)-P\times 2=0 \Rightarrow Q_{\max}=\frac{2P}{4}=350\text{kN}$$

起重机实际工作时不允许处于极限状态，为了使起重机不至翻倒，平衡块的重量应在这两者之间，即

$$75\text{kN}<Q<350\text{kN}$$

2）当取定平衡块 $\boldsymbol{Q}=180\text{kN}$，欲求此起重机满载时导轨对轮子的约束反力 $\boldsymbol{F}_{NA}$ 和 $\boldsymbol{F}_{NB}$。此时，起重机在 $\boldsymbol{P}$、$\boldsymbol{Q}$、$\boldsymbol{W}$ 和 $\boldsymbol{F}_{NA}$、$\boldsymbol{F}_{NB}$ 作用下处于平衡。应用平面平行力系的平衡方程式，即有

$$\Sigma M_A(\boldsymbol{F})=0,\ Q(6-2)-P\times 2-W(12+2)+F_{NB}\times 4=0$$

$$\Sigma F_v=0,\ -Q-P-W+F_{NA}+F_{NR}=0$$

得

$$F_{NB}=\frac{14W+2P-4Q}{4}=870\text{kN}\quad F_{NA}=210\text{kN}$$

2.4.2 平面力偶系的平衡方程及应用

1. 平面力偶系的合成

作用在物体上同一平面内的若干力偶总称为平面力偶系。

（1）两个力偶构成的平面力偶系　力偶可以在它的作用面内任意移动，而不改变它对

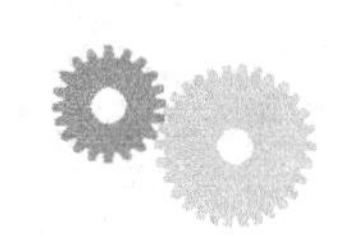

刚体的作用。因此，如图 2-28a 所示的平面力偶系可以转化为图 2-28b，最终合成为图 2-28c。在这三种情况下两个力偶的值分别为：

a）$M_1 = +F_1 d_1 \quad M_2 = -F_2 d_2$

b）$M_1 = +P_1 d \quad M_2 = -P_2 d$

c）$F_R = P_1 - P_2 \quad F'_R = P'_1 - P'_2$

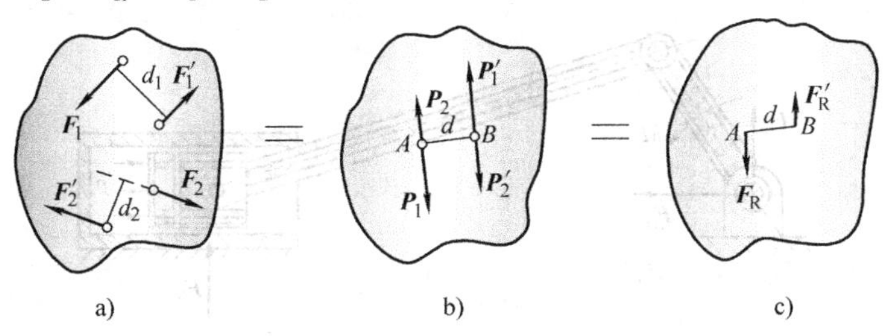

图 2-28　两个平面力偶的合成

由此得到一个结论：作用在同一平面内的两个力偶，可合成为一个合力偶，合力偶矩等于这两个分力偶矩的代数和，即

$$M = F_R d = (P_1 - P_2)d = P_1 d - P_2 d = M_1 + M_2 \tag{2-9}$$

（2）多个力偶构成的平面力偶系　由 M_1、M_2、…、M_n 多个力偶构成的平面力偶系，可合成为一个合力偶，合力偶矩等于各个分力偶矩的代数和，即

$$M = M_1 + M_2 + \cdots + M_n = \Sigma M_i \tag{2-10}$$

2. 平面力偶系的平衡

平面力偶系合成的结果为一个合力偶，因而要使力偶系平衡，就必须使合力偶矩等于零。平面力偶系平衡的必要和充分条件是：所有各个力偶矩的代数和等于零，即

$$\Sigma M_i = 0 \tag{2-11}$$

例 2-5　如图 2-29a 所示，梁 AB 受一主动力偶作用，其力偶矩 $M = 100\text{kN}\cdot\text{m}$，梁长 $l = 5\text{m}$，梁的自重不计，求两支座的约束反力。

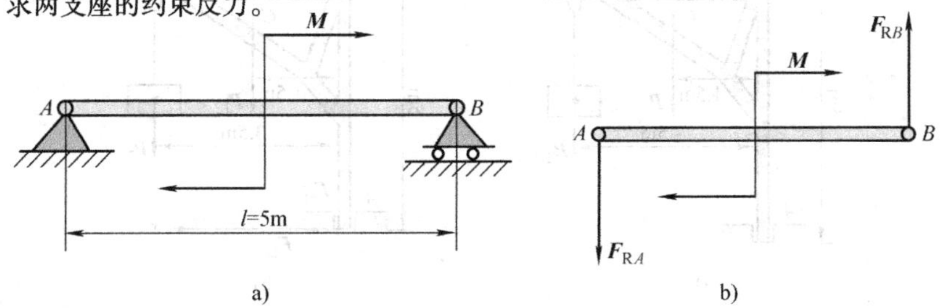

图 2-29　例 2-5 图

解　以梁为研究对象，进行受力分析并画出受力图，如图 2-29b 所示。F_{RA} 必须与 F_{RB} 大小相等、方向相反、作用线平行。列平衡方程：

$$\Sigma M = 0$$

$$F_{RB} l - M = 0$$

$$F_{RA} = F_{RB} = M/l = 100/5\text{kN} = 20\text{kN}$$

2.4.3 平面一般力系的平衡方程及应用

各力作用线在同一平面内且任意分布的力系称为平面一般力系。如图2-30所示的曲柄连杆机构，受有均压p、力偶M以及约束反力$\boldsymbol{F}_{Ax}$、$\boldsymbol{F}_{Ay}$和$\boldsymbol{F}_{N}$的作用，这些力构成了平面一般力系。

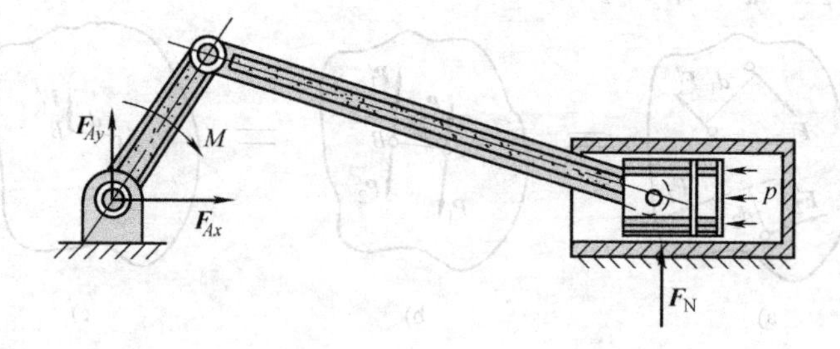

图2-30 平面一般力系

平面一般力系的平衡方程为

$$\left.\begin{aligned}\Sigma F_x &= 0\\ \Sigma F_y &= 0\\ \Sigma M_O(\boldsymbol{F}) &= 0\end{aligned}\right\} \tag{2-12}$$

求解平面一般力系中未知量的步骤：①确立研究对象，取分离体，作出受力图；②建立适当的坐标系。在建立坐标系时，应使坐标轴的方位尽量与较多的力（尤其是未知力）平行或垂直，以使各力的投影计算简化；③列出平衡方程式，求解未知力。在列力矩式时，力矩中心应尽量选在未知力的交点上，以简化力矩的计算。

例2-6 如图2-31a所示的简易起重机，$P_1=10\text{kN}$，$P_2=40\text{kN}$。求轴承A、B处的约束力。

解 取起重机为研究对象，分析并画整体受力图，如图2-31b所示。

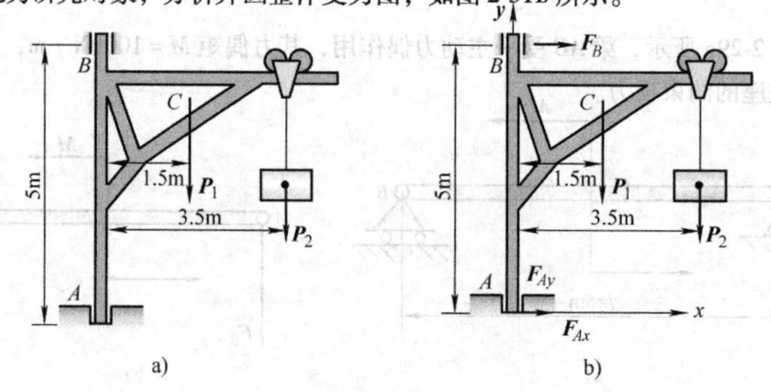

图2-31 例2-6图

列平衡方程：

$\Sigma F_x = 0 \qquad F_{Ax} + F_B = 0$

$\Sigma F_y = 0 \qquad F_{Ay} - P_1 - P_2 = 0$

$\Sigma M_A = 0 \qquad -F_B \times 5 - P_1 \times 1.5 - P_2 \times 3.5 = 0$

解得 $F_{Ax} = 31\text{kN}, F_{Ay} = 50\text{kN}, F_B = -31\text{kN}$。

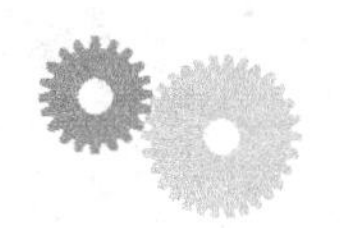

知识要点

1. 力是物体间的相互机械作用。力对物体作用的效果决定于力的三要素：大小、方向和作用点。

2. 静力学公理是力学中最基本、最普遍的客观规律。它包括二力平衡公理、加减平衡力系公理、力的平行四边形公理和作用力与反作用力公理。

3. 画受力图的步骤为：确定研究对象，画出研究对象的简单轮廓图形；进行受力分析，分析研究对象上的主动力和约束力，明确受力物体和施力物体；画出分离体上全部约束力和主动力，在分离体上被解除约束处，画出相应的约束力。

第3章 直杆的基本变形

常见的构件种类繁多，根据其几何形状，可以简化为4类：杆、板、壳、块。我们把长度远大于横截面尺寸的构件叫作杆件，它是工程中最基本的构件。杆件在外载荷的作用下可能会发生尺寸和形状的变化，而当外载荷超过一定限度时，杆件将被破坏。杆件的基本变形归纳起来有轴向拉压变形、剪切变形、扭转变形和弯曲变形4种。

学习目标

◎ 理解直杆轴向拉伸与压缩、剪切与挤压、圆轴扭转、直梁弯曲的概念；
◎ 理解连接件的概念，会判断连接件的受剪面与受挤面；
◎ 了解内力、应力、变形、应变的概念；了解材料的力学性能及其应用；
◎ 了解组合变形、交变应力与疲劳强度、压杆稳定的概念。

3.1 直杆轴向拉伸与压缩

1. 受力特点

如图3-1所示，作用于直杆上的外力合力的作用线与直杆轴线重合，大小相等，方向相反，即：直杆的轴向拉伸与压缩是由作用线与杆轴重合的外力所引起的。

2. 变形特点

如图3-2所示，直杆会沿轴线方向产生纵向伸长或缩短。凡以轴向伸长为主要变形特征的直杆称为拉杆，以轴向压缩为主要变形特征的直杆称为压杆。

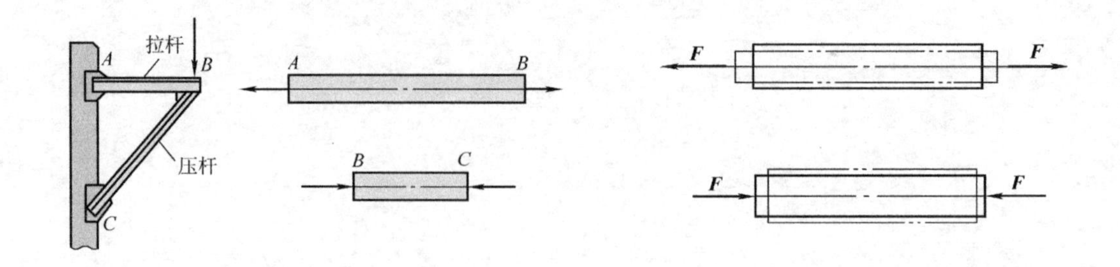

图3-1 直杆的轴向拉伸与压缩　　图3-2 直杆拉压变形

如图3-3所示屋架结构中的杆件、如图3-4所示桁架、如图3-5所示塔式结构中的杆件、如图3-6所示桥梁结构中的杆件等，都属于杆件的拉伸或压缩变形。

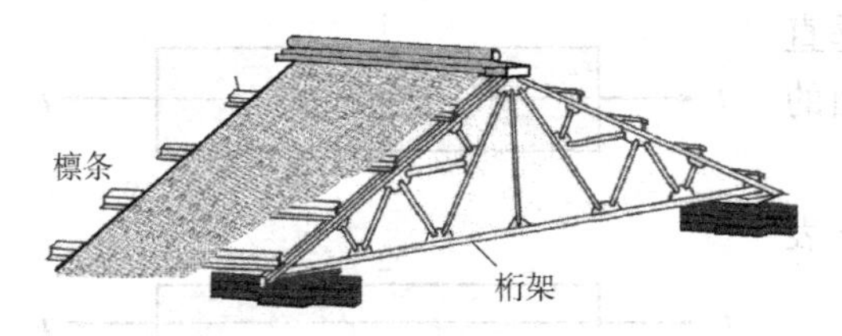

图 3-3　屋架结构中的杆件

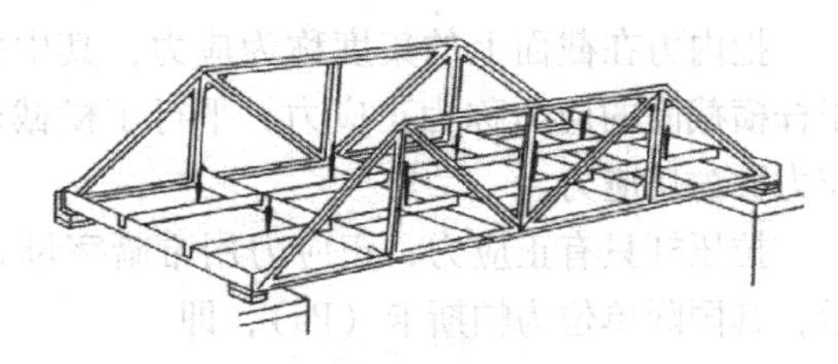

图 3-4　桁架

图 3-5　塔式结构

图 3-6　桥梁结构

3.2　直杆轴向拉伸与压缩时的应力分析

两根材料相同、截面面积不同的杆，受同样大小的轴向拉力 ***F*** 作用，显然两根杆件横截面上的内力是相等的，随着外力的增加，截面面积小的杆件必然先断。这是因为轴力只是杆横截面上分布内力的合力，而要判断杆的强度问题，还必须知道内力在截面上分布的密集程度。

3.2.1　内力、应力、变形、应变的概念

1. 内力

拉压杆在外力作用下产生变形，内部材料微粒之间的相对位置发生了改变，其相互作用力也随之改变。这种由外力引起的杆件内部相互之间的作用力称为内力。拉压杆上的内力又称为轴力。

内力有三个特点：①完全由外力引起，并随着外力改变而改变；②当外力超过材料所能承受的极限值时，杆件则会断裂；③材料通过内力来传递外力。

2. 应力

如图 3-7 所示，在相同的 ***F*** 力作用下，杆 2 首先破坏，这说明杆件的破坏是由内力在截面上的密集程度决定的。

把内力在截面上的集度称为应力，其中垂直于杆横截面的应力称为正应力，平行于横截面的应力称为切应力。

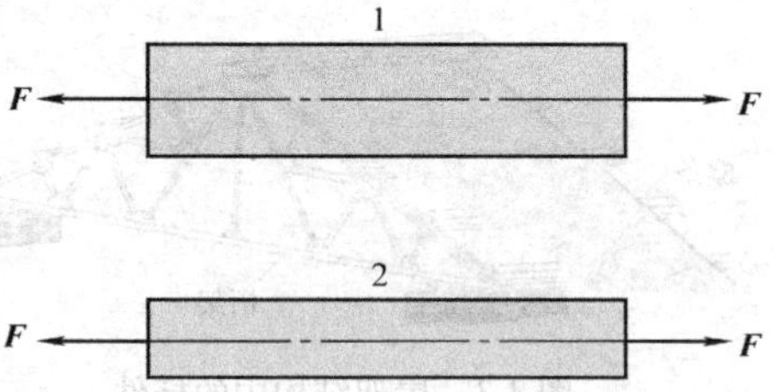

拉压杆只有正应力，正应力用希腊字母 σ 表示，其国际单位为帕斯卡（Pa），即

$$\sigma = \frac{F_N}{S} \tag{3-1}$$

图 3-7　内力在横截面上的聚集程度

式中，F_N 为直杆的轴力（N），S 为直杆的横截面面积（m^2）。

3. 应变

杆件单位长度的伸长或缩短量称为线应变，简称应变，用 A 表示，即

$$A = \frac{\Delta L}{L} \tag{3-2}$$

式中，L 为直杆的杆长；ΔL 为直杆的伸缩量。

4. 变形

杆件在外载荷的作用下可能会发生尺寸和形状的变化，称为变形。杆件变形有绝对变形和相对变形两种。

如图 3-8 所示，绝对变形分为轴向变形 ΔL、横向变形 Δd 两类。轴向变形：拉压杆的纵向伸长或缩短量，用 ΔL 表示，$\Delta L = L_1 - L$，拉伸时为正；压缩时为负。横向变形：横向缩短或伸长量，用 Δd 表示，$\Delta d = d_1 - d$，拉伸时为负；压缩时为正。绝对变形与杆件的原长有关，不能准确反映杆件变形的程度。

单位长度的变形量称为相对变形。相对变形消除了杆长的影响，能准确反映杆件的变形程度。杆件的相对变形又称为应变。

$$A = \frac{\Delta L}{L} \quad A' = \frac{\Delta d}{d} \tag{3-3}$$

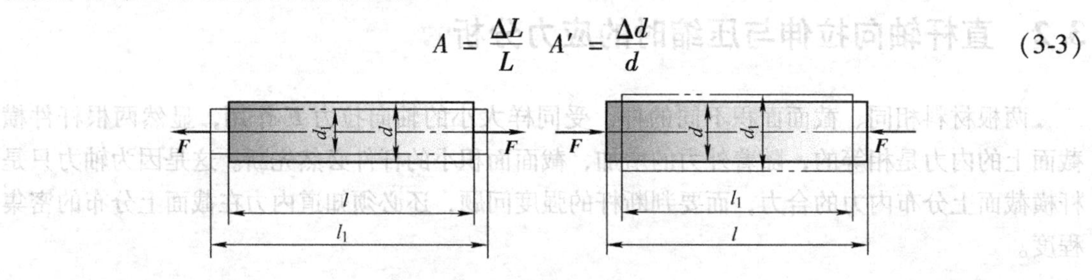

图 3-8　绝对变形与相对变形

*3.2.2　直杆轴向拉伸与压缩时的内力分析（截面法）

将受外力作用的杆件假想地切开来，用以显示内力并由平衡条件来确定其合力，这种方法称为截面法。步骤简记为：假想截开、保留代换、平衡求解。

为了使取左段或取右段求得的同一截面上的轴力相一致，规定轴力 F_N 的正负号由变形决定：拉伸时为正，压缩时为负。

> 注意：1）用截面法求内力和取分离体求约束反力的方法本质相同。取出的研究对象不是一个物体系统或一个完整的物体，而是物体的一部分。2）有三个“不允许”：不允许用力的可传性原理，不允许用合力来代替力系的作用，不允许将力偶在物体上移动。

例3-1　一直杆受外力作用如图3-9a所示，求此杆各段的轴力。

解　1）沿截面1－1将直杆分为两段，取出左段，如图3-9b所示。用N_1表示右段对左段的作用，为了保持左段的平衡，由左段的平衡方程$\sum F_x=0$，得$N_1=6\text{kN}$。由于截面1－1左边的一段受拉，故N_1为正。

2）沿截面2－2将直杆分为两段，取出左段，如图3-9c所示。由截面左段的平衡方程$\sum F_x=0$，得$N_2=4\text{kN}$。由于截面2－2左边的一段所受合力为压力，故N_2为负。

3）同理可以计算截面3－3上的轴力N_3。如图3-9d所示，得$N_3=4\text{kN}$，N_3为正。

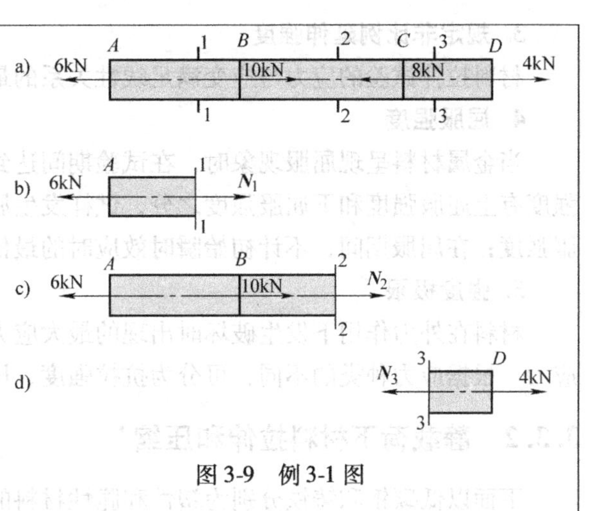

图3-9　例3-1图

3.3　材料的力学性能

3.3.1　材料的力学性能及其应用

材料的力学性能，主要是指材料受力时在强度、变形方面表现出来的性质。下面我们先来了解材料的几个简单力学性能及其应用。

1. 标准试件

材料的力学性能是通过实验手段获得的。按国家标准GB/T 228—2002规定，金属材料室温拉伸试验采用统一的标准试件。圆形截面试件如图3-10所示，L_o为试件的试验段长度，称为标距。

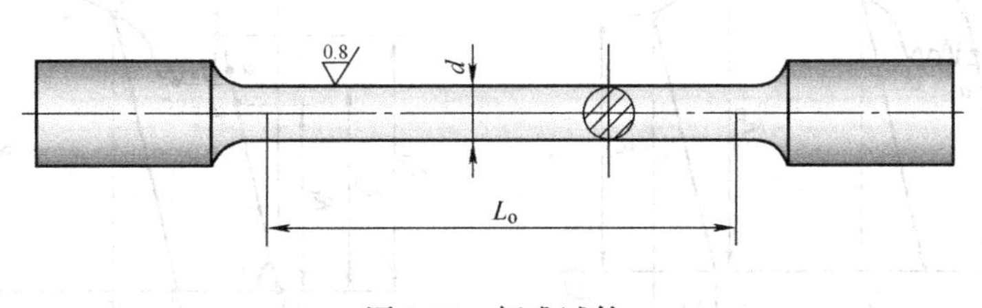

图3-10　标准试件

2. 变形

材料在外力作用下会产生应力和应变，即变形。当产生的变形在外力去除后能够全部消除，材料恢复原状的变形称为弹性变形。当产生的变形在外力去除后不能全部恢复，材料不能恢复到原来的形状的变形则为塑性变形。

塑性变形在金属体内的分布是不均匀的，所以外力去除后，各部分的弹性恢复也不会完全一样，这就使金属体内各部分之间产生相互平衡的内应力，即残余应力。残余应力会降低零件的尺寸稳定性。

脆性变形是指物体未经明显的应变（小于5%）便发生破裂的变形。

3. 规定非比例延伸强度

材料拉伸试验的应力与应变满足线性关系的最大应力值。

4. 屈服强度

当金属材料呈现屈服现象时，在试验期间达到塑性变形发生而力不增加的应力点。屈服强度有上屈服强度和下屈服强度之分，试样发生屈服而力首次下降前的最高应力即称为上屈服强度；在屈服期间，不计初始瞬时效应时的最低应力则为下屈服强度。

5. 强度极限

材料在外力作用下发生破坏时出现的最大应力称为强度极限，也可称为破坏强度或破坏应力。根据应力种类的不同，可分为抗拉强度、压缩强度、剪切强度等。

3.3.2 静载荷下材料拉伸和压缩*

下面以低碳钢和铸铁分别为塑性和脆性材料的代表做试验，以了解静载荷下材料拉伸和压缩的性能。

1. 低碳钢的拉伸

试验时，在缓慢施加的拉力 $\boldsymbol{F}$ 作用下，试件逐渐被拉长，直到断裂为止。伸长量为 ΔL，这样得到 $\boldsymbol{F}$ 与 ΔL 的关系曲线，称为拉伸图或 F-ΔL 曲线，如图 3-11 所示。

拉伸图与试件原始尺寸有关，受原始尺寸的影响。为了消除原始尺寸的影响，获得反映材料性质的曲线，将 $\boldsymbol{F}$ 除以试件的原始横截面积 S_o，得到应力 $R=F/S_o$，把 ΔL 除以 L_o 得到伸长率 $A=\Delta L/L_o$。以 R 为纵坐标，以 A 为横坐标，于是得到 R 与 A 的关系曲线，称为应力-应变曲线或 R-A 曲线，如图 3-12 所示。从曲线上可以看出，它与拉伸图曲线相似，也同样表征了材料力学性能。

由 F-ΔL 曲线及 R-A 曲线可见，整个拉伸变形过程分为四个阶段。

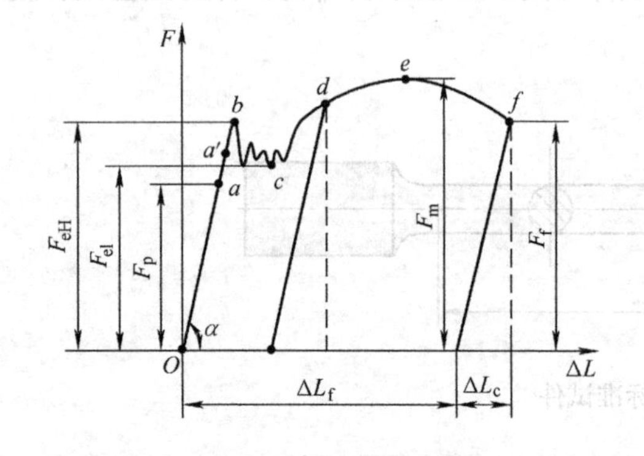

图 3-11　拉伸图

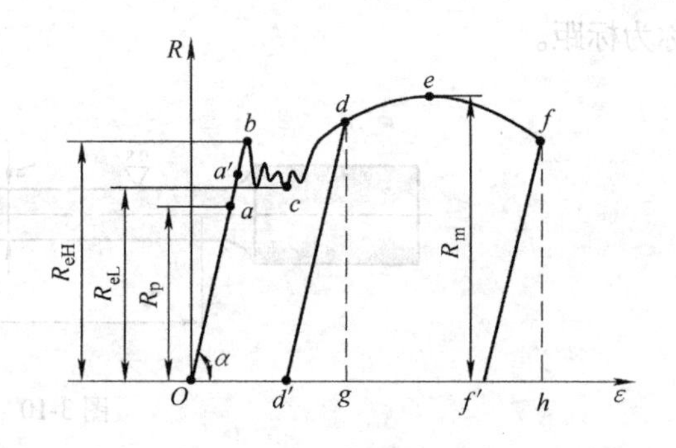

图 3-12　应力应变图

（1）弹性阶段　在拉伸的初始阶段，Oa 为一直线段，它表示应力与应变成正比关系，即 $R\propto A$。直线最高点 a 所对应的应力值 R_p 称为材料的规定非比例延伸强度。若当应力继续增加到 a' 点时，R 与 A 不再是正比关系，但变形仍为弹性变形，即卸除拉力后变形完全消失。

（2）屈服阶段　$a'd$ 段为起伏振荡的波浪线，在此区间应力几乎不增加而变形急剧增加，这种现象称为屈服或流动。b 点为试样发生屈服时拉力首次下降前的最高点，对应的应

力值 R_{eH} 称为上屈服强度；c 点为振荡区不计初始瞬时效应的最低点，对应的应力值 R_{eL} 称为下屈服强度。材料屈服时所产生的变形是塑性变形。当材料屈服时，在试件光滑表面上可以看到与杆轴线成45°的暗纹，这是由于材料最大切应力作用面产生滑移造成的，故称为滑移线，如图3-13所示。

（3）强化阶段　经过屈服后，图线由 d 上升到 e 点，材料又恢复了对变形的抵抗能力。若继续变形，必须增加应力，这种现象称为强化。de 段称为强化阶段。最高点 e 所对应的应力 R_m 称为材料的抗拉强度。

（4）局部变形阶段　当图线经过 e 点后，试件的变形集中在某一局部范围内，横截面尺寸急剧缩小，产生缩颈现象，如图3-14所示。由于缩颈处横截面显著减小，使得试件继续变形的拉力反而减小，直至试件被拉断。ef 段称为局部变形阶段。

图3-13　滑移线

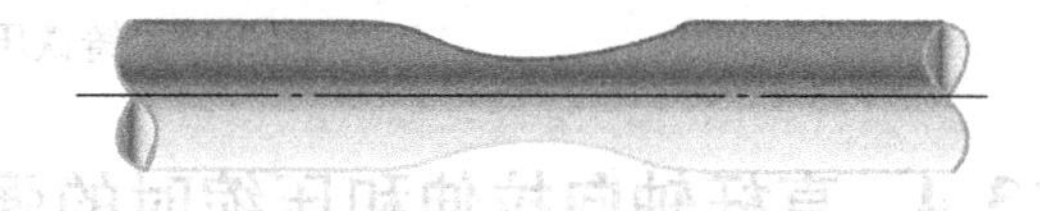

图3-14　缩颈现象

2. 铸铁的拉伸

如图3-15所示，从灰铸铁拉伸时的 R-A 曲线可以看出，从开始至试件拉断，应力和应变都很小，没有屈服阶段和缩颈现象，没有明显的直线段。拉断时的最大应力 R_m 称为材料的强度极限。由于脆性材料的抗拉强度 R_m 很低，不宜用作受拉构件。

3. 低碳钢与铸铁的压缩

低碳钢压缩时的 R-A 曲线如图3-16所示。将此图与低碳钢拉伸的 R-A 曲线相比较（虚线所示），拉伸与压缩在屈服阶段以前基本一致。屈服阶段后，试件越压越扁，形成“鼓形”，最后被压成“薄饼”而不发生断裂，曲线上升不到抗拉强度 R_m，所以低碳钢压缩时无强度极限。

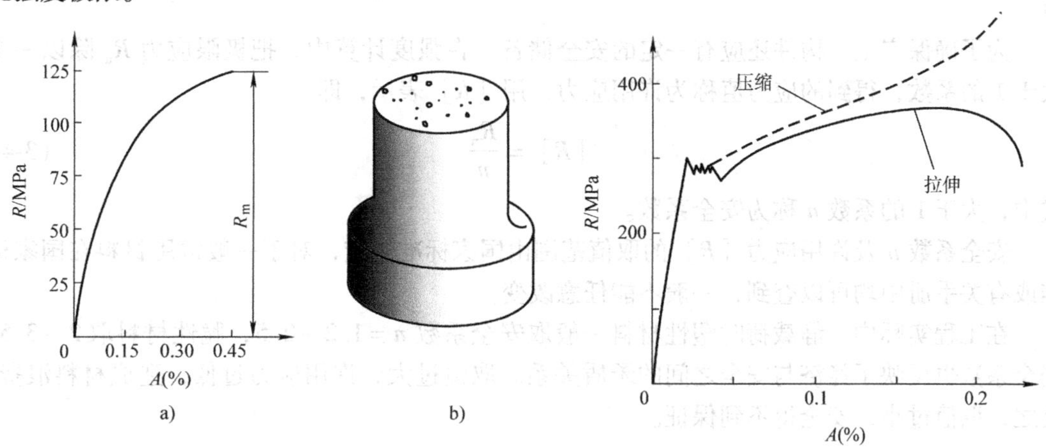

图3-15　铸铁拉伸时的 R-A 曲线
a）R-A 曲线图　b）破坏断口

图3-16　低碳钢压缩时的 R-A 曲线

铸铁是脆性材料，压缩时的 R-A 曲线如图3-17所示。

试样在较小变形时突然破坏，压缩时的强度极限远高于拉伸强度极限（约为3～6倍），

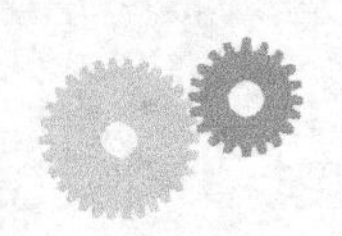

破坏断面与横截面大致成45°~55°的倾角，根据应力分析，铸铁压缩破坏属于剪切破坏。

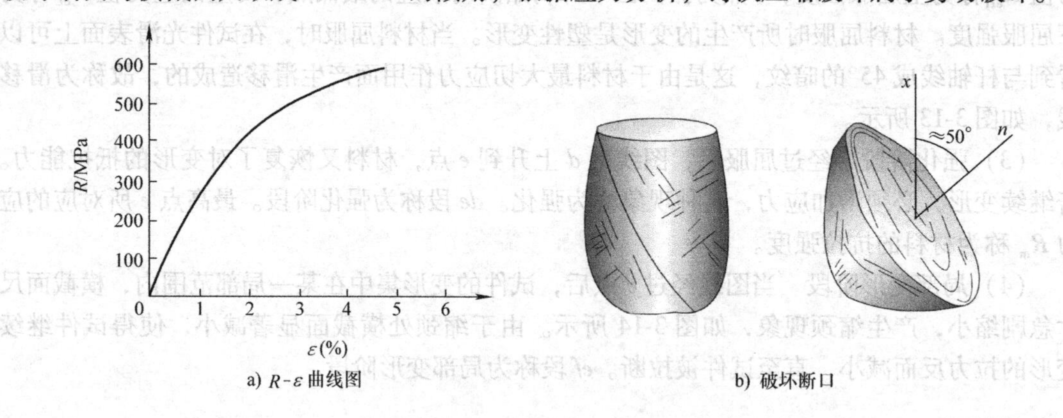

a) R-ε 曲线图　　b) 破坏断口

图3-17　铸铁压缩时的 R-A 曲线

*3.4　直杆轴向拉伸和压缩时的强度计算

3.4.1　极限应力

对于塑性材料，当应力达到下屈服强度 R_{eL} 时，构件已发生明显的塑性变形，影响其正常工作，称之为失效。因此把下屈服强度作为塑性材料的极限应力，对于脆性材料，直到断裂也无明显的塑性变形，断裂是失效的唯一标志，因而把抗拉强度 R_m 作为脆性材料的极限应力。

根据失效的准则，将下屈服强度与抗拉强度通称为极限应力，用 R_u 表示。

3.4.2　许用应力和安全系数

为了保障构件在工作中有足够的强度，构件在载荷作用下的工作应力必须低于极限应力。

为了确保安全，构件还应有一定的安全储备。在强度计算中，把极限应力 R_u 除以一个大于1的系数，得到的应力值称为许用应力，用［R］表示，即

$$[R]=\frac{R_u}{n} \tag{3-4}$$

式中，大于1的系数 n 称为安全系数。

安全系数 n 及许用应力［R］的取值范围由国家标准规定，对于一般常用材料在国家标准或有关手册中均可以查到，一般不能任意改变。

在工程实际中，静载荷时塑性材料一般取安全系数 $n=1.2\sim2.5$，脆性材料取 2~3.5。安全系数也反映了经济与安全之间的矛盾关系。取值过大，许用应力过低，造成材料浪费。反之，取值过小，安全得不到保证。

3.4.3　强度条件

为了保障构件安全工作，构件内最大工作应力必须小于许用应力，即

$$R_{max}=\left(\frac{F_N}{S}\right)_{max}\leqslant[R] \tag{3-5}$$

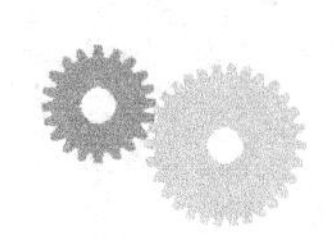

上式即为拉压杆的强度条件。对于等截面拉压杆，表示为

$$R_{max} = \frac{F_{N.max}}{S} \leqslant [R] \tag{3-6}$$

例 3-2　如图 3-18 所示，起重吊钩的上端借螺母固定，若吊钩螺栓内径 d = 55mm，F = 170kN，材料许用应力 $[R]$ = 160MPa。试校核螺栓部分的强度。

解　计算螺栓内径处的面积

$$S = \frac{\pi d^2}{4} = \frac{\pi \times 55^2 \text{mm}^2}{4^2} = 2375.8\text{mm}^2$$

$$R = \frac{F_N}{S} = \frac{170 \times 10^3 \text{N}}{2375\text{mm}^2} = 71.56\text{MPa}$$

$$< [R] = 160\text{MPa}$$

吊钩螺栓部分安全。

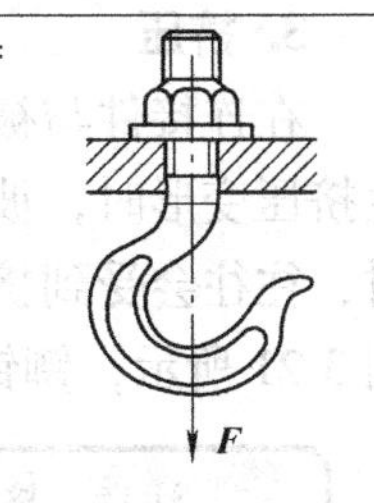

图 3-18　例 3-2 图

3.5　连接件的剪切与挤压

3.5.1　剪切与挤压的概念

1. 剪切

如图 3-19 所示，钢筋被剪裁时，剪床的上、下切削刃以大小相等、方向相反、作用线相距很近的两个力 **F** 作用，迫使钢板在 m-m 截面的左右两部分沿此截面发生相对错动。构件的这种变形形式称为剪切变形，简称剪切。

受剪零件的受力特点是：杆件两侧作用有大小相等、方向相反、作用线相距很近的外力；变形特点是：构件在两外力作用线间截面发生错动，使两力作用线间的小矩形变成了歪斜的平行四边形。

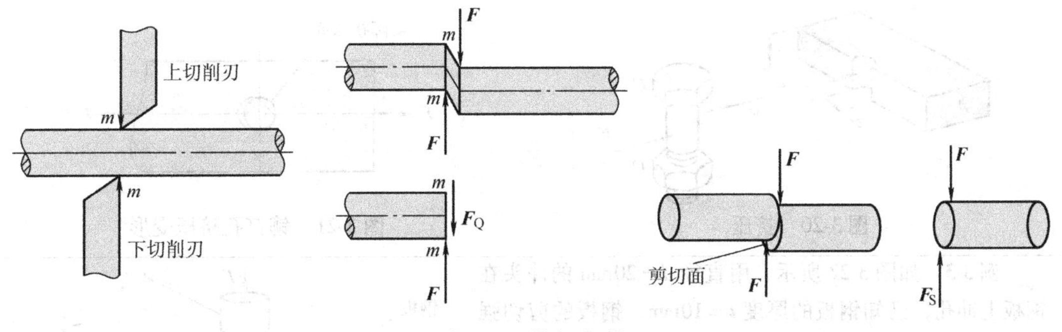

图 3-19　剪切变形

2. 剪力及切应力

剪切时产生相对错动的截面称为剪切面。剪切面平行于外力的作用线，且在两个反向外力的作用线之间。剪切产生时被剪构件截面的内力称为剪力，用 $\boldsymbol{F}_S$ 表示。剪力可根据截面法求出，大小与外力相等且与该受力截面相切。剪力的单位是牛（N）或千牛（kN）。

切应力表示沿剪切面上应力分布的程度，即单位面积上所受的剪力，用 τ 表示。由于剪切面附近变形复杂，切应力在剪切面上的分布规律难以确定，因此工程实际中一般近似地认为：剪切面上的应力分布是均匀的，即

$$\tau = \frac{F_S}{S} \tag{3-7}$$

切应力的方向与剪力相同。切应力的单位是帕（Pa）或兆帕（MPa）。

3. 挤压

在连接件与被连接件间传递压力的接触面上，发生相互压紧的现象称为挤压。在构件发生挤压变形时，彼此相互接触压紧的表面称为挤压面。如图 3-20 所示，构件发生剪切变形时，往往会受到挤压作用。当挤压力很大时，作用面将可能产生塑性变形、压碎或压扁。如图 3-21 所示，铆钉孔被铆钉压成长圆孔。

> 注意：挤压变形和压缩变形是不同的两个概念。压缩是杆件的均匀受压，挤压则是在联接件的局部接触区域的受压现象。

4. 挤压力及挤压应力

构件发生挤压变形时彼此相互挤压的作用力称为挤压力。挤压面上单位面积所受的挤压力称为挤压应力，即

$$\sigma_B = \frac{F_B}{S_B} \tag{3-8}$$

在圆柱表面上，挤压应力分布并不均匀。因此，在工程实际中采用近似算法，用直径截面代替挤压面，即

$$S_B = Ld \tag{3-9}$$

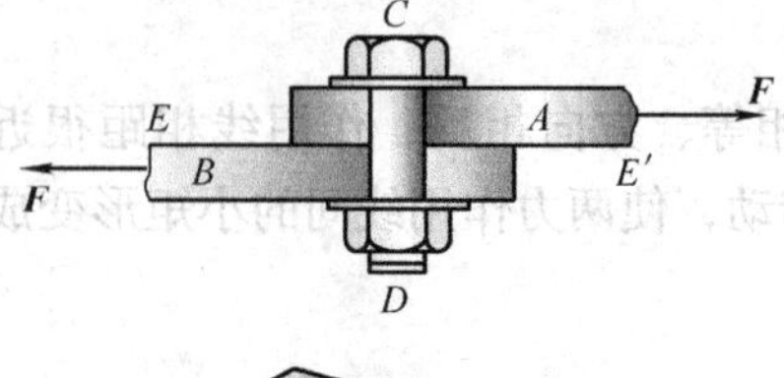

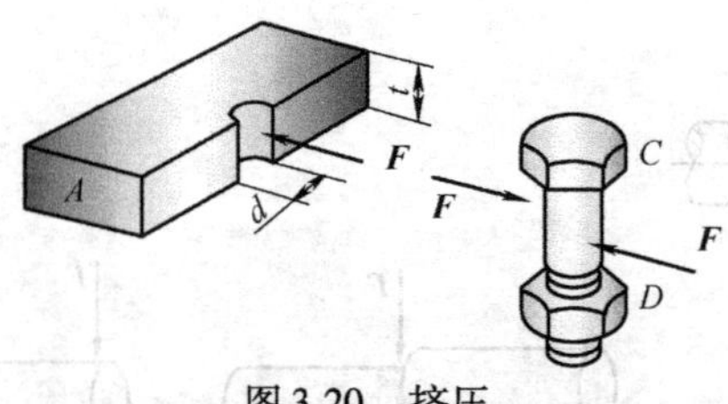

图 3-20　挤压

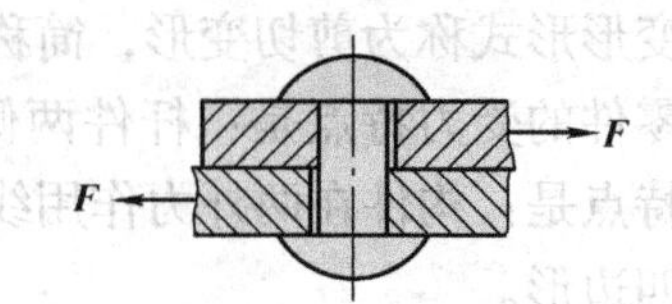

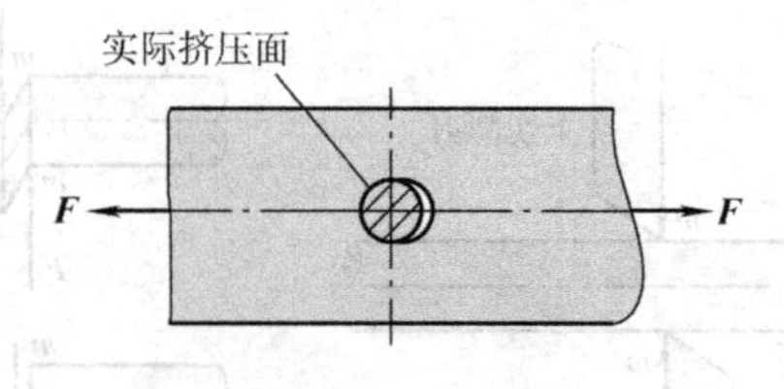

图 3-21　铆钉孔挤压变形

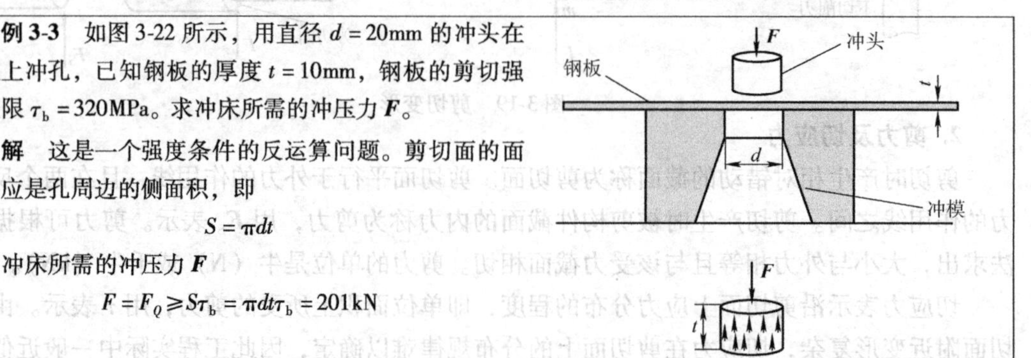

例 3-3　如图 3-22 所示，用直径 $d = 20\text{mm}$ 的冲头在钢板上冲孔，已知钢板的厚度 $t = 10\text{mm}$，钢板的剪切强度极限 $\tau_b = 320\text{MPa}$。求冲床所需的冲压力 $\boldsymbol{F}$。

解　这是一个强度条件的反运算问题。剪切面的面积，应是孔周边的侧面积，即

$$S = \pi dt$$

冲床所需的冲压力 $\boldsymbol{F}$

$$F = F_Q \geqslant S\tau_b = \pi dt\tau_b = 201\text{kN}$$

图 3-22　例 3-3 图

3.5.2　联接件的受剪面与受挤面判断

1. 联接件的概念

在构件连接处起连接作用的部件称为联接件。如图 3-23 所示，图 a 所示联接件为螺栓，图 b 所示联接件为铆钉，都起着传递载荷的作用。螺栓和铆钉受到剪切，而被联接件则受到挤压。图 c 为键联接，起传递转矩的作用，键受到剪切，齿轮和轴受到挤压。更多知识详见第 5 章。

2. 联接件的受剪面与受挤面判断

依据概念可对联接件的受剪面与受挤面进行判断。

如图 3-19 所示，*m-m* 面为受剪面。

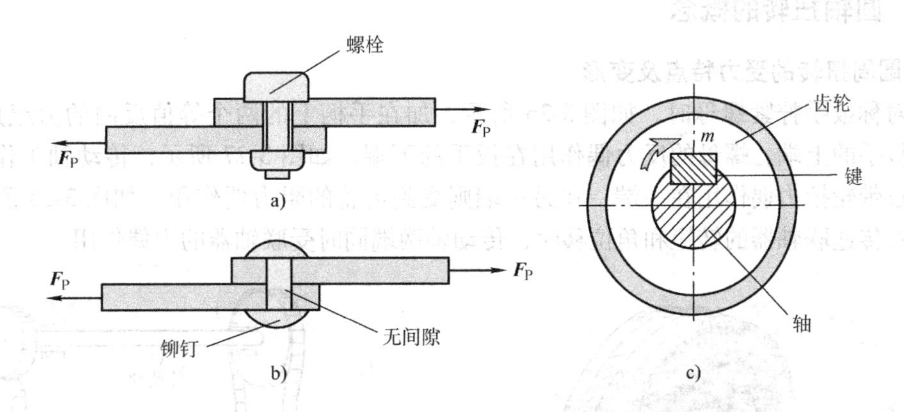

图 3-23　联接件的受力情况

图 3-24 所示为齿轮与轴的普通平键联接，在传递转矩的过程中，平键右侧面的下半部分与轴槽压紧，左侧面的上半部分则与轮毂槽压紧，则平键两侧面为受挤面。在键的两侧面上分别受到外力的合力 $\boldsymbol{F}_P$ 的作用，平面 *m-m* 为受剪面。

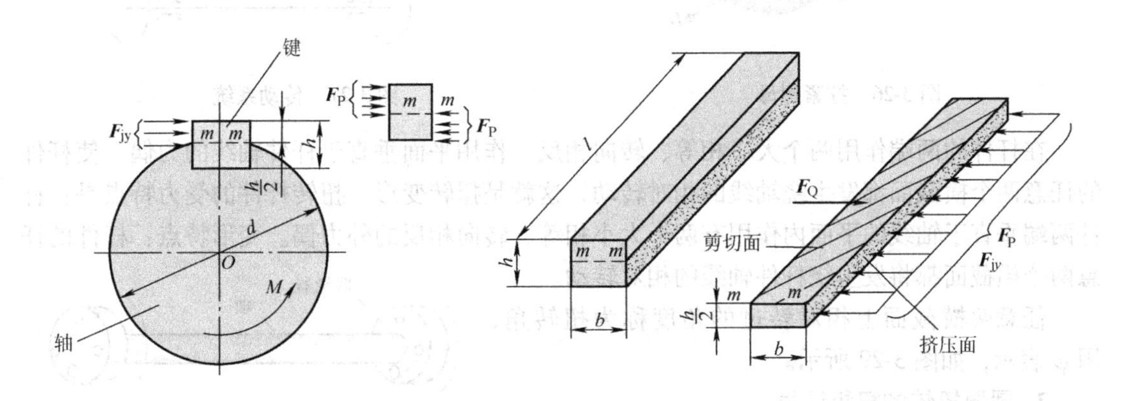

图 3-24　平键的受剪面与受压面判断

图 3-25 所示为两构件的铆钉连接，其受剪面、受挤面的判断与普通平键相似。在传递载荷的过程中，铆钉右侧面的下半部分、左侧面的上半部分都与被连接构件压紧，为受挤面。在铆钉的两侧面上分别受到外力的合力 $\boldsymbol{F}_P$ 的作用，平面 *m-m* 为受剪面。

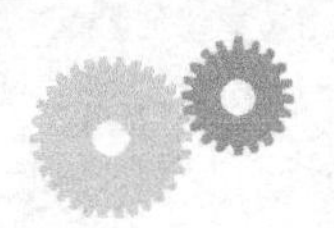

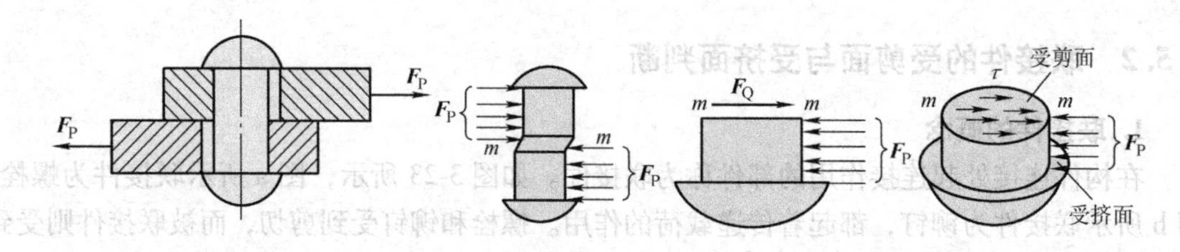

图 3-25　铆钉的受剪面与受挤面判断

3.6　圆轴扭转

3.6.1　圆轴扭转的概念

1. 圆周扭转的受力特点及变形

用对称扳手拧紧螺母时，如图 3-26 所示，加在手柄上的两个等值反向的力组成力偶，作用于扳手的上端，螺母的反力偶作用在扳手的下端。如图 3-27 所示，传动轴工作时，电动机通过带轮把力偶作用在一端，在另一端则受到齿轮的阻力偶作用。如图 3-28 所示的传动轴，在传递联轴器的转矩和角位移时，传动轴两端同时受联轴器的力偶作用。

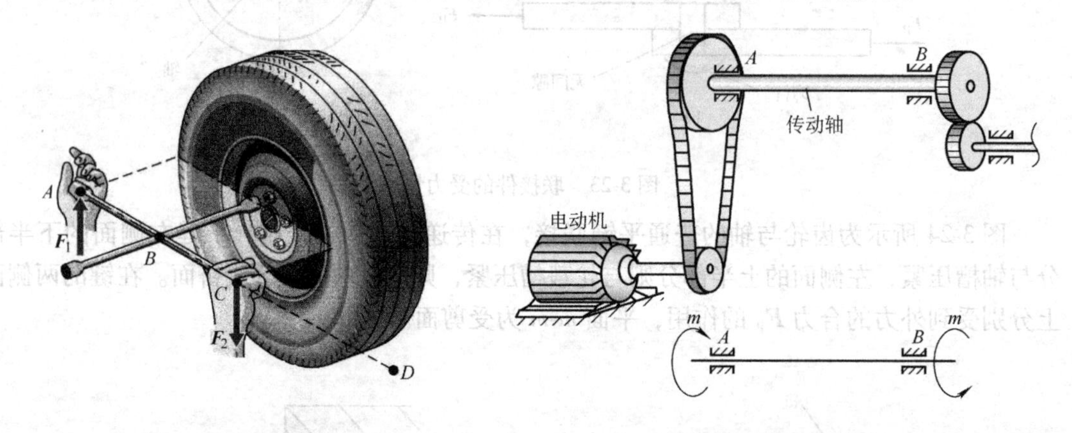

图 3-26　拧紧螺母　　　　图 3-27　传动系统

在杆件的两端作用两个大小相等、转向相反、作用平面垂直于杆件轴线的力偶，使杆件的任意两个横截面都发生绕轴线的相对转动，这就是扭转变形。扭转杆件的受力特点是：杆件两端垂直于轴线的平面内作用有两个大小相等、转向相反的外力偶。变形特点：杆件的任意两个横截面都将发生绕杆件轴线的相对转动。

任意两横截面上相对转过的角度称为扭转角，用 φ 表示，如图 3-29 所示。

2. 圆周扭转的扭矩计算

圆轴扭转时横截面上的内力称为扭矩。对于传动轴等转动构件，其扭矩计算公式为

$$M = \frac{60 \times 1000 N_P}{2\pi n} \approx 9550 \frac{N_P}{\pi} \quad (3\text{-}10)$$

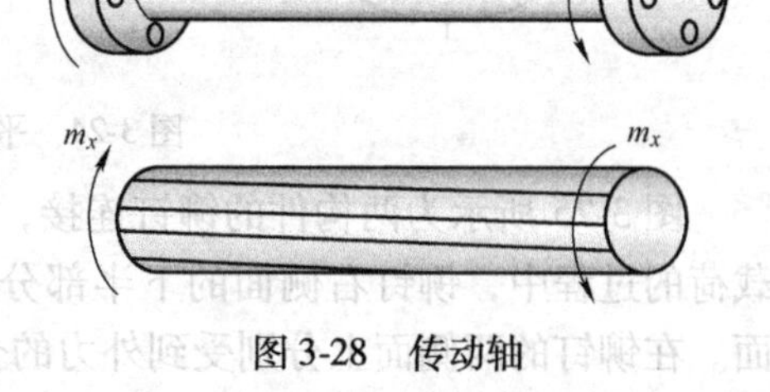

图 3-28　传动轴

式中，N_p 为传动轴传递的功率（kW）；n 为转速（r/min）。

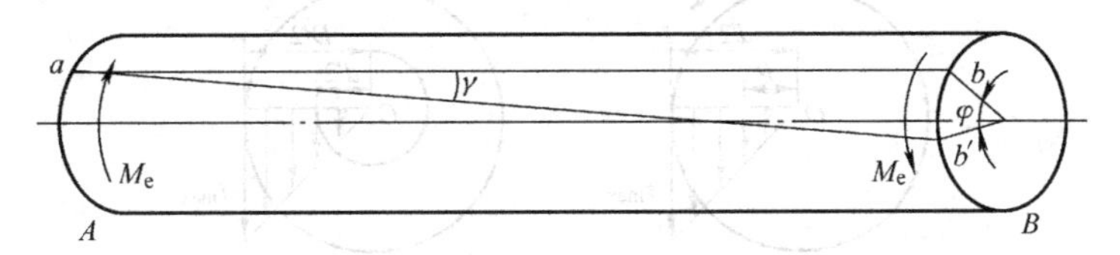

图 3-29　扭转角

扭矩的符号按右手螺旋法则确定：右手的四指沿着扭矩的旋转方向卷曲，当大拇指的指向与该扭矩作用截面的外法线方向一致时，扭矩为正，反之为负，如图 3-30 所示。

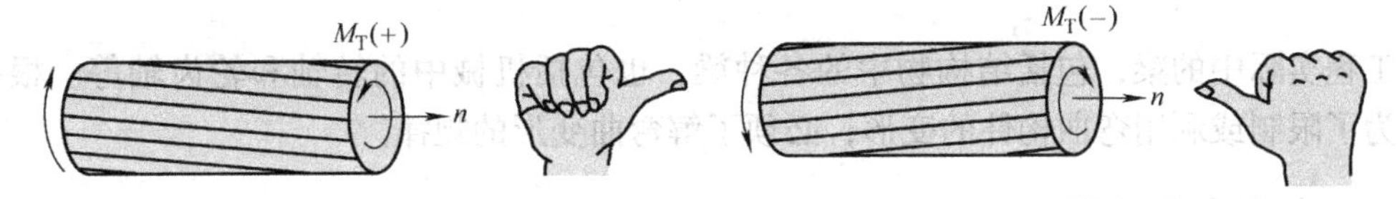

图 3-30　扭矩的方向

*3. 6. 2　圆轴扭转时横截面上切应力的分布规律

1. 扭转现象与假设

如图 3-31 所示，在圆轴的表面上画出很多等距的圆周线及与轴线平行的纵向线，形成大小相等的矩形方格。当圆周扭转变形时，我们看到：①各圆周线绕轴线转动了不同的角度，但其形状、大小及圆周线之间的距离均无变化；②所有纵向线仍近似地为直线，只是同时倾斜了同一角度，矩形变成了平行四边形。

由以上的观察，可得出圆周扭转时的基本假设：圆轴扭转时，圆轴的横截面始终为平面，形状、大小都不改变，只有相对轴线的微小扭转变形，因此扭转变形可以看作是各横截面像刚性平面一样，绕轴线作相对转动。

由此可以得出：①扭转变形时，由于圆轴相邻横截面间的距离不变，即圆轴没有纵向变形发生，所以横截面上没有正应力。②扭转变形时，各纵向线同时倾斜了相同的角度；各横截面绕轴线转动了不同的角度，相邻截面产生了相对转动并相互错动，发生了剪切变形，所以横截面上有切应力。

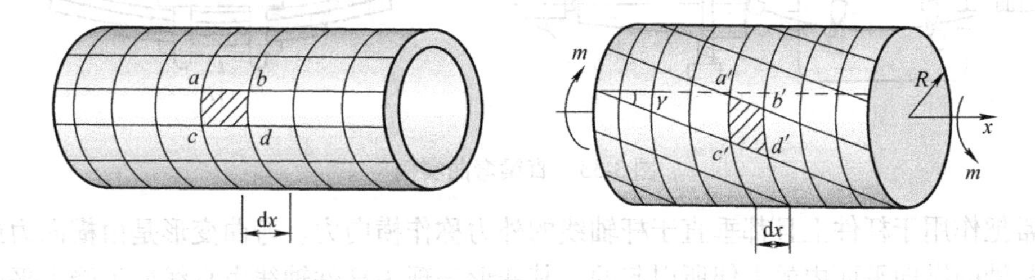

图 3-31　扭转现象

2. 切应力分布规律

圆轴横截面上任意一点的切应力与该点到圆心的距离成正比，方向与过该点的半径垂直。在横截面外表面处切应力最大，在圆心处切应力为零。应力分布规律如图 3-32 所示。

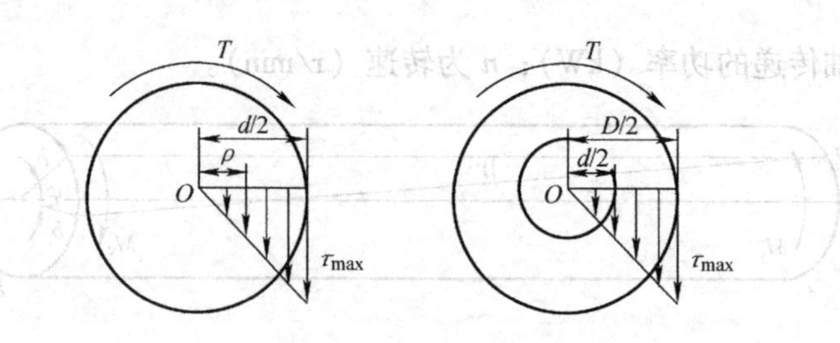

图 3-32　切应力分布规律

3.7　直梁弯曲

工程实际中的梁，包括结构物中的各种梁，也包括机械中的转轴和轮齿轴等。根据需要，为了限制或利用弯曲构件的变形，必须了解弯曲变形的规律。

3.7.1　直梁弯曲的概念

1. 直梁弯曲的实例及基本概念

工程实际中，存在大量的受弯曲杆件，如桥式起重机大梁、火车轮轴、车床主轴及汽车轮轴上的叠板弹簧等，如图 3-33 所示。在横向力作用下，杆的轴线由直线变成曲线的变形形式成为弯曲变形，以弯曲变形为主的杆件称为梁。梁的受力特点是在轴线平面内受到力偶矩或垂直于轴线方向的外力的作用。

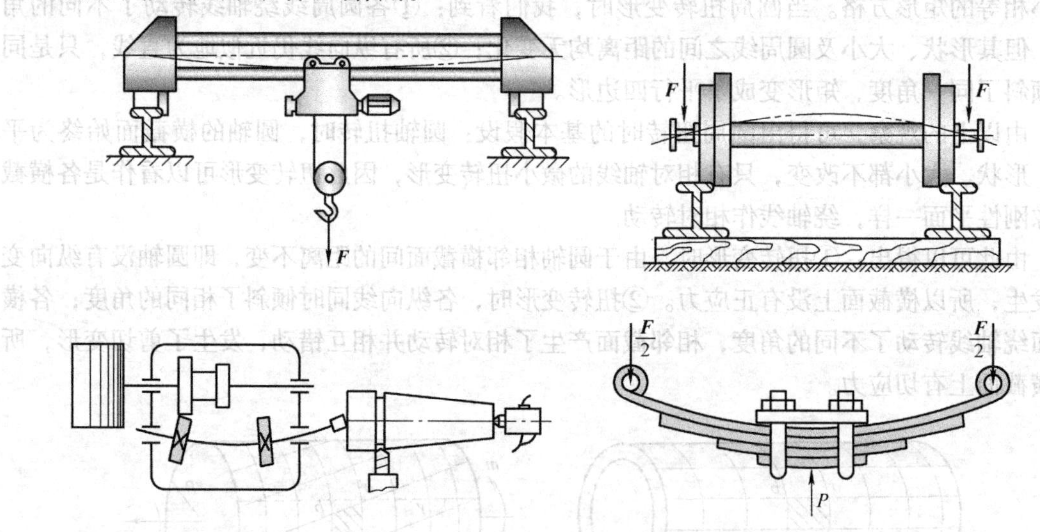

图 3-33　直梁弯曲实例

通常把作用于杆件上且都垂直于杆轴线的外力称作横向力。弯曲变形是由横向力或作用于包含杆轴的纵向平面内的力偶所引起的，其变形表现为杆件轴线由直线变为受力平面内的曲线。

只有弯曲作用而没有剪力作用的梁，称为纯弯曲梁，如图 3-34 所示。

轴线是直线的称为直梁，轴线是曲线的称为曲梁。有对称平面的梁称为对称梁，如图 3-35 所示。没有对称平面的梁称为非对称梁。

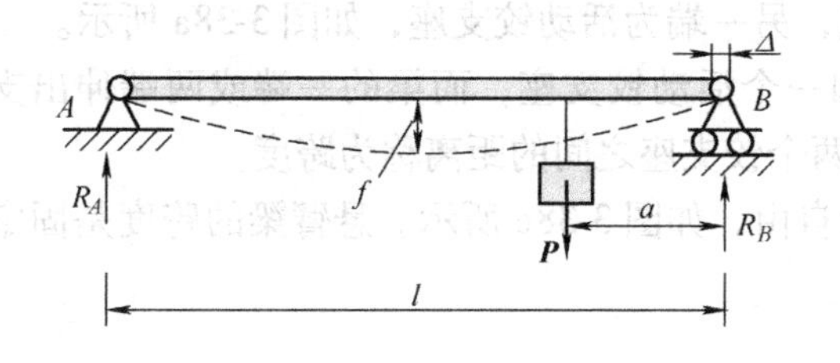

图 3-34　纯弯曲梁

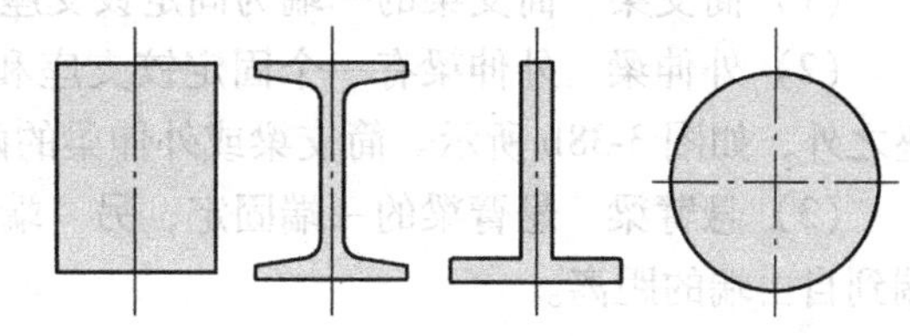

图 3-35　对称梁

有对称截面的梁，其横截面至少有一个对称轴，对称轴与轴线组成的平面构成一个纵向对称面。若梁上所有外力都作用在纵向对称面内，则梁弯曲变形后，其轴线形成的曲线也在该平面内。把这种梁的弯曲变形叫做平面弯曲，如图 3-36 所示。与平面弯曲对应，若梁不具有纵向对称面，或梁有纵向对称面，但外力并不作用在纵向对称面内，把这种变形叫做非对称弯曲。

2. 梁的载荷

梁的载荷在实际工程中归纳为集中力、分布载荷及集中力偶三类。

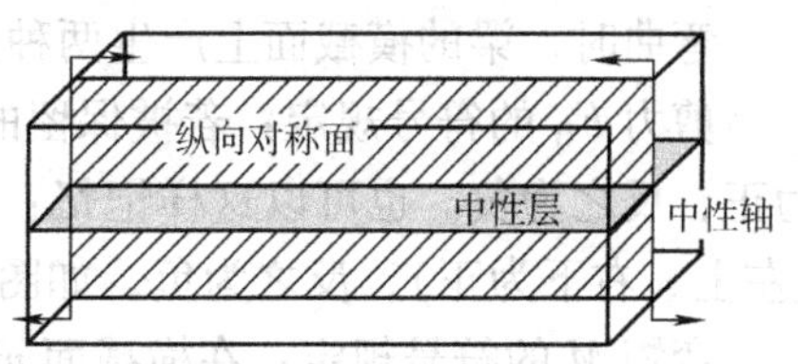

图 3-36　平面弯曲

（1）集中力（或集中载荷）　当外力在梁上的分布范围远远小于梁的长度时，便可简化为作用于一点的集中力，称为集中力或集中载荷，如图 3-37a 所示。其单位为牛（N）或千牛（kN），如车刀所受的切削力便可视为集中力 $\boldsymbol{F}$。

（2）分布载荷　沿梁全长或部分长度连续分布的横向力。通常以沿梁轴每单位长度上所受的力，即载荷密度 q 来表示，其单位为牛/米（N/m）或千牛/米（kN/m）。如梁的自重、水坝受水的侧向压力等，均可视为分布载荷。常见的分布载荷有均布载荷及任意分布载荷两种，如图 3-37b、c 所示。

（3）集中力偶　当梁的某一小段内（其长度远远小于梁的长度）受到力偶的作用，可简化为作用在某一截面上的力偶，称为集中力偶。如图 3-37d 所示。对称面内受到力偶矩为 M 的集中力偶的作用。它的单位为牛·米（N·m）或千牛·米（kN·m）。

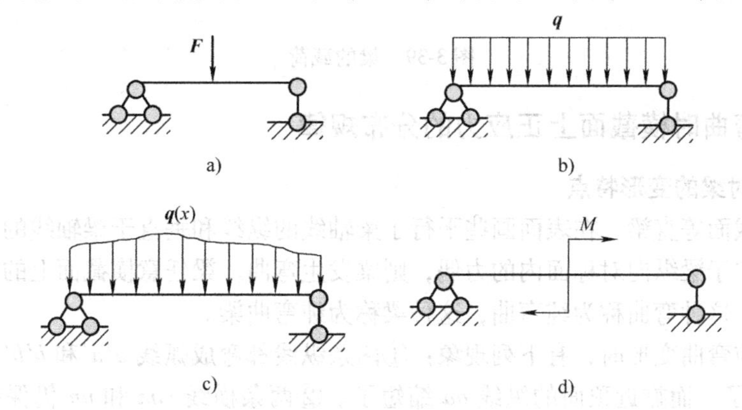

图 3-37　梁的载荷

3. 梁的基本形式

梁的支撑和受力很复杂，计算中常将梁简化为三种典型形式。

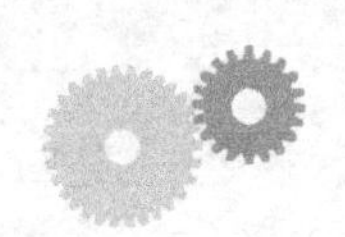

（1）简支梁　简支梁的一端为固定铰支座，另一端为活动铰支座，如图3-38a所示。

（2）外伸梁　外伸梁有一个固定铰支座和一个活动铰支座，而梁的一端或两端伸出支座之外，如图3-38b所示。简支梁或外伸梁的两个铰支座之间的距离称为跨度。

（3）悬臂梁　悬臂梁的一端固定，另一端自由，如图3-38c所示。悬臂梁的跨度是固定端到自由端的距离。

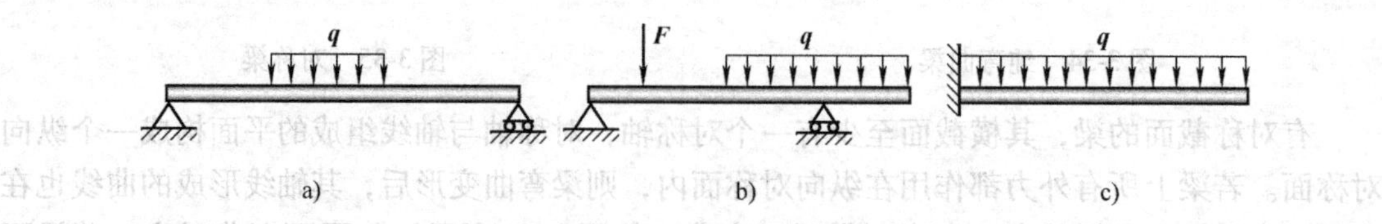

图3-38　梁的基本形式

4. 梁内力的符号规定

弯曲时，梁的横截面上产生两种内力：一个是剪力，一个是弯矩。

剪力 F_Q 的符号规定：若被保留的梁段的截面上的剪力 F_Q 对该截面作“顺时针转”则为正，反之为负。也可以这样记忆：截面的左段对右段向上相对错动时截面上的剪力为正(左上、右下为正)，反之为负，如图3-39a所示。

弯矩 M 的符号规定：在横截面 m-m 处弯曲变形向下凹时，这一横截面上的弯矩规定为正，反之为负，如图3-39b所示。

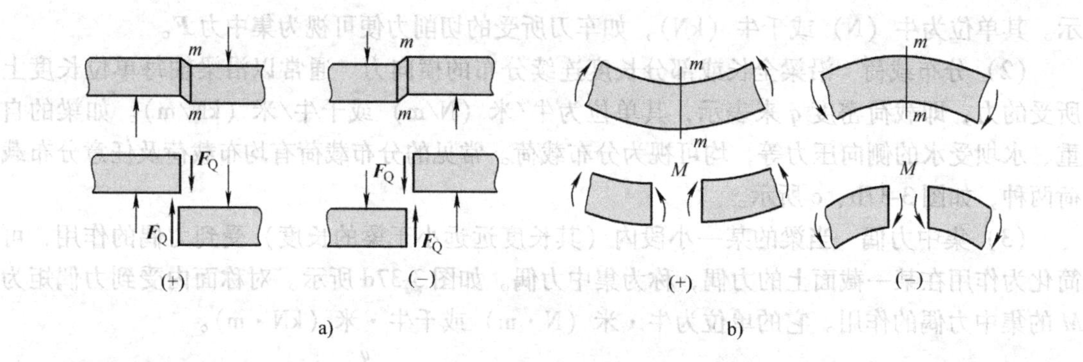

图3-39　梁的载荷

*3.7.2　纯弯曲时横截面上正应力的分布规律

1. 纯弯曲时梁的变形特点

取一矩形截面等直梁，在表面画些平行于梁轴线的纵线和垂直于梁轴线的横线。在梁的两端施加一对位于梁纵向对称面内的力偶，则梁发生弯曲。梁任意横截面上的内力如果只有弯矩而无剪力，这种弯曲称为纯弯曲，这种梁称为纯弯曲梁。

当梁发生纯弯曲变形时，有下列现象：①两条纵线都弯成弧线 $a'a'$ 和 $b'b'$，且靠近底面的纵线 bb 伸长了，而靠近顶面的纵线 aa 缩短了。②两条横线 mm 和 nn 仍保持为直线，只是相互倾斜了一个角度，但仍垂直于弯成曲线的纵线。③在纵线伸长区，梁的宽度减小；在纵线缩短区，梁的宽度增大。情况与轴向拉伸、压缩时的变形相似，如图3-40所示。

根据上述现象，可对梁的变形提出如下假设：①平面假设。梁弯曲变形时，其横截面仍

保持平面，且绕某轴转过了一个微小的角度。②单向受力假设。设梁由无数纵向纤维组成，则这些纤维处于单向受拉或单向受压状态。

可以看出，梁下部的纵向纤维受拉伸长，上部的纵向纤维受压缩短，其间必有一层纤维既不伸长也不缩短，这层纤维称为中性层。如图 3-41 所示，中性层和横截面的交线称为中性轴，即图中的 z 轴。在纯弯曲的条件下，所有横截面仍保持平面，只是绕中性轴作相对转动，横截面之间并无互相错动的变形，而每根纵向纤维则处于简单的拉伸或压缩的受力状态。

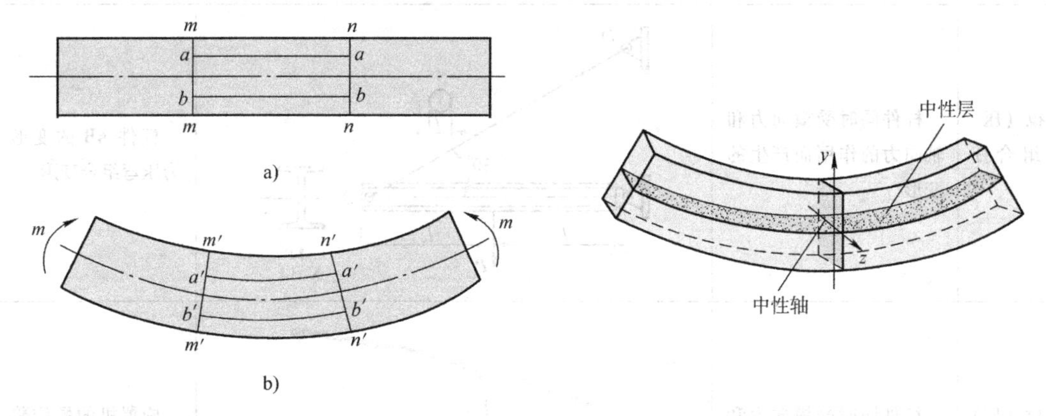

图 3-40　纯弯曲变形　　图 3-41　中性层

2. 梁纯弯曲时横截面上正应力的分布规律

如图 3-42 所示，梁纯弯曲时横截面上正应力的分布规律：①梁横截面上只有正应力而无切应力。②正应力沿截面高度按直线规律分布，即横截面上各点正应力的大小，与该点到中性轴的距离成正比。在中性轴处正应力为零，离中性轴最远的截面上正应力最大。③截面上的弯矩可以看成是整个截面上各点的内力对中性轴的力矩所组成。

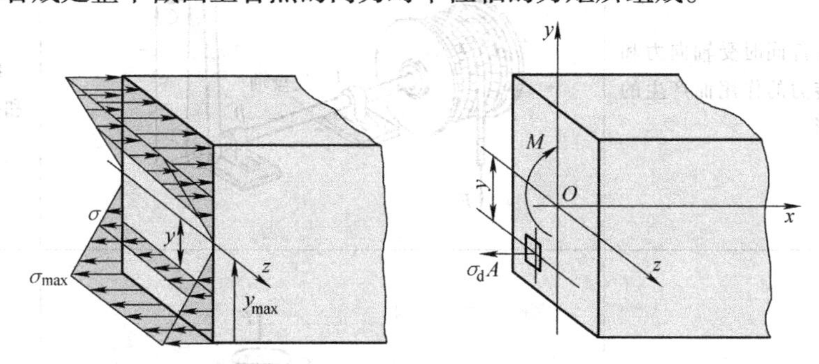

图 3-42　纯弯梁的正应力分布规律

*3.8　组合变形

3.8.1　组合变形的概念

前面几节分别介绍拉压、剪切、扭转及弯曲等四种基本变形，重点介绍了这些基本变形作用在杆件上的问题。但在工程实际中，在杆件上往往同时作用多种变形。构件在载荷作用

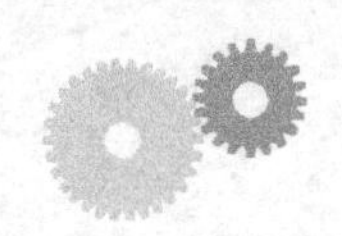

下，同时产生两种或两种以上的基本变形称为组合变形。例如斜弯曲，可以看作是相互垂直的两个平面弯曲的组合、轴向拉伸（压缩）与弯曲的组合，以及扭转和弯曲的组合等。

3.8.2 常见的组合变形

常见的组合变形见表 3-1。

表 3-1 常见的组合变形

名称	概念	例图	说明
拉（压）弯组合变形	杆件同时受横向力和轴向力的作用而产生的变形	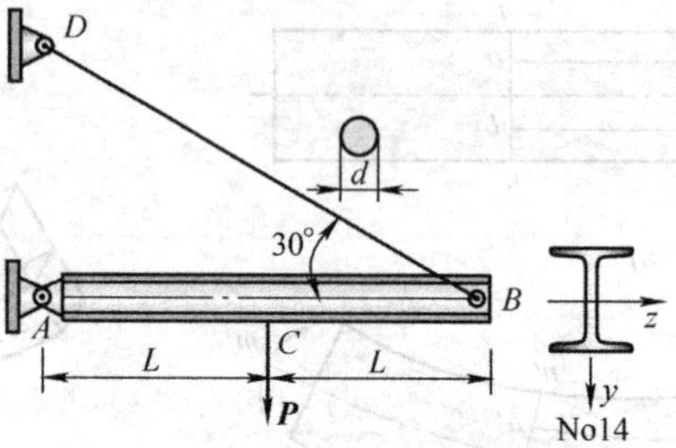	杆件 AB 的变形为压弯组合变形
拉（压）扭组合变形	杆件同时受横向力和扭转力的作用而产生的变形		旋翼机的螺旋桨轴的变形为压扭组合
弯扭组合变形	杆件同时受轴向力和扭转力的作用而产生的变形	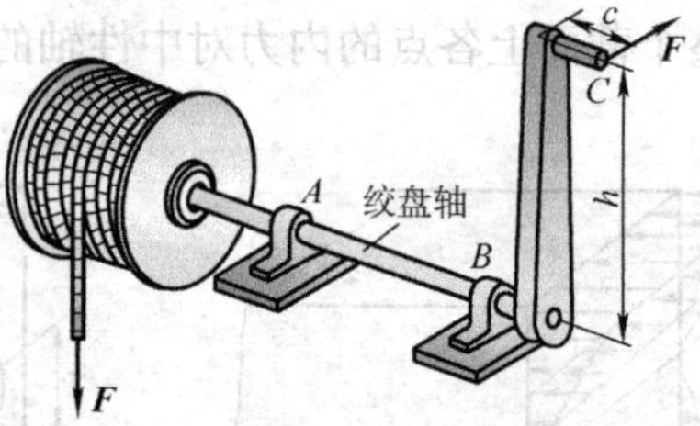	绞盘轴承受弯曲和扭转的组合变形
拉（压）弯扭组合变形	杆件同时受横向力、轴向力及扭转力的作用而产生的变形	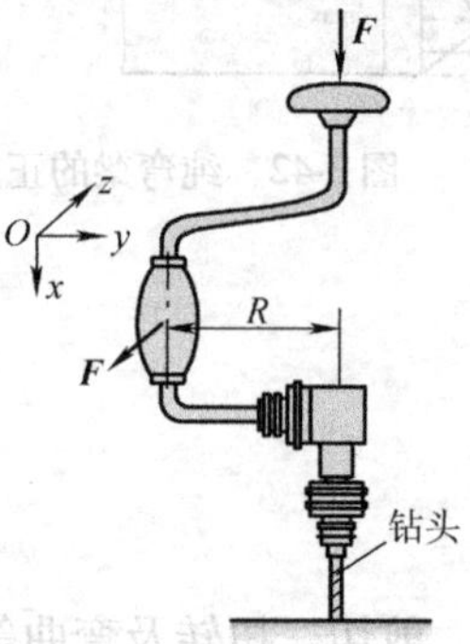	手摇钻钻头承受压缩、扭转和弯曲变形的组合

（续）

名称	概念	例图	说明
		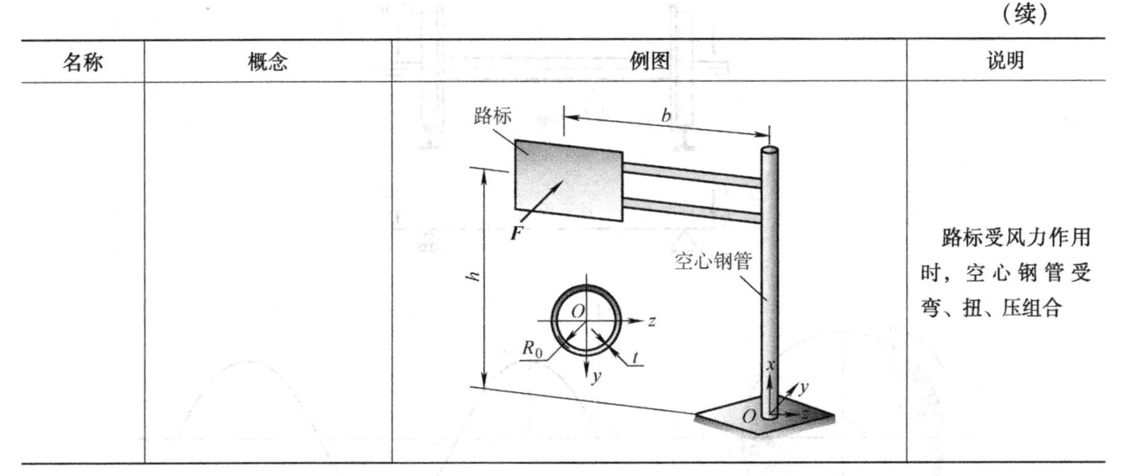	路标受风力作用时，空心钢管受弯、扭、压组合

*3.9　交变应力与疲劳强度

1. 交变应力的定义和实例

在工程实际中，有许多构件中的应力随时间而交替变化。我们称这种随时间作周期性变化的应力为交变应力。

如图3-43所示的齿轮啮合时，作用于轮齿上的力 **F** 的大小、方向和作用点不断改变，使齿根 A 点处的弯曲应力由零迅速增到最大值，当一对啮合的齿脱开时，此处的应力迅速减为零。齿轮每旋转一周，对应的轮齿啮合一次。齿轮不停的旋转，应力也就不停地重复上述过程。

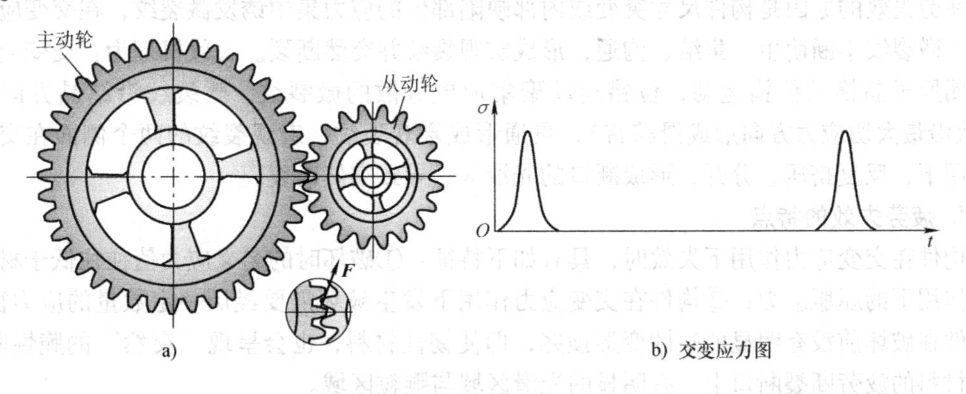

图3-43　轮齿受交变应力作用

火车轮轴如图3-44所示。火车轮轴所受的载荷 **F** 来自车厢，载荷 **F** 的大小和方向基本上不随时间改变（即弯矩基本不随时间改变）。由于车轴本身在旋转，其横截面上任一点 A 的位置（即到中性轴的距离 y_A），将随时间作周期性变化，因此，该点处的弯曲应力必将随时间作周期性变化，它时而为拉，时而为压，时而为零，其大小按正弦曲线波动。

2. 疲劳破坏

材料若长期处于交变应力下，即使所受的应力远小于材料的屈服极限，也可能导致构件的突然破坏，且断裂前无明显的塑性变形。这种现象称为疲劳失效。尤其是在飞机、矿山等

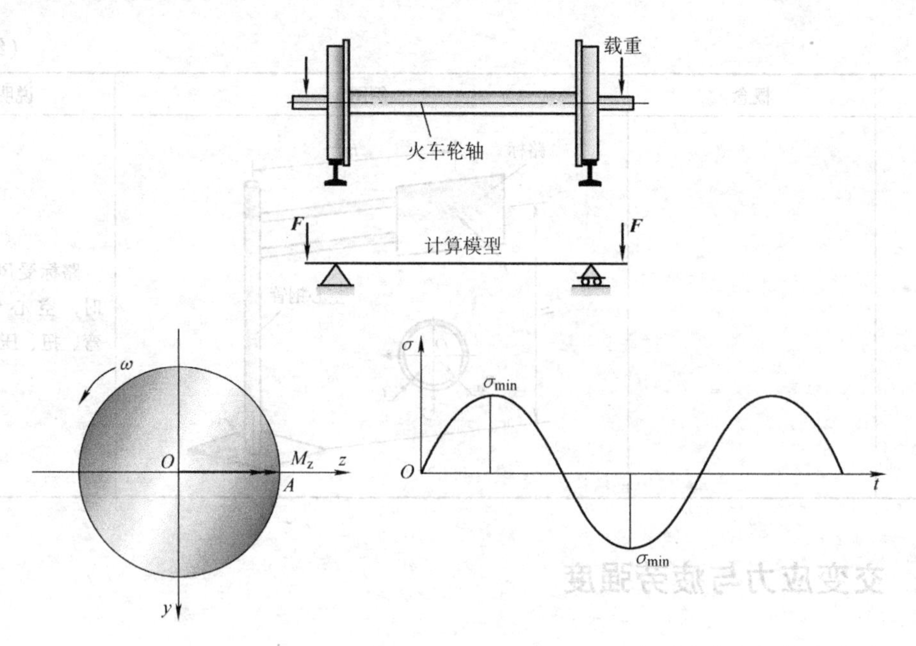

图 3-44　火车轮轴受交变应力作用

的结构中，大约有 80% 以上的事故是由疲劳破坏所致。持久极限是交变应力作用下经过无数次变化而不使构件产生破坏的最大应力值。

对称循环下构件疲劳强度计算的关键是确定其持久极限。如果构件危险点处的最大工作应力小于许用应力，持久极限除以安全系数等于许用应力，则构件不会发生疲劳失效。

3. 疲劳失效的机理

疲劳失效的原因是构件尺寸突变或内部缺陷部位的应力集中诱发微裂纹；在交变应力作用下，微裂纹不断萌生、集结、沟通，形成宏观裂纹并突然断裂。失效机理为：交变应力引起金属原子晶格的位错运动，位错运动聚集形成分散的微裂纹，微裂纹沿结晶方向扩展（大致沿最大切应力方向形成滑移带），贯通形成宏观裂纹，宏观裂纹的两个侧面在交变载荷作用下，反复挤压、分开，形成断口的光滑区，导致突然断裂。

4. 疲劳失效的特点

构件在交变应力作用下失效时，具有如下特征：①破坏时的名义应力值往往低于材料在静载作用下的屈服应力；②构件在交变应力作用下发生破坏需要经历一定数量的应力循环；③构件在破坏前没有明显的塑性变形预兆，即使韧性材料，也会呈现“突然”的脆性断裂，金属材料的疲劳断裂断口上，有明显的光滑区域与颗粒区域。

*3.10　压杆稳定

细长的受压杆当压力达到一定值时，受压杆可能突然弯曲而破坏，即产生失稳现象，如图 3-45 所示。由于受压杆失稳后将丧失继续承受原设计荷载的能力，而失稳现象又常是突然发生的，所以，结构中受压杆件的失稳常造成严重的后果，甚至导致整个结构物的倒塌。工程上出现较大的工程事故中，有相当一部分是因为受压构件失稳所致，因此对受压杆的稳定问题绝不容忽视。显然，承载结构中的受压杆件绝对不允许失稳。如图 3-46 所示，撑杆

跳高运动员跳高使用的撑杆、斜拉桥中的立柱等在设计时必须要考虑压杆稳定问题。

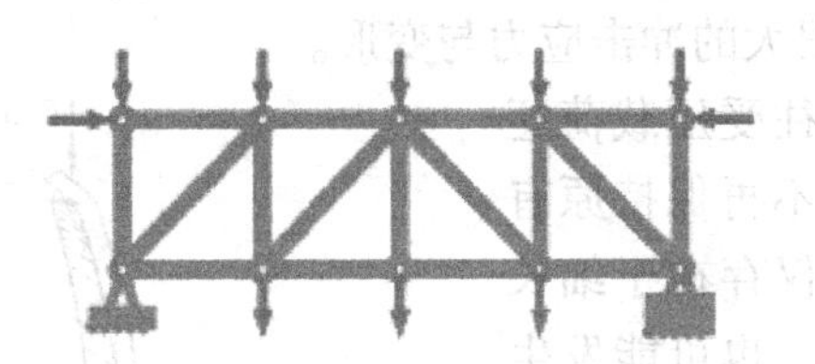

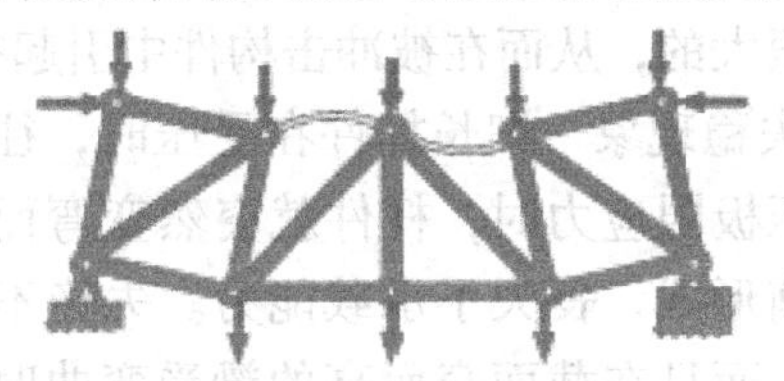

图 3-45　失稳现象

图 3-46　生活中的压杆稳定

1. 压杆稳定

所谓压杆的稳定，是指受压杆件其平衡状态的稳定性。若处于平衡的构件，当受到一微小的干扰力后，构件偏离原平衡位置，而干扰力解除以后，又能恢复到原平衡状态时，这种平衡称为稳定平衡。当压杆处于不稳定的平衡状态时，就称为丧失稳定或简称失稳，如图 3-47 所示。

2. 临界压力

当轴向压力大于一定数值时，杆件有一微小弯曲，一侧加一微小干扰就有一变形。任一微小挠力去除后，杆件不能恢复到原直线平衡位置，则称原平衡位置是不稳定的，此压力的极限值为临界压力。

由稳定平衡过渡到不稳定平衡的压力的临界值称为临界压力（或临界力），以 $\boldsymbol{F}_{CR}$ 表示。

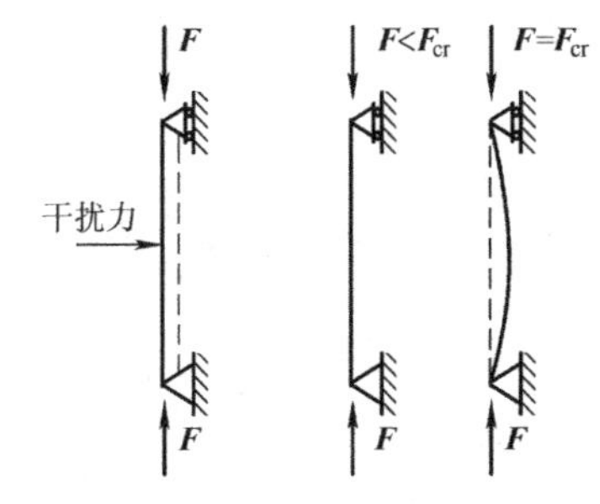

图 3-47　压杆的受力分析

3. 屈曲

受压杆在某一平衡位置受任意微小挠动，转变到其他平衡位置的过程叫屈曲或失稳。

4. 杆件变形的影响因素

（1）交变载荷　很多构件所承受的载荷随时间作周期性的变化，这种载荷称为交变载荷。例如，当两齿轮接触转动时，齿根处所受的应力是弯曲正应力。齿轮每转一周，此力就对齿根作用一次。显然，齿轮旋转时齿轮齿根部将受到周期性的交变载荷的作用。这种交变载荷的作用将使杆件发生疲劳损伤。它是影响杆件疲劳强度的主要因素。

（2）冲击载荷　在工程中，构件受冲击的很多，如气锤锻造工件、冲压加工、重锤打

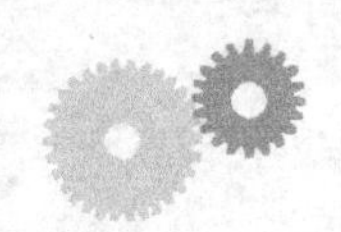

桩等。冲击过程中，速度在很短时间内发生急剧变化，有时降为零，使得加在被冲击物上的惯性力是很大的，从而在被冲击构件中引起很大的冲击应力与变形。

（3）失稳现象　细长杆件在受压时，往往受压载荷还没达到受压极限应力时，杆件就突然变弯而不再保持原有的直线平衡形式，丧失了承载能力。失稳不仅存在于细长压杆之中，而且在截面窄而高的梁受弯曲时，也可能发生侧弯加扭曲。图3-48所示为细长压杆的变形状态。工程实际中需考虑失稳性的构件很多，如连杆、千斤顶丝杠中受压杆件等。压杆失稳不仅使压杆本身失去了承载能力，同时导致整个机构破坏失效。

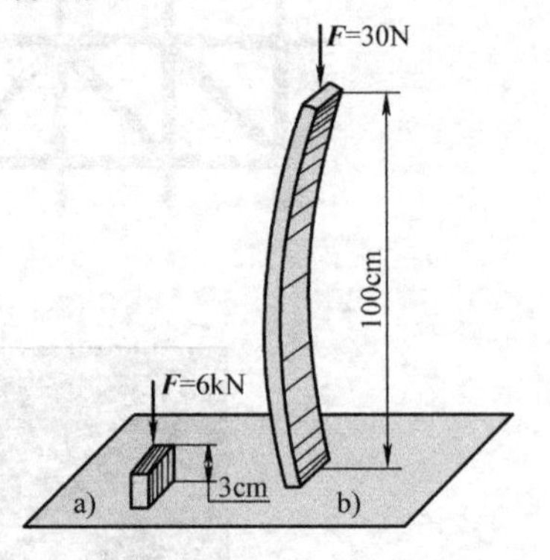

图3-48　细长压杆的变形状态

（4）应力集中　构件由于结构或工艺上的要求一般都是变截面的，并在截面改变处有过渡圆角，或者在杆件上开有键槽、油孔等。这些部位都会产生应力集中，因而在有应力集中处，尤其是在有交变载荷作用的情况下，杆件将发生疲劳破坏。

知识要点

1. 内力是由外力引起的，为构件内部之间的相互作用力。

2. 截面法是求内力的基本方法。截面法的步骤是先截开，暴露出内力，再利用平衡方程求内力。截面法的研究对象取左右部分均可，一般取外力较少的一侧为研究对象。

3. 应力是单位面积上的内力。应力实际上是内力在横截面上分布的集中程度，应力的单位是Pa，另外，常用的单位有MPa和GPa。

4. 当外力以不同方式作用在杆件上时，杆件的变形特点也不相同。轴向拉伸和压缩时的外力特点是合外力的作用线与杆件轴线重合；变形特点是杆件沿轴向伸长或缩短。

第4章 工程材料

工程材料是用于制造工程结构和机械零件并主要要求力学性能的结构材料。据统计，目前世界上的工程材料已达40多万种，并且以每年约5%的速度增加。各种材料的性能不同，用途也不相同，必须掌握和了解材料的分类、牌号、性能、应用范围等相关知识，才能正确地选择和使用好材料。例如：电动机外壳使用铸铁，转子采用硅钢，绕组使用铜合金导线，轴使用45钢等材料。

学习目标

◎ 了解常用钢和铸铁的分类、牌号、性能和应用；

◎ 了解常用有色金属材料、工程塑料和复合材料的分类、牌号和应用；

◎ 熟悉常用机械工程材料的选择及运用原则；

◎ 了解钢的热处理的目的、分类和应用。

4.1 黑色金属材料

铁及铁合金称为黑色金属，也就是钢和铸铁。

钢和铸铁都是以铁和碳两种元素为主所组成的铁碳合金。其中碳的质量分数（含碳量 w_C）小于2.11%的铁碳合金称为钢，其余为铸铁。

4.1.1 铸铁

铸铁是碳的质量分数（含碳量 w_C）大于2.11%的铁碳合金。根据碳在铸铁中的存在形式和形态不同，铸铁可分为白口铸铁、灰铸铁、可锻铸铁和球墨铸铁。

1. 灰铸铁

灰铸铁中的碳主要以片状石墨的形态存在，断口呈暗灰色，故称灰铸铁。

灰铸铁牌号：

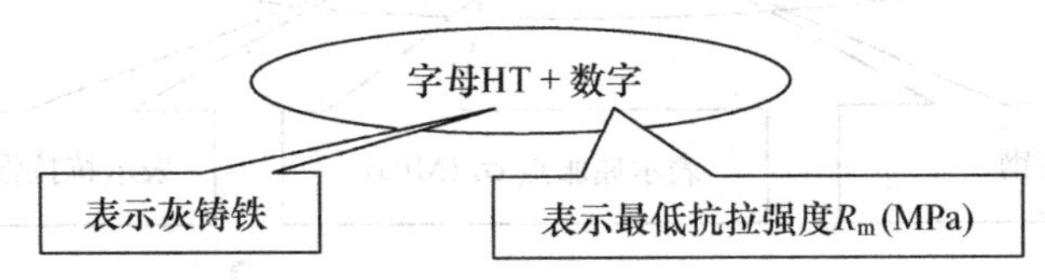

例如：HT150表示最低抗拉强度为 R_m = 150MPa的灰铸铁。

灰铸铁常用的热处理方法是去应力、退火、表面淬火，目的是减少铸件中的应力，提高铸件工作表面的硬度和耐磨性等。

2. 可锻铸铁

可锻铸铁强度较高，韧性好，并由此得名“可锻”，但实际上并不可锻。可锻铸铁分为黑心可锻铸铁和珠光体可锻铸铁。

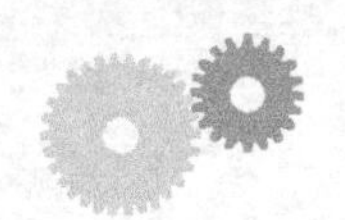

可锻铸铁的牌号：

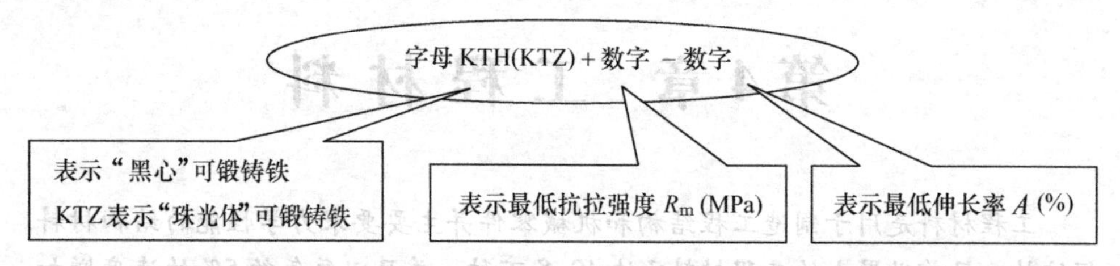

例如：KTH300—06 表示最低抗拉强度为 $R_m = 300$MPa，$A = 6\%$ 的黑心可锻铸铁。

3. 球墨铸铁

铸铁在浇注之前，往铁液中加入一定量的球化剂（稀土镁合金等）和孕育剂（硅铁或硅钙合金），使铸铁中的石墨呈球状析出的铸铁被称为球墨铸铁。球墨铸铁的力学性能比灰铸铁和可锻铸铁都高，其抗拉强度、塑性、韧性与相应基体组织的铸钢相近，而成本接近于灰铸铁，并保留了灰铸铁的优良性能。

球墨铸铁的牌号：

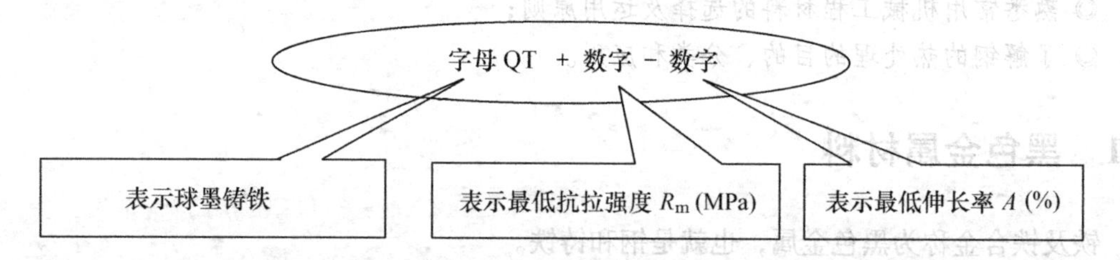

例如：QT400—18 表示最低抗拉强度为 $R_m = 400$MPa，最低伸长率 $A = 18\%$ 的球墨铸铁。

4. 铸钢

铸钢可以将熔炼好的钢液直接铸成零件或毛坯。铸钢分碳素铸钢和合金铸钢两种。碳素铸钢碳的质量分数（w_C）一般在 0.15% ~ 0.60%，合金铸钢是在碳素铸钢基础上加入锰、硅、铬、钼、钒、钛等合金元素。

铸钢的牌号：

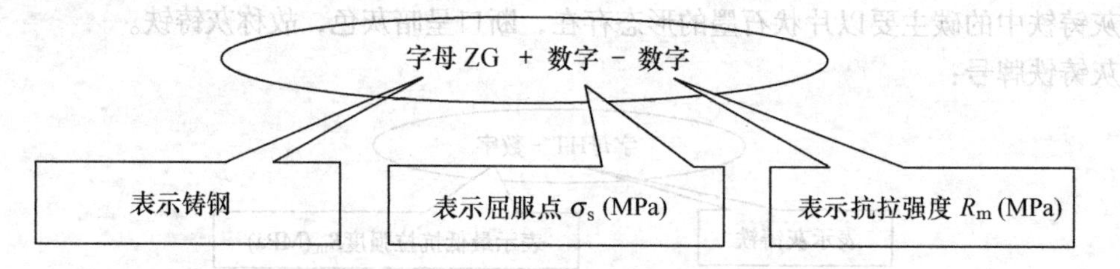

例如：ZG230—450 表示屈服点为 $\sigma_s = 230$MPa、抗拉强度为的 $R_m = 450$MPa 的碳素铸钢。

铸钢件一般采用正火或退火处理，以细化晶粒、消除缺陷组织和铸造应力。

对于某些局部表面要求耐磨性较高的中碳铸钢件，可采用局部表面淬火。

对合金铸钢件，可采用调质处理以改善其力学性能。

铸铁的牌号及用途，见表 4-1。

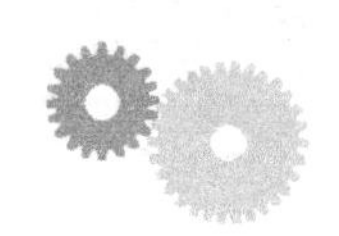

表4-1 铸铁的牌号及用途

种类	牌　号	适用范围及应用举例
灰铸铁	HT100	低负荷和不重要的零件，如盖、外罩、手轮、支架、重锤等
	HT150	承受中等负荷的零件，如汽轮机、泵体、轴承座、齿轮箱等
	HT200	承受较大负荷的零件，如气缸、齿轮、液压缸、阀壳、飞轮、床身、活塞、制动鼓、联轴器、轴承座等
	HT250	
	HT300	承受高负荷的重要零件，如齿轮、凸轮、车床卡盘、剪床和压力机的机身、床身、高压液压缸、滑阀壳体等
	HT350	
可锻铸铁	KTH330—08	汽车、拖拉机的后桥外壳、转向机构、弹簧钢板支座等
	KTH350—10	
	KTH370—12	
	KTZ550—04	曲轴、连杆、齿轮、凸轮轴、摇臂等
	KTZ650—02	
	KTZ700—02	
球墨铸铁	QT400—18	阀体、汽车内燃机零件、机床零件
	QT400—15	
	QT500—7	机油泵齿轮、机车车辆轴瓦
	QT600—3	
	QT700—2	曲轴、凸轮轴、气缸体、气缸套；活塞环
	QT800—2	
	QT900—2	拖拉机减速齿轮，柴油机凸轮轴
碳素铸钢	ZG230—450	一般用于制造难于用锻造工艺方法获得，在性能上又不能用铸铁制造的形状复杂、力学性能要求较高的零件
合金铸钢	ZG35SiMn	
	ZG40Cr	
	ZG35CrMnMo	

4.1.2 常用碳钢

常用碳钢也称为碳素钢或碳钢，是碳的质量分数小于2.11%而又不含有特意加入的合金元素的钢。

1. 碳素钢的分类

按钢的碳的质量分数分，可分为低碳钢、中碳钢和高碳钢；根据钢中含有害元素磷、硫质量分数高低分，可分为普通、优质和高级优质钢；按用途分，可分为碳素结构钢、碳素工具钢；按脱氧方法分，可分为沸腾钢、镇静钢、半镇静钢。在实际使用中，钢厂在给钢的产品命名时，往往将成分、质量和用途三种分类方法结合起来，如将钢称为优质碳素结构钢、高级优质碳素工具钢等。

2. 碳素钢

（1）碳素结构钢　根据质量可分为普通碳素结构钢和优质碳素结构钢。

1）普通碳素结构钢的牌号。

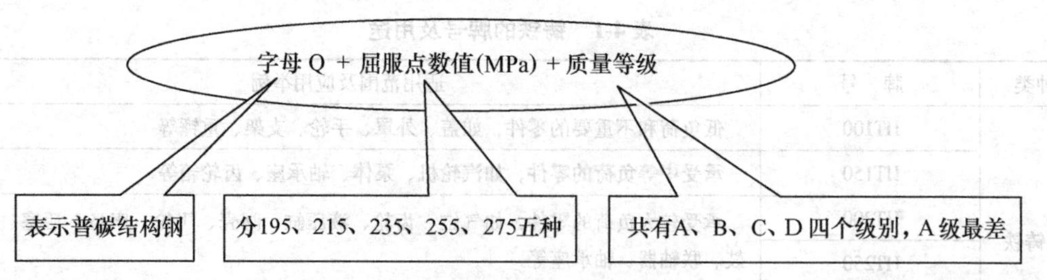

例如：Q235—A·F表示脱氧方法为沸腾钢、质量等级为A级、屈服强度为235MPa的普通碳素结构钢。

2）优质碳素结构钢的牌号。

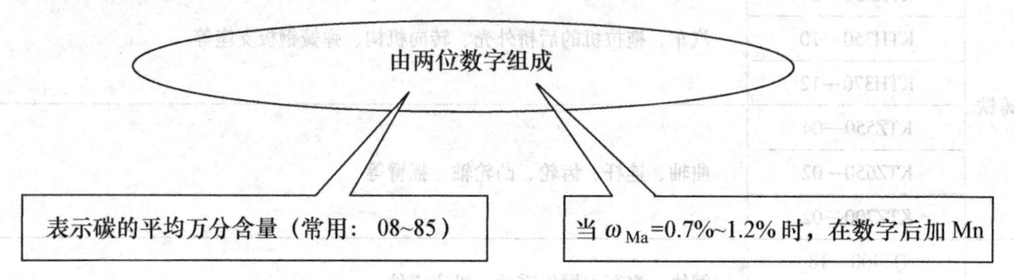

例如：45表示平均碳的质量分数为0.45%的优质碳素结构钢。

45Mn表示平均碳的质量分数为0.45%的高锰优质碳素结构钢。

3. 碳素工具钢

碳素工具钢碳的质量分数都在0.7%以上，都是优质钢和高级优质钢。

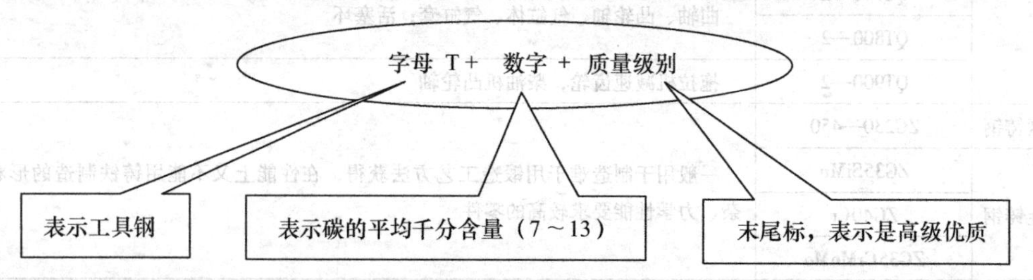

例如：T8表示碳的质量分数为0.80%的碳素工具钢。

T12A表示平均碳的质量分数为1.20%的高级优质碳素工具钢。

常用碳素钢的牌号及用途，见表4-2。

表4-2　常用碳素钢的牌号及用途

种类	牌　号	适用范围及应用举例
优质碳素结构钢	08	强度低，塑性好，适用于制造冷轧钢板、深冲压件
	10	
	20	强度低，塑性、焊接性好，适用于制造焊接件，冲压件
	25	
	35	调质处理后具有良好的力学性能，适用于制造受力较大的重要件
	45	
	60	经淬火加中、低温回火，弹性和耐磨性高，适用于制造弹性件或耐磨件
	65	

（续）

种类	牌　号	适用范围及应用举例
碳　素 工具钢	T8	凿子、锤子、木工和钳工装配工具等高硬度工具
	T8A	
	T10	刨刀、冲模、丝锥、卡尺、手工锯条等
	T10A	
	T12	钻头、锉刀、刮刀等
	T12A	

4.1.3　合金钢

合金钢是在碳钢的基础上加入其他合金元素的钢。常用的合金元素有硅（Si）、锰（Mn）、铬（Cr）、镍（Ni）、钨（W）、钼（Mo）、钒（V）、钛（Ti）、铝（Al）、硼（B）及稀土元素（Re）等。合金元素在钢中的作用，是通过与钢中的铁和碳发生作用、合金元素相互之间的作用以及影响碳钢的组织和组织转变过程，从而提高了钢的力学性能，改善钢的热处理工艺性能和获得某些特殊性能。

合金钢按主要用途可分为合金结构钢、合金工具钢及特殊性能钢。

1. 合金结构钢

合金结构钢又可分为低合金结构钢和机械制造用钢。

（1）低合金结构钢　低合金结构钢是在普通碳素结构钢的基础上加入少量合金元素制成的钢，具有高的屈服强度和良好的塑性和韧性，有良好的焊接性和一定的耐蚀性。

合金结构钢的牌号：

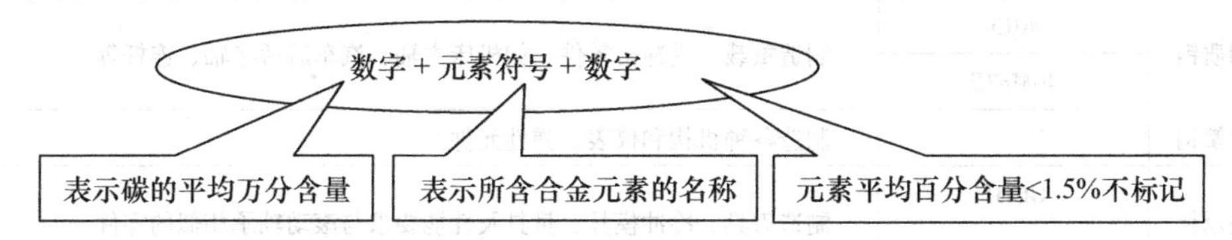

例如：20Cr 表示 $w_C=0.2\%$，$w_{Cr}<1.5\%$ 的合金结构钢；

38CrMnAl 表示 $w_C=0.38\%$，w_{Cr}、w_{Mn}、w_{Al} 均小于 1.5% 的合金结构钢。

（2）机械制造用钢　机械制造用钢可分为合金渗碳钢、合金调质钢、合金弹簧钢和滚动轴承钢。滚动轴承钢的牌号：

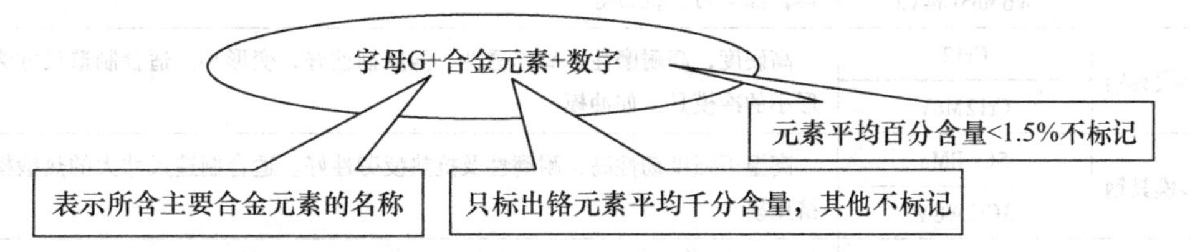

例如：GCr15 表示铬的质量分数为 1.5% 的滚动轴承钢。

2. 合金工具钢

合金工具钢是在碳素工具钢的基础上，为改善性能加入适量的合金元素的钢。合金工具钢按用途可分为刃具钢、模具钢和量具钢。合金工具钢比碳素工具钢具有更高硬度、耐磨性、更好的淬透性、热硬性和回火稳定性等，可以制造截面大、形状复杂、性能要求高的工具。合金工具钢的牌号：

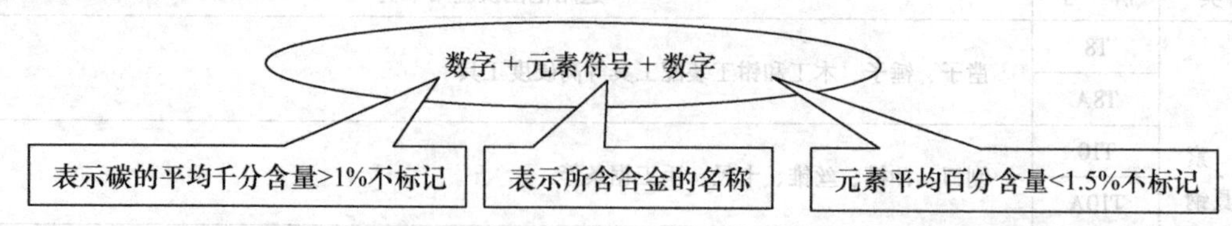

例如：9SiCr 表示其中平均碳的质量分数为 0.9%，Si、Cr 的质量分数都小于 1.5% 的合金工具钢。

3. 特殊性能钢

特殊性能钢是指具有特殊物理、化学性能的钢。按照用途，特殊性能钢可分为不锈钢、抗氧化钢、热强钢和耐磨钢等。

常用合金钢的牌号及用途，见表 4-3。

表 4-3 常用合金钢的牌号及用途

种类	牌号	适用范围及应用举例
低合金结构钢	16Mn	制造桥梁，汽车大梁、船舶等
	15MnV	制造锅炉、大型厂房等
	09Mn2	制造油罐、油槽等
合金渗碳钢	20Cr	制造高速、重载、较强烈的冲击和受磨损条件下工作的零件，例如汽车、拖拉机的变速齿轮、十字轴以及内燃机凸轮轴等
	20CrMnTi	
	20MnVB	
	40MnVB	
合金调质钢	40Cr	制造重载、受冲击零件，如机床主轴、汽车后桥半轴、连杆等
	40Mn2B	
合金弹簧钢		制造各种机构和仪表、弹性元件
滚动轴承钢	GCr15	制造刃具、冷冲模具、量具及性能要求与滚动轴承相似的零件
	GCr15SiMn	
低合金刃具钢	9SiCr	高硬度，高耐磨性，高淬透性，变形小。适合制造要求较高的量具及一般模具刃具
	CrMn	
高速钢	W18Cr4V	高热硬性，高硬度，高耐磨性、高强度。适合制造中速切削刃具及复杂刃具，如车刀、铣刀等
	W6Mo5Cr4V2	
冷变形模具钢	Cr12	高硬度，高耐磨性，高淬透性，强度韧性好，变形小。适合制造尺寸大、变形小的冷模具，如冲模
	Cr12MoV	
热变形模具钢	5CrNiMo	高温下强度韧性高，耐磨性及抗热疲劳性好。适合制造尺寸大的热锻模及热挤压模
	3Cr2W8V	
铬不锈钢	1Cr13	适合制造汽轮机叶片、水压机阀
	2Cr13	
	3Cr13	适合制造弹簧、医疗器械及在弱腐蚀条件下工作而要求高强度的耐蚀零件
	4Cr13	

（续）

种类	牌　号	适用范围及应用举例
铬镍不锈钢	0Cr18Ni9	适合制造吸收塔、贮槽、管道及容器等
	1Cr18Ni9	
抗氧化钢	4Cr9Si2	适合制造加热炉底板、渗碳箱等的零件
	1Cr13SiAl	
热强钢	15CrMo	适合制造高温强度的汽油机、柴油机的排气阀、汽轮机叶片、转子等
	4Cr14Ni4WMo	
耐磨钢	ZGMn13	适合制造铁路道岔、坦克履带、挖土机铲齿等

4.2　有色金属材料

除黑色金属材料以外的金属材料，统称为有色金属。目前，有色金属的产量和用量虽不及黑色金属材料多，但由于它们具有某些独特的性能和优点，现代生产中应用日益增多。

4.2.1　铝及铝合金

1. 纯铝

工业高纯铝纯度可达99.80%，呈银白色，其密度小，导电性和导热性高，耐腐蚀性能好，塑性好，无铁磁性，适宜制作导线、电缆及导热和耐腐蚀的制件。

纯铝的牌号：

2. 铝合金

在铝中加入适量的硅、铜、镁、锰等合金元素就可以得到较高强度的铝合金。铝合金按其成分和工艺特点可分为变形铝合金和铸造铝合金。

(1) 变形铝合金　变形铝合金按其主要性能和用途，可分为防锈铝、硬铝、超硬铝和锻铝。

变形铝合金的牌号：

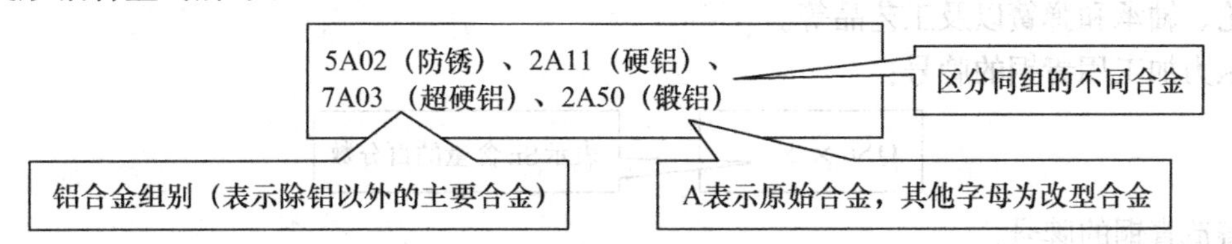

(2) 铸造铝合金　根据化学成分，铸造铝合金可分为铝-硅系、铝-铜系、铝-镁系、铝-锌系铸造铝合金，其中铝-硅系铸造铝合金应用最为广泛。

铸造铝合金的牌号：

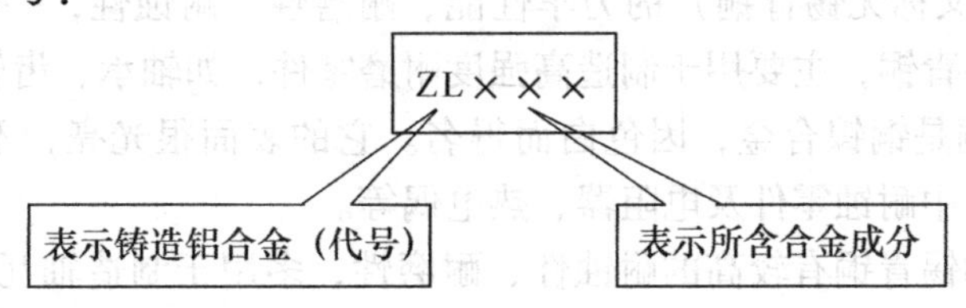

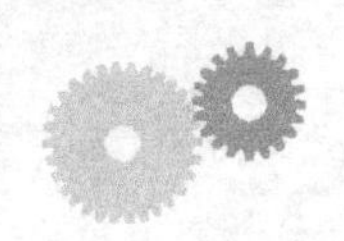

例如：ZL102。铸造铝合金具有优良的铸造性能，耐蚀性好，适用铸造工艺生产轻质、耐蚀、形状复杂的零件，如活塞、仪表外壳、发动机缸体等。

4.2.2 铜及铜合金

1. 纯铜

玫瑰红色，表面形成氧化膜后呈紫色，故一般称为紫铜，有良好的导电性、导热性、极好的塑性和耐蚀性，主要用于电线、电缆、电子元件及导热器件等。

纯铜的牌号：

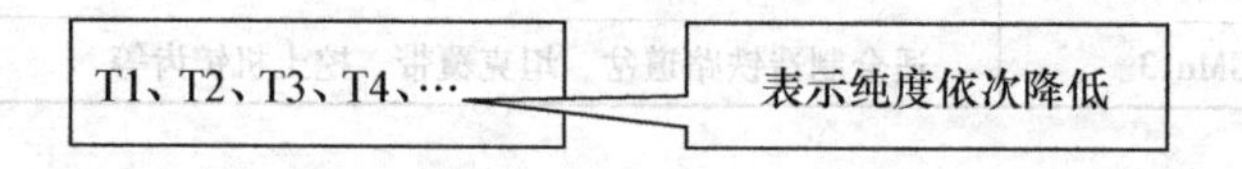

2. 铜合金

铜合金根据主加元素不同，可分为黄铜、青铜、白铜。在工业上最常用的是黄铜和青铜。

（1）黄铜　黄铜是以锌为主加元素的铜合金，因色黄而得名。黄铜敲起来声音很好听，因此锣、铃、号等都是用黄铜制造的。黄铜又分为普通黄铜和特殊黄铜。普通黄铜仅由铜和锌组成的铜合金。

黄铜的牌号：

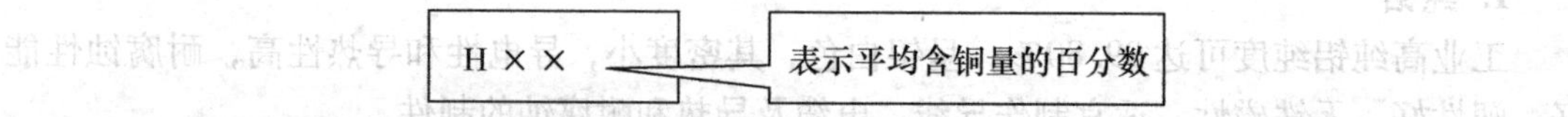

例如：H70 表示平均含铜量为 70% 的铜锌合金。

H80，又称金黄铜，可作装饰品；H70 又称三七黄铜，有弹壳黄铜之称；H62 又称四六黄铜，是普通黄铜中强度最高的一种，同时又具有好的热塑性、切削加工性、焊接性和耐蚀性，价格较便宜，故工业上应用较多，如制造弹簧、垫圈、金属网等。

（2）青铜　青铜是指铜与锌或镍以外的元素组成的合金。按化学成分不同，分为普通青铜、特殊青铜两类。

1）普通青铜（又称锡青铜）是人类历史上应用最早的一种合金，我国古代遗留下来的一些古镜、钟鼎之类便由这种合金制成。普通青铜具有耐磨、耐蚀和良好铸造性能，用于制造蜗轮、轴承和弹簧以及工艺品等。

压力加工用青铜的牌号：

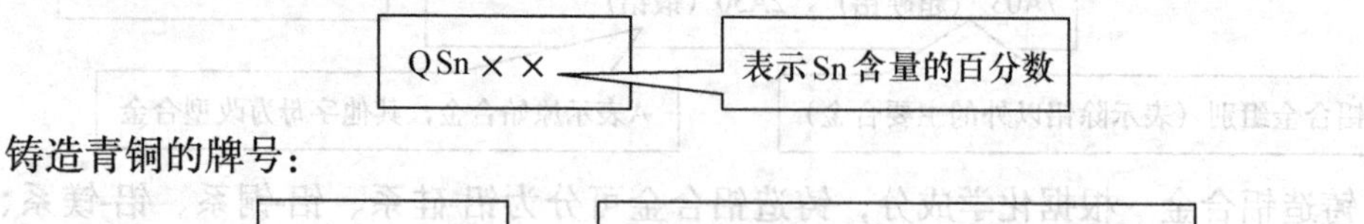

铸造青铜的牌号：

ZSn××
除铜外其他元素的符号和含量的百分数

2）特殊青铜（又称无锡青铜）的力学性能、耐磨性、耐蚀性，一般都优于普通青铜，而铸造性能不及普通青铜，主要用于制造高强度耐磨零件，如轴承、齿轮等。

（3）白铜　白铜是铜镍合金，因色白而得名。它的表面很光亮，不易锈蚀，主要用于制造精密仪器、仪表中耐蚀零件及电阻器、热电偶等。

生产中最常用的锡青铜有较高的耐蚀性、耐磨性，多用于制造轴瓦、轴套等耐磨零件。

铝青铜有较高的强度、耐蚀性、耐磨性、耐热性和焊接性，常用于铸造承受重载的耐磨件，如齿轮、蜗轮、轴套、船舶等零件。

*4.3 工程塑料和复合材料

非金属材料的种类繁多，在工程材料中常用的有工程塑料、橡胶、陶瓷、复合材料和胶粘剂等。

4.3.1 工程塑料

塑料是一类以天然或合成树脂为主要成分，在一定的温度和压力下塑制成型，并在常温下保持其形状不变的材料。塑料质轻，比强度高，化学稳定性好（能耐“王水”的腐蚀），电绝缘性优异，减磨、耐磨性好，消声和吸振性好，成型加工性好，生产效率高。但其强度、刚度低，易燃烧，易老化，热导性差，热膨胀系数大，几何精度稳定性差。现在，塑料的年产量按体积计算已超过钢铁，主要用作绝缘材料、建筑材料、工业结构材料和零件、日用品等。

塑料按受热后所表现的行为可分为热塑性塑料和热固性塑料。热塑性塑料可以高温软化、低温硬化，常用的有尼龙（聚酰胺）、聚乙烯等；热固性塑料加热时软化，然后固化成型，但不能重复进行，常用的有酚醛塑料、氨基塑料、环氧塑料等。人们习惯上又将塑料分为通用塑料、工程塑料和特种塑料。

工程塑料是指在工程技术中用作结构材料的塑料。工程塑料通常具有较高的强度或具有耐高温、耐腐蚀、耐辐射等特殊性能，因而可部分代替金属，特别是有色金属来制作某些机械构件或作某些特殊用途。常用的工程塑料有聚酰胺（尼龙）、聚甲醛、ABS、有机玻璃等。

工程塑料不仅用于传动系统如齿轮、轴承等，还可以制造一般结构零件（如支架、手轮、油管等），耐蚀件（化工容器、泵等），绝缘件（插头插座、电子元件），密封件以及矿山机械上的大型蜗轮，直径几米的环套等。

4.3.2 橡胶

橡胶是一种有机高分子材料，常用作密封、抗震、减振及传动材料。橡胶具有良好的耐磨性、隔音性和阻尼特性。橡胶可分为天然橡胶和合成橡胶两类。

天然橡胶是从橡胶树或杜仲树等植物的浆汁中制取的，主要成分是聚异戊二烯。天然橡胶的抗拉强度与回弹性比多数合成橡胶好，但耐热老化性和耐大气老化性较差，不耐臭氧，不耐油和有机溶剂，易燃烧。它一般用作轮胎、电线电缆的绝缘护套等。

合成橡胶是将石油或乙醇、乙炔、天燃气体或其他产物经过加工、提炼而获得，并具有类似橡胶性质的合成产物。这种材料可以用来代替天然橡胶。常用的合成橡胶有丁苯橡胶、氯丁橡胶、聚氨酯橡胶、硅橡胶、氟橡胶等。

4.3.3 复合材料

复合材料是由两种或两种以上性质不同的材料组合而成，可以得到单一材料无法比拟的综合性能，是一种新型的工程材料。

复合材料一般可以分为纤维复合材料、层叠复合材料、细粒复合材料和骨架复合材料等。

纤维复合材料大部分是纤维和树脂的复合。根据所用的纤维和树脂的不同，可分为玻璃纤维复合，碳纤维、石墨纤维复合，晶须复合等。复合后的性能一般都能发挥长处，克服短处。如用玻璃纤维增强的热固性塑料，一般称为玻璃钢，具有优良的综合性能，在航空、国防、汽车、化工等方面应用广泛，是一种重要的复合材料。碳纤维、石墨纤维复合材料可用于航空、宇航、原子能工业中的压气机叶片，发动机壳体、轴瓦、齿轮等。晶须复合材料的强度特别高，用晶须毡与环氧树脂复合的层压板可用作涡轮叶片等。

层叠复合材料是把两种以上不同材料层叠在一起。例如，玻璃复层是把两层玻璃板之间夹一层聚乙烯醇缩丁醛，可作安全玻璃使用，塑料复层则在普通钢板上覆一层塑料，可提高其耐腐蚀性能，用于化工及食品工业等。

细粒复合材料一般是粉料间的复合。可分为金属粒与塑料复合，如高含量铅粉的塑料，可用作γ射线的罩屏及隔音材料；铜粉加入氟塑料，还可用作轴承材料；陶瓷粒与金属复合，如氧化物金属陶瓷，可用作高速切削刀具及高温耐磨材料等。

骨架复合材料包括多孔浸渍材料和夹层结构材料。多孔材料浸渍低摩擦因数的油脂或氟塑料，可作轴承等。夹层结构材料质轻，抗弯强度大，可制作大电机罩、门板及飞机机翼（见图4-1）等。

图4-1　波音飞机

4.3.4　陶瓷

陶瓷是无机非金属固体材料，一般可分为传统陶瓷和特种陶瓷两大类。

图4-2　航天飞机表面装陶瓷防护瓦片

传统陶瓷是粘土、长石和石英等天然原料，经粉碎、成型和烧结制成，主要用于日用品、建筑、卫生以及工业上的低压和高压电瓷、耐酸、过滤制品。

特种陶瓷是以各种人工化合物（如氧化物、氮化物等）制成的陶瓷，常见的有氧化铝瓷、氮化硅瓷等。主要用于化工、冶金、机械、电子工业、能源和某些新技术领域等，如制造高温器皿、电绝缘及电真空器件、高速切削刀具、耐磨零件、炉管、热电偶保护管以及发热元件等。

航天飞机表面装陶瓷防护瓦片，如图4-2所示。

陶瓷具有硬度高、抗压强度大、耐高温、抗氧化、耐磨损和耐蚀性能好等特点。但质脆、受力后不易产生塑性变形，经不起敲打碰撞，急冷急热时性能较差。

*4.4 其他新型工程材料

新型工程材料有纳米材料、粉末冶金、储氢合金、形状记忆合金、非晶态合金超导材料等。纳米材料和粉末冶金在工程上应用广泛。

4.4.1 纳米材料

纳米实际上是一个长度单位，简写为nm，$1\text{nm}=10^{-3}\mu\text{m}=10^{-6}\text{mm}=10^{-9}\text{m}$。将大块的物体细分成超微粒子（直径一般在1～100nm）后，材料将会随着量变而质变，即纳米材料的力、电、热、光、磁以及化学性质都将发生突变。纳米材料的实际应用举例：

1）普通的陶瓷材料在通常情况下呈现脆性，而由纳米材料制成的陶瓷材料却具有良好的韧性，例如用它做成的碗就被称之为“摔不破的碗”。

2）银的熔点为690℃，而纳米级的超细银的熔点为100℃，用超细银粉制成的导电浆料可在低温下烧结，原件基片就可用塑料替代耐高温的陶瓷。这样既简化了生产工艺，又节约了能源。

3）纳米金属全部为黑色，利用此特性可制作高效光热、光电转换材料，可高效地将太阳能转换为热能、电能。

4）在化工产品中纳米材料主要作为催化剂和化工产品的原材料。

5）在环保健康方面运用纳米技术制造的纳米级微粒或有机小分子更有利于人体的吸收，可提高药物的效能。

6）在电子工业产品中纳米级的微电子线路使装置更小，可减小设备体积，节约空间；纳米磁记录介质可制成高密度磁带，降低了噪声，提高了信噪比。

> 你知道吗？
>
> 人的牙齿之所以有很高的强度和硬度，是因为牙齿表面的牙釉质是由磷酸钙等纳米材料构成的，它比普通的磷酸钙的强度和硬度要高得多。

4.4.2 粉末冶金

粉末冶金是将几种金属粉末或金属与非金属粉末混合均匀后压制成型，再经过烧结而获

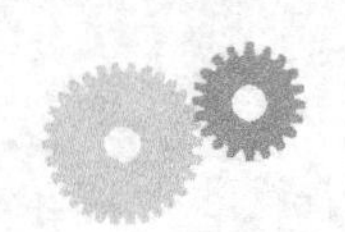

得成型零件的加工方法。粉末冶金具有高的硬度和摩擦因数，由于材料本身有微小的孔隙，因此具有良好的吸附性和过滤作用。

粉末冶金按制品材料的主要成分可分为铁基粉末冶金和铜基粉末冶金。

粉末冶金的生产工艺：粉料制备→压制成型→烧结→后处理。一般烧结后的粉末冶金件即可使用，但对于尺寸精度、硬度、耐磨性要求较高与表面粗糙度值要求较小的制件还需进行精压、滚压、表面淬火、浸油或浸渍等后处理。

粉末冶金的典型应用是用来制作含油轴承、摩擦材料和硬质合金。

含油轴承本身含有一定的石墨固体润滑剂和能储存17%～25%体积的润滑油，减磨性能很好。

摩擦材料粉末冶金具有多孔性，可以长久保持较粗糙的表面，耐磨性高，散热良好，可用于制作离合器、汽车制动器的摩擦片等。

用粉末冶金制造的硬质合金刀具，具有硬度高（69～81HRC），热硬性好（可达900～1000℃）、耐磨性好、抗压强度高、寿命长等特点。

4.5 材料的选择及运用

在零件设计制造时，不仅要考虑材料的性能能够适应零件的工作条件，经久耐用，而且还要求材料有较好的加工工艺性和经济性。

4.5.1 选材的基本原则

1. 保证使用性能

材料的使用性能主要是针对材料的强度、刚度、塑性、韧性、耐热性、耐磨性等性能指标要求。为保证满足这些要求，通常从零件的工作条件、失效形式和性能指标三个方面进行分析确定。

机械零件的工作条件主要是指零件在正常工作过程中的受力状况、工作温度及所处的环境介质类型和性质。

失效形式是指零件在使用过程中的过量变形、断裂和尺寸变化。零件的失效形式决定了其所用材料应满足的主要力学性能，分析失效形式也是改进设计、制造的重要手段。

例如：零件（如齿轮、轴等）的尺寸决定于强度条件时，应选择高强度材料，如调质钢、合金钢或高强度铸铁；零件的尺寸决定于刚度条件时，除在零件结构方面保证有较大刚度外，还应选高弹性模量的材料；零件的尺寸决定于耐磨耐蚀条件时，应选择机械强度高、自润滑性能好、耐磨损、耐腐蚀的MC尼龙和聚砜等。然而，若零件是轻质结构件，如风机轮、叶轮或飞机上的高强度零件等，应选择密度小、强度高、耐蚀性好的铝合金或某种工程塑料等。

2. 考虑工艺性能

工艺性能好是指所选材料能用最简易的方法制造出零件。常用金属材料的工艺性能，见表4-4。

3. 满足经济性

经济性好是指所选材料能够制造出成本最低的机器。

表4-4 常用金属材料的工艺性能

材料类型	铸造性	锻造性	焊接性	可加工性
灰铸铁	优	—	极差	良
可锻铸铁、球墨铸铁	良	—	极差	良
白口铸铁	良	—	极差	极差
低碳钢、低合金钢	一般	优	良或优	一般或良
高合金钢	差	一般	差	一般
铝	优	优	一般	良或优
铜	一般或良	优	一般	一般或良

选择钢材时，应在满足使用要求的条件下，尽量采用价格便宜供应充分的碳素钢，如10～25钢常用作冲压件和焊接件，35～50钢常用作齿轮、轴、键等零件，60钢以上的钢号用于弹簧，Q295（09Mn2）、Q345（16Mn）钢等用于桥梁、车辆等。必须采用合金钢时也应优先选用我国资源丰富的硅、锰、硼、钒类合金钢，加35CrMnSi和ZG35SiMn等。

需要指出的是机器的价格不仅取决于材料价格，而与加工费用关系很大，有时虽采用了较昂贵的材料，但由于加工简便，外廓尺寸及重量减小，却能制出成本低的机器来。

总之，材料选择是一个复杂的技术经济问题，必须拟出几个不同方案进行比较，综合考虑，全面衡量。

4.5.2 典型零件的选材

1. 轴、杆类零件

轴、杆类零件包括各种传动轴、丝杠、光杠、连杆、拨叉、摇臂及螺栓等，一般都是各种机械中重要的受力和传动零件，要求具有优良的韧性、疲劳抗力和耐磨性以防止疲劳断裂。常用的材料是30～50中碳钢，其中45钢使用最多，经调质后具有较好的综合力学性能。合金钢具有比碳钢更好的力学性能和淬透性能，可以在承受重载并要求减轻零件重量和提高轴颈耐磨性等情况下才用，常用的合金调质钢有40Cr、40CrNi、35CrMnSi、35CrMo、45Mn2V、40CrMnMo等。有时也可用低碳钢改性处理以获得高性能的零件。

2. 齿轮类零件

齿轮类零件是用来传递扭矩、改变传动方向或速度的重要机械零件，要求齿轮必须具有高的弯曲疲劳强度和接触疲劳强度，齿面有高的硬度和耐磨性，齿心部有足够的强韧性，齿根部有高的抗弯强度。一般齿轮应选用40、45钢等中碳结构钢制造，采用正火或调质处理。重要机械上的齿轮，可选用40Cr、40CrNi、40MnB、35CrMo等。

3. 机架、箱体类零件

机架箱体类零件包括各类机械的机身、底座、支架、齿轮箱、轴承座、内燃机缸体、缸套等，是机器中很重要的零件。大多数机架或箱体类零件结构复杂，常选用铸造毛坯。受力很小，要求自重轻时，可选用工程塑料。受力不大，主要承受静力的箱体，可选用灰铸铁。受力不大，要求自重轻或导热良好的箱体，可选用铸造铝合金。对于受力较大，要求高强度、高韧性或高压高温下工作的箱体类零件，如汽轮机机壳等可选用铸钢。

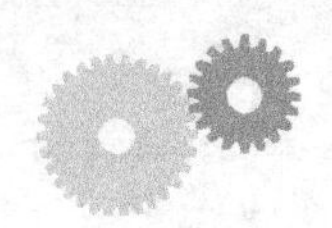

*4.6 材料的热处理

4.6.1 简化的 $Fe\text{-}Fe_3C$ 状态图

1. 钢铁材料（Fe-C）合金的组织结构

铁碳合金中会出现以下几种基本组织：

（1）铁素体　它是碳溶于 α-Fe 的体心立方晶格中的间隙固溶体，用 F 或 α 表示。铁素体的组织和性能与纯铁相似，强度、硬度较低，塑性和韧性好。

（2）奥氏体　碳溶于 γ-Fe 的面心立方晶格中的间隙固溶体，用 A 或 γ 表示。奥氏体的强度、硬度较低，但塑性较好。绝大多数的钢在进行热处理时都需要加热到奥氏体区域。

（3）渗碳体　当碳的质量分数超过碳在铁中的溶解度时，多余的碳就会与铁以一定的比例化合成金属化合物，称为渗碳体。渗碳体硬度很高，而塑性和韧性很差，脆性很大，对钢的性能影响很大。直接从液态合金中析出的 Fe_3C，呈粗大的板条状，用 $Fe_3C_{Ⅰ}$ 表示；奥氏体中析出的 Fe_3C，呈网状分布，用 $Fe_3C_{Ⅱ}$ 表示。

（4）珠光体　珠光体是铁素体和渗碳体的机械混合物，用 P 表示。珠光体的强度较高，塑性、韧性和硬度介于铁素体与渗碳体之间。

（5）莱氏体　莱氏体是奥氏体和渗碳体的共晶混合物，用 Ld 表示。在 1148℃时同时从液体中结晶出奥氏体和渗碳体所组成的混合物。莱氏体的性能与渗碳体相似，硬度很高、塑性很差。

2. 简化的 $Fe\text{-}Fe_3C$ 合金状态图

深入研究简化的 Fe 与 Fe_3C 相图部分就可满足实际生产中绝大多数钢种热处理工艺问题的分析。

简化的 $Fe\text{-}Fe_3C$ 状态图，如图 4-3 所示。

在简化的 $Fe\text{-}Fe_3C$ 相图中有六个特性点，见表 4-5。

表 4-5　$Fe\text{-}Fe_3C$ 相图中的特性点

点的符号	温度/℃	碳的质量分数（%）	含　义
A	1538	0	纯铁的熔点
C	1148	4.3	共晶点 $L_C = A + Fe_3C$
D	1227	6.69	Fe_3C 的熔点
E	1148	2.11	碳在 γ-Fe 中的溶解度
G	912	0	纯铁的同素异构转变点 α-Fe = γ-Fe
S	727	0.77	共析点 $A_s = Fe + Fe_3C$

在简化的 $Fe\text{-}Fe_3C$ 相图中有六条重要的特性线：

1）液相线 *ACD*。金属液加热到此线以上全部为液态。

2）固相线 *AECF*。金属液冷却到此线全部结晶为固态，此线以下为固态区。

液相线与固相线之间为金属液的结晶区域。这个区域内金属液与固相并存，*AEC* 区域内为金属液与奥氏体，*CDF* 区域内为金属液与渗碳体。

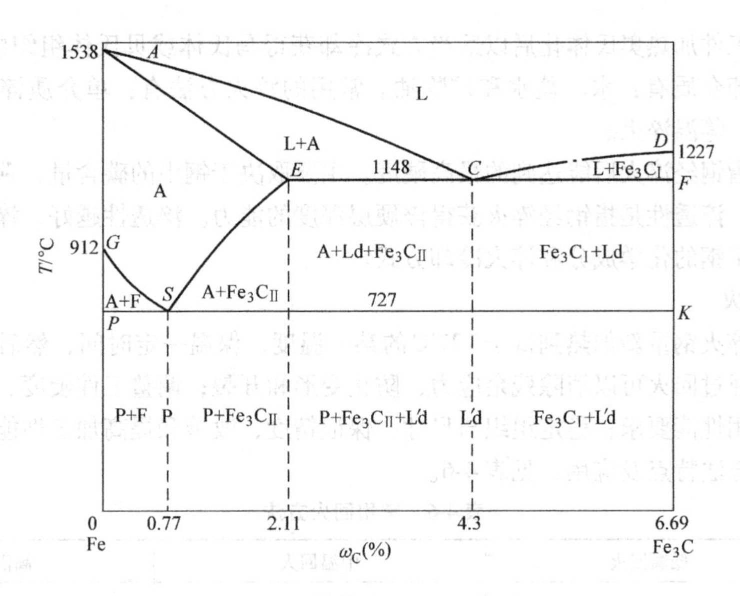

图4-3　简化的 $Fe-Fe_3C$ 相图

3) A_3 线 GS。冷却时从奥氏体中析出铁素体的开始线（或加热时铁素体转变成奥氏体的终止线），常用符号 A_3 表示。

4) A_{cm} 线 ES。它是碳在奥氏体中的溶解度线，常用符号 A_{cm} 表示。从1148℃缓慢冷却到727℃的过程中，由于碳在奥氏体中的溶解度减小，多余的碳将以渗碳体的形式从奥氏体中析出。

5) 共晶线 ECF。当金属液冷却到此线时（1148℃），将发生共晶转变，从金属液中同时结晶出奥氏体和渗碳体的混合物，即莱氏体。

6) 共析线 PSK。当合金冷却到此线时（727℃），将发生共析转变，从奥氏体中同时析出铁素体和渗碳体的混合物即珠光体。共析线常用符号 A_1 表示。

4.6.2　钢的热处理

热处理是采用适当的方式对金属材料或工件进行加热、保温和冷却以获得预期的组织结构与性能的工艺。根据加热和冷却方法不同，工业生产中常用的热处理工艺大致可分为普通热处理即退火、正火、淬火、回火，表面热处理即表面淬火、化学热处理。

1. 钢的退火

退火是将工件加热到适当温度，保持一定时间，然后缓慢冷却的热处理工艺。

根据成分和退火目的的不同，退火可分为完全退火、等温退火、球化退火、均匀化退火等。通过退火可以降低硬度，提高塑性，改善切削加工和压力加工性能；细化晶粒，改善内部组织和性能，为以后的热处理作准备。

2. 钢的正火

正火是将工件加热奥氏体化后在空气中冷却的热处理工艺。

正火的应用与退火一样，一般作为预备热处理。对性能要求不高的零件，以及一些大型或形状复杂的零件，淬火容易开裂，也用正火作为最终热处理。

3. 钢的淬火

淬火是将工件加热奥氏体化后以适当方式冷却获得马氏体或贝氏体组织的热处理工艺。淬火常见的冷却介质有：水、盐水和矿物油。常用的淬火方法有：单介质淬火、双介质淬火、分级淬火、等温淬火。

淬硬性是指钢经淬火后能达到的最高硬度。主要取决于钢中的碳含量，碳含量越高，获得的硬度越高。淬透性是指钢经淬火获得淬硬层深度的能力。淬透性越好，淬硬层越厚。淬透性主要取决于钢的化学成分和淬火冷却方式。

4. 钢的回火

回火是将淬火钢重新加热到低于727℃的某一温度，保温一定时间，然后空冷到室温的热处理工艺。通过回火可以消除残余应力，防止变形和开裂；调整工件硬度、强度、塑性和韧性，达到使用性能要求；稳定组织与尺寸，保证精度；改善和提高加工性能。

常用回火方法特点及应用，见表4-6。

表4-6 常用回火方法

种类	低温回火	中温回火	高温回火
方法	工件在250℃以下进行的回火	工件在250～500℃之间进行的回火	工件在500℃以上进行的回火
特点	保持淬火工件高的硬度和耐磨性，降低淬火残余应力和脆性	可以得到较高的弹性和屈服点，适当的韧性	可以得到强度、塑性和韧性都较好的综合力学性能
应用范围	用于刃具、量具、模具、滚动轴承、渗碳及表面淬火的零件等	用于弹簧、锻模、冲击工具等	广泛用于各种较重要的受力结构件，如连杆、螺栓、齿轮及轴类零件等

5. 表面淬火

表面淬火是仅对工件表面层进行的淬火。其目的是使工件表面具有高硬度、耐磨性而心部具有足够的强度和韧性。一般包括感应淬火和火焰淬火等。

（1）感应淬火　感应淬火是利用感应电流通过工件所产生的热效应，使工件表面受到局部加热，并进行快速冷却的淬火工艺。感应电流透入工件表层的深度主要取决于电流频率的高低。频率越高，淬硬层深度越浅。适用于大批量生产。

（2）火焰淬火　火焰淬火是利用氧乙炔火焰使工件表层加热并快速冷却的淬火工艺。其淬硬层深度一般为2～6mm，这种方法加热温度及淬硬层深度不易控制，淬火质量不稳定，但不需要特殊设备，故适用于单件或小批量的中碳钢、中碳合金钢制造的大型工件。

6. 钢的化学热处理

化学热处理是将工件置于适当的活性介质中加热、保温、冷却，使一种或几种元素渗入钢件表层，以改变钢件表面层的化学成分、组织和性能的热处理工艺。化学热处理的种类很多，根据渗入元素的不同，化学热处理分为渗碳、渗氮、碳氮共渗等。

（1）渗碳　渗碳是把低碳钢工件放在渗碳介质中，加热到一定温度，保温足够长的时间，使表面层的碳浓度升高的一种热处理工艺。根据渗碳介质不同可分为：固体渗碳、液体渗碳和气体渗碳，其中气体渗碳应用最广。工件渗碳后必须淬火和低温回火，使表层获得高硬度和耐磨性；心部仍保持高塑性和韧性。渗碳主要用于承受较大冲击载荷和在严重磨损条件下工作的零件，如齿轮、活塞销、轴类零件等。

（2）渗氮 渗氮是向钢的表面渗入氮元素以提高表面层氮浓度的热处理过程。渗氮以后工件的硬度可高达1000～1200HV，耐磨性高，氧化变形小，并具有较强的耐热、耐腐蚀、耐疲劳能力，但工艺时间较长。

知识要点

铸铁可分白口铸铁、灰铸铁、可锻铸铁和球墨铸铁；
碳素钢按主要用途分为碳素结构钢和碳素工具钢；
合金钢按主要用途可分为合金结构钢、合金工具钢及特殊性能钢；
有色金属分为铝及铝合金、铜及铜合金和轴承合金等；
简化的 $Fe\text{-}Fe_3C$ 状态图主要用于铁碳合金的分析和热处理工艺分析；
普通热处理分为退火、正火、淬火、回火，表面热处理分为表面淬火和渗碳、渗氮。

材料选用市场调查

1. 调查目的

1）掌握和了解的机械工程材料分类、牌号、性能、应用范围及热处理；熟悉常用机械工程材料的规格、价格及使用情况。2）了解机器中典型机械零件的常用材料。

2. 调查方法

1）亲自到学校周围或企业参观询问了解常用工程材料的分类、牌号、规格、价格及使用情况。2）去当地钢材市场观察、统计工程材料购买的情况。3）上互联网或图书馆查阅机械工程材料利用的情况。

3. 调查任务

1）调查常用钢铁材料、有色金属材料和非金属材料的分类、牌号、性能及应用。2）调查机器中各种典型零件所选用的材料类型。3）调查钢板、钢管、型钢、锻钢的类型、规格及其用途。4）观察了解常用工程材料的规格、价格及使用情况。5）上互联网或图书馆查阅工程材料手册或工程材料产品样本。

4. 调查过程

1）5～6人为一个调查小组，分别接受任务。2）利用业余时间分头进行调查，收集并整理调查资料。3）每人提交一份调查报告。4）召开调查报告会，分析归纳总结。

第5章　联　　接

机械设备中广泛地使用各种联接，目的是为了便于机器的制造、运输、安装、维修以及提高劳动生产率等。例如，日常生活中大量使用的螺纹联接等。因此，我们必须学习常用联接的方法、联接件的结构、类型与适用场合，并掌握其正确拆装技能。

学习目标

◎ 了解键、销、花键等各种常用联接的类型、特点和应用；
◎ 了解弹簧、联轴器、离合器类型、特点和应用；
◎ 理解平键联接的结构与标准，能正确选用普通平键联接；
◎ 熟悉常用螺纹联接的主要类型、应用、结构和防松方法。

5.1　认识联接

5.1.1　联接的类型与应用

联接在制造业和我们的生活中无处不在，例如：

带轮与轴的平键联接，如图5-1a所示；内燃机中锥轴与轮毂的半圆键联接，如图5-1b所示；机床的主轴进给箱中的花键联接，如图5-1c所示；齿轮与齿轮轴间的销联接，如图5-1d所示；三通的螺纹联接，如图5-1e所示；安全阀的弹簧联接，如图5-1f所示；电动机与液压泵轴间的联轴器联接，如图5-1g所示。

5.1.2　键联接的功用与分类

键主要用于对轴和轴上的旋转零件（如齿轮、凸轮、链轮等）或摆动零件（如摇臂等）之间进行周向固定，并传递转矩，有时也可作导向零件。有些类型的键还可以实现轴上零件的轴向固定。键的结构简单，装拆方便，工作稳定可靠，因此应用较广。

根据键在联接时的松紧状态不同，可分为松键联接和紧键联接两类。

1．松键联接

松键联接工作时以键的两侧面为工作面来传递转矩，故键的顶面与轴上零件之间有一定的间隙，而键宽与键槽需紧密配合。松键联接所用的键有普通平键、半圆键、导向平键及花键等。松键联接只对轴上零件作周向固定，不能承受轴向力。如果要轴向固定，则需要附加紧定螺钉或定位环等定位零件。采用松键联接时，轴与轴上零件联接时的对中性好，特别在高速精密传动中应用更多。

2．紧键联接

紧键可分为楔键联接和切向键联接。

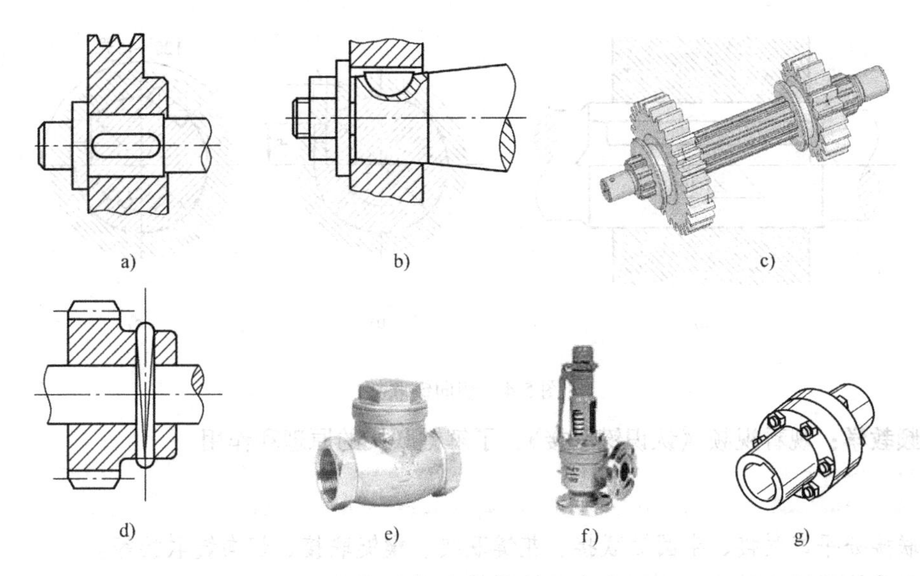

图5-1 典型的联接

（1）楔键联接 楔键分为普通楔键及钩头楔键，如图5-2所示。普通楔键有圆头（A型）和方头（B型）两种形式。

装配圆头楔键要先放入键槽，然后打紧轮毂；方头及钩头楔键则在轮毂装到适当位置后才将键打紧，使它楔紧在轴和轮毂的键槽里，楔键对轴上零件作轴向固定，可承受不大的单向轴向力，键的上下面为工作面，上表面制成1∶100的斜度，如图5-3所示。

楔键联接多用于承受单向轴向力，对精度要求不高的低速机械上。楔键的标准为GB/T 1563—2003、GB/T 1565—2003。

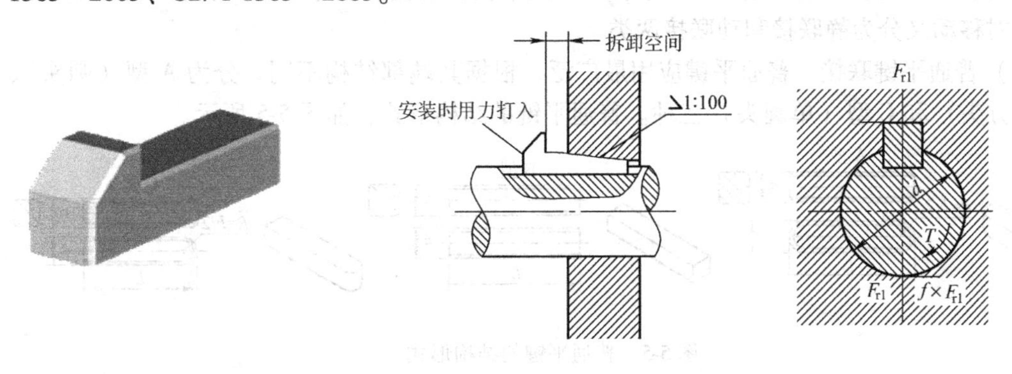

图5-2 楔键的结构

图5-3 楔键联接的结构

（2）切向键联接 一个切向键由两个单边楔键组成，其上下面（窄面）为工作面。工作时靠工作面的挤压传递转矩。一个切向键只能传递单向转矩；传递双向转矩时，必须用两个切向键，两键应错开120°~135°，如图5-4所示。装配时，两个键分别从轮毂两端楔入。切向键联接用于载荷较大、对同心精度要求不高的重型机械上。切向键的标准为GB/T 1974—2003。

想 一 想

日常生活中用到哪些键联接？各起到什么作用？松键联接和紧键联接有何异同？

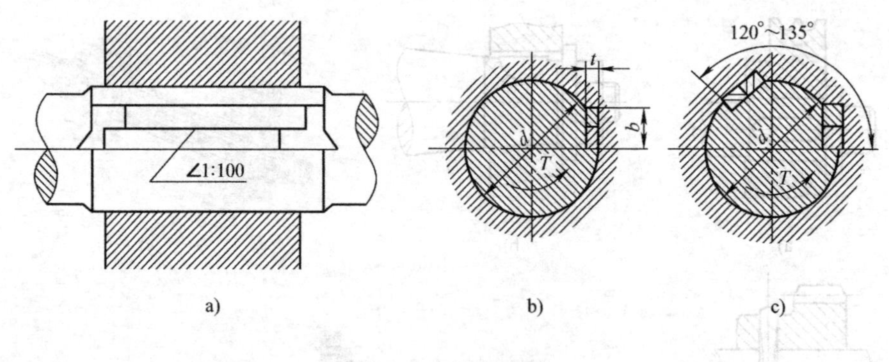

图 5-4　切向键联接

视频教学：观看视频《认识键联接》，了解键联接的原理和作用。

知识要点

键联接分平键联接、半圆键联接、花键联接、楔键联接、切向键联接等。

键联接按照联接时的状态可分为松键联接和紧键联接。

5.2　平键联接

5.2.1　平键联接的结构和标准

1. 平键联接的结构

平键联接根据联接结构分为普通平键、导向平键和滑键联接等三种；根据轴与轮毂之间有无相对移动又分为静联接和动联接两类。

(1) 普通平键联接　普通平键应用最广泛，根据其端部结构不同，分为 A 型（圆头）、B 型（方头）和 C 型（单圆头）三种。普通平键的结构形式，如图 5-5 所示。

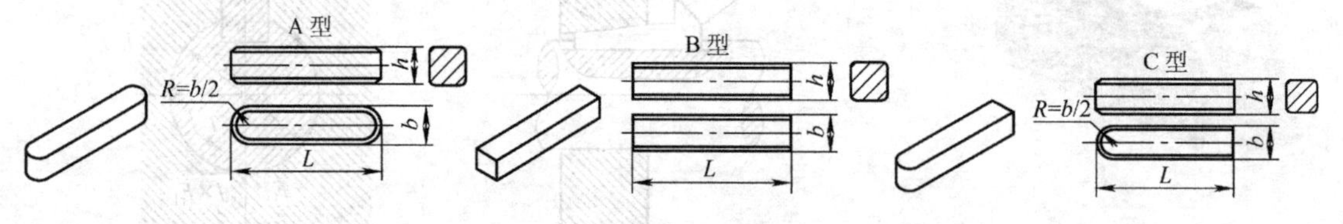

图 5-5　普通平键的结构形式

平键的主要尺寸为键宽 b、键高 h 和长度 L。

普通平键联接，如图 5-6 所示。

A 型平键联接的键槽采用端铣刀加工，它的优点是键在键槽中轴向固定良好，但轴上键槽端部应力集中较大，常用于轴的中部。

B 型平键联接的键槽采用盘铣刀加工，它的优点是键槽端部应力集中较小。当键的尺寸较大时需用紧定螺钉压在轴上的键槽中以防松动，常用于轴端或轴的中部。

C 型平键联接一般用于轴端的联接。

(2) 导向平键联接和滑键联接　导向平键联接和滑键联接，如图 5-7 所示。

导向平键是一种较长的平键，其端部有圆头（A 型）和平头（B 型）两种。导向平键

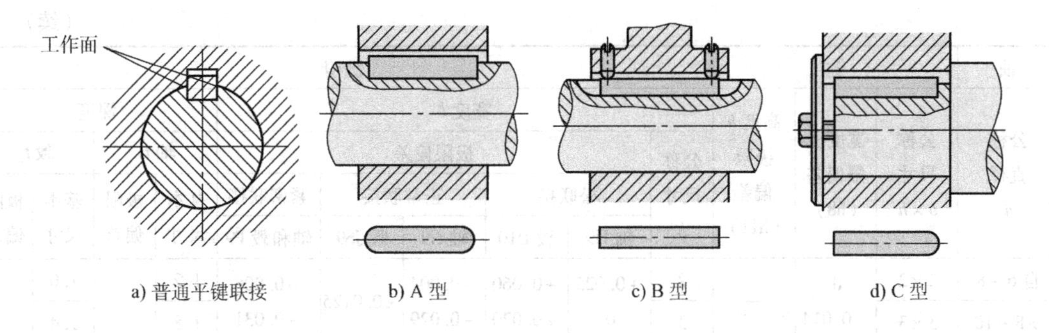

a) 普通平键联接　b) A型　c) B型　d) C型

图5-6 普通平键联接

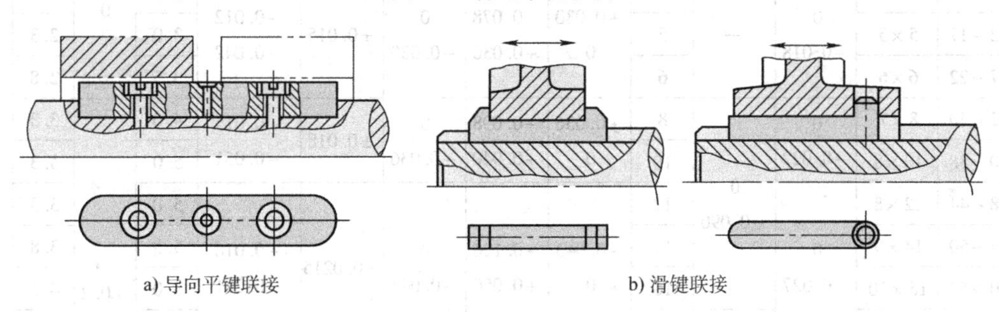

a) 导向平键联接　b) 滑键联接

图5-7 导向平键联接和滑键联接

用螺钉固定在轴上的键槽中，为装拆方便，在键的中部设有起键螺孔。导向平键除实现周向固定外，由于轮毂与轴之间均为间隙配合，允许零件沿键槽作轴向移动起导向作用，构成动联接。

滑键联接是将键固定在轮毂上，并与轮毂一起在轴上的键槽中滑动。过长的平键制造困难，所以当轴上零件滑移距离较大时，宜采用滑键。

2. 平键联接的标准

平键是标准件，其选用依据须参照国家标准。普通平键及键槽尺寸公差，见表5-1。

键的标记方法：键 $b \times L$ GB/T 1096—2003 B

其中：b 为键宽；L 为键的总长度；GB/T 1096—2003 为国家标准代号；B 为B型键。

注意：A型键不用标出A，而B或C则应标明。

表5-1 普通平键的截面尺寸（摘自 GB/T 1095—2003 和 GB/T 1096—2003）

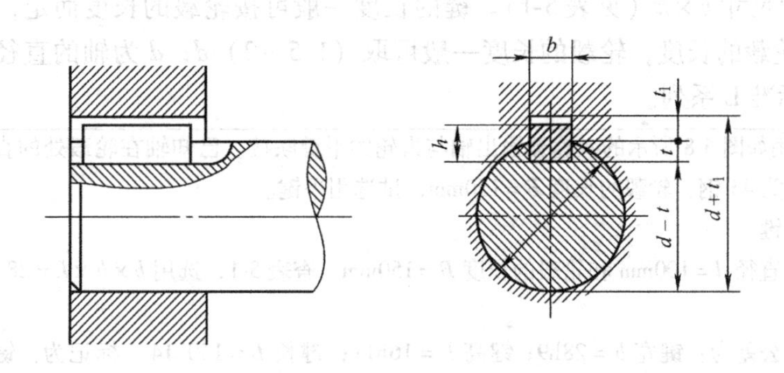

（续）

轴	键			键槽									
公称直径 d	公称尺寸 $b\times h$	宽度极限偏差（h8）	高度 h 极限偏差（h11）	宽度 b						深度			
				公称尺寸 b	极限偏差					轴 t_1		毂 t_2	
					松联接		正常联接		紧密联接	基本尺寸	极限偏差	基本尺寸	极限偏差
					轴 H9	毂 D10	轴 N9	毂 JS9	轴和毂 P9				
自 6～8	2×2	0 -0.014	—	2	+0.025 0	+0.060 +0.020	-0.004 -0.029	±0.0125	-0.006 -0.031	1.2		1.0	
>8～10	3×3			3						1.8		1.4	
>10～12	4×4			4						2.5	+0.1 0	1.8	+0.1 0
>12～17	5×5	0 -0.018	—	5	+0.030 0	+0.078 +0.030	0 -0.030	±0.015	-0.012 -0.042	3.0		2.3	
>17～22	6×6			6						3.5		2.8	
>22～30	8×7	0 -0.022		8	+0.036 0	+0.098 +0.040	0 -0.036	±0.018	-0.015 -0.051	4.0		3.3	
>30～38	10×8			10						5.0		3.3	
>38～44	12×8		0 -0.090	12						5.0		3.3	
>44～50	14×9	0 -0.027		14	+0.043 0	+0.120 +0.050	0 -0.043	±0.0215	-0.018 -0.061	5.5		3.8	
>50～58	16×10			16						6.0	+0.2 0	4.3	+0.2 0
>58～65	18×11			18						7.0		4.4	
>65～75	20×12			20						7.5		4.9	
>75～85	22×14	0 -0.033	0 -0.110	22	+0.052 0	+0.149 +0.065	0 -0.052	±0.026	-0.022 -0.074	9.0		5.4	
>85～95	25×14			25						9.0		5.4	
>95～100	28×16			28						10.0		6.4	
L 系列	6，8，10，12，14，16，18，20，22，25，28，32，36，40，45，50，56，63，70，80，90，100，110，125，140，160，180，200，220，250，280，320，360，400，450，500												

注：在工作图中，轴槽深用 t 或（$d-t$）标注，但（$d-t$）的偏毂应取负号；槽深用 t_1 或（$d-t_1$）标注；轴槽的长度公差用 H14；轴径小于 10 或大于 110 的键尺寸可查有关手册。

*5.2.2 普通平键联接的选用

1. 普通平键的选用原则

平键的选用先根据工作要求和联接的结构特点选择键的类型，再根据轴的直径 d 由标准中选定键的截面尺寸 $b\times h$（见表 5-1）。键的长度一般可按轮毂的长度而定，即键长要略短于（或等于）轮毂的长度，轮毂的长度一般可取（1.5～2）d，d 为轴的直径。注意所选定的键长要符合标准 L 系列。

例 5-1 选用如图 5-8 所示的减速器输出轴与齿轮的平键联接。已知轴在轮毂处的直径 $d=100$mm，齿轮和轴的材料为 45 钢，轮毂的长度 $B=150$mm，试选用平键。

解：选用平键

尺寸按轴的直径 $d=100$mm 和轮毂的长度 $B=150$mm，查表 5-1，选用 $b\times h\times L=28\times16\times140$ 的 A 型普通平键。

平键尺寸的公差为：键宽 $b=28$h9；键高 $h=16$h11；键长 $L=140$h14　标记为：键 28×140GB/T 1096—2003。

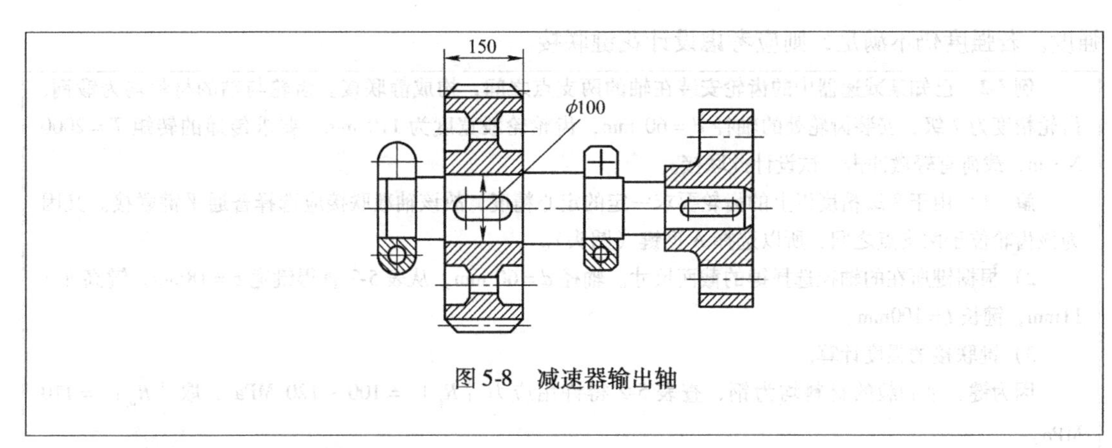

图 5-8 减速器输出轴

2. 平键联接的强度计算

选定了平键之后需要对平键联接的强度进行计算和校核，根据计算和校核的结果，如果判断所选平键强度不足则应该修改设计，做出调整。

（1）平键的失效形式 要进行强度校核首先要了解平键联接的失效形式，其主要失效形式有：较弱零件工作面压溃、磨损、键的剪断（一般极少出现）。

（2）平键联接传递扭矩时的受力 假设载荷沿键长度与高度方向均匀分布，不计摩擦，则平键联接传递转矩时的受力分析，如图 5-9 所示。

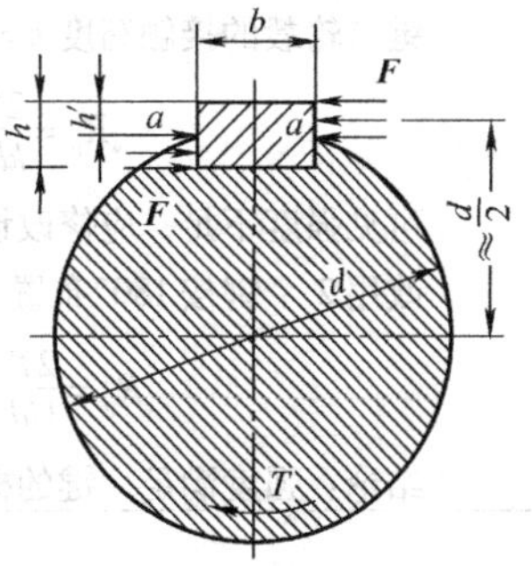

图 5-9 平键联接受力分析

（3）普通平键联接的强度计算 普通平键属于静联接，其主要失效形式为工作面压溃，因此只需进行挤压强度计算为

$$R_{\mathrm{p}} = \frac{F}{kl} = \frac{T}{\frac{d}{2}kl} = \frac{2T}{kld} \leqslant [R_{\mathrm{p}}] \tag{5-1}$$

式中，T 是扭矩；单位为 N · mm；k 是键的工作高度，$k = h/2$；l 是键的工作长度，（A 型键：$l = L - b$、B 型键：$l = L$、C 型键：$l = L - b/2$）；L 是公称长度 mm；d 轴径 mm；$[R_{\mathrm{p}}]$ 是许用挤压应力 MPa，见表 5-2。

表 5-2 键联接的许用挤压应力 $[R_{\mathrm{p}}]$ 与许用压力 $[p]$

许用应力	零件材料	载荷性质		
		静载荷	轻微冲击载荷	冲击载荷
$[R_{\mathrm{p}}]$	钢 铸铁	125 ~ 150 70 ~ 80	100 ~ 120 50 ~ 60	60 ~ 90 30 ~ 45
$[p]$	钢	50	40	30

注：1. $[R_{\mathrm{p}}]$ 值与该零件材料的力学性能有关，R_{m} 值较高的材料可取偏上限值，反之取偏下限值；

2. 与键有相对滑动的被联接件表面若经过淬火，则 $[p]$ 值可提高 2 ~ 3 倍。

国家标准规定，键的材料采用抗拉强度不低于 600MPa 的钢制造，常用 45 钢。当轮毂用非铁金属或非金属材料时，键可用 20 或 Q235 钢。当 1 个普通平键联接不能满足强度要求时，采用两个平键，相隔 180°布置，考虑到载荷分布不均匀，按 1.5 倍单键键长计算联接的强度。若强度仍不满足，则应考虑设计花键联接。

例5-2 已知某减速器中的齿轮安装在轴的两支点之间，构成静联接。齿轮与轴的材料均为锻钢，齿轮精度为7级，安装齿轮处的轴径 $d=60$ mm，齿轮轮毂宽度为110 mm。要求传递的转矩 $T=2000$ N·m，载荷有轻微冲击。试设计此联接。

解 1）由于8级精度以上的齿轮要求一定的定心精度，故该轴毂联接应选择普通平键联接。又因为该齿轮位于两支点之间，所以选择A型键（圆头）。

2）根据键所在的轴径选择键的截面尺寸。轴径 $d=60$ mm，从表5-2查得键宽 $b=18$mm，键高 $h=11$mm，键长 $l=100$mm。

3）键联接的强度计算。

因为键、轴和毂的材料均为钢，查表5-2得许用应力 $[R_p]=100\sim120$ MPa，取 $[R_p]=110$ MPa。

键的工作长度 $l=L-b=100\text{mm}-18\text{mm}=82\text{mm}$，

键与轮毂的接触高度 $k=0.5h=0.5\times11\text{mm}=5.5\text{mm}$。由式（5-1）得

$$R_p=\frac{2T}{kld}=\frac{2\times2000\times10^3}{5.5\times82\times60}\text{MPa}=147.8\text{MPa}>[R_p]=110\text{MPa}$$

可见强度不足，应修改设计。

改用2个键按180°布置。强度计算时按1.5个键进行。

$$R_p=\frac{2T}{kld}=\frac{2\times2000\times10^3}{5.5\times82\times60\times1.5}\text{MPa}=98.5\text{MPa}<[R_p]=110\text{MPa}$$

结论：强度满足。键的标记为：键 18×100 GB/T 1096—2003

5.3 花键联接

花键联接是由花键轴和花键孔联接而成，花键轴相当于多个键齿沿轴周向均布，而花键孔则相当于多个键槽沿轮毂孔周向均布，如图5-10所示。

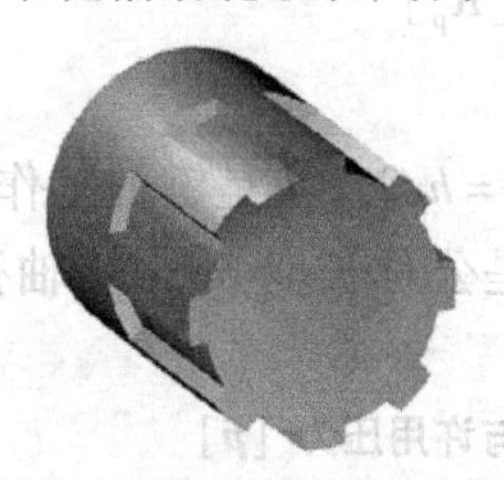

图5-10 花键

5.3.1 花键联接的特点

花键齿侧面为工作面，适用于动联接和静联接。其特点如下：

1）花键齿较多且分布均匀，故工作面积大、受力较均匀、承载能力较高。

2）齿轴一体且齿槽浅、齿根应力集中小，强度高且对轴的强度削弱减少。

3）轴上零件对中性好、导向性较好。

4）采用滚齿技术加工花键，但是加工需专用设备、制造成本高。

花键联接主要用于定心精度高、载荷大或经常滑移的联接。花键联接的齿数、尺寸、配合等均应按标准选取。

5.3.2 花键的类型

按齿形不同分为矩形花键联接和渐开线花键联接。

1. 矩形花键

矩形花键的齿廓是矩形，如图5-11所示。在矩形花键的标准中，按齿高不同分成两个系列，即轻系列和中系列。轻系列的承载能力较低，多用于静联接，而中系列多用于中等载荷的联接。

国标规定，矩形花键采用小径定心方式，即外花键和内花键的小径作为配合表面。其特点是定心精度高，定心的稳定性好，可以利用磨削的方法消除热处理产生的变形。

矩形花键联接广泛应用于飞机、汽车、拖拉机、机床等领域。

2. 渐开线花键

渐开线花键的齿廓是渐开线，分度圆压力角有30°及45°两种。齿高分别为0.5m和0.4m（m为模数），如图5-12所示。

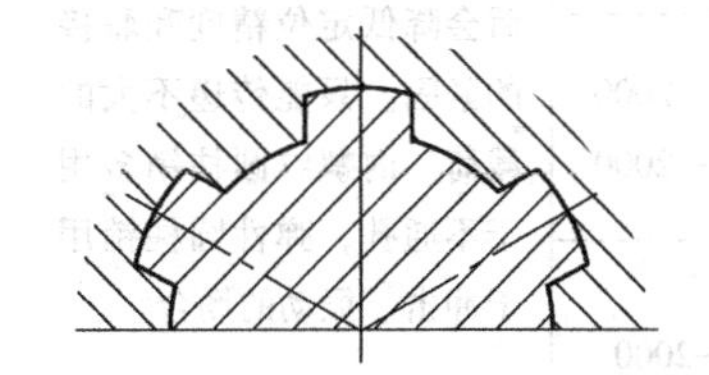

图5-11 矩形花键联接

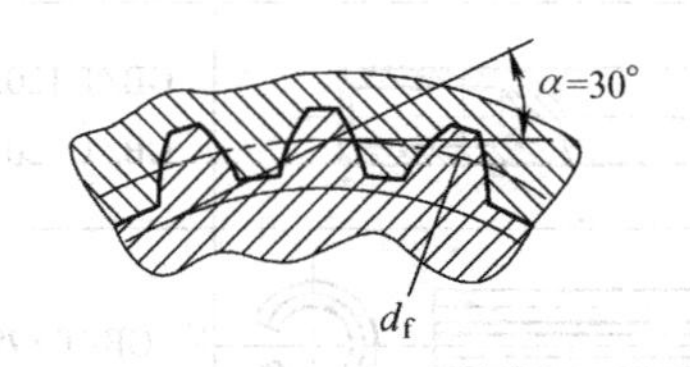

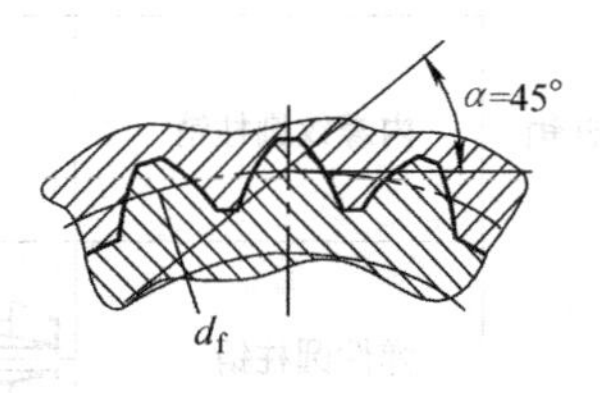

图5-12 渐开线花键联接

渐开线花键的特点是渐开线花键的制造工艺与齿轮完全相同，加工工艺成熟，制造精度高，花键齿根强度高，应力集中小，易于定心，适用于重载荷、轴径较大且定心精度高的联接，也可用于轻载、小直径和薄壁零件的静联接。

国标规定渐开线花键采用齿形定心方式。当传递载荷时，花键齿上的径向力能够起到自动定心作用，有利于各齿均匀受力。

想一想

花键联接和其他键联接在结构上有何不同？

5.4 销联接

销是标准件，在生产生活中应用广泛，例如：齿轮与轴之间的用销进行定位和紧固；带销孔的螺杆与槽形螺母用开口销锁紧和防松；自行车脚踏板与中轴之间用销进行紧固；减速箱的箱盖与箱座之间用定位销进行定位等。

销联接根据用途不同分为定位销、联接销和安全销。定位销主要用来固定零件间的相对位置，它是组合加工和装配时的重要辅助零件，如图5-13所示。联接销用于联接，可传递不大的载荷，如图5-14所示。安全销可作为安全装置中的过载剪断零件，如图5-15所示。

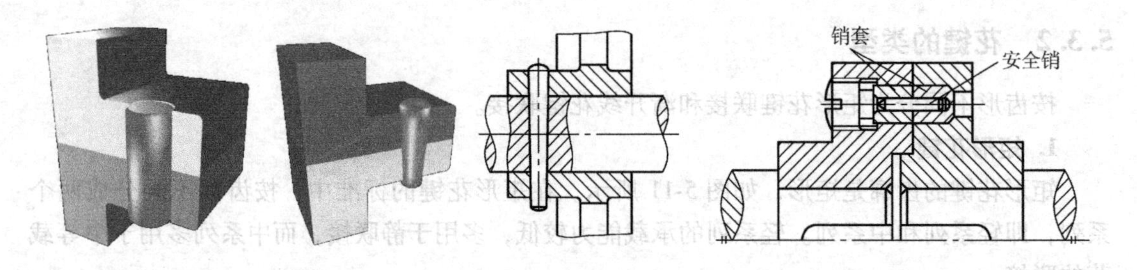

图 5-13　定位销　　图 5-14　联接销　　图 5-15　安全销

常用销的类型、特点和应用，见表 5-3。

表 5-3　常用销的类型、特点和应用

类　型		图　形	标　准	特点和应用
圆柱销	普通圆柱销		GB/T 119.1—2000 GB/T 119.2—2000	销孔需铰制，多次装拆后会降低定位精度和联接的紧固。只能传递不大的载荷。内螺纹圆柱销多用于不通孔，弹性圆柱销用于冲击、振动的场合
	内螺纹圆柱销		GB/T 120.1—2000 GB/T 120.2—2000	
	弹性圆柱销		GB/T 879—2000	
圆锥销	普通圆锥销		GB/T 117—2000	便于安装。定位精度比圆柱销高。在联接件受横向力时能自锁。销孔需铰制。螺纹供拆卸用
	内螺纹圆锥销		GB/T 118—2000	
	螺尾圆锥销	1:50	GB/T 877—2000	
开 口 销			GB/T 91—2000	工作可靠，拆卸方便，用于锁定其他紧固件

想 一 想

我们周围有没有销联接？它们属于哪种类型？

知识要点

销联接根据功用不同分为定位销、联接销和安全销。

圆柱销传递不大的载荷，圆锥销定位精度较高，开口销用于锁紧其他紧固件。

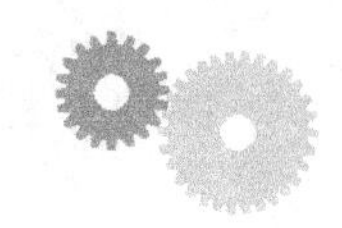

5.5 螺纹联接

5.5.1 常用螺纹的类型、特点和应用

1. 螺纹分类

螺纹分类方法有四种。

1）按螺旋线绕行方向，螺纹分为右旋螺纹和左旋螺纹，一般常用的是右旋螺纹，左旋螺纹仅用于某些有特殊要求的场合。

螺纹的旋向有两种简易判定方法。如图5-16所示，将螺纹竖起来看，螺纹可见部分向右上升的为右旋螺纹，向左上升的为左旋螺纹。顺时针旋入的为右旋螺纹，逆时针旋入的为左旋螺纹。

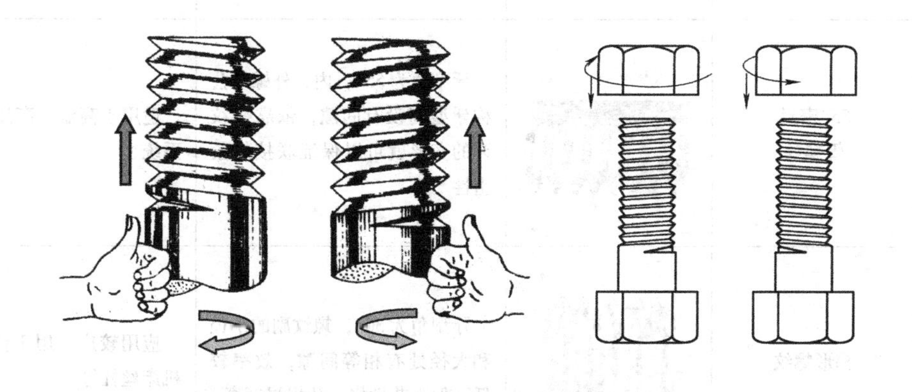

图5-16 判断螺纹旋向的方法

2）按螺旋线的数目，螺纹可分为单线螺纹和多线螺纹，如图5-17所示。单线螺纹一般用于联接，多线螺纹多用于传动。

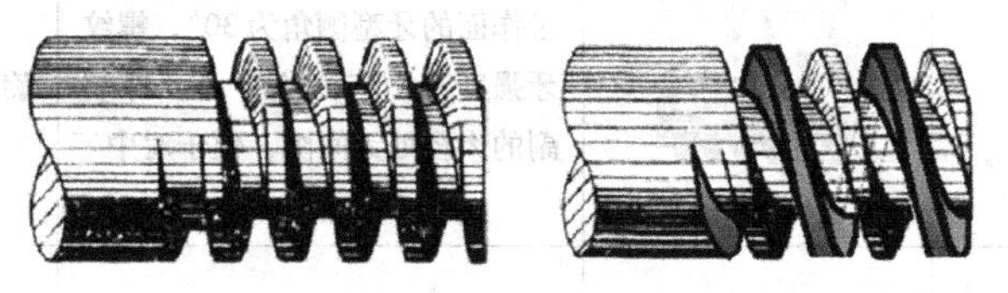

图5-17 螺纹的线数

3）按螺纹截面形状，螺纹可分为三角形、梯形、锯齿形、矩形以及其他特殊形状的螺纹。

4）按用途不同，螺纹可分为联接螺纹和传动螺纹。

2. 常用螺纹的特点及应用

常用的螺纹有普通螺纹、管螺纹、矩形螺纹、梯形螺纹和锯齿形螺纹等。除矩形螺纹外，其他螺纹均已标准化。除管螺纹采用英制（螺距以每英寸牙数表示）外，均采用米制。常用螺纹的特点与应用，见表5-4。

表 5-4　常用螺纹的特点与应用

种类	牙型名称	牙型外观	特点	应用
联接螺纹	普通螺纹		牙型角为60°，自锁性能好。应力集中较小。细牙螺纹不耐磨、易滑扣，结构紧凑，重量轻	应用最广。一般联接多用粗牙，细牙用于薄壁零件，也常用于受冲击、振动零件，如微调机构
	55°非密封圆柱管螺纹		牙型角为55°，外螺纹公称牙型间没有间隙，螺纹副本身不具有密封性	多用于水、煤气管路，润滑和电线管路系统中
	55°密封管螺纹		牙型角为55°，内、外螺纹公称牙型间没有间隙，依靠螺纹牙的变形就可以保证联接的紧密性	适用于高温、高压和润滑系统
传动螺纹	梯形螺纹		牙型角为30°，螺纹副的小径和大径处有相等间隙，效率较低，但工艺性好，牙根强度高	应用较广，用于传动，如机床丝杠等
	锯齿形螺纹		工作面的牙型侧角为3°，非工作面的牙型侧角为30°，螺纹牙强度高，应力集中小，螺纹副的大径处无间隙，便于对中	用于单向受力的传力螺旋，如螺旋压力机千斤顶等
	矩形螺纹		牙型为正方形，牙厚为螺距的一半，传动效率高。但精确制造困难，对中精度低，牙根强度弱	用于传力或传导螺旋

5.5.2　螺纹联接的主要类型、结构、应用和防松方法

螺纹联接是指利用螺纹零件构成可拆卸的固定联接。螺纹联接具有结构简单、紧固可靠、装拆快捷方便的特点，因此应用极为广泛。

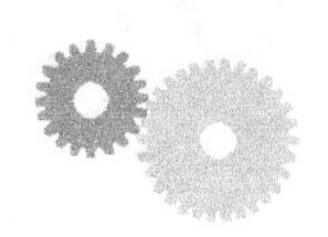

1. 螺纹联接的类型、结构及应用

螺纹联接的基本类型有螺栓联接、双头螺柱联接、螺钉联接和紧定螺钉联接四种，它们的类型、结构及应用，见表5-5。

表5-5 螺纹联接的类型、结构及应用

类 型	结 构	特点和应用
螺栓联接	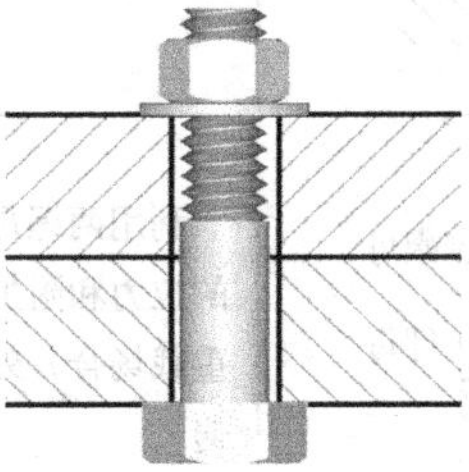	螺栓穿过被联接件的通孔，与螺母组合使用，结构简单，装拆方便，适用于被联接件厚度不大且能够从两面进行装配的场合
双头螺柱联接	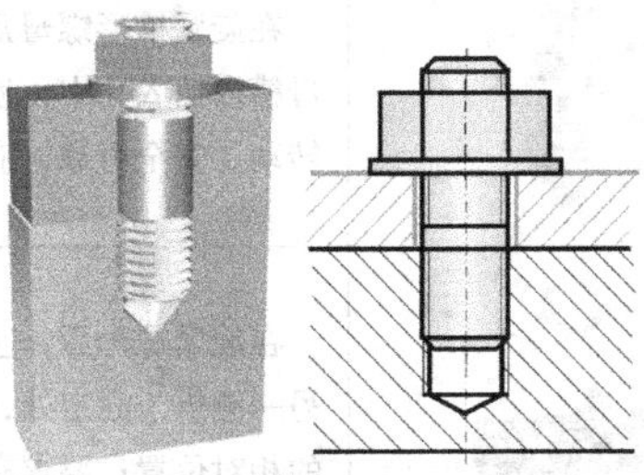	将螺柱上螺纹较短的一端旋入并紧固在被联接件之一的螺纹孔中，不再拆下，适用于被联接件其中之一较厚，不宜制作成通孔及需经常拆卸，联接紧固或紧密程度要求较高的场合
螺钉联接	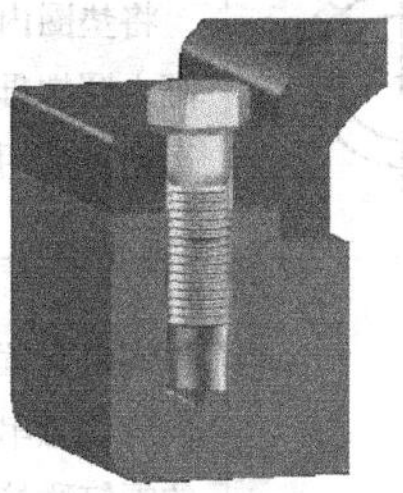	螺钉穿过较薄被联接件的通孔，直接旋入较厚被联接件的螺纹孔中，不用螺母，结构紧凑，适用于被联接之一较厚，受力不大，且不经常装拆，联接紧固或紧密程度要求不太高的场合
紧定螺钉联接	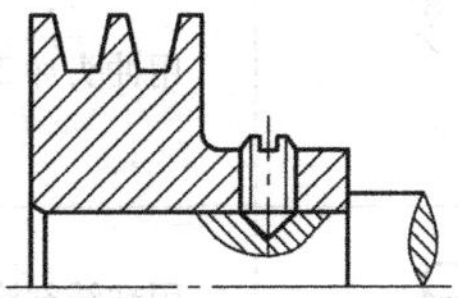	紧定螺钉旋入被联接件之一的螺纹孔中，其末端顶住另一被联接件的表面或相应的凹坑中，以固定两零件的相对位置，并可传递不大的力或转矩

2. 螺纹联接防松方法

螺纹联接件常为单线螺纹，满足自锁条件，一般情况下不会自行脱落。但在受冲击、振动、变载荷作用以及工作温度大幅变化时，螺纹联接有可能松开，影响工作，甚至发生事故。为了保证螺纹联接的安全可靠，必须采取有效的防松措施。常用的防松措施有摩擦力防松和机械防松两类。常用的防松方法见表5-6。

表 5-6　螺纹联接防松方法简表

防松措施		简　图	说　明
摩擦力防松	弹簧垫圈防松		弹簧垫圈材料为弹簧钢，装配后垫圈被压平，其反弹力使螺纹间保持压紧力和摩擦力。结构简单、应用广泛
	双螺母防松	副螺母 主螺母	利用两螺母的对顶作用使螺栓始终受到附加的拉力和附加的摩擦力。结构简单，用于低速重载场合，外廓尺寸大，应用不如弹簧垫圈普遍
机械方法防松	开口螺母防松		在旋紧槽形螺母后，螺栓被钻孔。销钉在螺母槽内插入孔中，使螺母和螺栓不能产生相对转动。安全可靠，应用较广
	止动垫圈防松		在旋紧螺母后，止动垫圈一侧被折转；垫圈另一侧折于固定处，则可固定螺母与被联接件的相对位置；要求有固定垫片的结构
	止动垫圈和圆螺母防松		将垫圈内翅插入螺栓（轴）的槽内，而外翅翻入圆螺母的沟槽中，使螺母和螺杆没有相对运动。常用于滚动轴承的固定
	串联金属丝防松		螺钉紧固后，在螺钉头部小孔中串入铁丝，但应注意串孔方向为旋紧方向。常用于无螺母的螺钉联接
其他防松	焊接和冲点防松	(1~1.5)P	用冲头冲 2 ~3 个点
	粘结防松	涂粘结剂	用粘结剂涂于螺纹旋合表面，拧紧螺母后粘结剂能自行固化，防松效果良好

5.5.3　螺纹联接的拆装

在拆装之前首先必须熟悉图样和有关资料，了解其结构特点、零部件的结构特点和相互之间的配合关系，才能选择适当的拆装方法，选用合适的拆装工具，然后按照技术、工艺要

求完成拆装。拆装中如果考虑不周，方法不当，就会造成被拆零、部件损坏，甚至导致精度与性能降低。

1. 螺纹联接件的装配

1）螺母或螺钉与零件贴合的表面应当经过加工，否则容易使联接松动或使螺钉弯曲。

2）螺母或螺钉和接触表面之间应保持清洁，螺孔内的脏物应当清理干净。

3）装配时，必须对拧紧力矩加以控制。

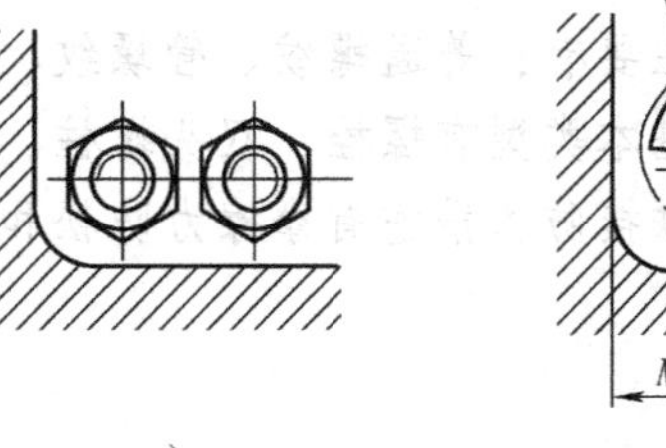
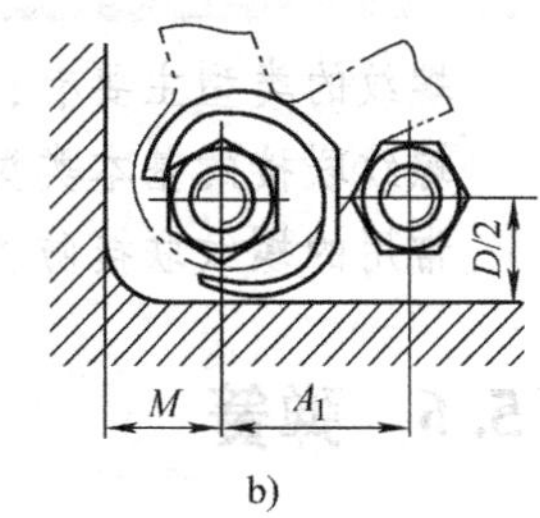

a)　　b)

图5-18　螺钉的合理布置

4）在装配过程中必须保证装配工具和零件有活动的余地，例如图5-18a所示的螺钉布置在装配时，不能容纳扳手活动，这样的螺钉无法装拆，因此必须按图5-18b所示进行布置，留有扳手操作的空间，参数M、A_1、D可查阅相关手册。

5）双头螺柱的轴心线必须与被联接件的表面垂直。

6）成组螺栓或螺母拧紧时，应根据被联接件形状和螺栓的分布情况，按一定的顺序逐次（一般为2～3次）拧紧螺母，以防止螺栓受力不一致，甚至变形，如图5-19所示。

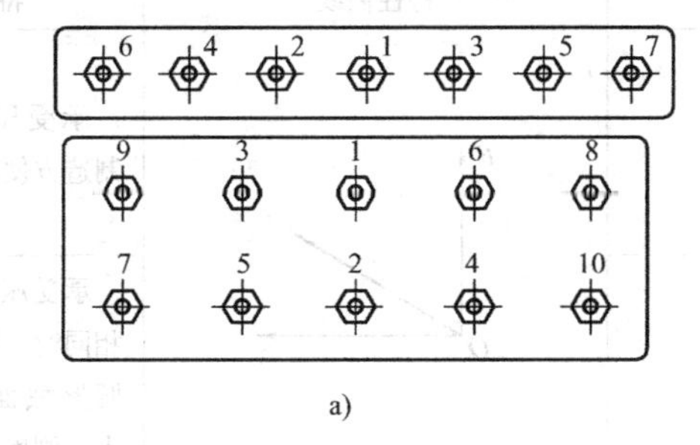

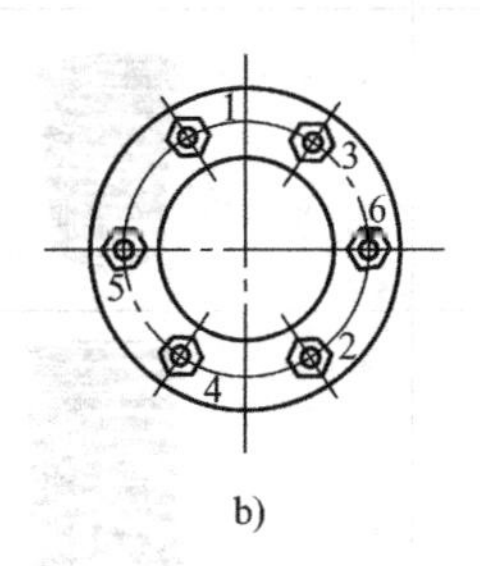

a)　　b)

图5-19　成组螺栓的拧紧顺序

2. 螺纹联接件的拆卸

选择好工具，观察拆装螺纹联接件的扳手空间，正确选用扳手规格，按顺序拆卸，并将拆卸零件按顺序摆放在零件存放盘内，边拆卸边观察联接结构及螺纹防松的方法，做好记录。螺纹联接的拆卸要点如下：

1）选择好工具，观察拆装螺纹联接件的扳手空间，正确选用扳手规格，按顺序拆卸，并将拆卸零件按顺序摆放在零件存放盘内，边拆卸边观察联接结构及螺纹防松的方法，做好记录。

2）较细小、易丢失的零件（如紧定螺钉、螺母、垫圈及销子等）清理后尽可能再装到主要零件上，防止遗失。

3）对容易产生位移而又无定位装置或有方向性的相配件，要先作好标记，再拆卸，以便复装时容易辨认。

想一想

螺纹联接中应用了哪些螺纹联接件？

自行车上有螺纹联接吗？

我们周围有没有销联接？它们属于哪种类型？

知识要点

螺纹的类型主要有：普通螺纹、管螺纹、矩形螺纹、梯形螺纹和锯齿形螺纹。

螺纹联接的基本类型有螺栓、双头螺柱、螺钉和紧定螺钉联接四种。

常用的螺纹联接防松措施有摩擦力防松和机械防松两类。

*5.6 弹簧

弹簧是弹性元件。由于它具有刚性小、弹性大、在载荷作用下容易产生弹性变形等特性，被广泛用于各种机器、仪表及日常用品中。

弹簧的类型很多，根据受力的性质，弹簧主要分为拉伸弹簧、压缩弹簧、扭转弹簧和弯曲弹簧等四种；根据弹簧的形状可分为螺旋弹簧、碟形弹簧、环形弹簧、板弹簧、盘簧等；根据制造材料弹簧又可分为金属弹簧和非金属弹簧。

常用弹簧的类型、特点及应用见表5-7。

表5-7 常用弹簧的类型、特点及应用

类型		简图	特性曲线	特点及应用
圆柱螺旋弹簧	圆截面压缩弹簧			承受压力。结构简单，制造方便，应用最广
	矩形截面压缩弹簧			承受压力。当空间尺寸相同时，矩形截面弹簧比圆形截面弹簧吸收能量大，刚度更接近于常数
	圆截面拉伸弹簧			承受拉力
	圆截面扭转弹簧			承受转矩。主要用于压紧和蓄力以及传动系统中的弹性环节
圆锥螺旋弹簧	圆截面压缩弹簧			承受压力。可防止共振，稳定性好，结构紧凑。多用于承受较大轴向载荷和减振的场合

（续）

类型		简图	特性曲线	特点及应用
碟形弹簧	对置式	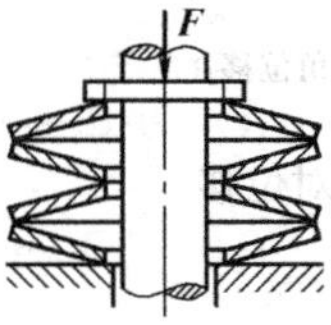	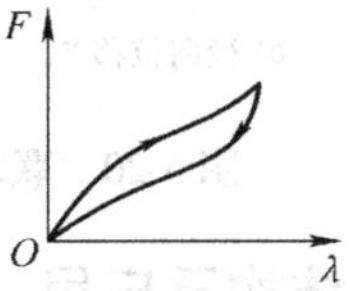	承受冲击载荷。缓冲、吸振能力强。用于要求缓冲和减振能力强的重型机械
环形弹簧		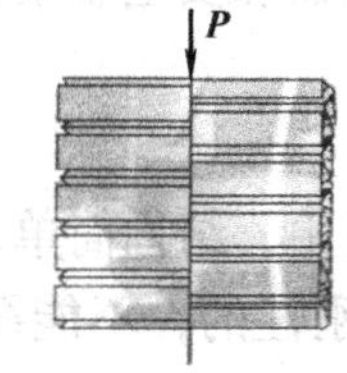	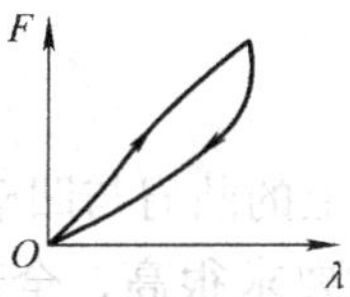	承受冲击载荷。圆锥面间具有较大的摩擦力，因而具有很高的减振能力，常用于重型设备的缓冲装置，如机车、锻压设备和飞机着陆装置等
蜗卷形弹簧	非接触型	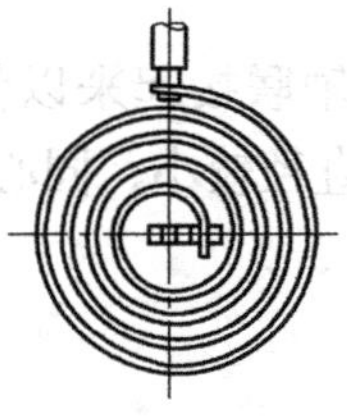	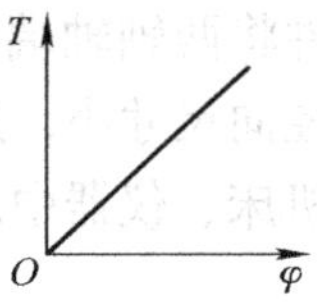	承受转矩。圈数多，变形角大，储存能量大。多用于作压紧弹簧和仪器、钟表中的储能弹簧
板弹簧	多板弹簧		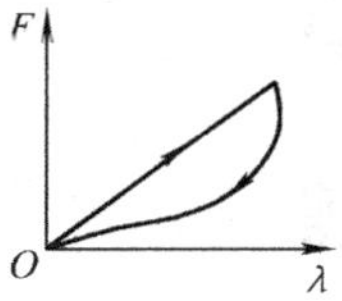	承受弯矩。主要用丁汽车、拖拉机和铁路车辆的车箱悬挂装置中，起缓冲和减振作用

想一想

日常生活中接触到哪些弹簧？起什么作用？

目前最强力的缓冲弹簧是哪一种？

5.7 联轴器

5.7.1 联轴器的功用

联轴器主要用于轴与轴之间的联接，使它们一起回转并传递转矩。在传动系统中联轴器还具备安全装置的功能。用联轴器联接的两轴，只有在转动停止之后用拆卸的方法才能将它们分离。

联轴器所联接的轴之间，由于制造和安装误差、受载和受热后的变形以及传动过程中的振动等因素，常产生轴向、径向、偏角、综合等位移，如图5-20所示。因此，要求轴器应具有补偿轴线偏移和缓冲、减振的能力。

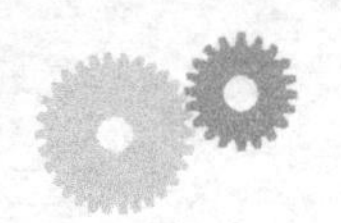

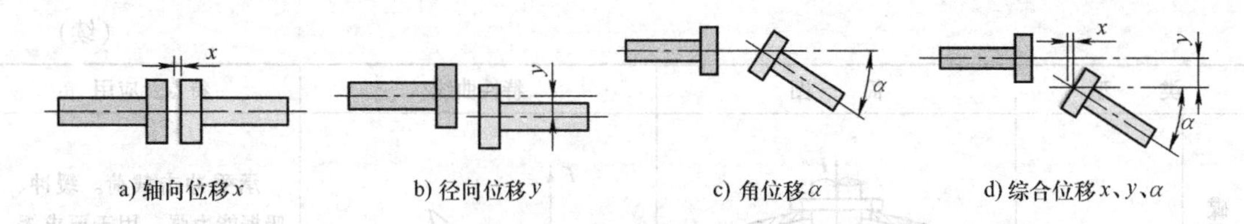

图 5-20　联轴器轴线的相对位移

5.7.2　联轴器的类型、结构及应用

常用联轴器可分为三大类：刚性联轴器、弹性联轴器和安全联轴器。下面简单介绍几种常用的联轴器。

1. 凸缘联轴器

它是利用两个半联轴器上的凸肩与凹槽相嵌合而对中，结构简单、维护方便，能传递较大的转矩，但两轴的对中性要求很高，全部零件都是刚性的，不能缓冲和减振，如图 5-21 所示。凸缘联轴器广泛用于低速、大转矩、载荷平稳、短而刚性好的两轴联接。

2. 套筒联轴器

它是用键、销等联接零件将两轴轴端的套筒将两轴联接起来以传递转矩，如图 5-22 所示。套筒联轴器结构简单，径向尺寸小，适用于两轴直径较小、同心度较高、工作平衡的场合，但装拆不方便。多用于机床、仪器中。

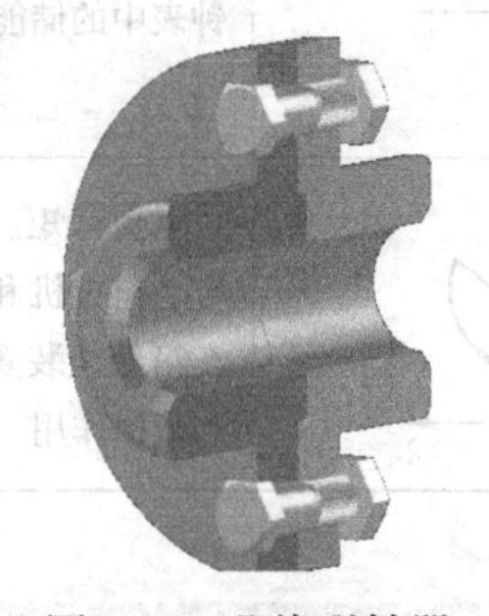

图 5-21　凸缘联轴器

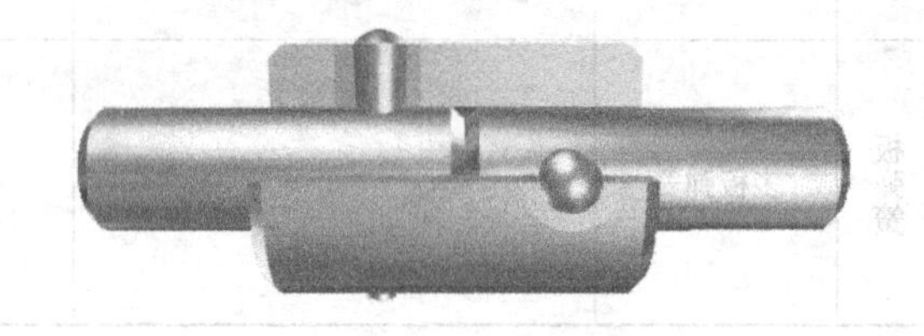

图 5-22　套筒联轴器

3. 十字滑块联轴器

它是利用十字滑块与两半联轴器端面的径向槽配合以实现两轴的联接，如图 5-23 所示，滑块沿径向滑动可补偿两轴径向偏移，还能补偿角偏移。结构简单，径向尺寸小，但耐冲击性差，易磨损，转速较高时会产生较大的离心力，常用于径向位移较大、冲击小、转速低、传递转矩较大的两轴联接。

4. 万向联轴器

它是利用十字轴中间件联接两边的万向接头，而万向接头与两轴联接，两轴间夹角可达 40°～50°，如图 5-24 所示。

图 5-23　十字滑块联轴器

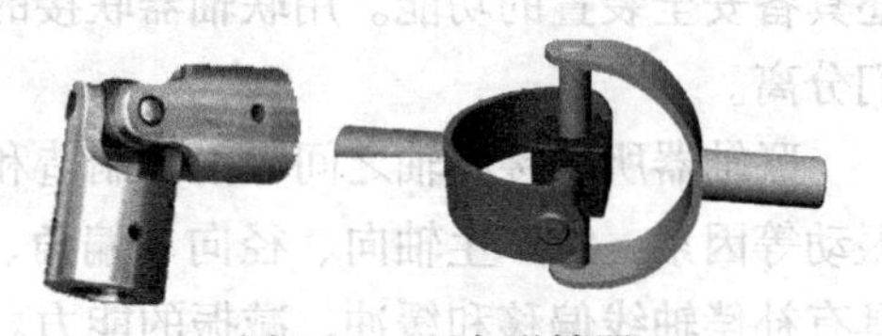

图 5-24　万向联轴器

万向联轴器允许在较大角位移时传递转矩。为使两轴同步转动，万向联轴器一般成对使用。它主要用于轴线相交的两轴联接。

5. 弹性套柱销联轴器

一端带有弹性套的柱销装在两半联轴器凸缘孔中，实现两半联轴器的联接，结构与凸缘联轴器相似，如图5-25所示。弹性套的弹性可补偿两轴的相对位移并能缓冲和减振。它主要用于传递小转矩、高转速、起动频繁和回转方向需经常改变的两轴联接。

6. 弹性柱销联轴器

它是用非金属材料制成的柱销置于两半联轴器凸缘孔中，实现两半联轴器的联接，如图5-26所示。可允许较大的轴向窜动，但径向位移和偏角位移的补偿量不大。结构简单，制造容易，维护方便，一般用于轻载的场合。

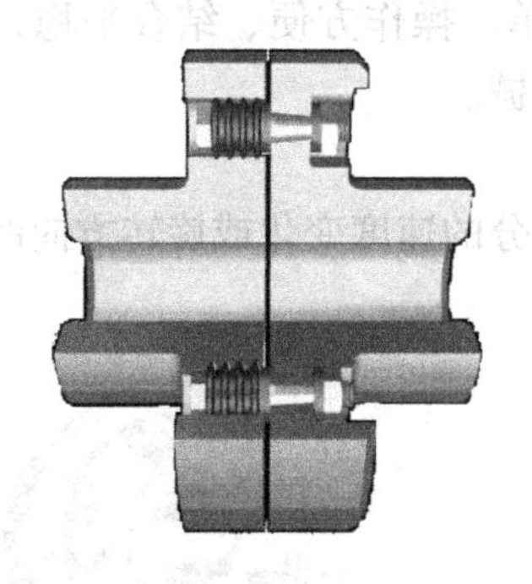

图5-25 弹性套柱销联轴器

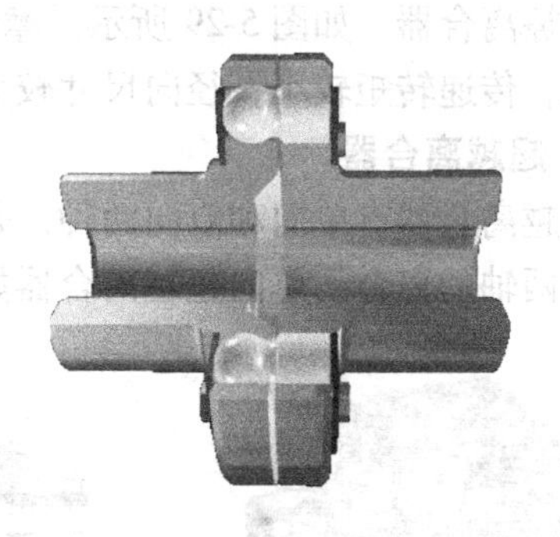

图5-26 弹性柱销联轴器

*5.8 离合器

5.8.1 离合器的功用

离合器是一种不必采用拆卸的方法就能使旋转中的两轴迅速地接合或分离的传动装置。离合器通常用在汽车、摩托车、机床等机器中，以实现传动系统的换向、变速、停止等工作。例如：汽车用离合器，如图5-27所示。

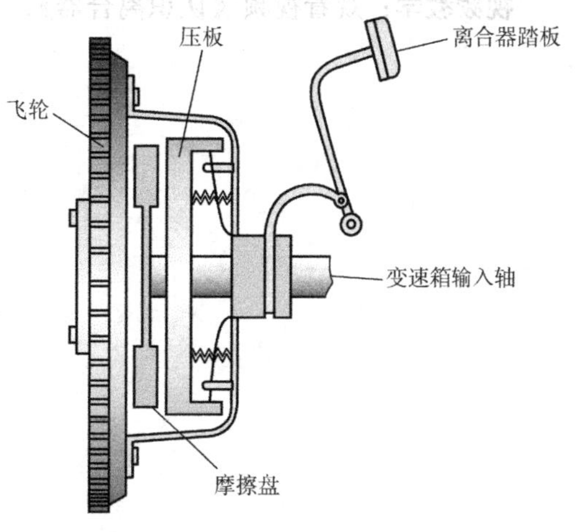

图5-27 汽车用离合器

汽车在行驶过程中，需经常保持动力传递，而中断传动只是暂时的需要，因此汽车离合器的主动部分和从动部分是经常处于接合状态的。发动机飞轮是离合器的主动件，带有摩擦片的从动盘和从动毂借滑动花键与从动轴（即变速器的主动轴）相连。压紧弹簧则将从动盘压紧在飞轮端面上。发动机转矩即靠飞轮与从动盘接触面之间的摩擦作用而传到从动盘上，再由此经过从动轴和传动系中一系列部件传给驱动轮。当希望离合器分离时，只要踩下离合器操纵机构中的踏板，套在从动盘毂的环槽中的拨叉便推动从动盘克服压紧弹簧的压力向松开的方向移动，而与飞轮分离，摩擦力消失，从而中断了动力的传递。

5.8.2　离合器的类型、特点和应用

离合器的种类很多，常用的有牙嵌式离合器、摩擦式离合器、超越离合器和安全离合器。下面只介绍前三种。

1. 牙嵌式离合器

牙嵌式离合器，如图 5-28 所示。牙嵌式离合器结构简单、外廓尺寸小、操作方便，结合后可保证主、从动轴同步运转，适用于低速或停机时的接合。

2. 摩擦离合器

摩擦离合器，如图 5-29 所示。摩擦离合器结构简单、操作方便、结合平稳，有过载保护功能，传递转矩较小，径向尺寸较大，常用于轻型机械。

3. 超越离合器

超越离合器有单向和双向两种，是通过主、从动部分的速度变化或旋转方向的变化来自动控制两轴的离合。单向超越离合器如图 5-30 所示。

图 5-28　牙嵌式离合器

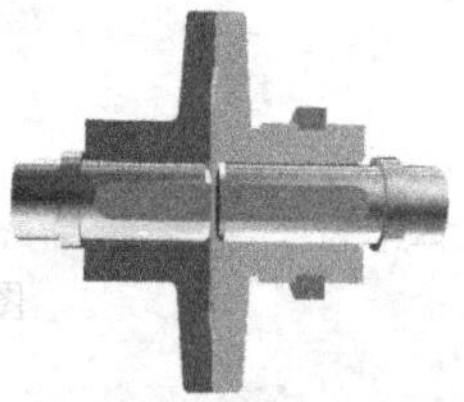

图 5-29　摩擦离合器

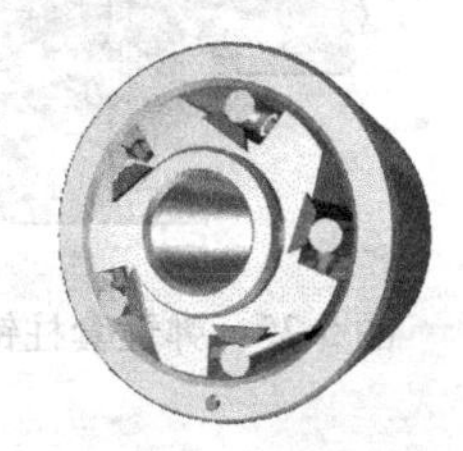

图 5-30　超越离合器

想 一 想

联轴器和离合器的区别是什么？汽车起步时如何操作离合器？

视频教学：观看视频《认识离合器》，了解离合器的原理和作用。

第6章 机　　构

机构是由构件组成的系统，是机器的主要组成部分，其功用是传递运动和力。在机构中的所有构件均平行于同一固定平面运动的机构称为平面机构，否则称为空间机构。由于机械中常见的机构多为平面机构，故本章仅讨论平面机构。

学习目标

◎ 了解各种机构在机械中的应用；
◎ 理解平面四杆机构、凸轮机构的组成、类型、特点及应用；
◎ 了解间歇运动机构的组成、特点、分类和应用。

6.1 平面机构

6.1.1 平面机构的认识

机构是人为的实体组合，每个机构都可用来实现一定的运动变换或力的传递，其各部分之间的相对运动也是确定的。机器通常由几个机构组成，例如，如图6-1所示的内燃机由曲柄滑块机构、齿轮机构和凸轮机构组成，燃气推动活塞在气缸体（即机体）中做直线移动，通过连杆使曲轴转动，上述物体组成曲柄滑块机构。曲轴的转动通过齿轮机构传给凸轮，推动顶杆定时打开和关闭气门，凸轮和顶杆等组成凸轮机构。燃气的热能转换为曲轴的机械能的全过程，是由这些机构共同完成的。

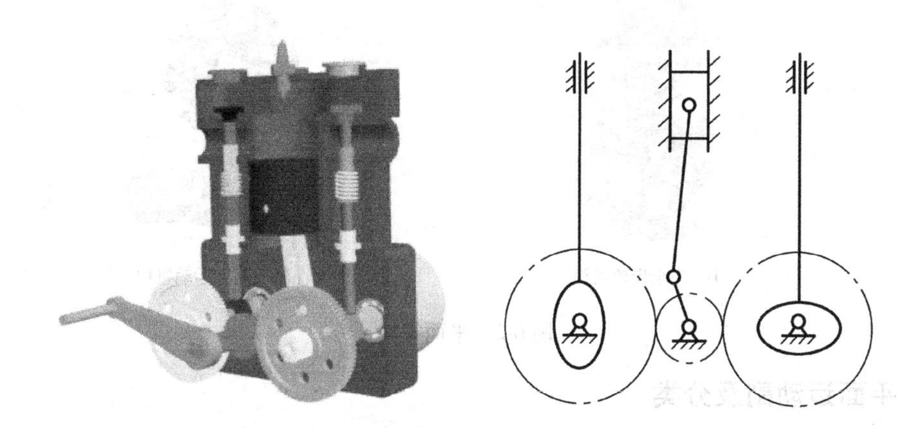

图6-1　内燃机

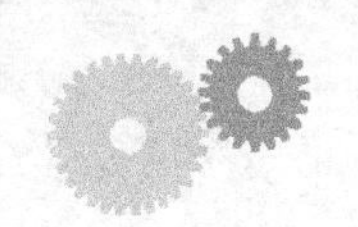

常见的平面运动机构如图 6-2 所示。

a)曲柄摇杆机构

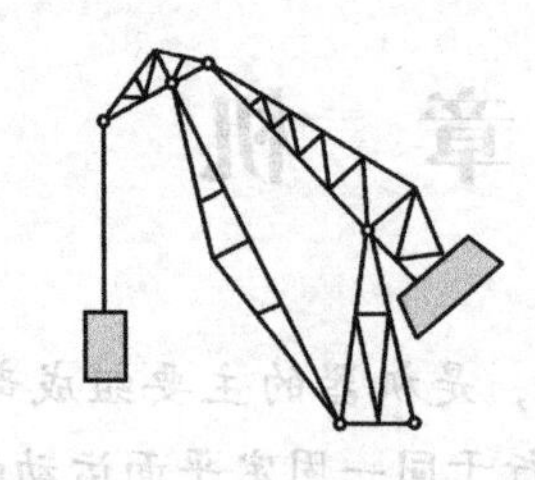

b)双摇杆机构

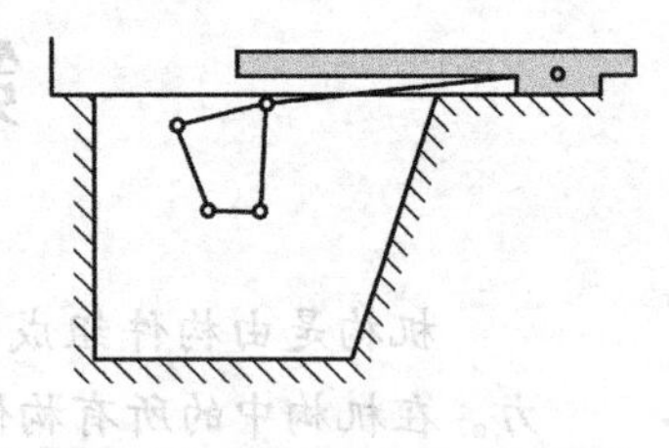

c)双曲柄机构

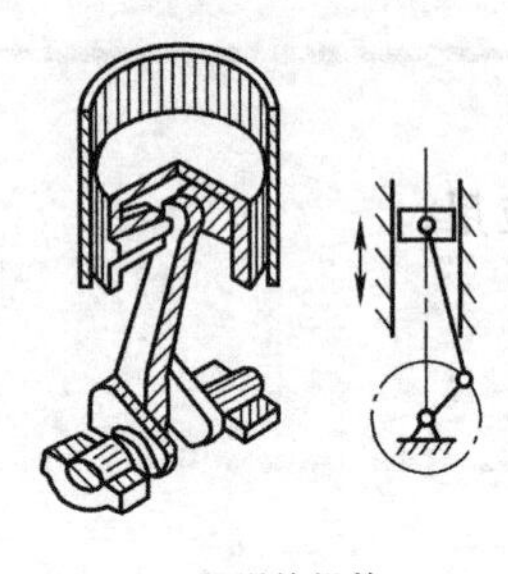

d)滑块机构

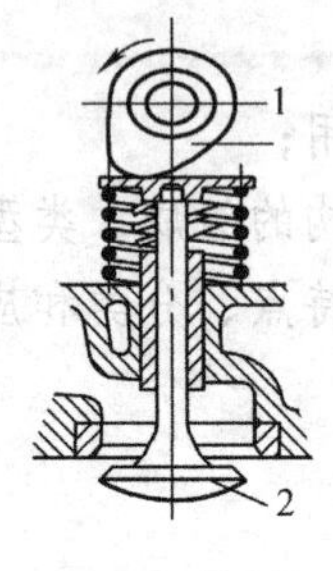

e)盘形凸轮机构

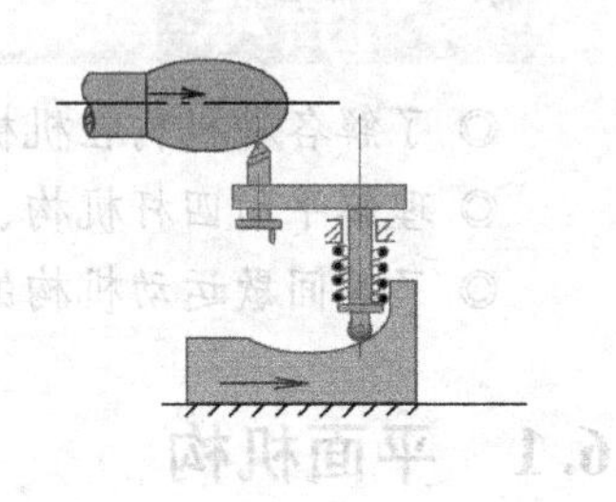

f)移动凸轮机构

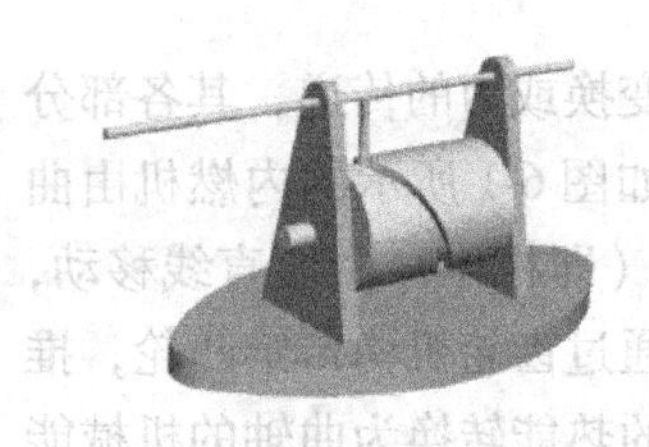

g)圆柱凸轮机构

h)槽轮机构

i)棘轮机构

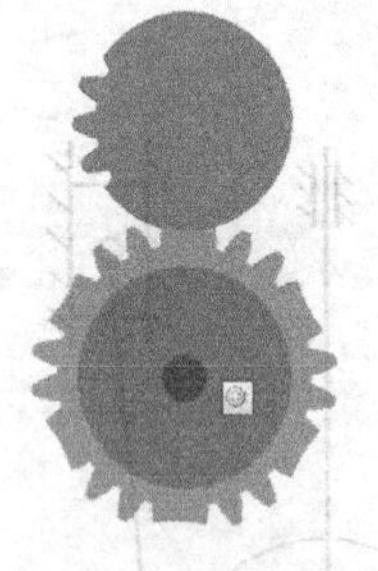

j)不完全齿轮机构

k)凸轮式间歇运动机构

图 6-2　平面机构

6.1.2　平面运动副及分类

如图 6-1 所示内燃机中，活塞与缸体组成可相对移动的联接；活塞和连杆、连杆和曲轴、曲轴和缸体分别组成可相对转动的联接。这种两构件直接接触，既保持联系又能相对运动的联接，称为运动副。平面运动副按两构件接触的几何特征分为低副和高副。

1. 低副

两构件通过面接触而构成的运动副称为低副（转动副和移动副都是面接触，工作压强低，故称为低副）。根据两构件间的相对运动形式，低副又可分为转动副和移动副。

（1）转动副　两构件只能组成在一个平面内作相对转动的运动副称为转动副（或铰链），如图6-3所示。在图6-3a中，构件1与构件2以圆柱面接触，构件2限制1沿x和y方向的相对移动，构件1只能绕构件2相对转动，这种运动副称为转动副。图6-3b为转动副的表示符号。

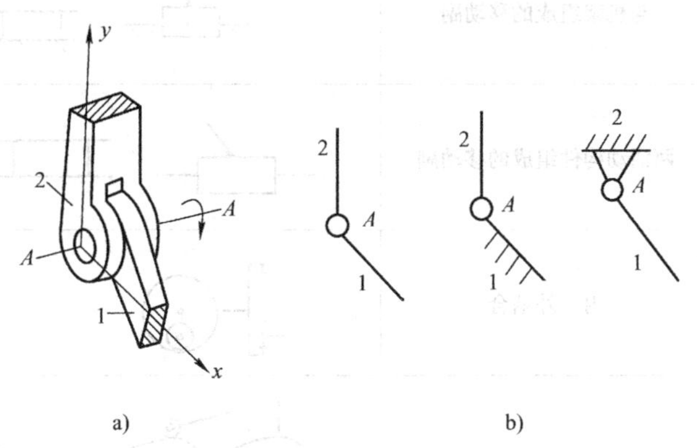

图6-3　转动副

（2）移动副　两构件只能沿某一方向线作相对移动的运动副称为移动副。如图6-4a所示，构件1与构件2以面接触，构件1只能相对构件2沿x轴作相对移动，这种运动副称为移动副。图6-4b为移动副的表示符号。

2. 高副

两构件通过点或线接触组成的运动副称为高副（因为这类运动副为线或点接触，工作压强高，故称为高副）。如图6-5所示，凸轮与从动杆及两齿轮分别在其接触处组成高副。

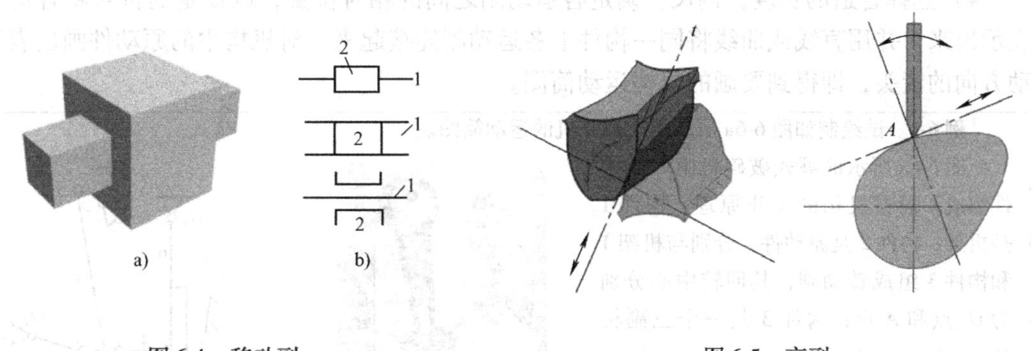

图6-4　移动副　　　　图6-5　高副

*6.1.3　平面机构运动的简图

无论对已有机构进行分析，还是设计新的机构，都要从分析机构图形着手。撇开实际机构中与运动无关的因素（例如构件的形状、组成构件的零件数目和运动副的具体结构等），用简单线条和符号表示构件和运动副，并按一定比例定出各运动副相对位置，表示出机构各构件间相对运动关系的图，称为机构运动简图。常用的运动副代表符号见表6-1。

表6-1　运动副代表符号

平面低副	转动副	铰链	
	移动副	与机架组成的移动副	
		两活动构件组成的移动副	
平面高副	齿轮副	内、外啮合	
	凸轮副		

绘制机构运动简图的步骤：

1）首先要搞清楚所要绘制机构的结构及运动情况，即找出机构中的原动件、从动件、机架，并按运动的传递路线搞清楚该机构原动部分的运动如何经传动部分传递到工作部分。

2）分析清楚该机构是由多少个构件组成的，并根据相连的两构件间的接触情况及相对运动的性质，确定各个运动副的类型。

3）选择与机构中多数构件的运动平面相平行的平面作为绘制机构运动简图的投影面。

4）选择合适的长度比例尺，确定各运动副之间的相对位置，以规定的符号将各运动副表示出来，并用直线或曲线将同一构件上各运动副连接起来，对机构中的原动件画出表示运动方向的箭头，即得到要画的机构运动简图。

例6-1　试绘制如图6-6a所示颚式破碎机的运动简图。

图6-6a所示的颚式破碎机由六个构件组成。根据机构的工作原理，构件1是机架；构件2是原动件，分别与机架1和构件3组成转动副，其回转中心分别为O_1点和A点；构件3是一个三副构件，分别与构件4和构件5组成转动副。构件5和机架1、构件4和动颚板6、动颚板6与机架1也分别组成转动副。它们的回转中心分别是C、B、O_2、D、O_3的位置。用转动副符号表示各转动副，再用直线把各转动副连接起来，在机架上加上短斜线，在原动件上加上箭头，即得如图6-6b所示颚式破碎机的机构运动简图。

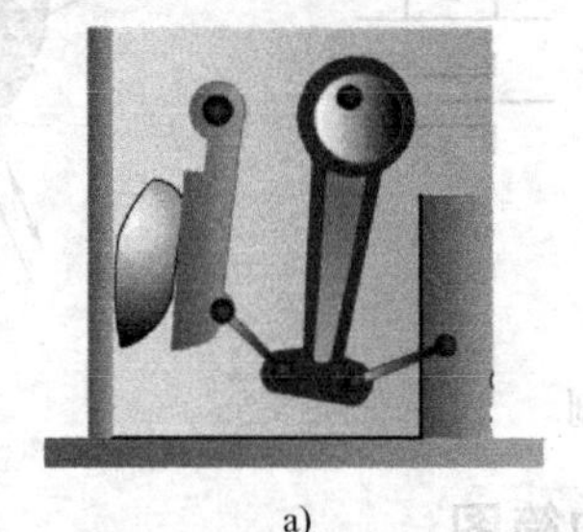

a)

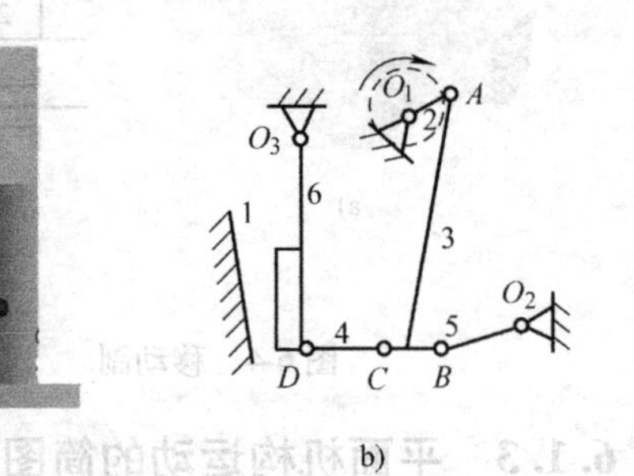

b)

图6-6　颚式破碎机的机构运动简图

例6-2　试绘制如图6-7a所示缝纫机驱动机构的运动简图。

如图6-7a所示缝纫机的传动过程如下：脚踏板1绕轴D摆动时，通过连杆2带动曲轴3绕轴A连续转动。脚踏板1是主动件，连杆2和曲柄3是从动件，4为机架，这4个构件组成曲柄摇杆机构，A、B、C、D均为转动副。从图6-7a中量出各转动副间的中心距，选取侧平面为运动简图的投影面，如图6-7b所示，这一机构的运动简图即可绘出，如图6-7c所示。

绘制运动简图的步骤如下：

① 选定比例尺，确定A和D点；

② 任意选定主动件的位置，确定C点，并以A为圆心、AB为半径作圆；

③ 以C为圆心，CB为半径画弧，与该圆交于B点；

④ 用规定的符号画出各构件和转动副，并用箭头标明主动件。

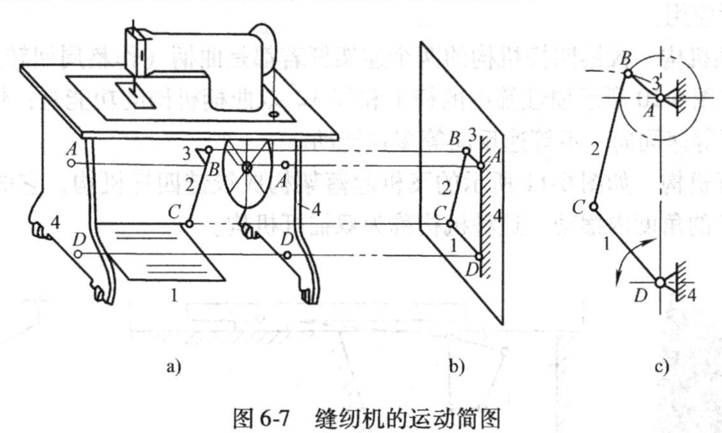

图6-7　缝纫机的运动简图

想 一 想

你在日常生活中见过哪些平面机构，各起什么作用？

视频教学：观看挖掘机的工作过程，分析其工作原理，并画出挖掘机的运动简图。

知识要点

机构是人为的实体组合，每个机构用来实现一定的运动变换或力的传递，其各部分之间的相对运动也是确定的。

平面机构分为铰链四杆机构、曲柄滑块机构、平面凸轮机构、间歇机构等。

两构件直接接触，既保持联系又能相对运动的联接，称为运动副。平面运动副按两构件接触的几何特征分为低副和高副。

6.2　平面四杆机构

6.2.1　平面四杆机构的基本类型、特点和应用

根据有无移动副存在，平面四杆机构可分为铰链四杆机构和滑块四杆机构。

铰链四杆机构是将4个构件以4个转动副（铰链）连接成的平面机构，如图6-8所示。在图6-8所示机构中，固定的杆AD称为机架，同机架连接的两杆AB、CD称为连架杆，BC

杆称为连杆。

1. 铰链四杆机构的基本类型

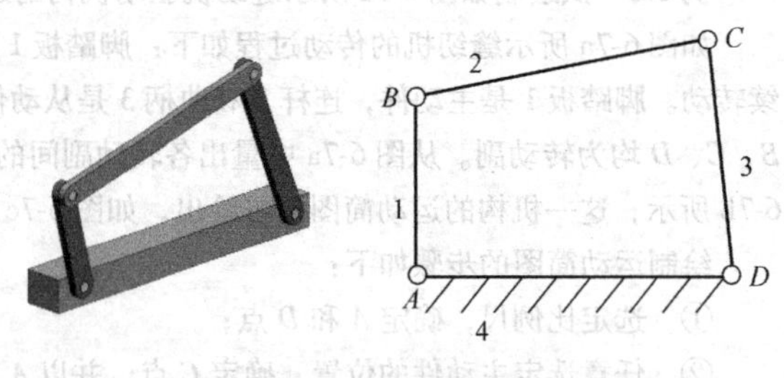

图 6-8 铰链四杆机构

（1）曲柄摇杆机构 如果平面铰链四杆机构有一连架杆能作整周回转，而其另一连架杆只能在某一小于 360°的角度内作往复摆动，则称其为曲柄摇杆机构。能绕机架作整周回转的连架杆称为曲柄，只能绕机架作往复摆动的连架杆称为摇杆。曲柄摇杆机构的功能是：将转动转换为摆动或者将摆动转换为转动，图 6-9 所示的雷达为曲柄摇杆机构的实际应用。

（2）双曲柄机构 铰链四杆机构的两个连架杆若都是曲柄（作整周回转运动），则称为双曲柄机构，如图 6-10 所示惯性筛中的杆 1 和杆 3。双曲柄机构的功能是：将等速转动转换为等速同向、不等速同向、不等速反向等多种转动。

（3）双摇杆机构 如图 6-11 所示的飞机起落架构成铰链四杆机构，它的两个连架杆都只能在小于 360°的角度内摆动，这种机构称为双摇杆机构。

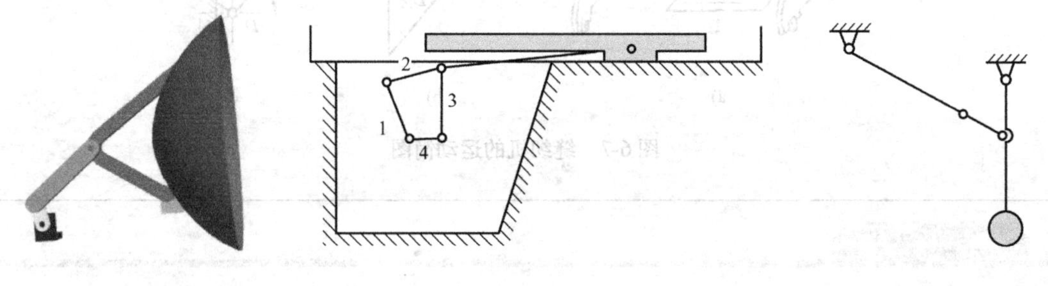

图 6-9 雷达 图 6-10 惯性筛 图 6-11 飞机起落架

2. 滑块机构

在实际应用中还广泛采用着滑块机构，它是由铰链四杆机构演化而来的。含有移动副的四杆机构，称为滑块四杆机构。常用的有曲柄滑块机构、导杆机构、摇块机构和定块机构等几种形式。

（1）曲柄滑块机构 在图 6-12a 所示的曲柄摇杆机构中，当曲柄 1 绕轴 *A* 转动时，铰链 *C* 将沿圆弧 $\beta\beta$ 往复摆动。在图 6-12b 所示的机构简图中，设将摇杆 3 做成滑块形式，并使其沿圆弧导轨 $\beta'\beta'$ 往复移动，显然其运动性质并未发生改变；但此时铰链四杆机构已演化为

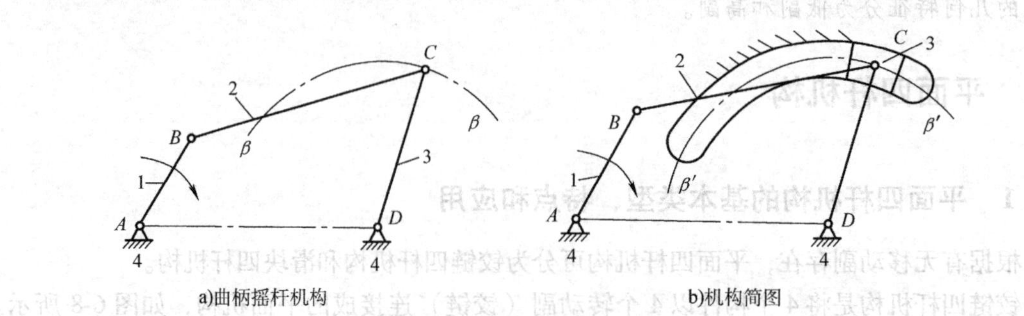

图 6-12 铰链四杆机构的演化

曲线导轨的曲柄滑块机构。如曲线导轨的半径无限延长时，曲线$\beta'\beta'$将变为图6-13a所示的直线mm，于是铰链四杆机构将变为图6-13所示的曲柄滑块机构。

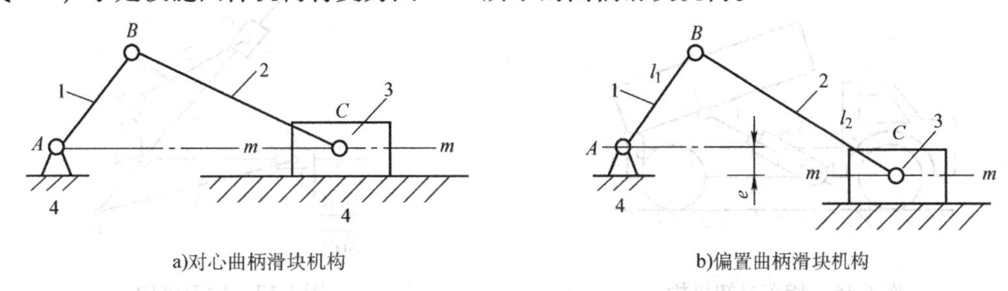

a)对心曲柄滑块机构　　b)偏置曲柄滑块机构

图6-13　曲柄滑块机构

利用曲柄滑块机构可以将曲柄的回转运动转换为滑块的往复直线运动；也可以将往复直线运动转换为曲柄的回转运动。前一特性主要用于工作机构，例如空气压缩机，冲床、剪切机等；后一特性多于原动机，如蒸汽机、内燃机等。

在曲柄滑块机构中，若取不同构件作为机架，则该机构将演化为定块机构、摇块机构或导杆机构等。

（2）定块机构　在图6-14a所示的曲柄滑块机构中，如果将构件3（即滑块）作为机架，则曲柄滑块机构便演化为定块机构。图6-15所示手压抽水机即是定块机构的应用实例，扳动手柄，使活塞上下移动，实现抽水动作。

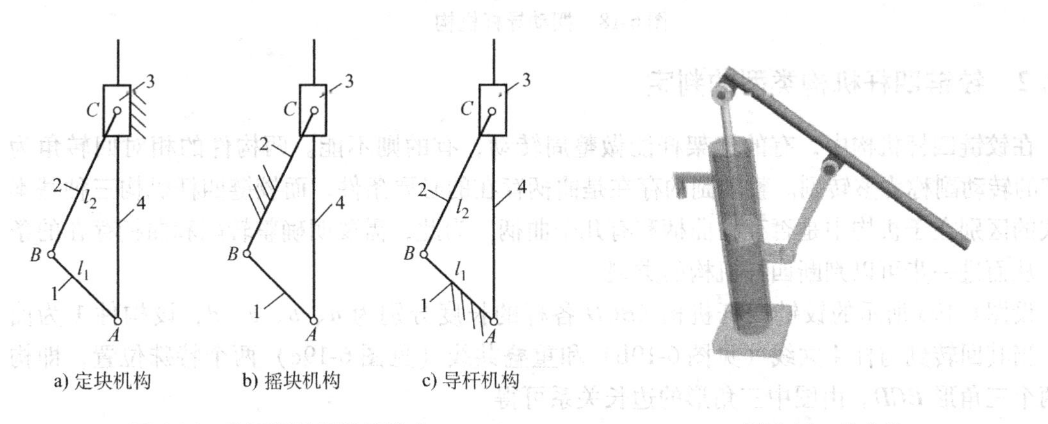

a) 定块机构　b) 摇块机构　c) 导杆机构

图6-14　曲柄滑块机构的演化　　图6-15　抽水机

（3）摇块机构　在图6-14b所示曲柄滑块机构中，若取构件2为固定构件，则可得摇块机构，这种机构广泛应用于液压驱动装置中。如图6-16所示的货车自卸机构便是摇块机构的应用实例。当液压缸3（即摇块）中的压力油推动活塞杆4运动时，车厢1便绕回转副中心B旋转，当达到一定角度时，物料就自动卸下。

（4）导杆机构　在图6-14c所示的曲柄滑块机构中，若取构件1作为机架，则曲柄滑块机构便演化为导杆机构。机构中构件4称为导杆，滑块3相对导杆滑动，并和导杆一起绕A点转动，一般取连杆2为原动件。当$l_1<l_2$时，构件2和构件4都能做整周回转，此机构称为转动导杆机构。如图6-17所示插刀机构，工作时，导杆4绕A轴回转，带动构件5及插刀6，使插刀6作往复直线运动，进行切削。当$l_1>l_2$时，构件2能做整周转动，构件4只能在某一角度内摆动，则该机构成为摆动导杆机构如图6-18a所示。图6-18b所示牛头刨床刨刀驱动机构部分即是本机构的典型应用。

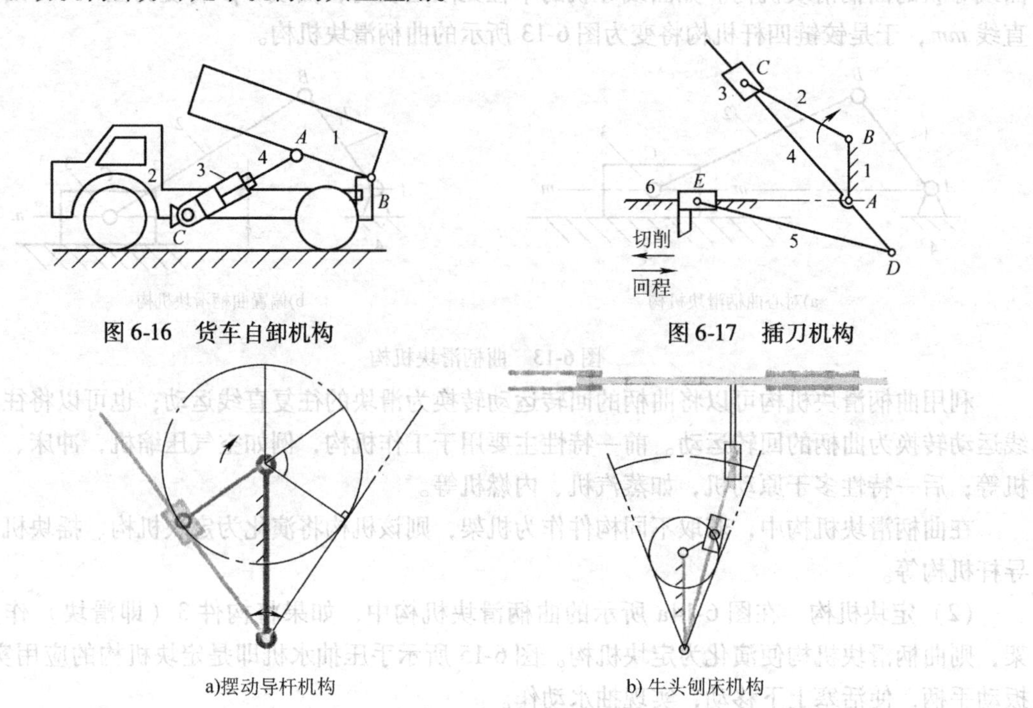

图 6-16　货车自卸机构　　图 6-17　插刀机构

a)摆动导杆机构　　b) 牛头刨床机构

图 6-18　摆动导杆机构

6.2.2　铰链四杆机构类型的判定

在铰链四杆机构中，有的连架杆能做整周转动，有的则不能。两构件的相对回转角为 360°的转动副称为整转副。整转副的存在是曲柄存在的必要条件，而铰链四杆机构三种基本形式的区别在于机构中是否存在曲柄和有几个曲柄。为此，需要明确整转副和曲柄存在的条件，从而进一步可以判断四杆机构的类型。

设图 6-19a 所示的铰链四杆机构 *ABCD* 各杆的长度分别为 a、b、c、d，设构件 1 为曲柄，当其回转到与杆 4 共线（见图 6-19b）和重叠共线（见图 6-19c）两个特殊位置，即构成两个三角形 *BCD*。由图中三角形的边长关系可得

在图 6-19a 中

$$a + d < b + c \tag{6-1}$$

在图 6-19b 中

$$d - a + b > c \quad 即\ a + c < b + d（若\ b > c） \tag{6-2}$$

$$d - a + b > c \quad 即\ a + c < b + d（若\ c < d） \tag{6-3}$$

当四构件在运动中出现如图 6-19c 所示的三种共线情况时，上述不等式就变成了如下的不等式：

$$\left.\begin{aligned} a &\leqslant b \\ a &\leqslant c \\ a &\leqslant d \end{aligned}\right\} \tag{6-4}$$

上述的情况是在杆 1 与杆 4 的关系为 $d \geqslant a$ 的情况下，即如图 6-19a 所示的情况下，但

若在杆2、杆3长度不变，而杆1与杆4的关系为$d \leqslant a$的情况下，同理可得

$$d \leqslant a, d \leqslant b, d \leqslant c \tag{6-5}$$

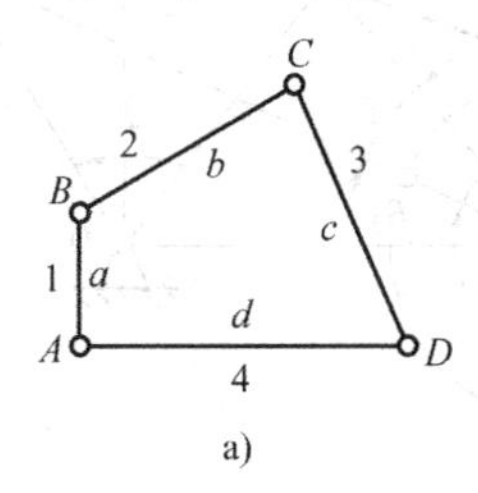

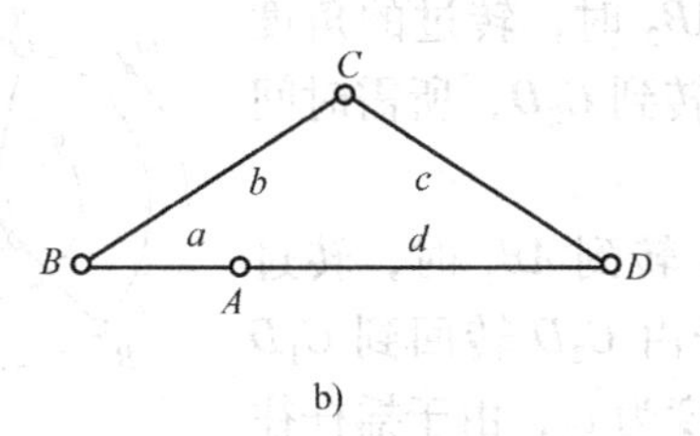

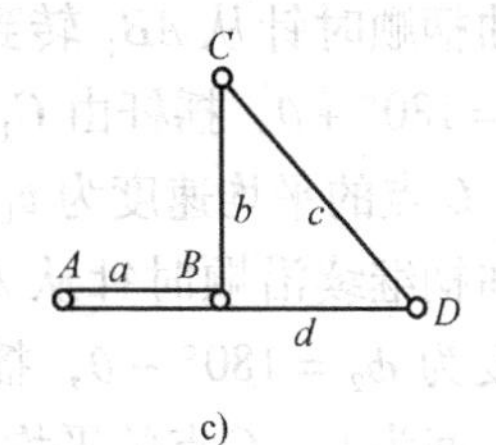

图6-19 四杆机构不同运动位置

四杆机构还有如图6-20所示的共线情况。

由此可推出平面铰链四杆机构中有曲柄的条件为：

1）连架杆与机架中必有一杆为四杆机构中的最短杆。

2）最长杆与最短杆的长度之和小于或等于其余两杆长度之和。

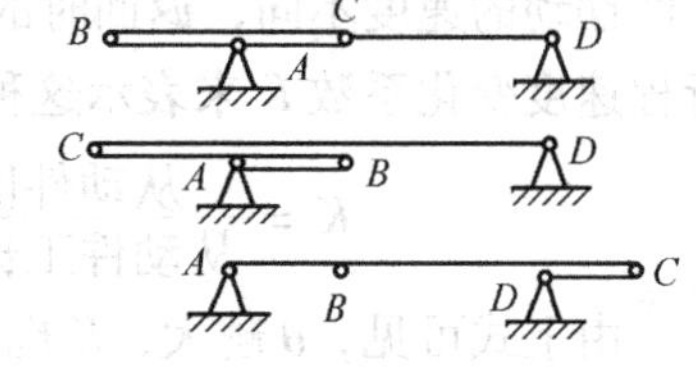

图6-20 四杆机构共线

由以上的结论，还可得到如下结论。

1）当最长杆与最短杆的长度之和大于其余两杆长度之和时，机构中不存在曲柄，即得到双摇杆机构。

2）当最长杆与最短杆长度之和小于或等于其余两杆长度之和时：

① 最短杆为机架时，得到双曲柄机构。

② 最短杆的相邻杆为机架时，得到曲柄摇杆机构。

③ 最短杆的对面杆为机架时，得到双摇杆机构。

例6-3 如图6-21所示的四杆机构，各杆尺寸如图，试说明机构分别以AB、BC、CD、AD为机架时，各为何种类型的四杆机构？

解：（1）$L_{max} + L_{min} = 100 + 30 = 130 < L' + L'' = 80 + 60 = 140$

满足杆长和条件，故有曲柄存在。

（2）若以AB为机架，因是最短杆，故为双曲柄机构；

（3）若以BC为机架，因是最短杆的邻杆，故为曲柄摇杆机构；

（4）若以CD为机架，因是最短杆的对杆，故为双摇杆机构；

（5）若以AD为机架，因是最短杆的邻杆，故为曲柄摇杆机构。

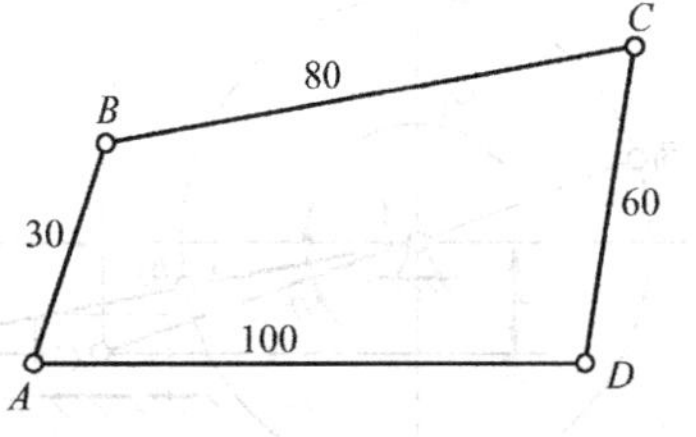

图6-21 四杆机构类型的判断

*6.2.3 平面四杆机构的特性

铰链四杆机构的基本特性是指它的运动特性和传递动力特性，包括急回特性、压力角和传动角、死点等。

1. 急回特性

如图6-22所示的曲柄摇杆机构中，当曲柄AB为主动件作等速回转时，摇杆CD为从动件并作往复变速摆动。曲柄AB在转动一周过程中，有两次与连杆BC共线，这时摇杆CD分别位于两极限位置C_1D和C_2D。机构在这两个极限位置时，主动件曲柄所夹的锐角θ称为极

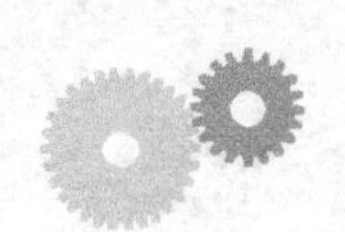

位夹角。摇杆 C_1D 和 C_2D 之间的夹角 ψ 称为从动件的摆角。

曲柄顺时针从 AB_1 转到 AB_2 时，转过的角度为 $\phi_1=180°+\theta$，摇杆由 C_1D 转到 C_2D，所需时间为 t_1，C 点的平均速度为 v_1。

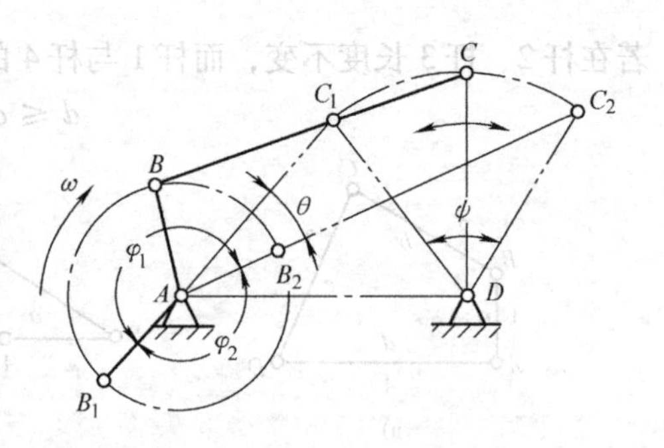

图 6-22 急回特性

曲柄继续沿顺时针从 AB_2 转到 AB_1 时，转过的角度为 $\phi_2=180°-\theta$，摇杆由 C_2D 转回到 C_1D 所需时间为 t_2，C 点的平均速度为 v_2，由于摇杆往复摆动的摆角虽然相同，但相应的曲柄转角不等，即 $\phi_1>\phi_2$，而曲柄又是作等速转动的，所以 $t_1>t_2$，$v_1<v_2$，说明当曲柄等速转动时，摇杆来回摆动的速度不同，返回时的速度较大。机构的这种性质，称为机构的急回特性，通常用行程速度变化系数 K 来表示这种特性，即

$$K=\frac{\text{从动件回程平均速度}}{\text{从动件工作行程平均速度}}=\frac{v_2}{v_1}=\frac{\varphi_1}{\varphi_2}=\frac{t_1}{t_2}=\frac{180°+\theta}{180°-\theta} \tag{6-6}$$

由上式可见，θ 越大，K 也越大，表示急回特性越显著，一般 $1.1<K<2$。当 $\theta=0$ 时，$K=1$，则 $\phi_1=\phi_2$，$v_1=v_2$，表示机构无急回特性。

当曲柄为主动件时，偏置曲柄滑块机构（见图 6-23）和摆动导杆机构（见图 6-24）有急回特性。根据几何关系，摆动导杆机构的极位夹角 θ 与导杆的摆角 ψ 相等，导杆的摆角一般比较大，因此导杆机构常用于要求急回特性较显著的机器上，如牛头刨床的主运动机构。式（6-6）还可改写成：

$$\theta=180°\frac{K-1}{K+1}$$

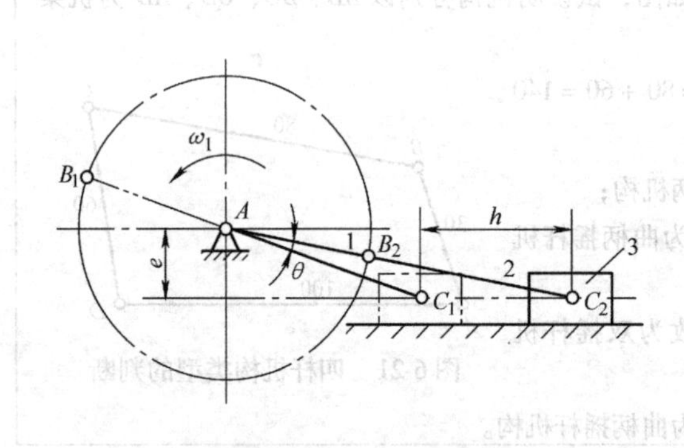

图 6-23 偏置曲柄滑块机构

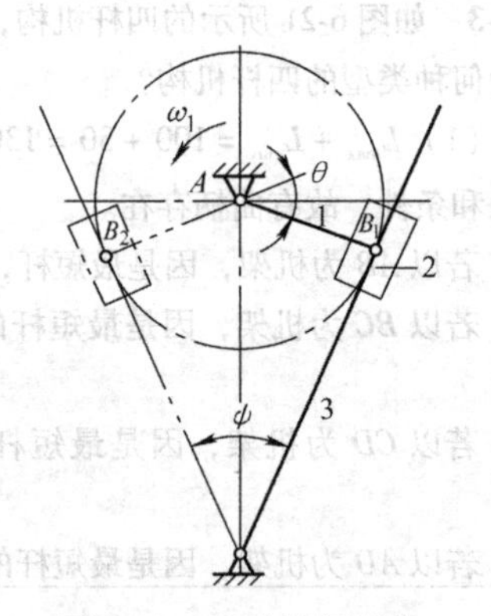

图 6-24 摆动导杆机构

2. 压力角和传动角

在实际生产中，不仅要求机构能实现给定的运动规律，还要求其传动性能良好。为此，需要讨论机构的压力角和传动角。

在如图 6-25 所示的铰链四杆机构中，原动件 1 经连杆 2 推动从动件 3，若不计构件质量和运动副中的摩擦，则连杆 2 为二力构件。从动件上 C 点所受力 F 的方向（沿连杆 BC）与 C 点的绝对速度 v_c 方向（与 CD 垂直）间所夹的锐角 α，称为压力角。力 F 沿 v_c 方向的分力 $F_1=F\cos\alpha$，它能推动从动件做有效功。F 沿 v_c 垂直方向的分力 $F_n=F\sin\alpha$，它引起摩擦

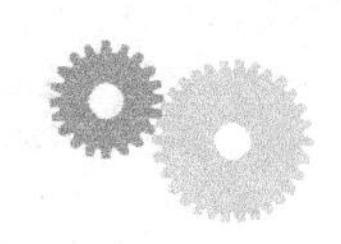

阻力，产生有害的摩擦运动，是有害功。可见压力角越小，有效力越大，有害力越小，机构越省力，效率也越高，所以压力角 α 是判别机构传力性能的重要参数。

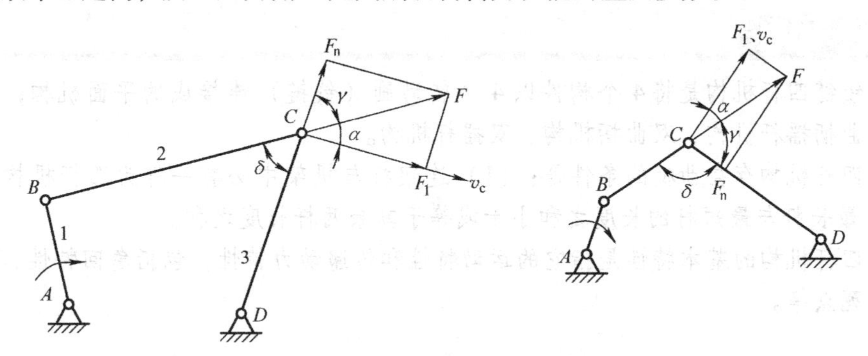

图 6-25 压力角和传动角

传动角 γ 是压力角 α 的余角，也是判别机构传力性能的参数。机构的传动角越大，传力性能越好。因为 α 与 γ 两个参数互为余角，故只需采用其中一个来判别机构的传力性能。

机构运行中，传动角 γ 与压力角 α 随从动件位置而变化。为保证机构有良好的传力性能，要限制工作行程的最大压力角 α_{max} 或最小传动角 γ_{min}。对于一般机械，$\alpha_{max} \leqslant 50°$ 或 $\gamma_{min} \geqslant 40°$；对于大功率机械，$\alpha_{max} \leqslant 40°$ 或 $\gamma_{min} \geqslant 50°$。

3. 死点

在图 6-26 所示的曲柄摇杆机构，摇杆 *CD* 为主动件，曲柄 *AB* 为从动件，则当摇杆 *CD* 处于 C_1D、C_2D 时，连杆 *BC* 与曲柄 *AB* 共线。若不计各构件质量，则这时连杆 *BC* 加给曲柄 *AB* 的力将通过铰链中心 *A*，此力对 *A* 点不产生力矩，因此不能使曲柄转动，机构的这种位置称为死点位置。对于传动机构来说，有死点是不利的，应该采取措施使机构能顺利通过死点位置。对于连续运转的机器，可以利用从动件惯性来通过死点位置，如缝纫机就是借助于带轮的惯性通过死点位置。

机构的死点位置并非总是起消极作用，在某些夹紧装置中可用于防松。如图 6-27 所示，当工件 5 被夹紧时，铰链中心 *BCD* 共线，工件加在构件 1 上的反作用力 F_n 无论多大，也不能使 3 转动。这就保证在去掉外力 *F* 之后，仍能可靠地夹紧工件。当需要取出工件时，只需向上扳动手柄，即能松开夹具。

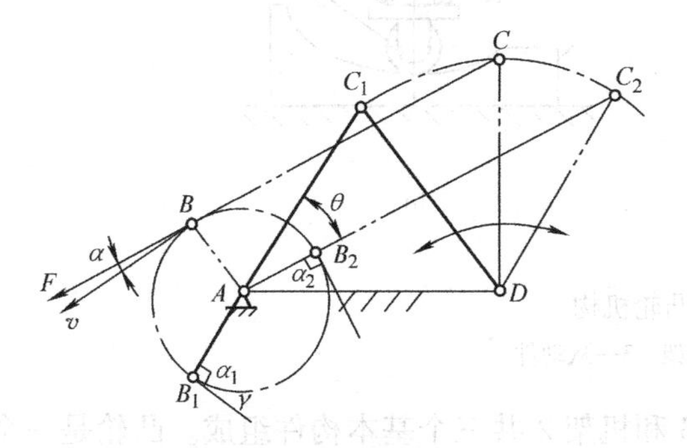

图 6-26 机构的死点

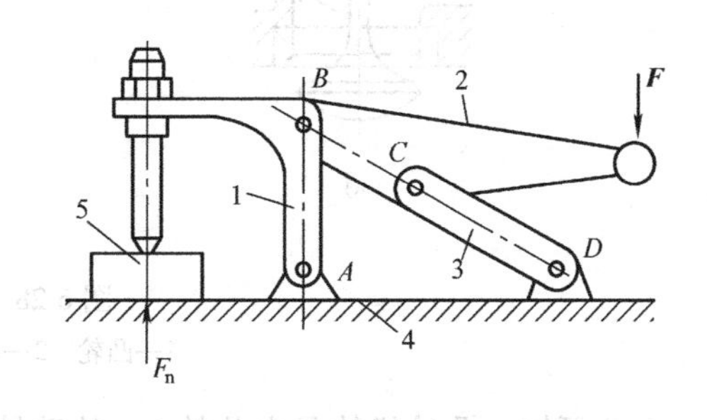

图 6-27 夹紧机构

想 一 想

你在日常生活中见过哪些平面机构，各在机器中起什么作用？

视频教学：观看挖掘机、刨床、翻斗车、抽水机、码头塔吊、夹具等机器或机构的工作过程，分析其工作原理，运动特点等。

知识要点

平面铰链四杆机构是将4个构件以4个转动副（铰链）连接成的平面机构，铰链四杆机构分为曲柄摇杆机构、双曲柄机构、双摇杆机构。

平面四杆机构存在曲柄的条件是：(1) 连架杆与机架中必有一杆为四杆机构中的最短杆；(2) 最长杆与最短杆的长度之和小于或等于其余两杆长度之和。

铰链四杆机构的基本特性是指它的运动特性和传递动力特性，包括急回特性、压力角和传动角、死点等。

6.3 凸轮机构

凸轮机构广泛应用于印刷机、纺织机、内燃机以及各种自动化机械中。它的作用主要是将凸轮（主动件）的连续转动转化成从动件的往复移动或摆动。

6.3.1 凸轮机构的组成、特点、分类和应用

1. 凸轮机构的组成

图6-28a为内燃机配气机构，构件1是具有曲线轮廓的凸轮，当它作等速转时，其曲线轮廓推动气门有规律地开启和闭合。工作时对气门的动作程序及其速度和加速度都有严格的要求，这些要求都是通过凸轮的轮廓曲线来实现的。

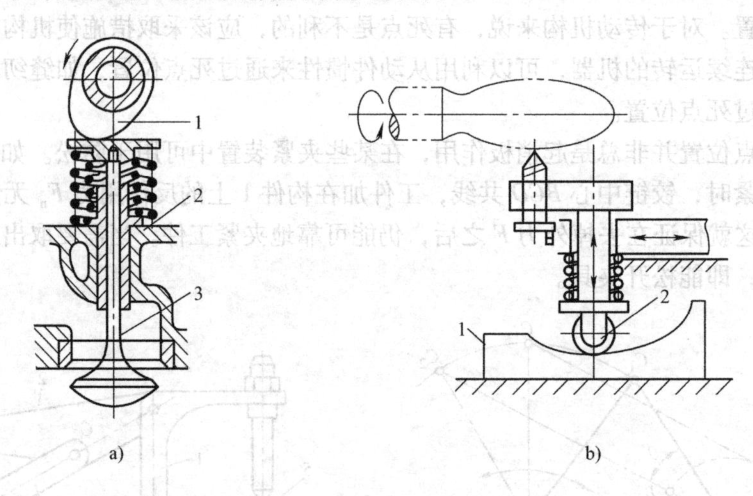

图6-28 凸轮机构

1—凸轮 2—机架 3—从动件

由此可知，凸轮机构是由凸轮1、从动件3和机架2共三个基本构件组成。凸轮是一个具有曲线轮廓或凹槽的构件，一般为主动件，做等速回转运动或往复直线运动（见图6-28b)。与凸轮轮廓接触并传递动力和实现预定的运动规律的构件，一般做往复直线运动或摆动，称为从动杆。

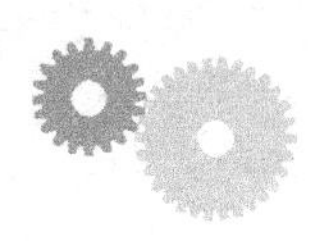

2. 凸轮机构的分类

（1）按凸轮常用形状划分

1）盘形凸轮　盘形凸轮是一个用平板制成的具有变化半径外廓（或端面凹槽）的盘形构件，它绕定轴转动，使从动件在垂直于凸轮轴线的平面内运动。这种凸轮也常称为平板凸轮，如图6-29所示。

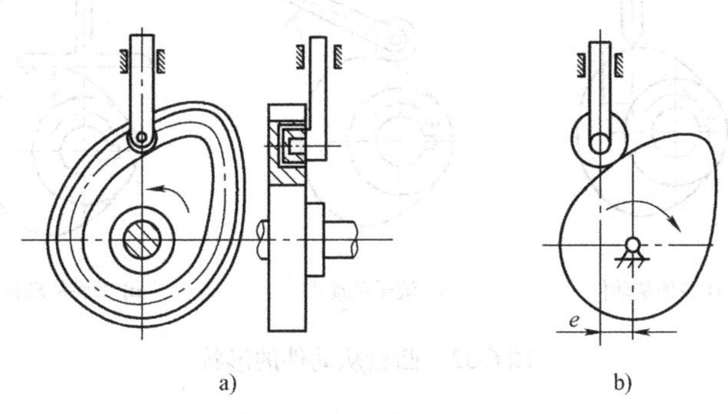

图6-29　盘形凸轮

2）移动凸轮　移动凸轮是一个用平板制成的具有变化高度外廓的构件，它沿导路作往复移动，如图6-30所示。

3）圆柱凸轮　圆柱凸轮是一圆柱状构件，它绕其轴心线转动，从动件在平行于凸轮轴线的平面内走动，如图6-31所示。

移动凸轮，可以认为是盘形凸轮回转中心趋于无穷远时演变而来的。圆柱凸轮，也可认为是将移动凸轮绕卷在圆柱体上而成的。所以，盘形凸轮是凸轮的最基本形式。此外凸轮还可以制成圆锥状或其他形状，但较少应用于工程中。

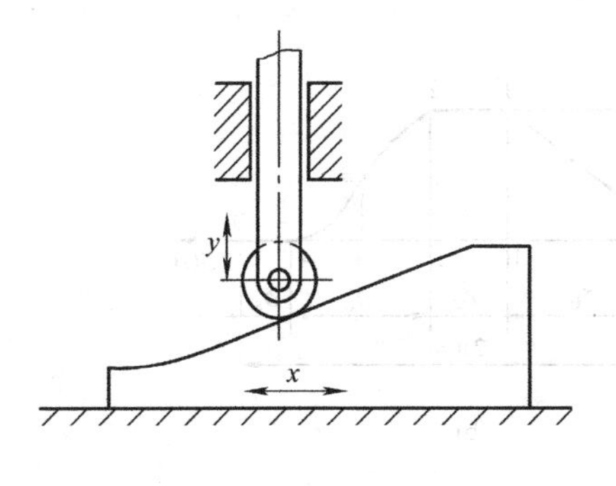

图6-30　移动凸轮

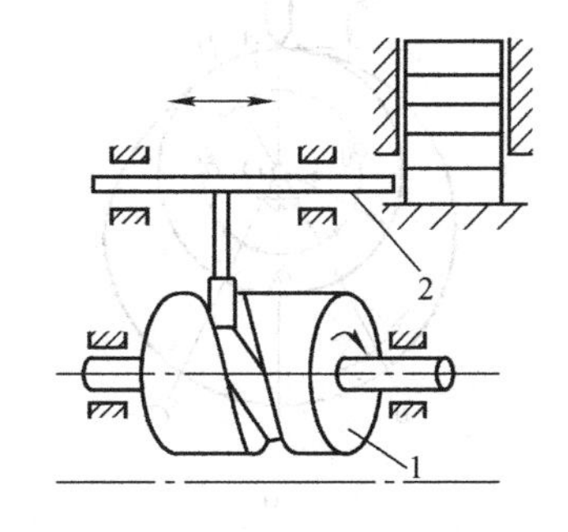

图6-31　圆柱凸轮

1—圆柱凸轮　2—从动件

（2）按从动件常用形状划分

1）尖顶从动件　尖顶从动件以其尖顶的一点和凸轮轮廓相接触，如图6-32a所示。其优点是结构简单，且无论凸轮轮廓为何种曲线，从动件都能与凸轮轮廓上各点接触，从而保证所需的运动。但从动件尖顶处极易磨损，故只适合用于低速轻载的场合。

2）滚子从动件　与凸轮接触的从动件端部装上一转动的滚子或滚珠轴承，称为滚子从动件，如图6-32b所示。滚子和凸轮轮廓之间为滚动摩擦，磨损较轻，可传递较大动力，使用最广。

3）平底从动件　平底从动件的平面底部只能与全部为外凸轮廓的盘形凸轮相接触，如

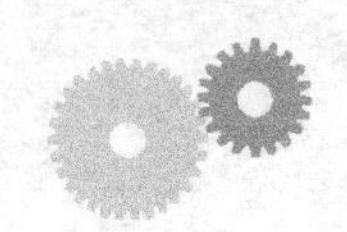

图6-32c所示。其优点是：凸轮对从动件的作用力方向始终不变，当不计两者之间的摩擦力时，凸轮作用力方向始终垂直于平底，传动效率较高，常用于高速凸轮机构中。

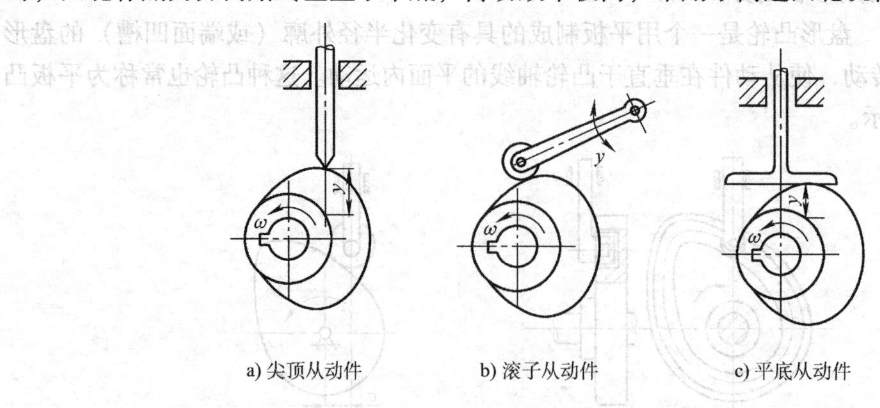

图6-32　凸轮从动件的形状

6.3.2　凸轮机构从动件的常用运动规律、压力角

凸轮从动件运动规律是指从动件的位移、速度、加速度与凸轮转角（或时间）之间的函数关系。图6-33b为位移与时间的函数关系。同样，凸轮的轮廓曲线也取决于从动件的运动规律。常用的运动规律种类很多。这里仅介绍几种最基本的运动规律。

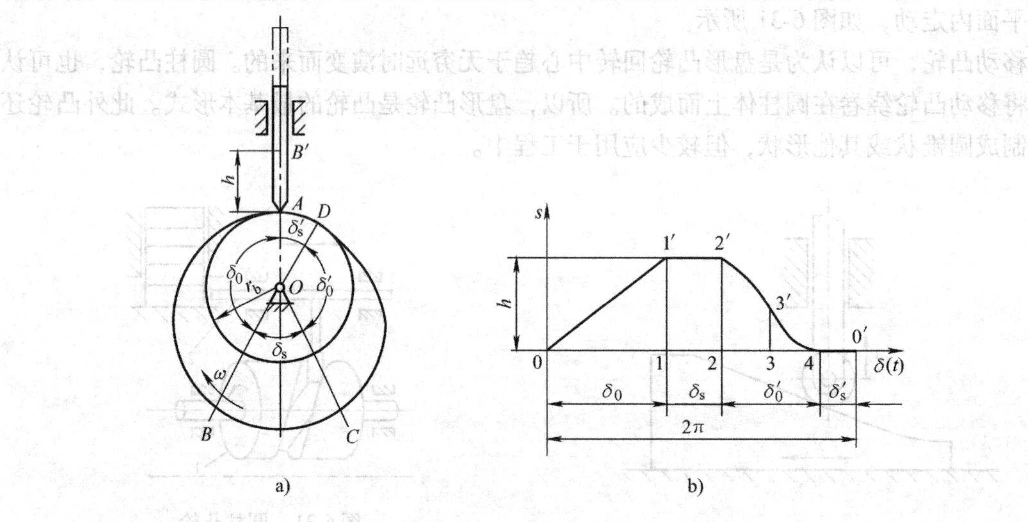

图6-33　凸轮运动规律

1. 基本概念

基圆：以凸轮轮廓的最小向径 r_b 为半径所作的圆，如图6-33a所示。

行程：从动件离轴心最近位置 A 到最远位置 B' 间移动的距离 h 称为行程。

推程：当凸轮以等角速 ω 按顺时针方向转动时，从动件尖顶被凸轮轮廓由 A 推至 B'，这一行程称为推程。凸轮相应转角 δ_0 称为推程运动角。

远休止角：凸轮继续转动，从动件尖顶与凸轮的 BC 圆弧段接触，停留在远离凸轮轴心 O 的位置 B'，称为远休止。凸轮相应转角 δ_s 称为远休止角。

回程：凸轮继续转动，从动件尖顶与凸轮轮廓 CD 段接触，在其重力或弹簧力作用下由

最远位置B'回至最近位置，在D点与凸轮接触，这一行程称为回程。凸轮相应转角δ_0'称为回程运动角。从动件在回程不做功，称为基圆轮廓空回行程。

近休止角：凸轮继续转动，从动件尖顶与凸轮的DA圆弧段接触，停留在离凸轮轴心最近位置A，称为近休止。凸轮相应转角δ_s'称为近休止角。

凸轮转过一周，从动件经历推程、远休止、回程、近休止四个运动阶段，是典型的升—停—回—停的双停歇循环。从动件运动也可以是一次停歇或没有停歇的循环。

2. 从动件常用运动规律

从动件在运动过程中，其位移s、速度v、加速度α随凸轮转角δ（或时间t）的变化规律，称为从动件运动规律。

从动件常用运动规律有等速运动规律、等加速等减速运动规律和简谐运动规律（又称余弦加速度运动规律）等。

（1）等速运动规律　从动件推程或回程的运动速度为定值的运动规律，称为等速运动规律。图6-34a所示为从动件推程阶段的运动线。图6-34b为从动件回程的运动线。

由图6-34可知．从动件在推程（或回程）开始和终止的瞬时，速度有突变，其加速度和惯性力此刻在理论上为无穷大（实际上由于材料的弹性变形，其加速度和惯性力不可能达到无穷大），从而致使凸轮机构产生强烈的冲击、噪声和磨损，这种冲击称为刚性冲击。因此，等速运动规律只适用于低速、轻载的场合。

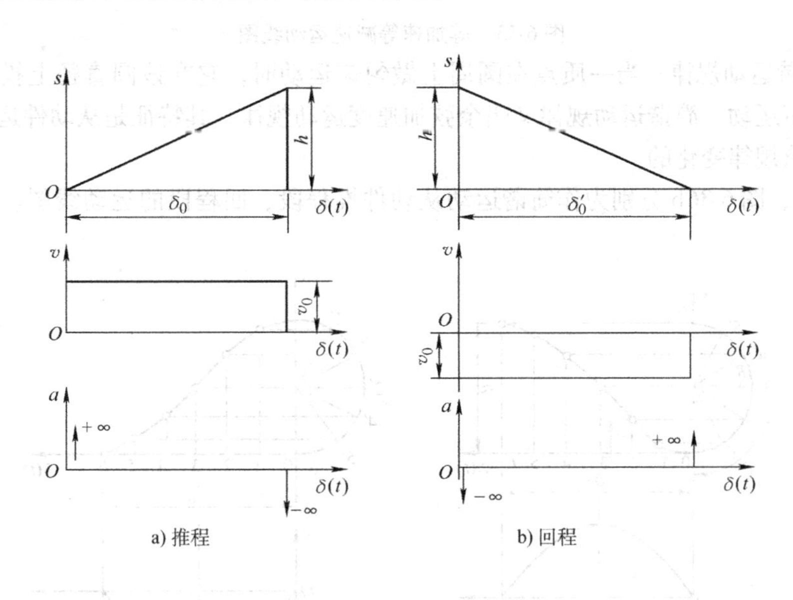

图6-34　等速运动线图

（2）等加速等减速运动规律　从动件在一个行程h中，前半行程作等加速运动，后半行程作等减速运动，通常取加速度和减速度的绝对值相等。因此，从动件作等加速和等减速运动所经历的时间相等。又因凸轮作等速转动，所以与各运动段对应的凸轮转角也相等。

等加速等减速运动线图如图6-35所示，由运动线图可知，这种运动规律的加速度在A、B、C三处存在有限的突变，因而会在机构中产生有限值的冲击力，这种冲击称为柔性冲击。与等速运动规律相比，其冲击程度大为减小。因此，等加速等减速运动规律适用于中速、中载的场合。

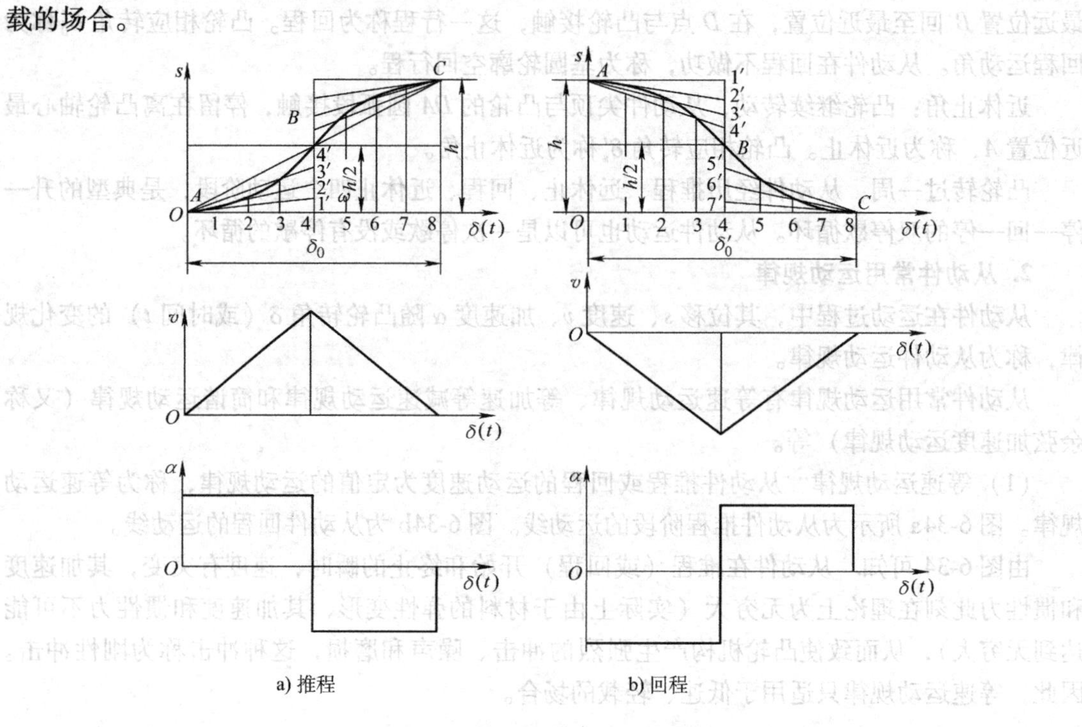

图 6-35　等加速等减速运动线图

（3）简谐运动规律　当一质点在圆周上做匀速运动时，它在该圆直径上投影所形成的运动称为简谐运动。简谐运动规律又叫余弦加速度运动规律，其特征是从动件运动时，其加速度是按余弦规律变化的。

图 6-36a、图 6-36b 分别为作简谐运动从动件推程段、回程段的运动线图。由加速度线

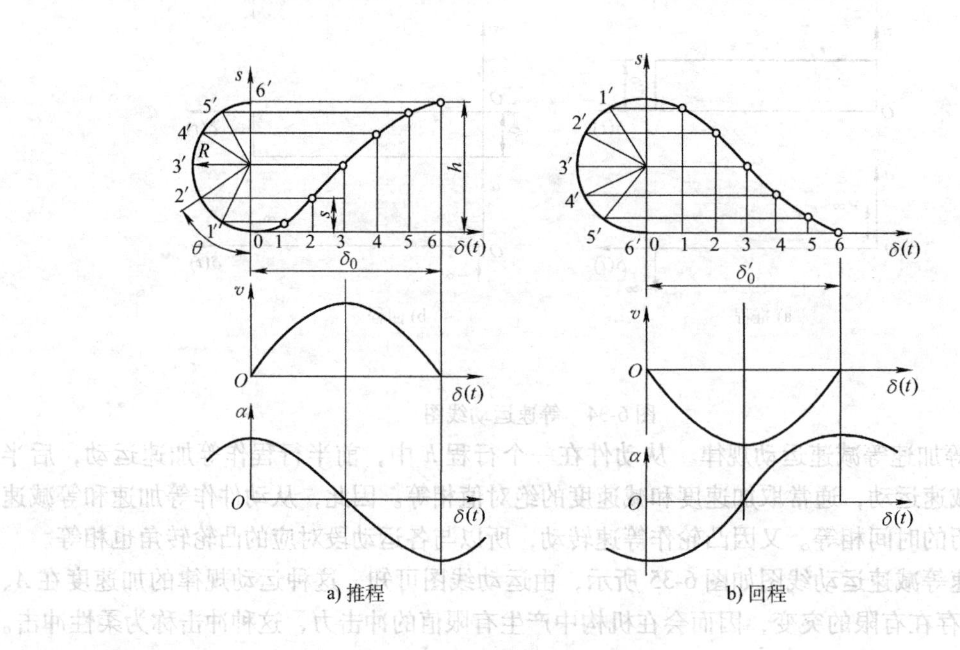

图 6-36　简谐运动线图

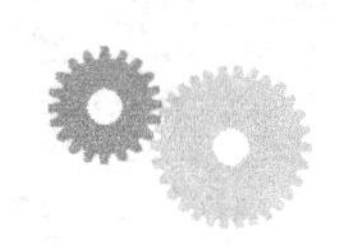

图可知，此运动规律在行程的始末两点加速度存在有限突变，故也存在柔性冲击，只适用于中速场合。但从动件作无停歇的升—降—升连续往复运动时，则得到连续的余弦曲线，运动中完全消除了柔性冲击，因此这种情况下可用于高速传动。

3. 凸轮机构的压力角

凸轮机构的压力角是指从动件高副接触点所受的法向力 F 与从动件在该点的绝对速度方向 v 所夹的锐角常用 α 表示。凸轮机构的压力角是凸轮的重要参数。

图6-37所示为直动从动件的压力角，图6-37a为尖底从动件的压力角，图6-37b为滚子从动件的压力角，图6-37c为平底从动件的压力角。由图6-37c可知，平底从动件的压力角为常数。

如果从动件的偏置方向选择不当，如图6-37d所示，会增大机构的压力角，降低机械效率，甚至出现机构自锁的现象，因此，正确选择偏置方向有利于减小机构的压力角。显然，平底凸轮机构的压力角为常数，机构运转平稳性好，而且传力效率高。

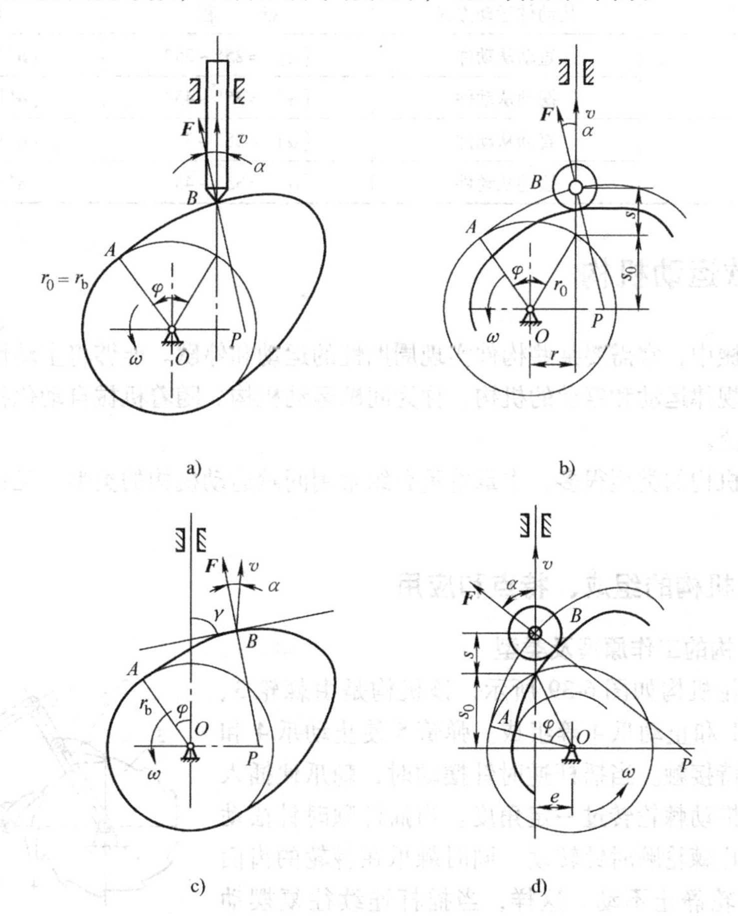

图6-37　凸轮的压力角

图6-38所示为摆动从动件的压力角。工程中，必须对凸轮机构的最大压力角加以限制，凸轮机构的最大压力角要小于许用压力角，即 $\alpha_{max}<[\alpha]$。凸轮机构的许用压力角推荐值见表6-2。

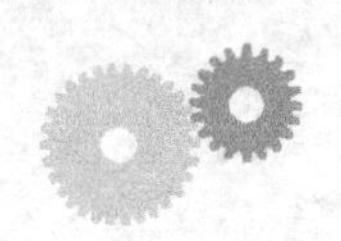

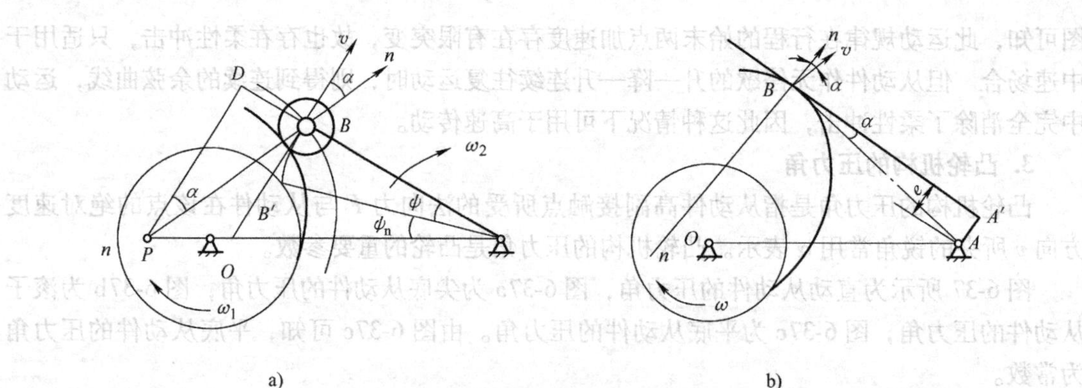

图 6-38　摆动从动件的压力角

表 6-2　凸轮机构的许用压力角推荐值

封闭形式	从动件运动方式	推　　程	回　　程
力封闭	直动从动件	[α] =25°~35°	[α′] =70°~80°
	摆动从动件	[α] =35°~45°	[α′] =70°~80°
形封闭	直动从动件	[α] =25°~35°	[α′] =25°~35°
	摆动从动件	[α] =35°~45°	[α′] =35°~45°

*6.4　间歇运动机构

在很多机械中，常需要某些构件实现周期性的运动和停歇。能够将主动件的连续运动转换为从动件有规律运动和停歇的机构，称为间歇运动机构。随着机械自动化程度的提高，它的应用日益广泛。

间歇运动机构的类型很多，本章着重介绍常用间歇运动机构的类型、工作原理、运动特点和用途等。

6.4.1　棘轮机构的组成、特点和应用

1. 棘轮机构的工作原理及类型

典型的棘轮机构如图 6-39 所示，该机构是由棘轮 3、棘爪 2、摇杆 1 和止动爪 4 等组成。弹簧 5 使止动爪 4 和棘轮 3 始终保持接触。当摇杆逆时针摆动时，棘爪便插入棘轮的齿间，推动棘轮转过一定角度。当摇杆顺时针摆动时，止动爪阻止棘轮顺时针转动，同时棘爪在棘轮的齿面上滑过，故棘轮静止不动。这样，当摇杆连续往复摆动时，棘轮便得到单向的间歇运动。

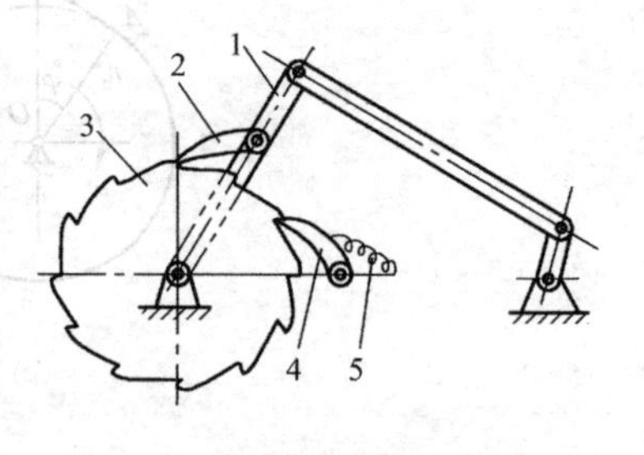

图 6-39　棘轮机构

棘轮机构的类型按传递力的方式，可分为棘齿式和摩擦式两大类。

（1）齿式棘轮机构　齿式棘轮机构的一般的结构与工作原理如上所述，在此不再论述。如果改变摇杆 1 的结构形状，就可以得到如图 6-40 所示的双动式棘轮机构，摇杆 1 往复摆

动一次时，棘轮2沿着同一方向两次间歇转动。驱动棘爪3可以制成直的，如图6-40a所示，或制成带钩头的，如图6-40b所示。

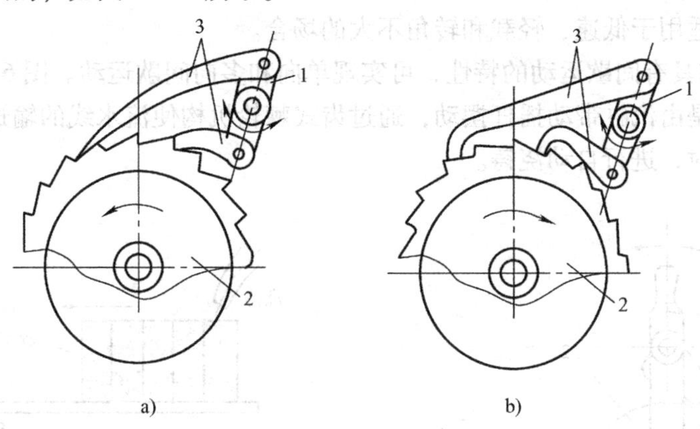

图6-40 双动式棘轮机构

1—摇杆 2—棘轮 3—棘爪

图6-41所示为两种可变向棘轮机构，把棘轮轮齿的侧面制成对称的形状，一般采用梯形，棘爪需制成可翻转的或可回转的形状。

图6-41a所示的可变向棘轮机构，通过翻转棘爪实现棘轮的转动方向改变。当棘爪在图示的实线位置时，棘轮将沿逆时针方向做间歇运动；当棘爪翻转到双点划线位置时，棘轮将沿着顺时针方向做间歇运动。

图6-41b所示为另一种可变向棘轮机构，通过回转棘爪实现棘轮的转动方向改变。棘爪在图示位置时，棘轮将沿逆时针方向做间歇运动；若棘爪被提起绕自身轴线旋转180°后再插入棘轮中，则可实现顺时针方向的间歇运动；若棘爪被提起绕自身轴线旋转90°放下，棘爪就会架在壳体的顶部平台上，使棘轮与棘爪脱开，则当摇杆往复运动时，棘轮静让不动。

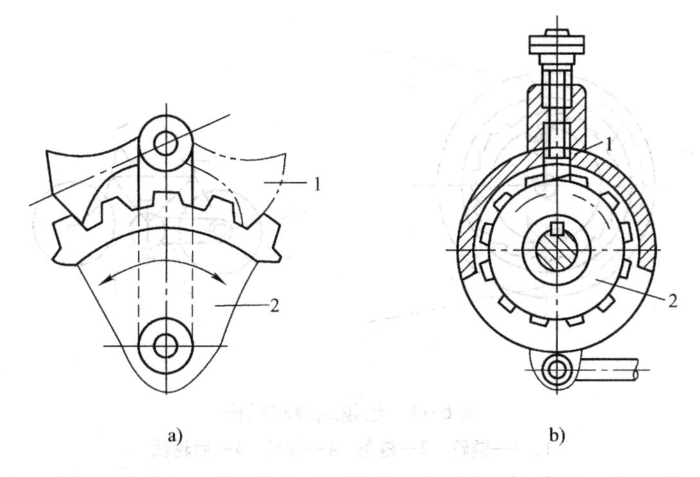

图6-41 可变向棘轮机构

1—棘爪 2—棘轮

（2）摩擦式棘轮机构 图6-42为摩擦式棘轮式机构，棘轮上无棘齿，它靠棘爪1、3和棘轮2之间的摩擦力传动，它能实现棘轮转角的无级调节（棘轮有齿时，其转角只能是每个齿所对圆心角的整数倍），这种棘轮机构传动平稳，无噪声。

2. 棘轮机构的运动特点和应用

棘轮机构结构简单，制造方便，运动可靠，且转角大小可调，但传动平稳性差，工作时有噪声。因此，适用于低速、轻载和转角不大的场合。

1）棘轮机构具有间歇运动的特性，可实现单向和多向间歇运动。图6-43是浇铸式流水线进给装置，它是由汽缸带动摇杆摆动，通过齿式棘轮机构使流水线的输送带做间歇输送运动。输送带不动时，进行自动浇铸。

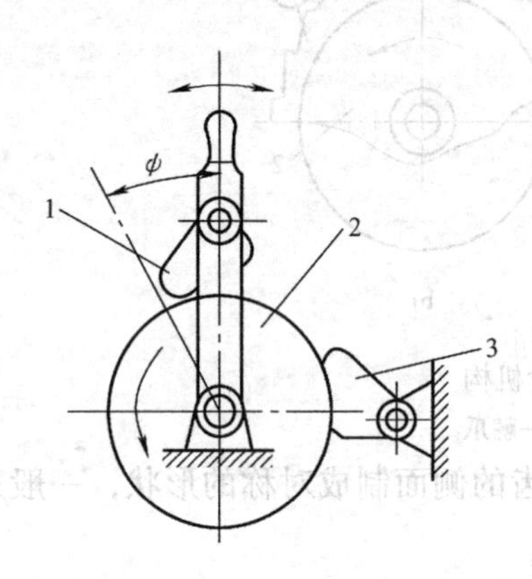

图6-42　摩擦式棘轮机构

1—棘爪　2—棘轮　3—制动棘爪

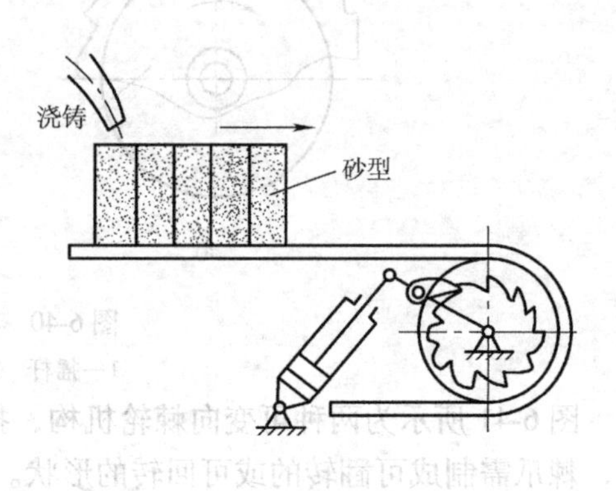

图6-43　浇注式流水线进给装置

2）棘轮机构具有超越运动特性。图6-44所示为自行车后轴上的棘轮机构。当脚蹬踏板时，经链轮1和链条2带动内圈具有棘齿的链轮3顺时针转动。再由棘爪4带动后轮轴5顺时针转动，从而驱使自行车前进。当自行车下坡或歇脚休息时，踏板不动，后轮轴5借助下滑力或惯性超越链轮3而转动。棘爪4在棘轮齿背上滑过，产生从动件转速超过主动件转速的超越运动，从而实现不蹬踏板的滑行。

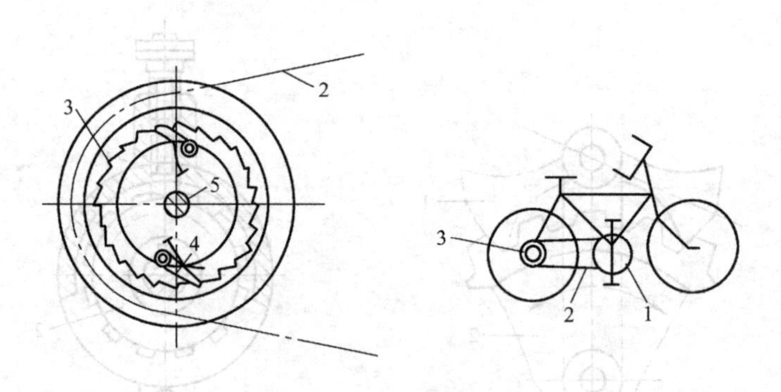

图6-44　超越式棘轮机构

1，3—链轮　2—链条　4—棘爪　5—后轮轴

3）棘轮机构可以实现有级变速传动。如图6-45所示，棘轮外遮板（遮板不随棘轮一起动）遮住一部分棘齿，使棘爪在摆动过程中，只能与未遮住的棘轮轮齿啮合。改变遮板的位置，可以获得不同的啮合齿数，从而改变棘轮的转动角度，实现有级变速传动。

4）制动功能。图6-46所示为起动设备中的棘轮制动器，正常工作时，卷筒逆时针转动，棘爪2在棘轮1齿背上滑过。当突然停电或原动机出现故障时，卷筒在重物W的作用下有顺时针转动的趋势。此时，棘爪 2 与棘轮 1 啮合，阻止卷筒逆转，起制动作用。

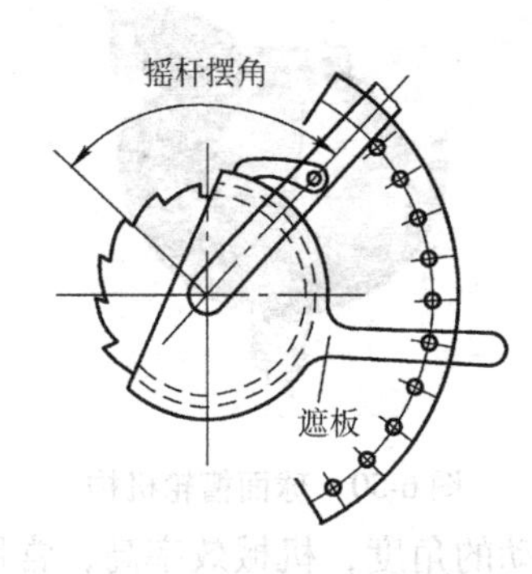

图 6-45　用遮板调节棘轮转动

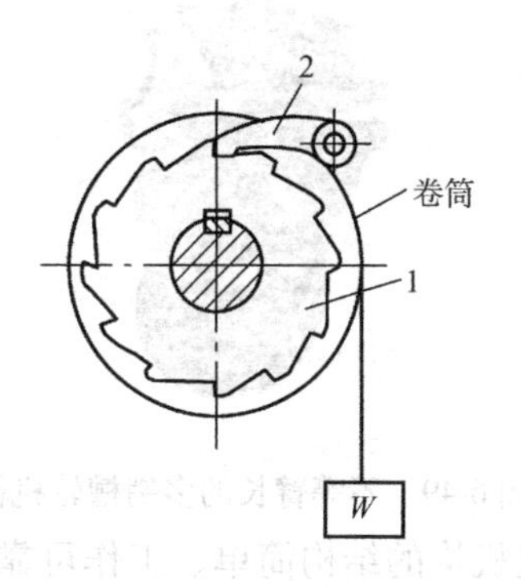

图 6-46　棘轮制动器

1—棘轮　2—棘爪

6.4.2　槽轮机构的组成、特点和应用

1. 槽轮机构的基本结构及工作原理

如图 6-47 所示，典型的槽轮机构（又称马尔他机构）由主动拨盘 1、从动槽轮 2 及机架 3 组成。拨盘作连续回转，当拨盘上的圆柱销 A 进入槽轮的径向槽内时，圆柱销驱使槽轮按与拨盘相反的方向运动；当圆柱销开始脱出径向槽时，槽轮的内凹锁止弧被拨盘外凸圆弧卡住，槽轮静止不动。直到圆柱销进入槽轮的下一个径向槽内时，才重复以上过程，使槽轮实现单向间歇运动。

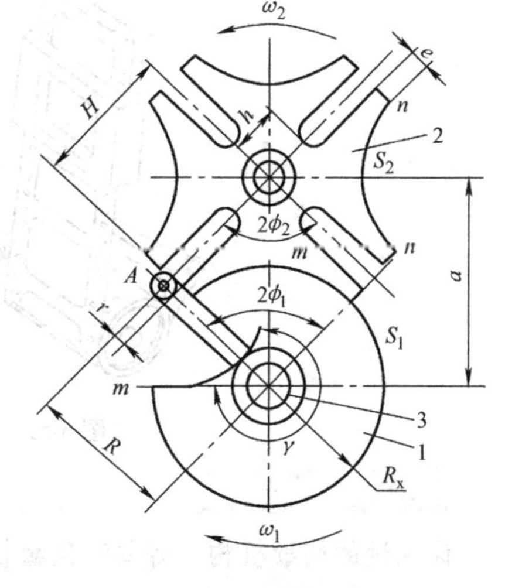

图 6-47　槽轮机构

2. 槽轮机构的类型、特点及应用

槽轮机构有外啮合槽轮机构（见图 6-47）和内啮合槽轮机构（见图 6-48）两种类型。前者的拨盘与槽轮的转向相反，后者的拨盘与槽轮的转向相同。

此外，较为常见的还有可实现间歇时间和运动速度不同的不等臂长的多销槽轮机构（见图 6-49），以及可在两垂直相交轴之间进行间歇传动的球面槽轮机构（见图 6-50）。

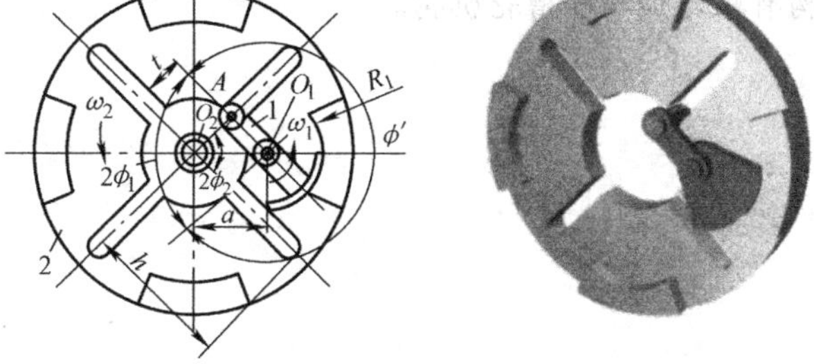

图 6-48　内槽轮机构

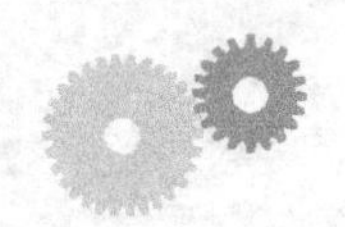

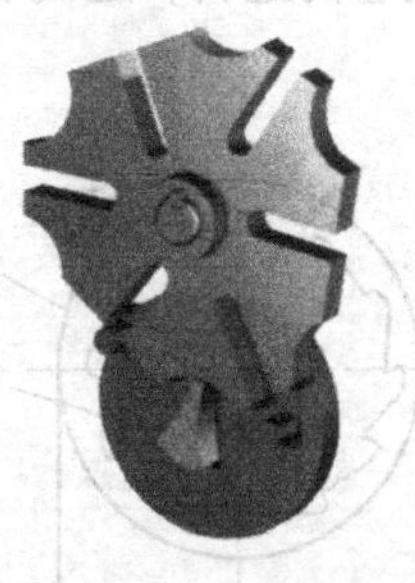

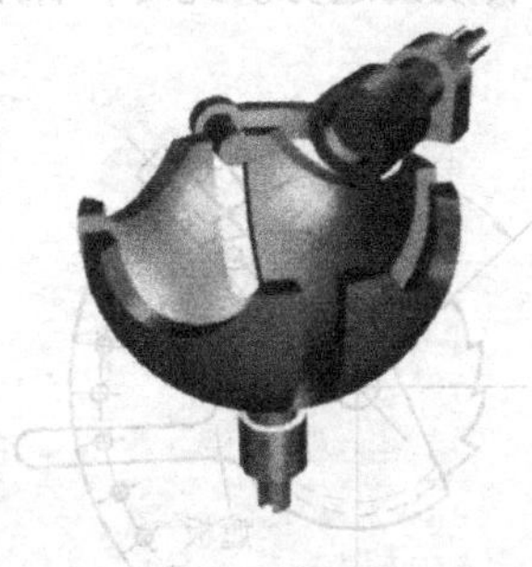

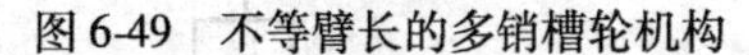

图 6-49　不等臂长的多销槽轮机构　　　图 6-50　球面槽轮机构

槽轮机构的结构简单、工作可靠，且能准确控制转动的角度，机械效率高，常用于要求恒定旋转角的分度机构中。但因圆柱销是突然地进入和脱出径向槽，使传动存在柔性冲击，故它不适用于高速场合。此外，对一个已定的槽轮机构来说，其转角不能调节，故只能用于定转角的间歇运动机构中。

图 6-51 所示为槽轮机构用于电影放映机的间歇卷片机构。

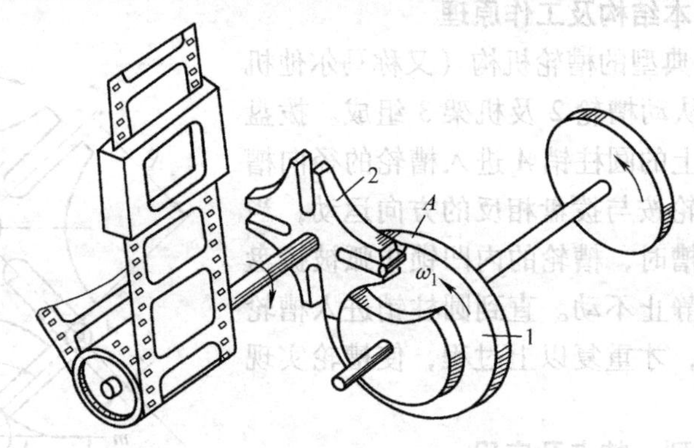

图 6-51　电影放映机的间歇卷片机构

想一想

你见过的间歇机构有哪些？间歇机构主要用在什么场合？

知识要点

间歇运动机构能够将主动件的连续运动转换为从动件有规律运动和停歇。

棘轮机构的类型按传递力的方式，可分为棘齿式和摩擦式两大类。

最常见的间歇机构有棘轮机构和槽轮机构。

第 7 章 机 械 传 动

传动装置是一种在远距离间传递能量并实现能量分配、转速改变、运动形式改变等作用的装置，是大多数机器的主要组成部分。传动分为机械传动、流体传动和电传动三类。机械传动通常是指作回转运动的啮合传动和摩擦传动，用来协调工作部分与原动机的速度关系，以实现减速、增速和变速的要求，并改变力或力矩。

学习目标

◎ 了解各种机械传动的工作原理、特点、类型和应用；
◎ 会计算带传动、链传动、齿轮传动及定轴轮系的传动比；
◎ 会计算标准直齿圆柱齿轮的基本尺寸，熟悉齿轮传动的维护方法；
◎ 会判定蜗杆传动中蜗轮的转向，熟悉蜗杆传动的维护措施；
◎ 了解减速器的类型、结构、标准和应用。

7.1 带传动

由带和带轮组成的传递运动或动力的传动称为带传动。

带传动是一种常用的机械传动形式，广泛应用在金属切削机床、输送机械、农业机械、纺织机械、通风设备等各种机械设备中。常用的带传动有 V 带传动和平带传动。

7.1.1 带传动的工作原理、特点、类型和应用

1. 带传动的工作原理

如图 7-1 所示，带传动一般是由主动轮、从动轮、紧套在两轮上的传动带及机架组成的。当原动机驱动主动轮转动时，由于传动带与带轮之间摩擦力的作用，使从动轮一起转动，从而实现运动和动力的传递。

2. 带传动的类型及应用

带传动的类型，见表 7-1。

3. 带传动的特点

带传动是具有中间挠性件的一种传动，有以下优点：①传动平稳，噪声小；②可缓冲吸振；③过载将引起带在带轮上打滑，从而使其他传动件免受损坏，起到保护的作用；④可增加带长以适应中心距较大的工作条件（可达 15m）；⑤结构简单，制造、安装精度相对较低，成本低廉；⑥安装和维护较方便。

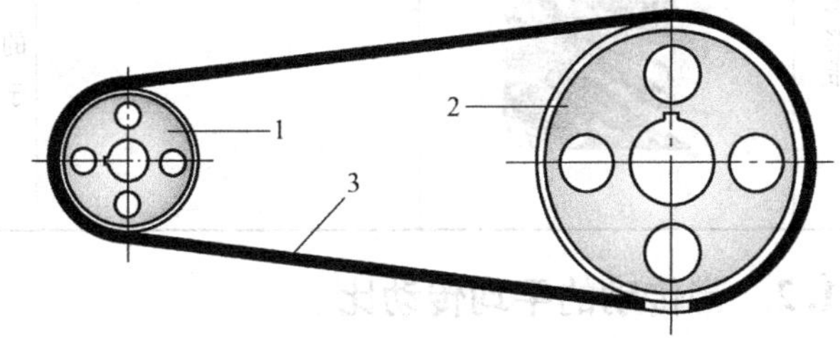

图 7-1 带传动的工作原理

1—主动轮 2—从动轮 3—传动带

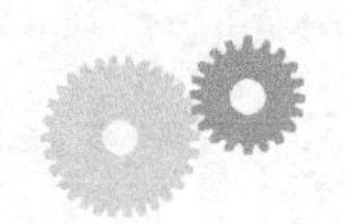

但由于带与带轮之间存在弹性滑动和打滑，带传动又有以下缺点：①不能保证严格的传动比；②传动效率较低；③传递功率及工作速度较小；④带的寿命一般较短。

表 7-1　带传动的类型及应用

分类	外观	受力图	应用
平带		F_Q	截面形状为矩形，其工作面是与轮面接触的内表面。常用的有橡胶帆布带、皮革带、棉布带和化纤带等。适合于高速转动或中心距 a 较大的情况
V 带		F_Q	截面形状为等腰梯形，与带轮轮槽相接触的两侧面为工作面，在相同张紧力和摩擦系数情况下，V 带传动产生的摩擦力比平带传动的摩擦要大，故具有较大的牵引能力，结构紧凑，广泛应用于机械传动中
多楔带			在平带基体上由多根 V 带组成的传动带，兼有两者的优点。运转平稳，尺寸小，传递功率大，结构紧凑。适于传递功率较大且要求结构紧凑场合
圆形带			横截面为圆形。圆形带常用皮革制成，也有圆绳带和圆锦纶带等，圆形带传动只适用于低速、轻载的机械，如缝纫机、真空吸尘器、磁带盘的传动机构等
齿形带			靠带内侧的齿与带轮的齿相啮合来传递运动和动力的，它克服了带传动弹性滑动对传动比的影响，适用于传递较大载荷的场合

7.1.2　带传动的平均传动比

1. 打滑与弹性滑动

为保证带传动正常工作，传动带必须以一定的张紧力套在带轮上，如图 7-2 所示。

在一定的初拉力 F_0 作用下，带与带轮接触面间摩擦力的总和有一极限值。当带所传递的圆周力超过带与带轮接触面间摩擦力的总和的极限值时，带与带轮将发生明显的相对滑动，这种现象称为打滑。带打滑时从动轮转速急剧下降，使传动失效，同时也加剧了带的磨

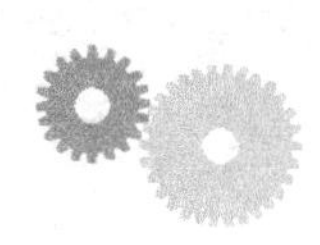

损，所以应避免打滑。

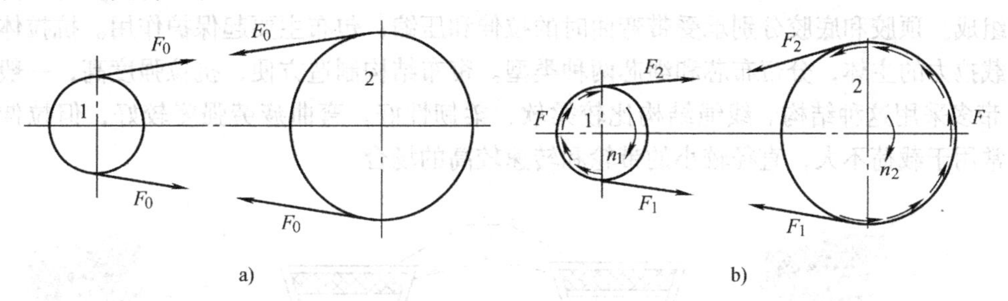

图7-2 带的受力

由于传动带是弹性体，受拉后将产生弹性变形。带在绕过主动轮时，所受的拉力由 F_1 降低到 F_2，带将逐渐缩短，带与带轮之间必将发生相对滑动；带绕过从动轮时，带将逐渐伸长，也会沿轮面滑动。拉力的变化造成带的弹性变形的变化，我们把由此产生的带在带轮上的相对滑动称为带的弹性滑动。

弹性滑动会引起下列后果：①从动轮的圆周速度总是落后于主动轮的圆周速度；②损失一部分能量，降低了传动效率；③会使带的温度升高，并引起传动带磨损。

> ☆ 打滑和弹性滑动的区别：
>
> 打滑是由带过载引起的，是传动失效时发生的现象，并首先从小轮上开始，避免过载就可以避免打滑。
>
> 弹性滑动是由于材料的弹性引起的，只要带传动具有承载能力，有紧边拉力和松边拉力，就一定会发生弹性滑动，所以弹性滑动是不可避免的。

2. 传动比

由于带的弹性滑动，使从动轮圆周速度 v_2 低于主动轮圆周速度 v_1，其降低程度称为滑动率，用 ε 表示，即

$$\varepsilon = \frac{v_1 - v_2}{v_1} \times 100\% \tag{7-1}$$

式中，$v_1 = \dfrac{\pi d_1 n_1}{60 \times 1000}$（m/s），$v_2 = \dfrac{\pi d_2 n_2}{60 \times 1000}$（m/s）、$d_1$、$d_2$ 分别为主、从动轮的直径（mm），n_1、n_2 分别为主、从动轮的转速（r/min）；ε 反映了弹性滑动的大小，载荷越大，ε 越大，传动比的变化越大。

主、从动轮的转速 n_1、n_2 之比即为带传动的传动比，用 i 表示，即

$$i = \frac{n_1}{n_2} \tag{7-2}$$

将 v_1、v_2 代入式（7-2），整理可得带传动的传动比：

$$i = \frac{n_1}{n_2} = \frac{d_2}{d_1(1 - \varepsilon)} \tag{7-3}$$

V带传动的滑动率较小，通常 $\varepsilon = 0.01 \sim 0.02$，在一般计算中可不予考虑。

7.1.3 V带的结构和标准

1. 普通V带的结构

标准普通 V 带都制成无接头的环形。其构造如图 7-3 所示。它由抗拉体、顶胶、底胶和包布组成。顶胶和底胶分别承受带弯曲时的拉伸和压缩；包布主要起保护作用。抗拉体是承受负载拉力的主体，分帘布芯和绳芯两种类型。帘布结构制造方便，抗拉强度高，一般用途的 V 带多采用这种结构。线绳结构比较柔软，柔韧性好，弯曲疲劳强度较好，但拉伸强度低，常用于载荷不大，直径较小的带轮和转速较高的场合。

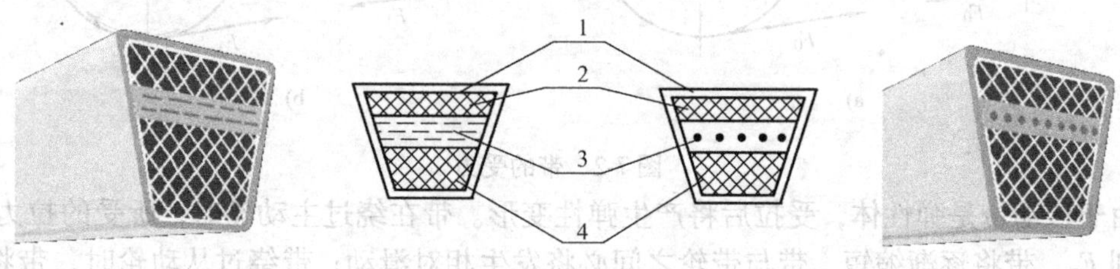

a)帘布芯结构　　b)绳芯结构

图 7-3　V 带的结构

1—包布层　2—顶胶　3—抗拉体　4—底胶

2. 普通 V 带的标准

普通 V 带是标准件，按截面尺寸可分为 Y、Z、A、B、C、D、E 七种型号，截面高度与节宽的比值为 0.7。普通 V 带的截面尺寸见表 7-2。带的型号和标准长度都压印在胶带的外表面上，以供识别和选用。

表 7-2　普通 V 带截面尺寸（GB/T 11544—1997）

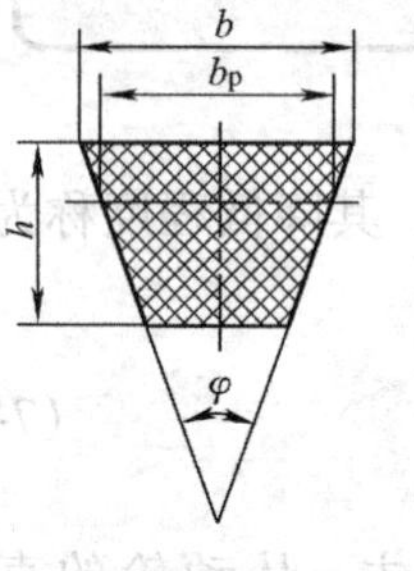

类型	Y	Z	A	B	C	D	E
节宽 b_p/mm	5.3	8.5	11	14	19	27	32
顶宽 b/mm	6	10	13	17	22	32	38
高度 h/mm	4	6	8	11	14	19	25
质量 q/kg · m^{-1}	0.04	0.06	0.1	0.17	0.3	0.6	0.87
楔角 θ	40°						

3. 普通 V 带的标记

普通 V 带标记为：带型—基准长度　标准编号

例如：A 型普通 V 带，基准长度为 1400mm，其标记为：A—1400　GB/T 11544—1997。

7.1.4　V 带轮的材料和结构

1. V 带轮的材料

带轮的转速较高，故要求带轮要有足够的强度。带轮常采用灰铸铁、钢、铝合金或工程塑料，以灰铸铁应用最为广泛。当带速 $v < 25$m/s 时采用 HT150，$v = 25 \sim 30$m/s 时采用 HT200，速度更高的带轮可采用球墨铸铁或铸钢，传递功率较小时可采用铝合金或工程塑料。

2. V 带轮的结构

V 带轮由轮缘、轮辐和轮毂三部分组成。其结构尺寸见表 7-3。

表7-3　V带轮的结构尺寸

类型	外观	结构尺寸	带轮的基准直径
实心式	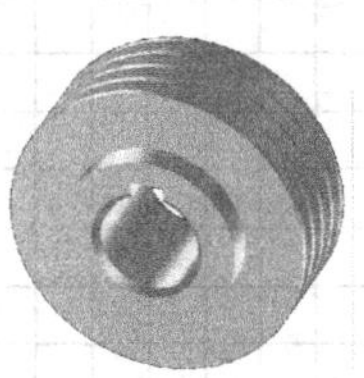	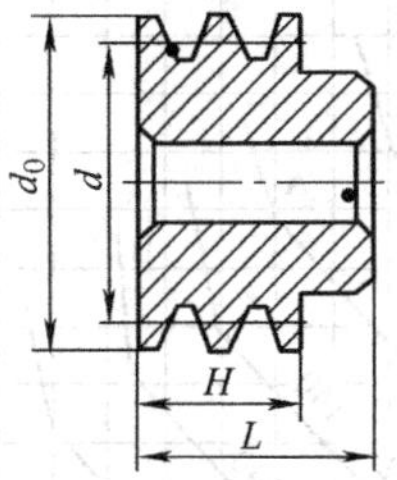 d_0, d, H, L	$d < 150\text{mm}$，为小带轮
腹板式	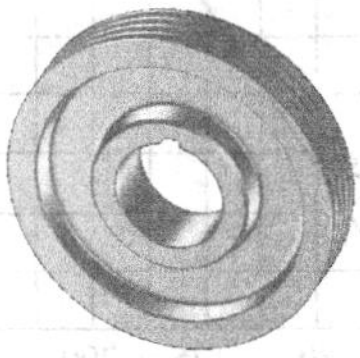	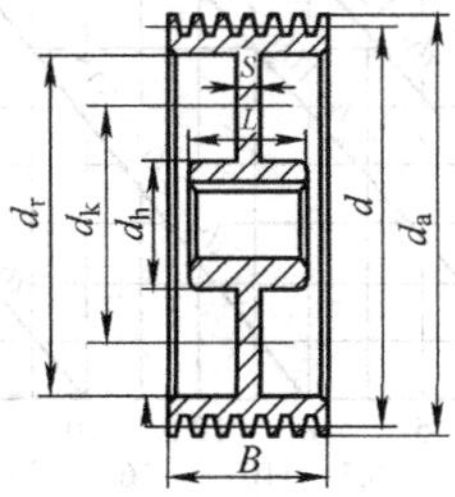 S, L, d_r, d_k, d_h, d, d_a, B	$d = 150 \sim 450\text{mm}$，为中带轮
板孔式		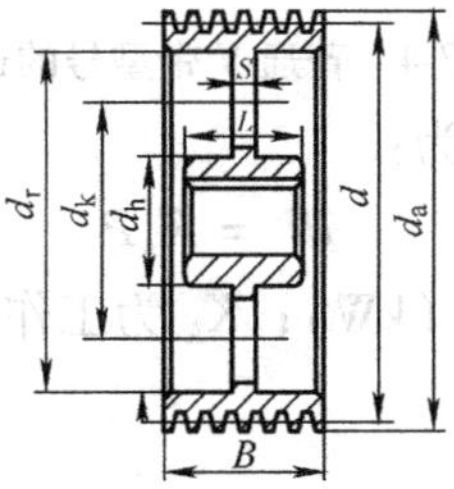 S, L, d_r, d_k, d_h, d, d_a, B	
轮辐式		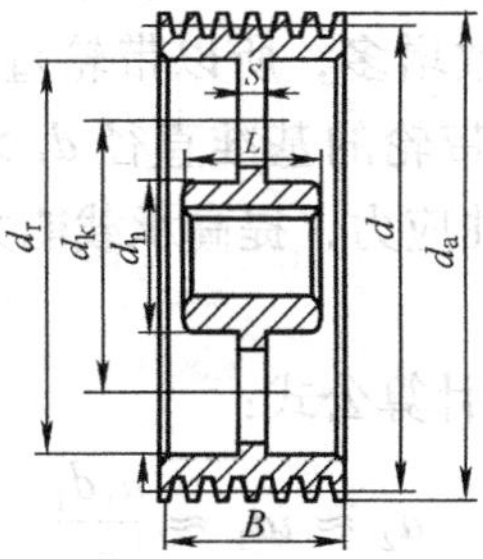 S, L, d_r, d_k, d_h, d, d_a, B	$d > 450\text{mm}$，为大带轮

实践：

了解洗衣机中带传动的张紧方法、带型、带的基准长度、带的根数、带速、传动比、传递的功率、中心距、带轮槽型、带轮的基准直径、带轮结构及其材料。

7.1.5　V带传动参数的选用

普通V带传动参数选择的主要内容包括：在给定的工作条件下V带的型号、长度和根数的选择；带轮的材料、结构和尺寸的选择；传动中心距的选择等。

1. 型号

带的型号可根据计算功率 P_C 和小带轮转速 n_1 选取，如图7-4所示。

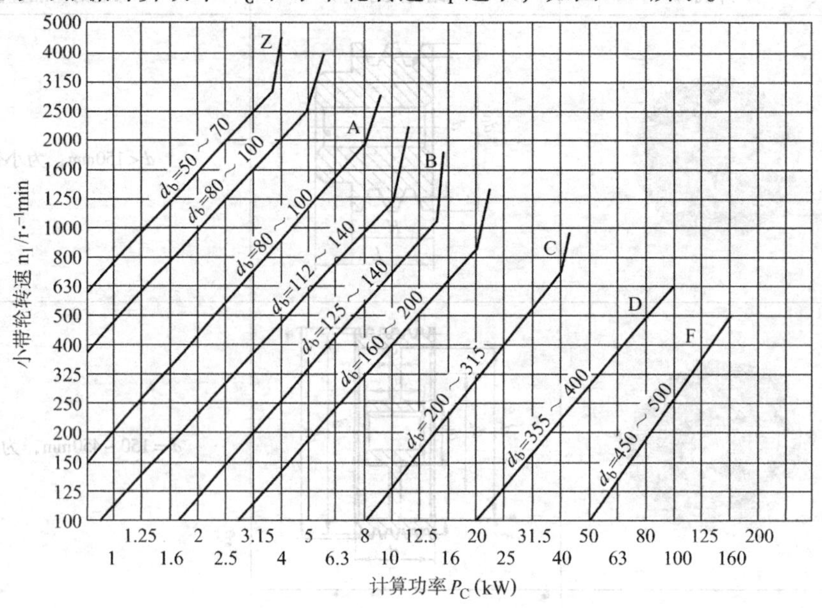

图7-4　普通V带型号的选择

V带的设计功率 P_C 的计算公式为：

$$P_C = K_A P \tag{7-4}$$

式中，P_C 为带传动所需的额定功率（kW）；K_A 为工作情况系数，根据不同的工作环境，K 取值1.1～1.8。

2. 带轮基准直径

减小带轮直径可使传动紧凑，但会增加带的弯曲应力，降低带的使用寿命，且在一定转矩下带的有效拉力增大，使带的根数增多，所以带轮直径不宜过小。各种型号的V带都规定了最小基准直径，选择时应使小带轮的基准直径 $d_1 > d_{min}$，一般在工作位置允许的情况下，小带轮直径取得大些可减小弯曲应力，提高承载能力和延长带的使用寿命。最小基准直径 d_{min} 的规定值见表7-4。

由式（7-3）可得大带轮直径的计算公式：

$$d_2 \approx id_1 \approx \frac{n_1 d_1}{n_2} \tag{7-5}$$

一般先按此式计算，再按带轮基准直径系列圆整。带轮基准直径系列见表7-4。

表7-4　普通V带带轮基准直径系列（GB/T 13575.1—1992）

型号	Y	Z	A	B	C	D	E
d_{min}/mm	20	50	75	125	200	355	500
带轮直径系列	20　22.4　25　28　31.5　40　45　50　56　63　71　80　90　100　106　112　118　125　132　140　150　160　180　200　212　224　250　280　300　315　335　355　375　400　450　500　560　600　630…						

3. 中心距、基准带长

大、小带轮中心之间的距离称为中心距，用a表示。传动中心距小则结构紧凑，但因带较短，且带的绕转次数增多，从而降低了带的寿命，同时使包角减小，最终降低了传动能力。若中心距过大，则传动的结构尺寸增大，在带速较高时使带产生颤动。因此，中心距要选择适当。在实际应用中可按下式初步确定：

$$0.7(d_1 + d_2) \leqslant a_0 \leqslant 2(d_1 + d_2) \tag{7-6}$$

可根据几何关系得到带的基准长度的计算公式为

$$L = 2a_0 + \frac{\pi}{2}(d_1 + d_2) + \frac{(d_2 - d_1)^2}{4a_0} \tag{7-7}$$

由式（7-7）初步算出带长L后，根据表7-5选取最接近的带的基准长度L_d，然后再按下式计算实际中心距的近似值：

$$a = a_0 + \frac{L_d - L}{2} \tag{7-8}$$

表7-5 普通V带的长度系列（GB/T 13575.1—1992）

基准长度 L_d 的基本尺寸/mm																
	200	224	250	280	315	355	400	450	500	560	630	710	800	900	1000	1120
	1250	1400	1600	1800	2000	2240	2500	2800	3150	3550	4000	4500	5000	5600		
	6300	7100	8000	9000	10000	11200	12500	14000	16000							

4. 带的根数

当传递的设计功率为P_C时，带传动所需的带的根数为：

$$z \geqslant \frac{P_C}{[P]} \tag{7-9}$$

式中，$[P]$为带能传递的极限功率，带的根数应根据计算结果向上圆整。为使每根带受力均匀，带的根数不宜过多，一般$z = 3 \sim 6$，$z_{max} < 10$。若计算所得结果超出范围，应改选V带型号或加大带轮直径。

7.1.6 影响带传动工作能力的因素

1. 带传动所传递的圆周力 *F*

初拉力F_0、摩擦因数f及包角α都是决定圆周力的因素。初拉力增大，带与带轮之间正压力增大，传动时产生的摩擦力就越大，故F越大。包角α（带和带轮接触弧所对的圆心角）增大时会使整个接触弧上摩擦力的总和增加，从而提高传动能力。因此水平装置的带传动，通常将松边放在上边，以增大包角。由于大带轮的包角α_2大于小带轮的包角α_1，打滑首先发生在小带轮上，因此只需要考虑小带轮的包角α_1。

2. 弹性滑动

从动轮的圆周速度总是落后于主动轮的圆周速度，并随载荷的变化而变化，导致传动比不准确。弹性滑动损失一部分能量，使带的温度升高，降低了传动效率，并引起传动带磨损。

3. 带的疲劳

带在工作时其应力随着带的运转而变化，属交变应力。转速越高，带越短，单位时间内带绕过带轮的次数就越多，带的应力变化越频繁。传动带在交变应力的反复作用下会产生脱层、撕裂，最后导致疲劳断裂，从而使传动失效。因此，带传动的主要失效形式是打滑和疲劳破坏。

提高带传动工作能力的措施：①增大摩擦因数。一般情况下，铸铁带轮采用传动胶带时 $f=0.3$；采用皮革带时 $f=0.35$。在结构方面可以利用楔形增压原理，多采用 V 角带传动。②增大包角。增大包角可以增大有效拉力，提高传动工作能力。③尽量使传动在最佳速度下工作。④采用高强度带材料。采用钢丝绳、涤纶等合成纤维绳作为带的强力层。

*7.1.7 新型带传动的应用

1. 同步带传动

同步带传动是由一根内周表面设有等间距齿形的环形带及具有相应吻合齿形的轮所组成。转动时，通过带齿与轮齿相啮合来传递动力。它综合了带传动、链传动和齿轮传动各自的优点。图 7-5 所示为同步带在汽车传动中的应用。

图 7-5　同步齿形带

2. 多楔带传动

多楔带以平带为基体，内表面排布有等间距纵向梯形楔的环形橡胶传动带，其工作面为楔的侧面，如图 7-6 所示。

主要特点有：①传动功率大，空间相同时比普通 V 带的传动功率高 30%；②传动系统结构紧凑，在相同的传动功率情况下，传递装置所占空间比普通 V 带小 25%；③节能效果明显，传动效率高；④带体薄，富有柔软性，适应带轮直径小的传动，也适应高速传动，带速可达 40m/s；振动小，发热少，运转平稳；⑤耐热、耐油、耐磨，使用伸长小，寿命长；⑥制造和安装精度要求较高。

多楔带特别适用于结构要求紧凑、传动功率大的高速传动。

3. 窄 V 带传动

窄 V 带传动是近年来国际上普遍应用的一种 V 带传动，如图 7-7 所示。窄 V 带由包布层、伸张胶层、强力层和压缩胶层等部分组成。带高相同时，窄 V 带带宽比普通 V 带小约 1/3，其承载能力提高 1.5～2.5 倍；在相同的速度下，传动能力比普通 V 带可提高 0.5～1.5 倍；在传递相同功率时，带轮宽度和直径可减小，费用比普通 V 带降低 20%～40%。

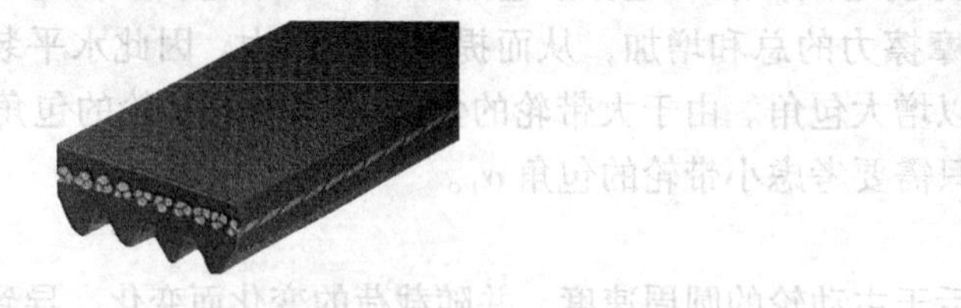

图 7-6　多楔带

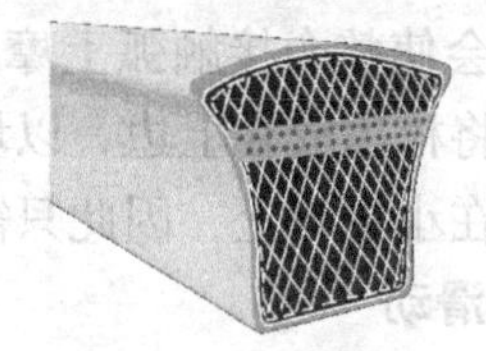

图 7-7　窄 V 带

窄 V 带分为 SPZ、SPA、SPB、SPC 四种。楔角为 40°，截面高度与节宽的比值为 0.9，其结构和有关尺寸已标准化。窄 V 带承载能力高，滞后损失少，最高允许速度可达 40～50m/s，适用于大功率且结构要求紧凑的传动，应用日趋广泛。

4. 联组 V 带传动

其特点是几条相同的 V 带在顶面联成一体的 V 带，如图 7-8 所示。它克服了普通 V 带各单根带间的受力不均匀，减少了横向振动，因而使带的寿命提高。其缺点是要求较高的制造和安装精度。

5. 磁力金属带传动

磁力金属带传动是近年来发展的一种新型传动。基本原理是：靠缠绕在大、小带轮轮辐上的激磁线圈产生磁场吸引金属带，以产生较大的正压力，从而大幅度地提高摩擦力而进行传动。磁力金属带传动具有传动功率大、传动比范围广、允许线速度高、弹性滑动率小、传动准确、效率高等特点，广泛应用于机床、纺织、汽车、化工、国防、通用机械以及高速、重载等重大装备领域。

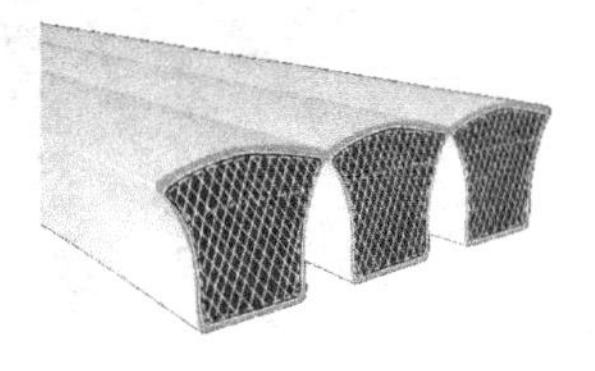

图7-8　联组V带

7.2　链传动

7.2.1　链传动的工作原理、类型、特点和应用

1. 链传动的工作原理及类型

链传动是属于具有挠性件的啮合传动，由主动链轮1、从动链轮2和绕在链轮上的环形链条3组成，如图7-9所示。工作时，通过链条的链节与链轮轮齿的啮合来传递运动和动力。

按照链的不同用途，链分为传动链、起重链和牵引链三种。起重链用于起重机械中提升重物，其工作速度 $v \leqslant 0.25\text{m/s}$，如图7-10a所示。牵引链用于链式输送机中移动重物，其工作速度 $v \leqslant 4\text{m/s}$，如图7-10b所示。

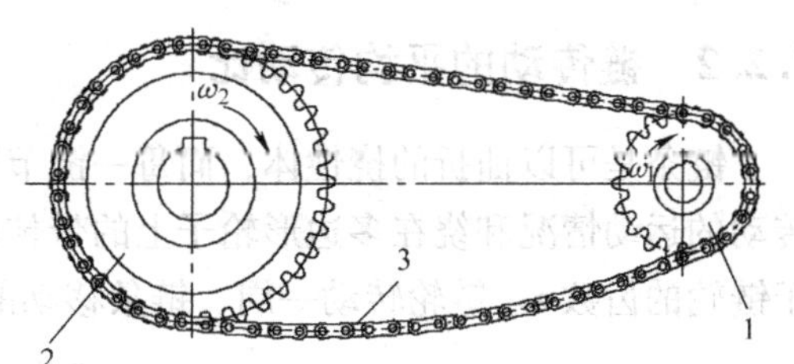

图7-9　链传动的组成

1—主动链轮　2—从动链轮　3—链条

传动链用于一般机械中，传递动力和运动，通常工作速度 $v \leqslant 15\text{m/s}$。传动链根据其结构的不同分为滚子链和齿形链两种。齿形链是利用特定齿形的链片和链轮相啮合来实现传动的，如图7-10d所示。齿形链传动平稳，噪声很小，故又称无声链传动。齿形链允许的工作速度可达40m/s，但制造成本高，重量大，故多用于高速或运动精度要求较高的场合。本节重点讨论应用最广泛的套筒滚子链传动，如图7-10c所示。

2. 链传动的特点及应用

链传动的优点：①链传动没有弹性滑动和打滑，能保持准确的平均传动比。②需要的张紧力小，作用于轴的压力小，可减少轴承的摩擦损失。③结构紧凑。④能在温度较高、有油污等恶劣环境条件下工作。⑤安装精度要求较低，成本低。⑥效率较高，容易实现多轴传动；适用于中心距较大的传动。

链传动的缺点：①瞬时传动比不恒定，瞬时链速不恒定。②传动的平稳性差，有噪声。

链传动兼有带传动和齿轮传动的特点，通常链传动的传递功率 $P < 100\text{kW}$，传动比 $i \leqslant 8$，链速 $v \leqslant 12 \sim 15\text{m/s}$，中心距 $a \leqslant 5 \sim 6\text{m}$，效率 $\eta = 0.95 \sim 0.98$。链传动通常用于要求有准确的平均传动比，两轴平行且中心距较大，且不宜应用带传动和齿轮传动的场合，在矿山、

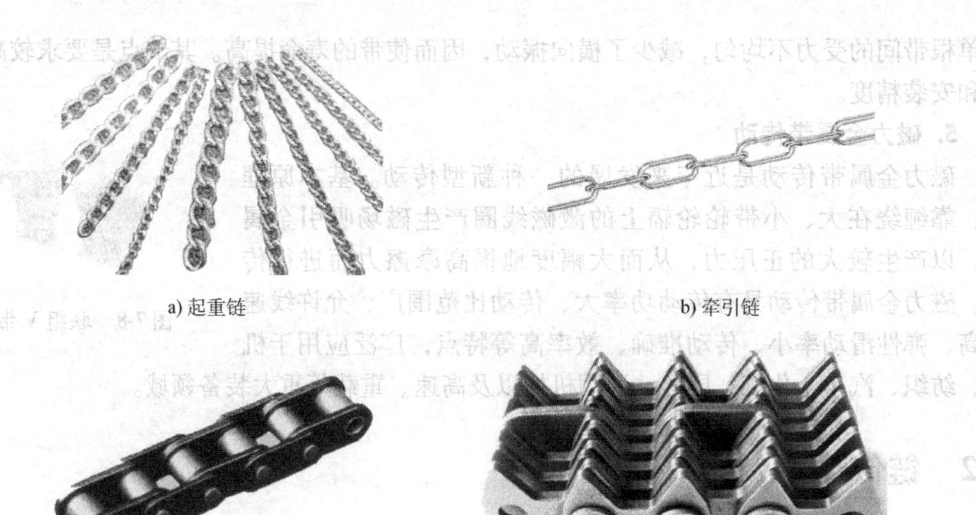

a) 起重链　b) 牵引链　c) 滚子链　d) 齿形链

图 7-10　链的类型

冶金、建筑、石油、农业和化工机械中应用广泛。链传动除用作定传动比的传动外，也用于有级链式变速器和无级链式变速器。

7.2.2　链传动的平均传动比

链条是可以曲折的挠性体，而每一链节则为刚性体；链轮可以看作一正多边形，因而链传动的运动情况和绕在多边形轮子上的带传动很相似，正多边形的边长为链节距 p，边数等于链轮的齿数 z。链轮转动一周，链条移动的距离为多边形的周长 zp，则链的平均速度为

$$v = \frac{z_1 n_1 p}{60 \times 1000} = \frac{z_2 n_2 p}{60 \times 1000} \tag{7-10}$$

由上式可得到链的平均传动比为

$$i = \frac{n_1}{n_2} = \frac{z_2}{z_1} \tag{7-11}$$

式中，v 为链速（m/s），p 为链节距（mm），n_1、n_2 分别为主、从动链轮的转速（r/min），z_1、z_2 分别为主、从动链轮的齿数。

由此可知，链传动平均速度和平均传动比均是定值。但事实上，瞬时链速和瞬时传动比都是变化的，并且是周期性变化，此种现象称为链传动的运动不均匀性。因此，链传动过程中必然产生振动和动载荷。为了减轻振动和动载荷，应尽量增加链轮齿数，减小节距，且链传动不宜放在高速传动中。

*7.2.3　链传动参数的选用

为了保证链与链齿的良好啮合并提高传动的性能和寿命，应该合理选用链传动的参数。

1. 传动比 i

通常限制链传动的传动比 $i \leq 6$，在低速和外廓尺寸不受限制的场合允许 $i_{max} = 10$，推荐 i

$=2\sim3.5$。传动比越大，则链条在小链轮上的包角越小，同时啮合的齿数就越少，轮齿的磨损就越大，越容易出现跳齿现象，破坏正常啮合。通常小链轮上的包角不应小于120°。

2. 链轮齿数 z

链轮齿数不宜过多或过少。齿数太少时会导致：①增加传动的不均匀性和动载荷。②增加链节间的相对转角，从而增大功率消耗。③增加链的工作拉力，从而加速链和链轮的损坏。但链轮的齿数太多，除增大传动尺寸和重量外，还会因磨损而实际节距增长后发生跳齿或脱链现象机率增加，从而缩短链的使用寿命。通常限定最大齿数 $z_{max} \leqslant 120$。

为提高传动均匀性及减少动载荷，在实际生产中滚子链的小链轮齿数 z_1 按表7-6选取，大链轮齿数 z_2 按传动比确定：$z_2 = z_1 i$。

表7-6 小链轮齿数选择

链速 v（m/s）	0.63～3	3～8	≥8	>25
齿数 z_1	≥17	≥21	≥25	≥35

3. 链的节距 p 和排数 p_t

链节距 p 越大，承载能力越大，但引起的冲击、振动和噪声也越大。因此，在满足承载能力的条件下，为使传动平稳和结构紧凑，应尽量选用节距较小的单排链。高速重载时，可选用小节距的多排链。在低速重载、中心距要求大、传动比较小的场合，宜采用大节距的单列链。链的节距 p 如图7-11所示。

4. 中心距 a 和链节数 L_p

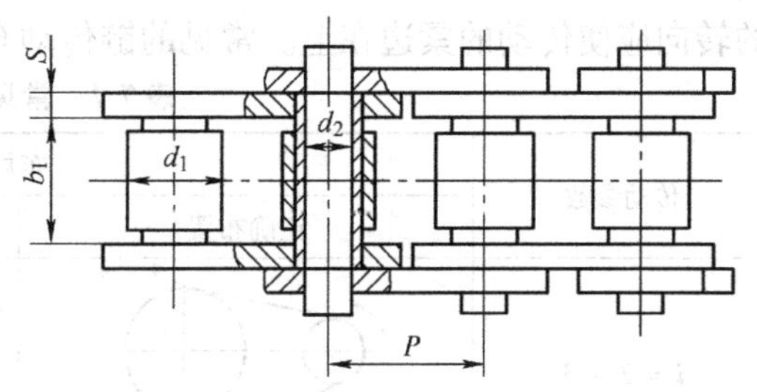

图7-11 单排滚子链的主要参数

在传动比一定时，如果链轮中心距过小，则链在小链轮上的包角小，与小链轮啮合的链节数少。同时，因总的链节数减少，链速一定时，单位时间链节的应力变化次数增加，使链的寿命降低。如果中心距太大，除结构不紧凑外，还会使链的松边颤动。因此，在不受机器结构的限制时，一般取初定中心距 $a_0 = (30\sim50)p$，最大可取 $a_{max} = 80p$；当有张紧装置或托板时，a_0 可大于 $80p$。

5. 链速

链条线速度越高，动载荷越大，为防止动载荷过大，必须限制链速。链条的线速度一般不应超过12m/s。

6. 链条的接头形式

滚子链使用时为封闭环形，其接头形式有三种：开口销式、弹簧卡片式及过度链节式，如图7-12所示。

> 经验之谈：
>
> 为避免使用过度链节，链节数一般为偶数，考虑到均匀磨损，链轮齿数最好选用与链节数互为质数的奇数，并优先选用数列17、19、21、23、25、38、57、76、85、114。
>
> 滚子链的标记为：链号一排数×链节数　标准号
>
> 例如：08A-1×88　GB/T 6069—2002，表示A系列、8号链、节距12.4mm、单排、88节的滚子链。B系列、节距12.7mm、单排、86个链节长滚子链的标记为：08B—1×86　GB 1243—1997。

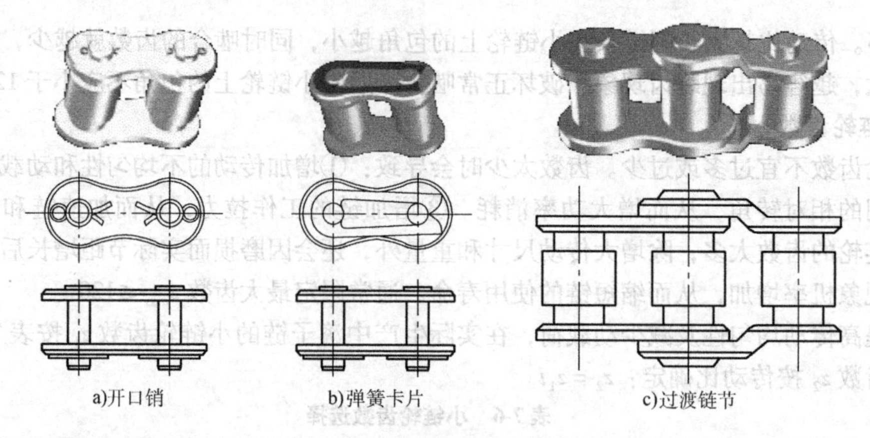
a)开口销　b)弹簧卡片　c)过渡链节

图7-12　滚子链的接头形式

7.2.4　链传动的安装与维护

1. 链传动的安装

链传动安装时应遵循以下三个原则：①最好两轮轴线布置在同一水平面内，或两轮中心连线的倾斜角 α 小于45°。②应尽量避免垂直传动。若必须采用垂直传动时，可采用如下措施：中心距可调；设张紧装置；上下两轮错开，使两轮轴线不在同一铅垂面内。③主动链轮的转向应使传动的紧边在上。常见的链传动布局见表7-7。

表7-7　常见的链传动布局

传动参数	布局		说明
	正确布置	不正确布置	
$i=2\sim3$ $a=(30\sim50)p$ （i 与 a 较佳场合）			两轮轴线在同一水平面，紧边在上在下都可以，但在上好一些
$i>2$ $a<30p$ （i 小 a 大的场合）			两轮轴线不在同一水平面，松边应在下面，否则松边下垂量增大后，链条容易与链轮卡死
$i<1.5$ $a>60p$			两轮轴线在同一水平面，松边应在下面。需经常调整中心距
i、a 为任意值 （垂直传动场合）			两轮轴线在同一铅垂面内，下垂量增大，会减小下链轮的有效啮合齿数，降低传动能力。为此应：中心距可调、设张紧装置、上下两轮偏置，使两轮的轴线不在同一铅垂面内

2. 链传动的张紧

链传动正常工作时，应保持一定张紧程度，为了避免影响链条正常退出啮合、产生振动、跳齿或脱链现象。与带传动相比链传动的张紧力要小得多，通常是通过使链保持适当的垂度所产生的悬垂拉力来获得的。

链传动的张紧可采用以下方法：

（1）调整中心距　增大中心距可使链张紧。

（2）缩短链长　当链传动没有张紧装置而中心距又不可调整时，可采用缩短链长（即拆去链节）的方法。

（3）用张紧轮张紧　采用张紧装置的链传动装置如图 7-13 所示。适应于下述情况：两轴中心距较大；两轴中心距过小，松边在上面；两轴接近垂直布置；需要严格控制张紧力；多链轮传动或反向传动；要求减小冲击，避免共振；需要增大链轮包角等。

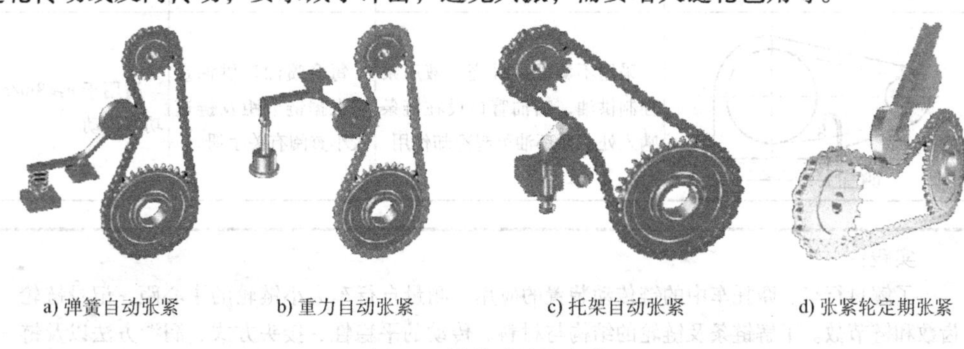

a) 弹簧自动张紧　b) 重力自动张紧　c) 托架自动张紧　d) 张紧轮定期张紧

图 7-13　链传动的张紧装置

用张紧轮张紧时，张紧轮应压在松边靠近小链轮处。张紧轮可以是链轮或无齿的滚轮。其直径应与小链轮直径相近。张紧装置有自动张紧及定期张紧两种。前者多用弹簧、吊重等自动张紧装置，后者可用螺旋、偏心等调整装置。对于大中心距的链传动，宜采用托板来控制垂度。

3. 链传动的润滑

良好的润滑可以缓和冲击、减小摩擦和减轻磨损，使链传动达到预期的使用寿命。常用的润滑方式见表 7-8。

表 7-8　链传动的润滑方式

方式	图示	润滑方式	供油量	应用
人工润滑		用刷子或油壶定期在链条松边内、外链板间隙注油	每班注油一次	适用于 $v \leqslant 4\text{m/s}$ 的不重要低速传动
滴油润滑		装有简单外壳、用油杯滴油	单排链，每分钟供油 5～10 滴，速度高时取大值	适用于 $v \leqslant 10\text{m/s}$ 的链传动

（续）

方式	图示	润滑方式	供油量	应用
油浴供油		采用不漏油的外壳，使链条从油槽中通过	链条浸入油面过深，搅油损失大，油易发热变质。一般浸油深度为6～12mm	适用于 $v \leqslant 12$m/s 的链传动
飞溅润滑		采用不漏油的外壳，在链轮边安装甩油盘，飞溅润滑。甩油盘圆周速度 $v > 3$m/s。当链条宽度大于125mm时，链轮两侧各装一甩油盘	甩油盘浸油深度为12～35mm	
压力供油		采用不漏油的外壳，液压泵强制供油，喷油管口设在链条啮入处，循环油可起冷却作用	每个喷油口供油量可根据链节距及链速大小查阅有关手册	适用于 $v \geqslant 8$m/s 的大功率传动

实践：

了解自行车、摩托车中的链传动装置的应用。测量自行车大小链轮的中心距，记录链轮齿数和链节数。了解链条及链轮的结构与材料、传动的平稳性、接头方式、润滑方法以及链条松弛后张紧方法。

7.3 齿轮传动

齿轮传动由主动轮、从动轮和机架组成，是依靠主动轮的轮齿与从动轮的轮齿啮合来传递运动和动力的，当一对齿轮相互啮合而工作时，主动轮的轮齿通过啮合点法向力的作用，逐个地推动从动轮的轮齿，从而将主动轮的动力和运动传递给从动轮。齿轮传动是现代机械中应用最广泛的机械传动形式之一。从直径不到1mm的仪表齿轮，到10m以上的重型齿轮，齿轮传动在工程机械、矿山机械、冶金机械、机床以及日常生产生活中都得以广泛应用。

7.3.1 齿轮传动的特点、分类和应用

1. 齿轮传动的特点

与其他传动相比，齿轮传动的主要优点是：①瞬时和平均传动比均恒定，平稳性较高，传递运动准确可靠。②适用范围广，可实现平行轴、相交轴、交错轴之间的传动。③传递的功率和速度范围较大。齿轮传动所传递的功率从几瓦至几万千瓦，齿轮传动的圆周速度从很低到100m/s以上。④结构紧凑、工作可靠，可实现较大的传动比。⑤传动效率高、使用寿命长。缺点是：①齿轮制造需专用机床和设备，成本较高。②安装要求较高。③对冲击比较敏感且有较大的噪声。④不宜作远距离传动。

2. 齿轮传动的分类和应用

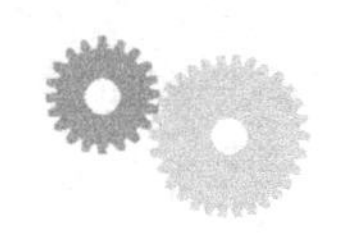

齿轮传动的分类，见表7-9。

齿轮传动的工作条件有开式、半开式和闭式三种。闭式齿轮传动是指封闭在箱体内，并能保证良好润滑的齿轮传动，适合速度较高或重要的传动。半开式齿轮传动是指齿轮浸入油池，有护罩，但不封闭。开式齿轮传动是指齿轮暴露在外，不能保证良好润滑，齿面易磨损，一般用于低速或不重要的场合。

表7-9　齿轮传动的分类和应用

分类		名称	示意图	应　用
平行轴齿轮传动	直齿圆柱齿轮传动	外啮合直齿圆柱齿轮传动		适用于圆周速度低的传动，尤其适用于变速箱换档齿轮
		内啮合直齿圆柱齿轮传动		适用于结构要求紧凑且效率较高的场合
		齿轮齿条传动		适用于将连续转动转换为往复移动的场合
	平行轴斜齿轮传动	外啮合斜齿圆柱齿轮传动		适用于圆周速度较高、载荷较大且要求结构紧凑的场合
	人字齿轮传动	外啮合人字齿圆柱齿轮传动		适用于载荷较大要求传动平稳的场合

（续）

分类	名称	示意图	应　用
相交轴齿轮传动	直齿圆锥齿轮传动		适用于圆周速度低、载荷小而稳定的场合
	曲齿圆锥齿轮传动		适用于圆周速度较高、载荷小的场合
交错轴齿轮传动	交错轴斜齿轮传动		适用于圆周速度较低、载荷小的场合
	蜗杆传动		适用于传动比较大且要求结构紧凑的场合

7.3.2　齿轮传动的传动比

外啮合直齿圆柱齿轮传动，如图 7-14 所示。

设主动齿轮的转速为 n_1，齿数为 z_1，从动齿轮的转速为 n_2，齿数为 z_2，由于是啮合传动，在单位时间里两轮转过的齿数应相等，即 $n_1 \cdot z_2 = n_2 \cdot z_2$，由此可得一对齿轮的传动比，即

$$i = \frac{n_1}{n_2} = \frac{z_2}{z_1} \tag{7-12}$$

图 7-14　外啮合直齿圆柱齿轮传动

即一对齿轮的传动比等于主动齿轮与从动齿轮转速之比（或角速度之比），与其齿数成反比。$i>1$ 时为减速传动，$i<1$ 时为增速传动。两齿轮的旋转方向相同时传动比为正，反之为负。则一对齿轮的传动比又可写为

$$i = \pm \frac{n_1}{n_2} = \mp \frac{z_2}{z_1} \tag{7-13}$$

7.3.3 渐开线齿轮各部分名称、主要参数

1. 渐开线齿轮各部分名称

外啮合标准直齿圆柱齿轮各部分名称和符号，见表7-10。

表7-10 外啮合标准直齿圆柱齿轮各部分名称和符号

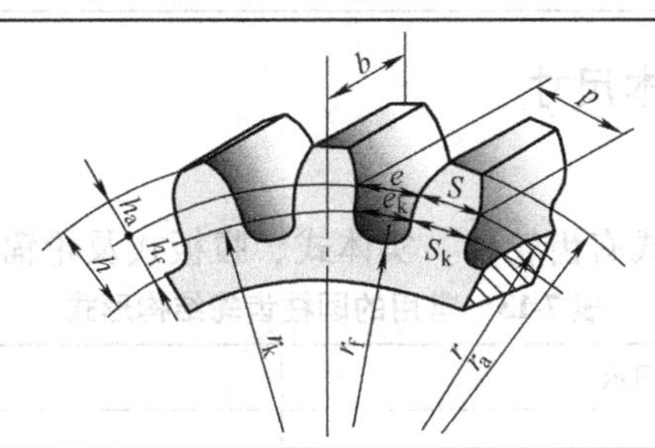

名称	代号或度量值	定义
齿顶圆	d_a	齿轮上齿顶所在的圆，直径用 d_a 表示
齿根圆	d_f	齿轮上齿槽底所在的圆，直径用 d_f 表示
分度圆	d	齿轮上作为齿轮尺寸基准的圆，直径用 d 表示。对于标准齿轮，分度圆上的齿厚和槽宽相等
齿顶高	h_a	齿顶圆与分度圆之间的径向距离
齿根高	h_f	齿根圆与分度圆之间的径向距离
齿高	h	齿顶圆和齿根圆之间的径向距离
齿距	p	齿轮上相邻两齿同名齿廓之间的分度圆弧长
齿厚	s	齿轮上一个齿的两侧端面齿廓之间的分度圆弧长
槽宽	e	两相邻轮齿之间的空间叫齿槽，一个齿槽的两侧齿廓之间的分度圆弧长
齿宽	b	齿轮的有齿部位沿分度圆柱面的直线方向量度的宽度

2. 主要参数

齿数、压力角和模数是齿轮几何尺寸计算的主要参数和依据。

（1）齿数 z　在齿轮整个圆周上，均匀分布的轮齿总数，称为齿数，用 z 表示。

（2）压力角 α　在标准齿轮齿廓上，分度圆上的端面压力角，简称压力角。我国国家标准规定，分度圆上的压力角 $\alpha=20°$。

（3）模数 m　齿距 p 除以圆周率 π 所得的商，称为模数。由于圆周率 π 为一无理数，为了计算和制造上的方便，人为地把 p/π 规定为有理数，用 m 表示，模数单位为mm，即：$m=p/\pi$。

模数是齿轮几何尺寸计算中最基本的参数，模数直接影响齿轮的大小、轮齿齿形和强度的大小。对于相同齿数的齿轮，模数越大，齿轮的几何尺寸越大，轮齿也大，因此承载能力也越大。国家标准规定了标准模数系列，见表7-11。

表7-11 标准模数系列（GB/T 1357—1987）　　　（单位：mm）

系列	模数
第一系列	0.15 0.2 0.25 0.3 0.4 0.5 0.6 0.8 1 1.25 1.5 2 3 6 8 10 12 16 20 25 32 40 50
第二系列	0.9 1.75 2.25 2.75 (3.25) 3.5 (3.75) 4.5 5.5 (6.5) 7 18 22 28 36 45

注：本表适用于渐开线圆柱齿轮，对斜齿轮是指法面模数；选用模数时，应优先采用第一系列，其次是第二系列，括号内的模数尽量不用。

（4）中心距 a　推荐的中心距系列见表 7-12。

表 7-12　中心距的荐用系列　（单位：mm）

第一系列	40　50　63　80　100　125　160　200　250　315　400　500　630　800　1000　1250　1600　2000　2500
第二系列	140　180　225　280　355　450　560　710　900　1120　1400　1800　2240

7.3.4　齿轮的结构及基本尺寸

1. 齿轮的结构

常用的圆柱齿轮结构形式有齿轮轴、实体式、腹板式及轮辐式等几种，见表 7-13。

表 7-13　常用的圆柱齿轮结构形式

结构	图示	适用场合
齿轮轴	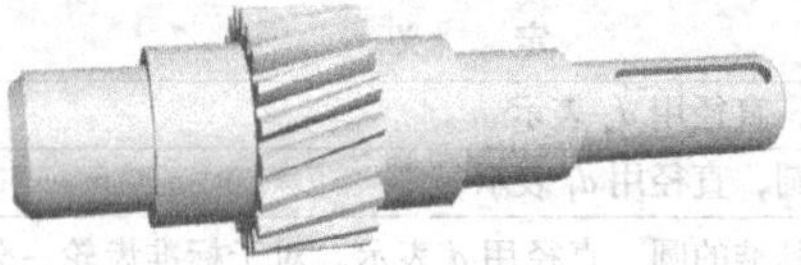	当齿轮的齿根直径与轴径很接近时可以将齿轮与轴作成一体的，称为齿轮轴
实体式齿轮		齿顶圆直径小于 160mm（当轮缘内径 D 与轮毂外径相差不大时，而轮毂长度要大于等于 1.6 倍的轴径尺寸）时可以采用实体式结构
腹板式结构		当直径大于 160mm 时，为了减轻重量，节约材料，同时由于不易锻出辐条，常采用腹板式结构
轮辐式结构		对于齿轮齿顶圆直径小于 500mm 的齿轮，一般采用锻压或铸造方法

2. 齿轮基本尺寸的计算

标准齿轮是指模数、压力角、齿顶高系数、顶隙系数均为标准值，且分度圆上 $e=s$ 的齿轮。常用外啮合标准直齿圆柱齿轮几何尺寸的计算公式见表 7-14。标准直齿圆柱齿轮压力

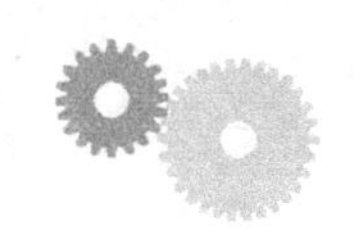

角 $\alpha=20°$，齿顶高系数 $h_a^*=1$，顶隙系数 $c^*=0.25$。短齿制的齿轮齿顶高系数 $h_a^*=0.8$，顶隙系数 $c^*=0.3$。

表 7-14 外啮合标准直齿圆柱齿轮计算公式 （单位：mm）

名称	代号	计算公式
模数	m	通过计算确定
压力角	α	$\alpha=20°$
齿数	z	由传动比求得
齿距	p	$p=\pi m$
齿厚	s	$s=p/2=\pi m/2$
槽宽	e	$e=s=p/2=\pi m/2$
基圆齿距	p_b	$p_b=p\cos\alpha=\pi m\cos\alpha$
齿顶高	h_a	$h_a=h_a^* m=m$
齿根高	h_f	$h_f=(h_a^*+c^*)m=1.25m$
全齿高	h	$h=h_a+h_f=2.25m$
顶隙	c	$c=c^* m=0.25m$
分度圆直径	d	$d=mz$
基圆直径	d_b	$d_b=d\cos\alpha=mz\cos\alpha$
齿顶圆直径	d_a	$d_a=d+2h_a=(z+2)m$
齿根圆直径	d_f	$d_f=d-2h_f=(z-2.5)m$
齿宽	b	$b=(6\sim12)m$，通常取 $b=10m$
中心距	a	$a=d_1/2+d_2/2=(z_1+z_2)m/2$

例 7-1 由一对标准圆柱齿轮构成的传动，齿数 $z_1=20$，$z_2=32$，模数 $m=8$，试计算其分度圆直径 d，齿顶圆直径 d_a，齿根圆直径 d_f，齿厚 s，基圆直径 d_b 和中心距 a。

解 题中参数根据外啮合标准直齿圆柱齿轮计算公式进行计算，结果见表 7-15。

表 7-15 计算结果

参数	计算公式	小齿轮	大齿轮
d	$d=mz$	$d_1=8\times20=160$	$d_2=8\times32=256$
d_a	$d_a=(z+2)m$	$d_{a1}=(20+2)8=176$	$d_{a2}=(32+2)8=272$
d_f	$d_f=(z-2.5)m$	$d_{f1}=(20-2.5)8=140$	$d_{f2}=(32-2.5)8=236$
s	$s=\pi m/2$	$s_1=3.14\times8/2=12.56$	$s_2=3.14\times8/2=12.56$
d_b	$d_b=d\cos\alpha$	$d_{b1}=160\cos20°=150$	$d_{b2}=256\cos20°=241$
a	$a=(z_1+z_2)m/2$	$a=(20+32)8/2=208$	

*7.3.5 渐开线直齿圆柱齿轮传动的正确啮合条件

如图 7-15 所示，为了保证前后两对齿轮能在啮合线上同时接触而又不产生干涉，则必须使两轮的相邻两齿同侧齿廓沿啮合线上距离 K_1K_2（法向齿距）相等。由渐开线性质可知，法向齿距与基圆齿距相等，即 $p_{b1}=p_{b2}$，又知 $p_b=p\cos\alpha=\pi m\cos\alpha$，代入可得 $m_1\cos\alpha_1=$

$m_2\cos\alpha_2$，由此推出渐开线直齿圆柱齿轮的正确啮合的条件：两齿轮的模数和轮分度圆上的齿形角必须相等，即 $m_1=m_2$，且 $\alpha_1=\alpha_2$。

7.3.6 渐开线齿轮切齿原理、根切及最少齿数

1. 轮齿的切齿原理

齿轮轮齿的加工方法很多，除冲压、模锻、热轧、铸造等方法外，通常用切削加工的方法制成。就其加工原理来说，可分为仿形法和展成法两大类。

（1）仿形法　又称成形法。仿形法是用与齿廓曲线相同的成形刀具在铣床上直接切出齿轮齿形的加工方法。用仿形法加工齿轮，是逐齿切削的，且不连续，所以精度和效率都较低。但它在普通铣床上就可以加工，适用于单件加工，如图 7-16 所示。

（2）展成法　展成法是利用一对齿轮的啮合原理来加工齿轮的，常见的有插齿、滚齿和磨齿等。插齿加工齿轮，如图 7-17 所示。

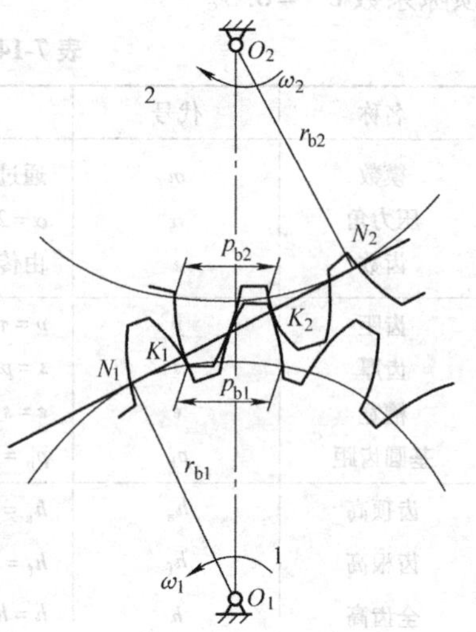

图 7-15　正确啮合传动条件

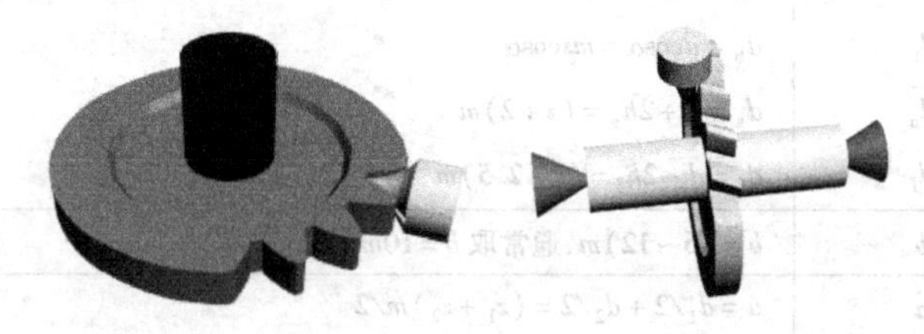

图 7-16　铣削齿轮齿形

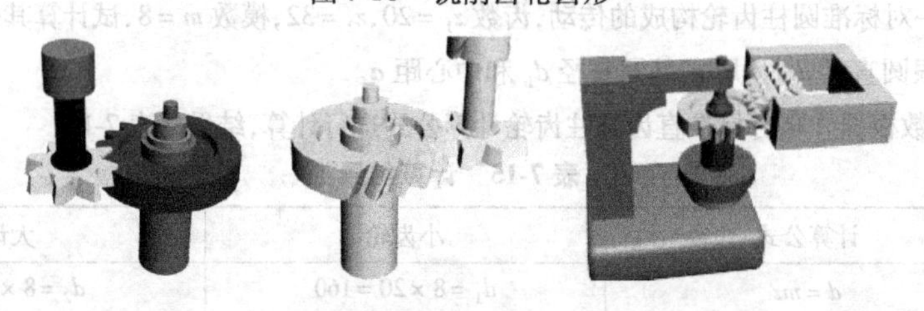

图 7-17　插齿加工齿轮

利用盘形插齿刀，在专用插齿、滚齿和磨齿机上加工齿轮，适用于批量生产。插齿加工是将其一个齿轮作为刀具，另一个则为齿轮坯，由机床保证它们按齿轮传动的要求运动。同时，刀具还不断沿齿坯轴线方向进行往复切削运动，这样就将轮坯切成与刀具相啮合的齿轮。相同模数和齿形角而齿数不同的齿轮，可用同一把刀具加工。用这种方法加工齿轮，精度和效率都较高。

2. 齿轮根切和最少齿数

当用展成法加工渐开线标准齿轮时，如果被加工齿轮的轮齿太少，刀具的顶部就会超过啮合线与被切齿轮基圆的切点 N_1，切削刃将轮齿根部的渐开线齿廓切去，这种现象称为切齿干涉，又称根切，如图 7-18 所示。

根切使齿轮的抗弯强度削弱、承载能力降低、啮合过程缩短、传动平稳性变差，因此应

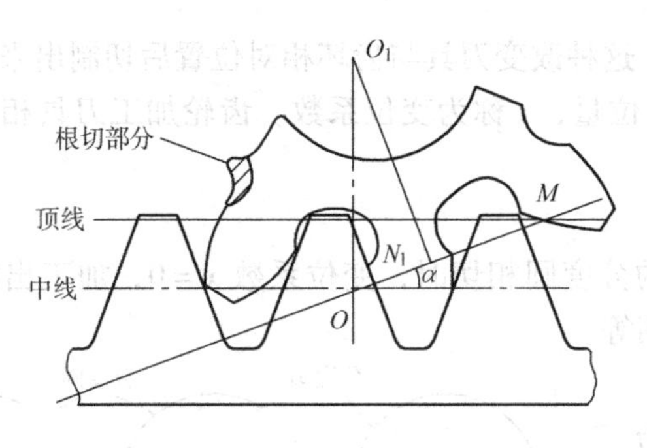

图7-18 齿轮根切

避免根切。要避免根切，必须使刀具的齿顶线不超过极限点 N_1。展成法加工渐开线齿轮时，是否产生根切取决于被切齿轮的齿数多少，我们把不产生根切现象的极限齿数称为最少齿数。

理论上推导，用齿条型刀具加工渐开线标准直齿齿轮，为了保证不发生根切现象，则被切齿轮的最少齿数可用下式求得：

$$z_{\min} = \frac{2h_a^*}{\sin^2\alpha} \tag{7-14}$$

对于标准直齿圆柱齿轮，齿顶高系数 $h_a^* = 1$，齿形角 $\alpha = 20°$，故 $z_{\min} = 17$。实际应用中，为了使齿轮传动结构紧凑，允许有少量根切，可取 $z_{\min} = 14$。

*7.3.7 变位齿轮的概念

渐开线标准齿轮设计计算简单，互换性好。但标准齿轮传动仍存在着一些局限性：①受根切限制，齿数不得少于 $z_{\min}$，使传动结构不够紧凑。②不适合于安装中心距 a' 不等于标准中心距 a 的场合。当 $a' < a$ 时无法安装；当 $a' > a$ 时虽然可以安装，但会产生过大的侧隙而引起冲击振动，影响传动的平稳性。③一对标准齿轮传动时，小齿轮的齿根厚度小而啮合次数又较多，故小齿轮的强度较低，齿根部分磨损也较严重，因此小齿轮容易损坏，同时也限制了大齿轮的承载能力。

为了改善齿轮传动的性能，出现了变位齿轮。变位齿轮加工原理，如图7-19所示。

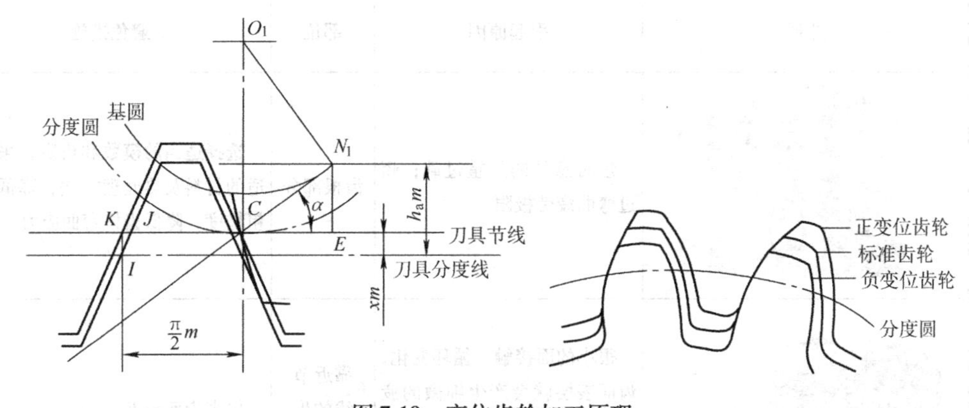

图7-19 变位齿轮加工原理

当齿条插刀齿顶线超过极限啮合点 N_1，切出来的齿轮发生根切。若将齿条插刀远离轮心 O_1 一段距离 xm，齿顶线不再超过极限点 N_1，则切出来的齿轮不会发生根切，但此时齿条的分度线与齿轮的分度圆不再相切。这种改变刀具与齿坯相对位置后切制出来的齿轮称为变位齿轮，刀具移动的距离 xm 称为变位量，x 称为变位系数。齿轮加工刀具相对位置，如图 7-20 所示。

1. 标准齿轮

在齿条刀具的中线与被加工齿坯的分度圆相切时，变位系数 $x=0$，加工出的齿轮为标准齿轮，其分度圆上的齿厚与齿槽宽相等。

2. 正变位齿轮

刀具中线相对齿坯中心移远，称为正变位，此时 $x>0$，切制的齿轮称为正变位齿轮。正变位可以避免根切，加工出来的齿轮分度圆上的齿厚大于齿槽宽，相应轮齿根部厚度增大，提高了轮齿的强度，但齿顶变尖。

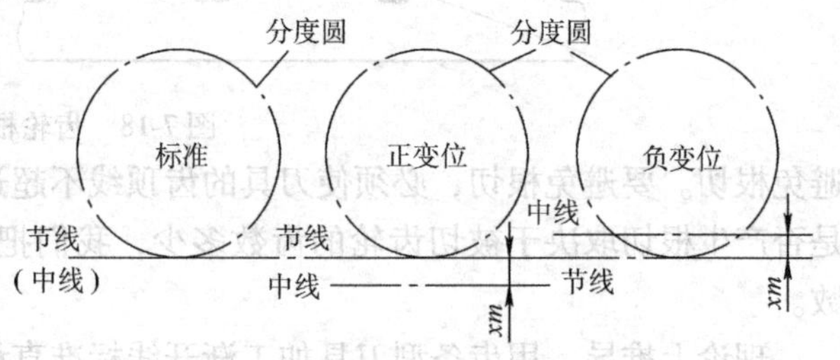

图 7-20　齿轮加工刀具相对位置

3. 负变位齿轮

刀具中心相对于齿坯中心移近，称为负变位，此时 $x<0$，切制的齿轮称为负变位齿轮。负变位齿轮则容易引起根切，削弱齿轮强度。

由于齿条刀具的分度线和中线上的齿距、压力角相等，所以加工出来的变位齿轮与标准齿轮的模数、压力角也相等，分度圆、基圆也相同，它们的齿廓曲线是同一基圆渐开线的不同部分。但是变位齿轮的齿厚与齿槽宽不等，齿顶高、齿根高也已改变。

7.3.8 齿轮的失效形式与常用材料

1. 齿轮的失效形式

齿轮传动的失效，主要是轮齿的失效。在传动过程中，如果轮齿发生折断、齿面损坏等现象，则齿轮就失去了正常的工作能力，称为失效。常见的轮齿失效形式有轮齿折断、齿面点蚀、齿面胶合、齿面磨损和塑性变形 5 种，见表 7-16。

表 7-16　常见的轮齿失效形式

失效形式	外观	引起原因	部位	避免措施
轮齿折断		短时意外的严重过载；超过弯曲疲劳极限	齿根部分	选择适当的模数和齿宽，采用合适的材料及热处理方法，降低表面粗糙度，降低齿根弯曲应力
齿面点蚀		很小的面接触、循环变化，齿面表层就会产生细微的疲劳裂纹、微粒剥落下来而形成麻点	靠近节线的齿根表面	提高齿面硬度

（续）

失效形式	外观	引起原因	部位	避免措施
齿面胶合		高速重载、啮合区温度升高引起润滑失效，齿面金属直接接触并相互粘连，较软的齿面被撕下而形成沟纹	轮齿接触表面	提高齿面硬度，降低表面粗糙度，采用粘度大和抗胶合性能好的润滑油
齿面磨损		接触表面间有较大的相对滑动，产生滑动摩擦	轮齿接触表面	提高齿面硬度，降低表面粗糙度，改善润滑条件，加大模数，尽可能用闭式齿轮传动结构代替开式齿轮传动结构
齿面塑性变形		低速重载，齿面压力过大	轮齿	减小载荷，减少起动频率

齿轮的失效形式与齿轮传动的工作条件、齿轮材料的性能及不同的热处理工艺，齿轮自身的尺寸、齿廓形状、加工精度等密切相关。实践证明：在闭式传动中可能发生齿面点蚀、齿面胶合和轮齿折断；在开式传动中可能发生齿面磨损和轮齿折断。

2. 齿轮常用材料

对齿轮的要求是齿面要硬，齿心要韧。因此，齿轮材料应具备下述条件：①齿面具有足够的硬度，以获得较高的抗点蚀、抗磨损、抗齿面胶合和抗塑性流动的能力。②在变载荷和冲击载荷下有足够的弯曲疲劳强度。③具有良好的加工和热处理工艺性。④价格较低。

常用的齿轮材料是钢，钢的品种很多，且可通过各种热处理方式获得适合工作要求的综合性能。其次是铸铁，还有非金属材料。

（1）优质碳素结构钢　常用的有45钢、50钢。热处理方式为正火、调质、淬火，依次经过锻造、热处理、精切齿形加工而成，精度可达7、8级。用于制造软齿面齿轮（≤350HBS），适用于对精度、强度和速度要求不高的齿轮传动。

（2）合金结构钢　常用20Cr，40Cr，20CrMnTi，30CrMoA。热处理方式为表面淬火、渗碳淬火、氮化和碳氮共渗，依次经过切齿、表面硬化、磨齿精切齿形加工而成，精度可达5、6级。用于制造硬齿面齿轮（硬度大于350HBS），适用于高速、重载及精密机械，如精密机床、航空发动机等。

（3）铸钢　常用ZG310-570，ZG340-640，热处理方式为正火和退火以消除铸造应力，强度稍低，用于制造尺寸较大的齿轮。

（4）铸铁　铸铁较脆，机械强度、抗冲击和耐磨性较差，但抗胶合和点蚀能力较强，

用于工作平稳、低速和小功率场合。但球墨铸铁有较好的机械性能和耐磨性，类似钢。

(5) 非金属材料　工程塑料（ABS、尼龙）、夹布胶木等。用于高速、轻载而又要求噪声小的齿轮。

*7.3.9　齿轮传动精度的概念

根据齿轮的使用要求，齿轮传动精度可以由四个方面组成，即运动精度、工作平稳性精度、接触精度和齿轮副侧隙。

1. 运动精度

为了正确地传递运动，要求主动齿轮转过一个角度，从动齿轮按传动比的关系准确地转过相应的角度，但由于加工中存在误差，轮齿在圆周上不可能分布很均匀，因而从动轮的实际转角与理论转角之间必然出现转角误差。为了满足使用要求，规定齿轮转一转的过程中，转角最大误差的绝对值不超过一定的限度，这就是齿轮的运动精度。

2. 工作平稳性精度

齿轮在旋转时，应尽量减轻冲击、振动和噪声。但由于齿形和基节误差，造成瞬时传动比的不稳定，致使工作不平稳。齿轮的工作平稳性精度，就是规定其瞬时传动比的变化限制在一定的范围内。

3. 接触精度

齿轮在传动过程中，齿轮表面将直接承受载荷，若接触不均匀，造成局部应力过大，轮齿就会过早磨损。为了延长齿轮的使用寿命，希望齿面接触面积大而均匀，通常用接触斑点占整个齿面的比例来表示。

4. 齿轮副侧隙

轮齿受力时有变形，发热时会膨胀，安装与制造不精确，会出现卡死现象。为了防止相互卡死，储存润滑剂，改善齿面的摩擦条件。相互啮合的一对轮齿，在非工作齿面沿齿廓法线方向应留有一定的侧隙。

渐开线齿轮精度等级的国家标准为 GB/T 10095.1—2008。精度选择主要根据齿轮传动的用途、使用条件、传递功率、圆周速度及其他经济技术指标来综合考虑。各类机器所用齿轮传动的精度等级范围，见表 7-17。

表 7-17　各类机器所用齿轮传动的精度等级范围

机器名称	精度等级	机器名称	精度等级
汽轮机	3~6	拖拉机	6~8
金属切削机床	3~8	通用减速器	6~8
航空发动机	4~8	锻压机床	6~9
轻型汽车	5~8	起重机	7~10
载重汽车	7~9	农业机械	8~11

一般机械制造及通用减速器中的齿轮，常用 7~9 级精度。中、高速重载齿轮圆周速度 $v \leqslant 10\text{m/s}$ 时采用 7 级精度，圆周速度 $v \leqslant 5\text{m/s}$ 的直齿轮齿多采用 8 级精度，低速、轻载、不重要的齿轮可采用 9 级精度。

7.3.10 齿轮传动的维护

1. 润滑

润滑的目的是减小摩擦，提高效率，冷却齿轮，润滑油膜能缓冲、吸震，降低冲击和噪声。保证良好润滑条件是日常维护中非常重要的工作。

齿轮的润滑方式决定于齿轮传动的方式及圆周速度。常见的润滑方式有三种。

（1）涂抹润滑脂人工加油润滑　该润滑方式多用于开式齿轮传动中。

（2）浸油润滑　闭式齿轮传动当齿轮圆周速度 $v \leqslant 12\text{m/s}$ 时，采用浸油润滑。当 $v < 0.5 \sim 0.8\text{m/s}$ 时，浸油深要达1/6的齿轮半径，速度 v 更低时，浸油深可达1/3齿轮半径。齿轮圆周速度较大时，其浸油深度为1~2个齿高。多级齿轮传动，应使各级传动的大齿轮浸油深度大致相等。

（3）喷油润滑　当齿轮圆周速度 $v > 12\text{m/s}$ 时不宜采用浸油润滑，要采用喷油润滑。将油用液压泵喷嘴直接喷到啮合齿面，避免齿轮搅动造成的功率损耗，还可以对油进行冷却。

2. 维护

正确的安装和维护可延长齿轮的寿命。主要考虑：1）安装齿轮时保证两齿轮轴线的平行度和中心距正确。2）装备时齿面接触情况采用涂色法检查。3）对开式齿轮装防护罩。4）监视齿轮传动情况，如异常响声、振动或者过热都是齿轮损坏断裂的先兆。对于重要的高速传动常常采用自动检测装置。

*7.3.11 齿面接触疲劳强度和齿根弯曲疲劳强度

1. 受力分析

在理想情况下，作用于齿轮上的力是沿接触线均匀分布的，常用集中力代替，如图7-21所示。

因齿面间摩擦力较小，在计算中可忽略不计，故法向力 F_n 沿啮合线方向垂直于齿面。在分度圆上，法向力可分解为两个互相垂直的分力：相切于分度圆的圆周力 F_t 和沿半径方向的径向力 F_r。

$$\left.\begin{aligned} F_t &= \frac{2T_1}{d_1} \\ F_r &= F_t \tan\alpha \\ F_n &= \frac{F_t}{\cos\alpha} \end{aligned}\right\} \tag{7-15}$$

式中，T_1 为主动齿轮名义转矩（N·m），$T_1 = 9550\dfrac{P_1}{n_1}$；$P_1$ 为主动齿轮传动功率（kW）；n_1 为主动齿轮转速（r/min）；α 为分度圆压力角。

根据作用力与反作用力的关系，作用在主动轮和从动轮上的各对分力等值反向。主动轮上的切向力 F_{t1} 为工作阻力，其方向与其回转方向相反；从动轮上的切向力 F_{t2} 为驱动力，与其回转方向相同。两轮的径向力 F_{r1} 和 F_{r2} 分别指向各自的轮心，如图7-22所示。

2. 齿面接触疲劳强度计算

在预定的使用期限内，齿面不产生疲劳点蚀的强度条件为

$$\sigma_{\mathrm{H}} = Z_{\mathrm{E}} Z_{\mathrm{H}} Z_{\varepsilon} \sqrt{\frac{KT_1}{bd_1^2} \cdot \frac{u \pm 1}{u}} \leqslant [\sigma_{\mathrm{H}}] \tag{7-16}$$

式中，Z_E 为材料弹性系数，Z_H 为节点区域系数，Z_ε 为重合度系数，$[\sigma_H]$ 为许用接触应力，K 为载荷系数，均可从设计手册查取。b 为齿宽（mm），d_1 为小齿轮直径（mm），T_1 为齿轮的名义转矩（N·m），u 为大齿轮与小齿轮的齿数比。

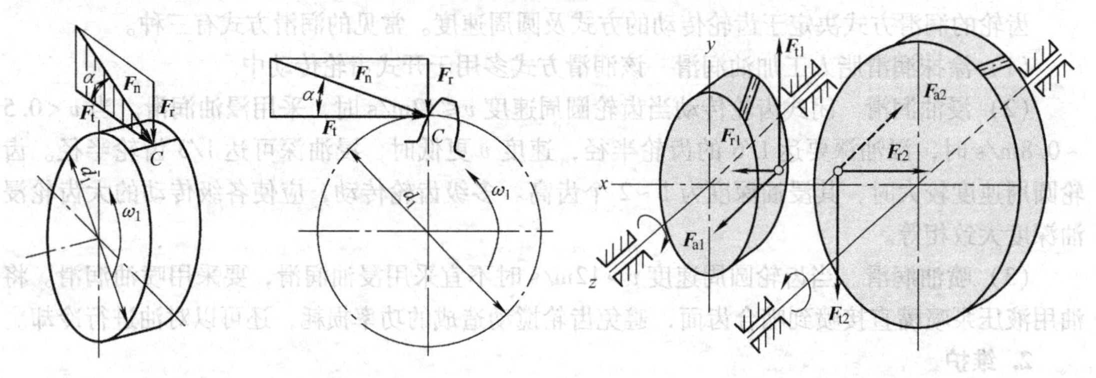

图 7-21　直齿圆柱齿轮受力　　　　图 7-22　力的方向判定

3. **齿根弯曲疲劳强度计算**

依据材料力学中悬臂梁的应力分析，齿根上的弯矩最大，齿根处的弯曲疲劳强度最弱。为防止齿轮发生弯曲疲劳折断，需满足齿根弯曲疲劳强度条件

$$\sigma_{\mathrm{F}} = \frac{2KT_1}{bd_1 m} Y_{\mathrm{Fa}} Y_{\mathrm{Sa}} Y_{\varepsilon} \leqslant [\sigma_{\mathrm{F}}] \tag{7-17}$$

式中，K 为动载荷系数；Y_{Fa}为齿形系数；Y_{Sa}为应力修正系数；Y_ε 为重合度系数；$[\sigma_F]$ 为许用齿根弯曲应力，均可从设计手册查取；b 为齿宽（mm）；d_1 为小齿轮直径（mm）；m 为模数（mm）；T_1 为齿轮的名义转矩（N·m）。

7.4　蜗杆传动

蜗杆传动用于传递交错轴间的回转运动。在绝大多数情况下，两轴在空间是互相垂直的，轴交角为90°，通常情况下蜗杆是主动件，蜗轮是从动件。如图 7-23 所示。它广泛应用在机床、汽车、仪表、起重运输机械、冶金机械以及其他机械制造部门中，最大传动功率可达 750kW，最高滑动速度可达 35m/s，通常用在 50kW 以下、15m/s 以下的传动中。

图 7-23　蜗杆传动

1—蜗杆　2—蜗轮　3—轴

7.4.1　蜗杆传动的特点、类型和应用

1. **蜗杆传动的类型及应用**

按蜗杆形状的不同，蜗杆传动分为圆柱蜗杆传动、圆弧面蜗杆传动和锥蜗杆传动三类，如图 7-18 所示。

按蜗杆旋线方向不同，蜗杆有左旋和右旋之分。除非特殊需要，一般都采用右旋。

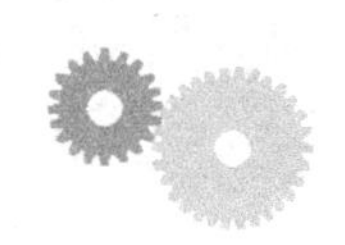

按蜗杆头数不同有单头蜗杆与多头蜗杆之分。单头蜗杆主要用于传动比较大的场合，要求自锁的传动必须采用单头蜗杆。多头蜗杆主要用于传动比不大、要求效率较高的场合。

表7-18 蜗杆传动的类型

类型	实物图	简　图
圆柱蜗杆传动		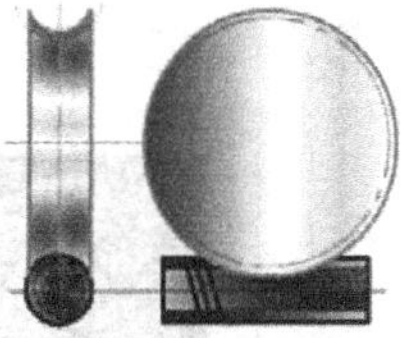
圆弧面蜗杆传动		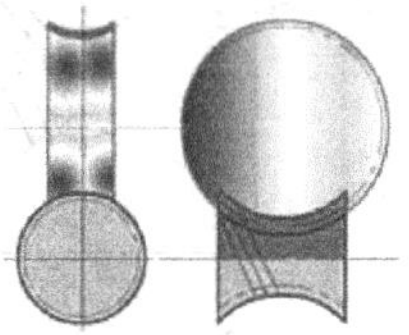
锥蜗杆传动		

机械中常用的是圆柱蜗杆机构。根据刀具加工位置的不同，圆柱蜗杆又分为阿基米德蜗杆、渐开线蜗杆、法向直廓蜗杆等多种。目前，最常用的是阿基米德蜗杆，轴剖面齿廓为直线。阿基米德蜗杆传动称为普通圆柱蜗杆传动，为本节重点。

2. 蜗杆传动的特点

与齿轮传动相比，蜗杆传动的主要优点有：①传动比大，结构紧凑。在动力传动中，一般传动比为5～80；在分度机构中，传动比可达300；若只传递运动，传动比可达1000。②传动平稳，振动、冲击和噪声均很小。蜗杆的轮齿是连续不断的螺旋齿，它和蜗轮轮齿是逐渐进入啮合及逐渐退出啮合的，啮合齿数多，重合度大。③承载能力高。④具有自锁性。在一定情况下，蜗杆传动可以自锁，有安全保护作用。这种情况下只能以蜗杆为主动件带动蜗轮传动。常用在需要单向传动的场合，如载人电梯。

蜗杆传动的主要缺点是：①摩擦发热大，传动效率低。这是由于传动时的相对滑动速度较大，摩擦损耗大所致。一般传动效率为70%～80%，具有自锁性的蜗杆传动机构效率低于50%。②成本较高。为了减摩耐磨，蜗轮齿圈常用贵重的铜合金制造，如锡青铜等，增加了其使用成本。③不能互换啮合。由于蜗轮的轮齿呈圆弧形包围蜗杆，故加工蜗轮的蜗轮滚刀参数与工作蜗杆的参数必须完全相同，包括滚刀的模数、压力角、头数、分度圆直径及加工时的中心距等。所以，仅模数、压力角相同的蜗杆与蜗轮是不能任意互换啮合的。

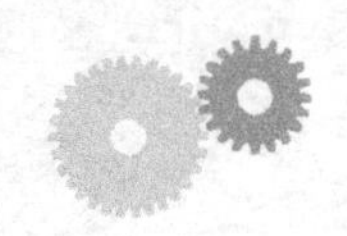

7.4.2 圆柱蜗杆传动的主要参数和几何尺寸

在蜗杆传动中，通过蜗杆轴线并与蜗轮轴线垂直的平面称中间平面，如图 7-24 所示。在中间平面上，普通圆柱蜗杆传动就相当于齿条与齿轮的啮合传动。故在蜗杆传动中，均取中间平面上的参数和尺寸为基准，并沿用齿轮传动的计算关系。

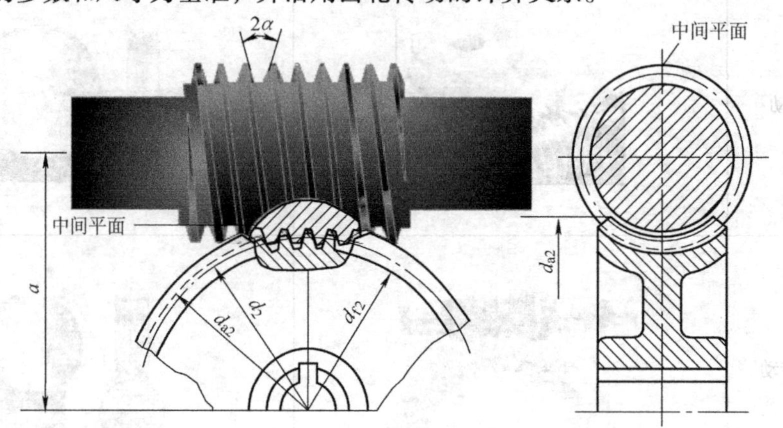

图 7-24　圆柱蜗杆传动的中间平面

1. 蜗杆传动的基本参数

（1）模数 m 和压力角 α　在中间平面内，蜗杆和蜗轮的啮合就相当于渐开线齿轮与齿条的啮合，为加工方便，规定在中间平面内的几何参数应是标准值。和齿轮传动一样，蜗杆传动的几何尺寸也以模数为主要计算参数。蜗杆和蜗轮啮合时，在中间平面上，蜗杆的轴向模数与蜗轮的端面模数相等，即 $m_{x1}=m_{t2}=m$。

蜗杆齿廓为直线，夹角 $2\alpha=40°$，蜗杆压力角 α_{x1} 与蜗轮的端面压力角 α_{t2} 相等，即 $\alpha_{x1}=\alpha_{t2}=\alpha=20°$。

（2）蜗杆分度圆直径 d_1、直径系数 q 和导程角 γ　蜗杆分度圆直径又称蜗杆中圆直径。为保证蜗杆传动的正确啮合，切制蜗轮的滚刀除外径稍大些外，其余尺寸和齿形参数须与相啮合的蜗杆尺寸相同，这样就要配备许多加工蜗轮的滚刀。为了减少滚刀的数目、以实现标准化、系列化，将蜗杆分度圆直径 d_1 定为标准值。模数 m 和蜗杆分度圆直径 d_1 的搭配值见表 7-19。

蜗杆分度圆直径 d_1 与模数 m 的比值称为蜗杆直径系数，即

$$q=\frac{d_1}{m} \tag{7-18}$$

因为 d_1 和 m 均为标准值，所以 q 为导出值，不一定是整数。

将蜗杆分度圆直径上的螺旋线展开，如图 7-25 所示。图中 γ 角即为蜗杆导程角，也叫螺旋升角。算式为

$$\tan\gamma=\frac{z_1P_{x1}}{\pi d_1}=\frac{z_1\pi m}{\pi d_1}=\frac{z_1}{q} \tag{7-19}$$

式中，P_{x1} 为蜗杆轴向齿距；z_1 为蜗杆头数；q 为蜗杆直径系数。

导程角的范围为 3.5°~33°，导程角越大，传动效率越高；导程角越小，传动效率越低。一般认为，$\gamma\leqslant3°40'$ 的蜗杆传动具有自锁性。

表 7-19　标准模数和蜗杆分度圆直径

模数 m /mm	分度圆直径 d_1 /mm	蜗杆头数 z_1	直径系数 q	m^2d_1 /mm^3	模数 m /mm	分度圆直径 d_1 /mm	蜗杆头数 z_1	直径系数 q	m^2d_1 /mm^3
1	18	1	18.000	18	6.3	63	1,2,4,6	10.000	2500
1.25	20	1	16.000	31.25		112	1	17.778	4445
	22.4	1	17.920	35	8	80	1,2,4,6	10.000	5120
1.6	20	12,4	12.500	51.2		140	1	17.500	8960
	28	1	17.500	71.68	10	90	1,2,4,6	9.000	9000
2	22.4	1,2,4,6	11.200	89.6		160	1	16.000	16000
	35.5	1	17.750	142	12.5	112	12,4	8.960	17500
2.5	28	1,2,4,6	11.200	175		200	1	16.000	31250
	45	1	18.000	281	16	140	12,4	8.750	35840
3.15	35.5	1,2,4,6	11.270	352		250	1	15.625	64000
	56	1	17.778	556	20	160	12,4	8.000	64000
4	40	1,2,4,6	10.000	640		315	1	15.750	126000
	71	1	17.750	1136	25	200	12,4	8.000	125000
5	50	1,2,4,6	10.000	1250		400	1	16.000	25000
	90	1	18.000	2250					

注:1. 本表取材于 GB/T 10085—1988，本表所列 d_1 数值为国标规定的优先使用值。

2. 表中同一模数有两个 d_1 值，当选取其中较大的 d_1 值时，蜗杆导程角 γ 小于3°40′有较好的自锁性。

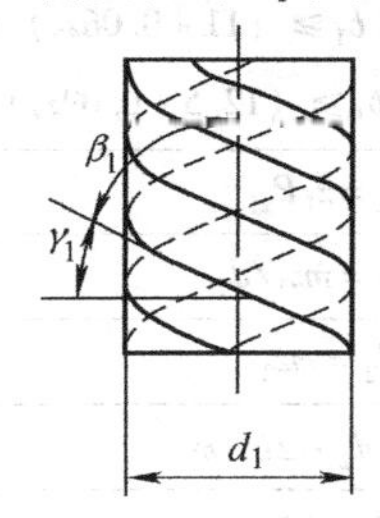

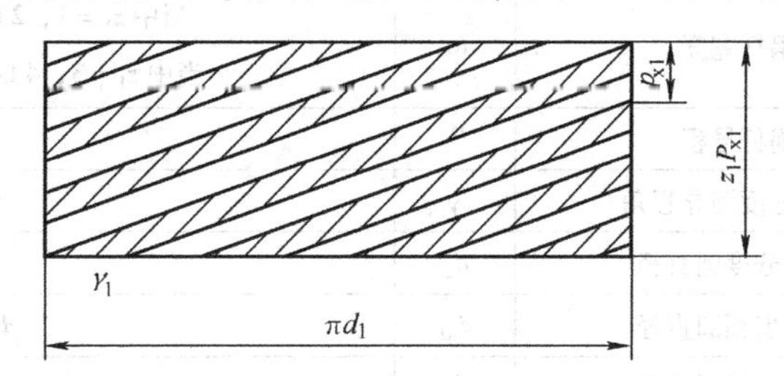

图 7-25　蜗杆导程角

（3）蜗杆头数 z_1、蜗轮齿数 z_2　蜗杆头数少，易于得到大传动比，但导程角小，效率低，发热多，不宜用于重载传动。蜗杆头数多，效率高，导程角大，制造困难。蜗轮齿数 z_2 由蜗杆头数 z_1 和传动比 i 来确定。z_2 和 z_1 之间要避免有公因数，以利于均匀磨损。蜗杆头数 z_1 和蜗轮齿数 z_2 推荐值见表 7-20。

表 7-20　蜗杆头数 z_1 和蜗轮齿数 z_2 推荐值

传动比 i	蜗杆头数 z_1	蜗轮齿数 z_2
≈5	6	29 ~ 31
7 ~ 15	4	29 ~ 61
14 ~ 30	2	29 ~ 61
29 ~ 82	1	29 ~ 82

（4）蜗杆传动的标准中心距 a　当蜗杆节圆与分度圆重合时称为标准传动，其中心距计算式为

$$a = \frac{d_1 + d_2}{2} = \frac{m}{2}(q + z_2) \tag{7-20}$$

中心距一般按下列数值选取：40，50，63，80，100，125，160，（180），200，（225），250，（280），315，（335），400，（450），500。宜优先选用未带括号的数值。

2. 蜗杆传动的几何尺寸

普通圆柱蜗杆传动的主要参数和几何尺寸见表7-21。

表7-21　普通圆柱蜗杆传动的主要几何尺寸

名称		符号	计算公式
基本参数	蜗杆轴向模数或蜗轮端面模数	m	由强度条件决定，取标准值（见表7-19）
	蜗杆头数或蜗轮齿数	z	按表7-20确定
	压力角	α	$\alpha_{x1}=\alpha_{t2}=\alpha=20°$
	齿顶高系数	h_a^*	一般取1，短齿取0.8
	顶隙系数	c^*	一般取0.2
几何尺寸	齿顶高	h_a	$h_{a1}=h_{a2}=h_a^* m$
	齿根高	h_f	$h_{f1}=h_{f2}=(h_a^*+c^*)\ m$
	齿高	h	$h=h_a+h_f=(2h_a^*+c^*)\ m$
	齿距	P	$P_{x1}=P_{t2}=\pi m$
	蜗杆分度圆直径	d_1	$d_1=mz_1/\tan\gamma$（按强度计算确定，按表7-19选取）
	蜗杆齿顶圆直径	d_{a1}	$d_{a1}=d_1+2h_{a1}=(d_1+2h_a^*)\ m$
	蜗杆齿根圆直径	d_{f1}	$d_{f1}=d_1-2h_{f1}=d_1-2\ (h_a^*+c^*)\ m$
	蜗杆宽度	b_1	当中 $z_1=1$，2时，$b_1\geqslant(11+0.06z_2)\ m$； 当中 $z_1=3$，4时，$b_1\geqslant(12.5+0.09z_2)\ m$；
	蜗杆导程	P_z	$P_z=z_1P_{x1}$
	蜗杆分度圆导程角	γ	$\tan\gamma=mz_1/d_1$
	蜗轮分度圆直径	d_2	$d_2=mz_2$
	蜗轮齿顶圆直径	d_{a2}	$d_{a2}=d_2+2h_a^* m$
	蜗轮齿根圆直径	d_{f2}	$d_{f2}=d_2-2\ (h_a^*+c^*)\ m$
	蜗轮喉圆半径	r_{g2}	$r_{g2}=a-d_{a1}/2$
	中心距	a	$a=(d_1+d_2)\ /2$
	传动比	i	$i=z_2/z_1$

7.4.3　蜗杆传动的传动比

蜗杆旋转一圈，蜗轮转过 z_1/z_2 圈，即传动比

$$i=\frac{n_1}{n_2}=\frac{1}{\frac{z_1}{z_2}}=\frac{z_2}{z_1} \tag{7-21}$$

式中，n_1、n_2 为蜗杆和蜗轮的转速（r/min）。

应当指出的是，蜗杆传动的传动比不等于蜗轮、蜗杆的直径比。蜗杆传动减速装置，传动比的公称值为：5，7.5，10，12.5，15，20，25，30，40，50，60，70，80。其中，10、20、40、80为基本传动比，应优先选用。

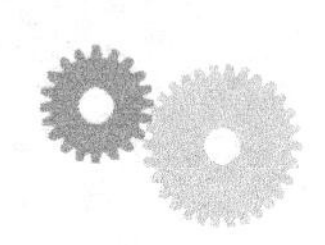

7.4.4 蜗杆传动中蜗轮转向的判定

蜗杆传动中用左、右手定则判定蜗轮的转向。当蜗杆为右旋时用右手判定：四指顺着蜗杆转向握起来，大拇指沿蜗杆轴线所指的相反方向即为蜗轮上节点速度方向。当蜗杆为左旋时，则用左手按相同方法判定蜗轮转向，如图7-26所示。

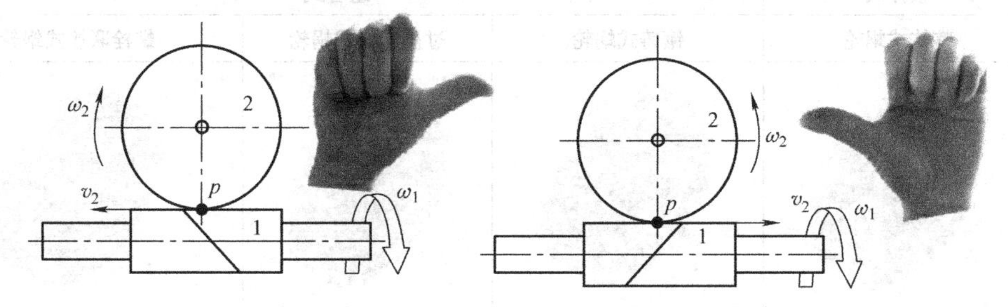

图7-26 蜗轮转向的判定

7.4.5 蜗杆传动的失效形式

蜗杆传动的失效形式和齿轮传动类似，有疲劳点蚀、胶合、磨损、轮齿折断等。

一般地，蜗轮的强度较弱，所以失效总是发生在蜗轮上。蜗轮和蜗杆间的相对滑动较大，比齿轮传动更容易产生胶合和磨粒磨损。发生胶合时蜗轮表面的金属会粘到蜗杆螺旋面上。在蜗杆传动中，点蚀通常只出现在蜗轮轮齿上。

7.4.6 蜗轮蜗杆的结构和常用材料

1. 蜗杆的结构

蜗杆螺旋部分的直径不大，所以常和轴做成一个整体。常见的蜗杆结构如图7-27所示。图7-27a所示的蜗杆齿根圆直径小于轴径，加工螺旋部分时只能用铣制的办法。图7-27b所示的蜗杆，螺旋部分可用车制，也可用铣制加工。

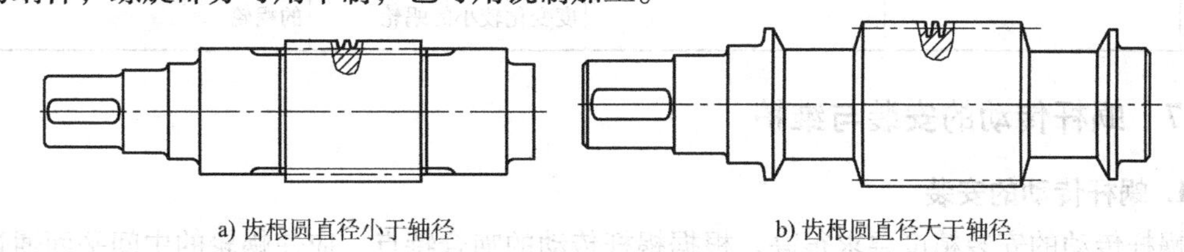

a) 齿根圆直径小于轴径　　b) 齿根圆直径大于轴径

图7-27 蜗杆的结构

2. 蜗轮的结构

常见蜗轮的结构见表7-22。

3. 蜗轮、蜗杆的材料

根据蜗杆传动的失效形式，对蜗杆、蜗轮的材料选择不仅要求有足够的强度，更重要的是材料的搭配应具有良好的导热性、减摩性能和抗胶合能力。通常采用钢制蜗杆和青铜蜗轮就能很好的满足这一要求。

蜗杆通常和轴制成一体，故常用碳钢或合金钢制造。如选用45、40Cr、42SiMn等，经调质或高频淬火；或选用20Cr、18CrMnTi、15CrMn等，经渗碳和淬火处理。

蜗轮材料的选择要考虑齿面相对滑动速度。对于高速而重要的蜗杆传动，蜗轮常用锡青铜，如ZCuSn10Pb1、ZCuSnPb6Zn3等；当滑动速度较低时，可选用价格较低的铝青铜ZCuAl10Fe3或黄铜；对于低速轻载传动，可选用灰铸铁等材料，如HT150、HT200。

表7-22 常见蜗轮的结构

分类	整体式	组合式		
名称	整体式蜗轮	镶铸式蜗轮	过盈配合式蜗轮	螺栓联接式蜗轮
图例				
结构图	θ d_{e2} b	θ c	θ c d_{e2}	θ b
说明	主要用于铸铁蜗轮、铝合金蜗轮及直径小于100mm的青铜蜗轮	将青铜齿圈铸在铸铁轮心上，轮心上制出榫槽，然后切齿。只用于成批制造的蜗轮	由青铜齿圈及铸铁轮心组成，加热齿圈或加压装配。蜗轮圆周力靠配合面摩擦力传递。多用于中等尺寸及工作温度变化较小的蜗轮	青铜齿圈与铸铁轮心可采用过渡配合或间隙配合，用普通螺栓或铰制孔用螺栓联接，蜗轮圆周力由螺栓传递。工作可靠，拆卸方便。多用于大尺寸或易于磨损的蜗轮

7.4.7 蜗杆传动的安装与维护

1. 蜗杆传动的安装

蜗杆传动的安装精度要求很高。根据蜗杆传动的啮合特点，应使蜗轮的中间平面通过蜗杆的轴线。因此蜗轮的轴向安装定位要求很准，装配时必须调整蜗轮的轴向位置。可以采用垫片组调整蜗轮的轴向位置及轴承的间隙，还可以利用蜗轮与轴承之间的套筒作较大距离的调整，调整时可以改变套筒的长度。实际中这两种力法有时可以联用。

蜗杆传动装配后要进行跑合，以使齿面接触良好。跑合时采用低速运转，通常$n_1=50\sim100$r/min，逐步加载至额定载荷跑合1～5h。若发现蜗杆齿面上粘有青铜应立即停车，用细砂打去后再继续跑合。跑合完成后应清洗全部零件，更换润滑油。并应把此时涡轮相对于蜗杆的轴向位置打上印记，便于以后拆装时配对和调整到原位。新机试车时，先空载运转，然后逐步加载至额定载荷，观察齿面啮合、轴承密封及温升等情况。

2. 蜗杆传动的维护

蜗杆传动的维护很重要。润滑对于保证蜗杆传动的正常工作及延长其使用期限很重要。蜗杆传动的润滑一般采用油润滑，有油浴润滑和喷油润滑两种润滑方式。中低速蜗杆传动，大多采用油浴润滑，高速时采用喷油润滑。

由于蜗杆传动的发热量大，应随时注意周围的通风散热条件是否良好。蜗杆传动工作一段时间后应测试油温，如果超过油温的允许范围应停机或改善散热条件。还要经常检查涡轮齿面是否保持完好。

7.5　轮系和减速器

轮系多用于主动轴与从动轴的传动距离较远，或要求传动比较大，或需实现变速和换向要求等场合。减速器多用于连接原动机和工作机，能实现降低转速、增大转矩，以满足工作机对转速和转矩的要求。

7.5.1　轮系的分类和应用

由一对以上齿轮组成的齿轮传动系统称为轮系。在很多机械中，采用一系列相互啮合齿轮将主动轴和从动轴联接起来，以满足转速、旋转方向的工作需求。

1. 轮系的分类

根据轮系传动时各齿轮轴线在空间的相对位置是否固定，轮系可分为定轴轮系和周转轮系。

（1）定轴轮系　轮系运转时，所有齿轮（包括蜗杆、蜗轮）的几何轴线位置均固定不动，这种轮系称为定轴轮系。如图7-28所示，轴1～6为输出轴，均为定轴轮系。

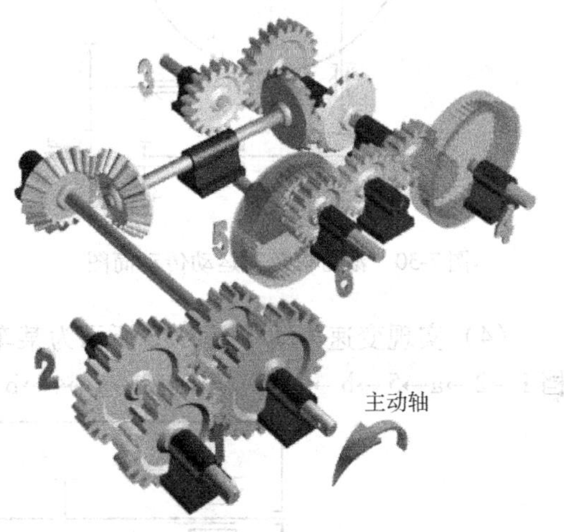

图7-28　定轴轮系

（2）周转轮系　轮系运转时，轮系中至少有一个齿轮的几何轴线绕另一齿轮的几何轴线转动，这种轮系称为周转轮系，如图7-29所示。

基本的周转轮系由4个活动构件组成：两个定周转的太阳轮（又称中心轮）1、3，几何轴线不固定的行星轮2，支承行星轮并绕固定轴线转动的行星架H。当齿轮1转动时，内齿轮3固定不动，行星轮2一方面绕自己轴线自转，同时还随其轴线绕齿轮1的轴线转动，从而带动构件H转动。在这个轮系传动时，行星轮2轴线的位置不固定，它是绕齿轮1和内齿轮3的轴线转动，故此轮系为周转轮系。

2. 轮系的应用

（1）实现分路传动　利用轮系，可以将主动轴上的运动传递给若干个从动轴，实现分路传动。图7-30所示为滚齿机上实现滚刀与轮坯展成运动的传动简图。

运动和动力一路经锥齿轮1、2传给滚刀，另一路由与锥齿轮1同轴的齿轮3经齿轮4、5、6、7传给蜗杆8，再传给蜗轮9而至轮坯。这样实现了运动和动力的分路传动。

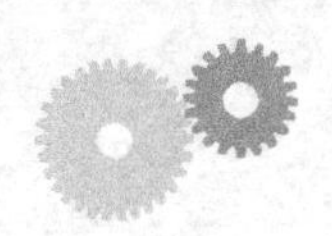

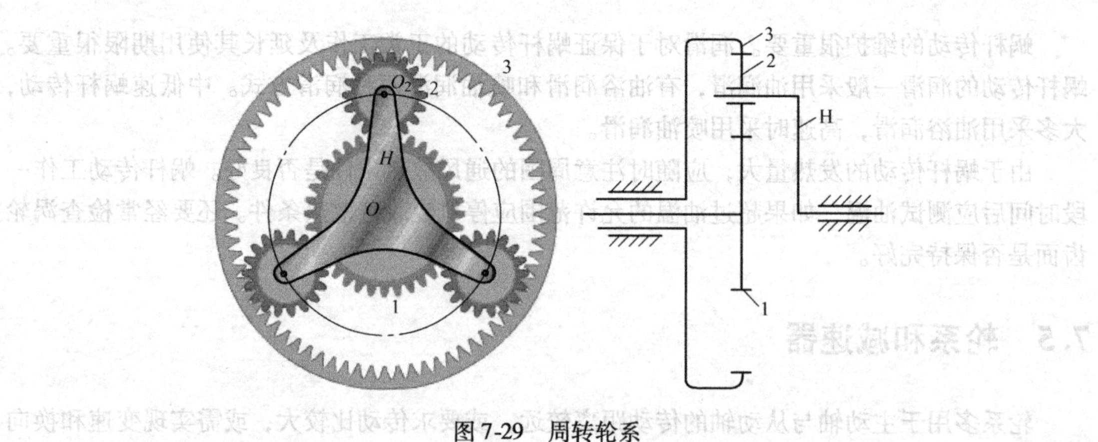

图 7-29 周转轮系

（2）获得大的传动比 一对外啮合圆柱齿轮传动，其传动比一般可为 $i \leqslant 5 \sim 7$。但是行星轮系传动比可达 $i = 10000$，而且结构紧凑。

（3）实现换向传动 如图 7-31 所示，当只经中间齿轮 3 时，主动轮 1 与从动轮 4 的转向相同，而当依次经中间齿轮 2、3 时，主动轮 1 与从动轮 4 的转向相反。

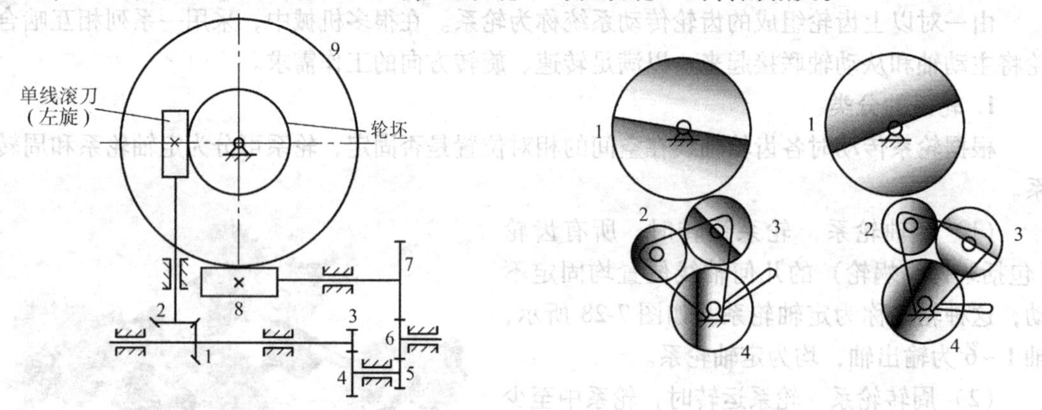

图 7-30 滚齿机范成运动传动简图　　图 7-31 换向传动

（4）实现变速传动 图 7-32 所示为某车床变速箱的二档传动，其余档位的传动为：一档 1→2→a→5→b→6，三档 1→2→a→4→b→6，四档 1→2→a→4→b→7，五档 1→2→a→3

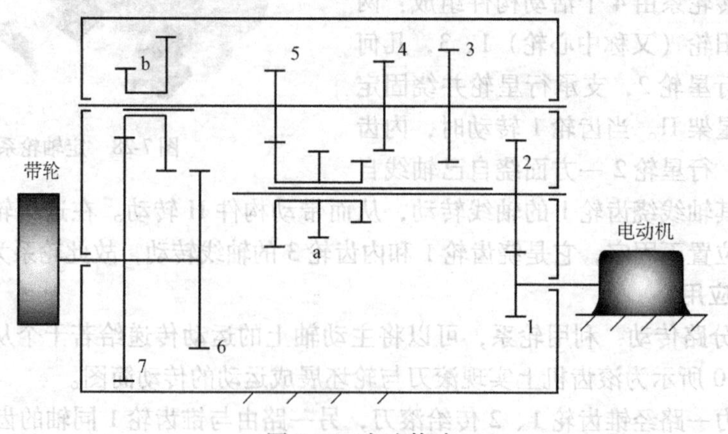

图 7-32 变速传动

→b→6，六档1→2→a→3→b→7。

（5）实现运动的合成与分解　图7-33所示为汽车传动轴，采用周转轮系可将两个独立运动合成为一个运动，或将一个独立运动分解成两个独立的运动。

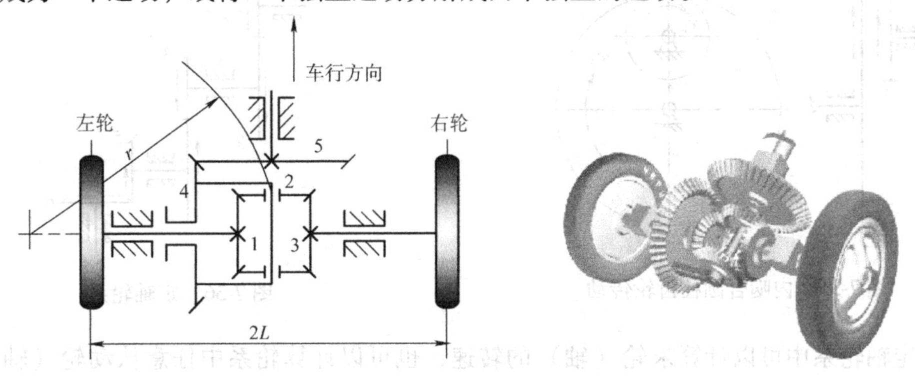

图7-33　汽车后桥差速器

7.5.2　定轴轮系传动比的计算

轮系中首末两轮的转速之比，称为该轮系的传动比，用i表示，并在其右下角附注两个角标来表示对应的两轮。例如i_{15}即表示输入齿轮1与输出齿轮5的转速之比。

一般轮系传动比的计算应包括两个内容：一是计算传动比的大小；二是确定从动轮的转动方向。

1. 一对齿轮的传动比

（1）外啮合圆柱齿轮传动　两平行轴的一对外啮合圆柱齿轮传动，如图7-34所示，当主动轮1顺时针方向旋转时，从动轮2就逆时针方向旋转，两轮的旋转方向相反，规定其传动比为负号。记作

$$i_{12}=\frac{n_1}{n_2}=-\frac{z_2}{z_1} \tag{7-22}$$

两轮转向也可以在图中用箭头表示。

（2）内啮合圆柱齿轮传动　两平行轴的一对内啮合圆柱齿轮传动，如图7-35所示，当主动轮1逆时针方向旋转时，从动轮2也逆时针方向旋转，两轮旋转方向相同，规定其传动比为正号。记作

$$i_{12}=\frac{n_1}{n_2}=+\frac{z_2}{z_1} \tag{7-23}$$

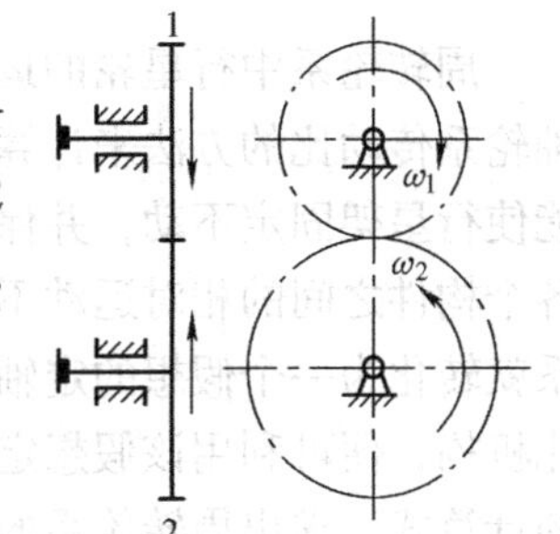

图7-34　外啮合圆柱齿轮传动

2. 定轴轮系的传动比及转向

若在定轴轮系中，首轮（主动轮）的转速为n_1，末轮（从动轮）的转速为n_k，外啮合圆柱齿轮对数为m，则轮系传动比为

$$i_{1k}=\frac{n_1}{n_k}=(-1)^m\times\frac{\text{所有从动轮齿数连乘积}}{\text{所有主动轮齿数连乘积}} \tag{7-24}$$

需要指出的是，如果轮系中含有锥齿轮或蜗杆蜗轮时，由于锥齿轮传动中两轴线相交，而蜗杆传动中两轴线在空间交错，所以主从齿轮间不存在转向相同或相反的问题。对于这类

定轴轮系，其旋转方向不能用正、负号表示，只能采用画箭头的方法来确定，但传动比仍按上式计算。如图 7-36 所示。

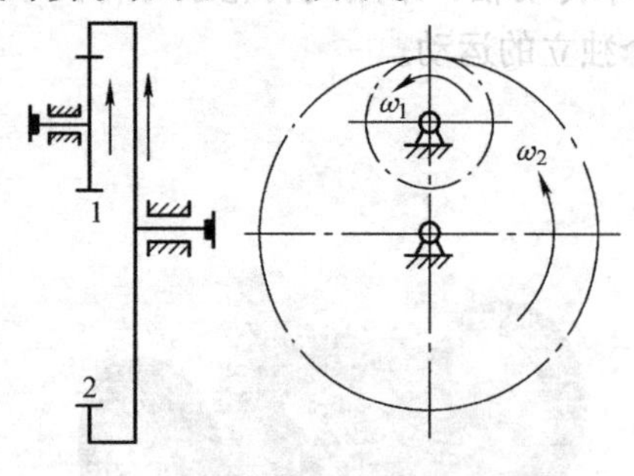

图 7-35 内啮合圆柱齿轮传动

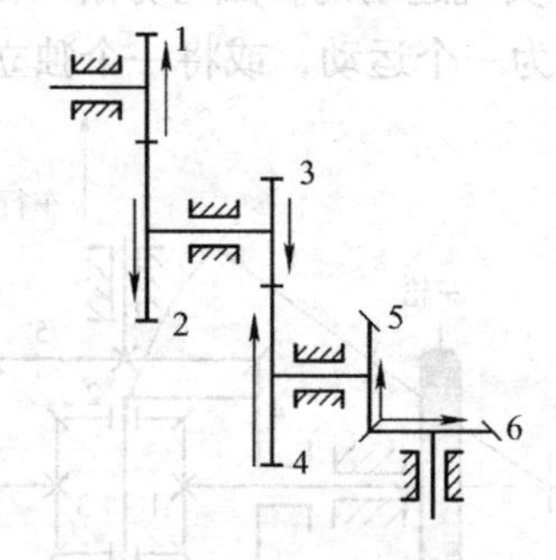

图 7-36 定轴轮系

在定轴轮系中可以计算末轮（轴）的转速，也可以计算轮系中任意从动轮（轴）的转速，由上式可以直接推导出第 k 个轮的转速为

$$n_k = \frac{n_1}{i_{1k}} = n_1 \times \frac{\text{所有从动轮齿数连乘积}}{\text{所有主动轮齿数连乘积}} \tag{7-25}$$

例 7-2 如图 7-37 所示的轮系，已知 $n_1 = 500\text{r/min}$，$z_1 = 20$，$z_2 = 40$，$z_3 = 30$，$z_4 = 50$，求 n_4。

解 由定轴轮系传动比的计算公式

$$i_{14} = \frac{n_1}{n_4} = (-1)^1 \frac{z_2 z_4}{z_1 z_3} = -\frac{40 \times 50}{20 \times 30} = -\frac{10}{3}$$

$$n_4 = \frac{n_1}{i_{14}} = -\frac{3}{10} n_1 = -150\text{r/min}$$

n_4 与 n_1 反向。

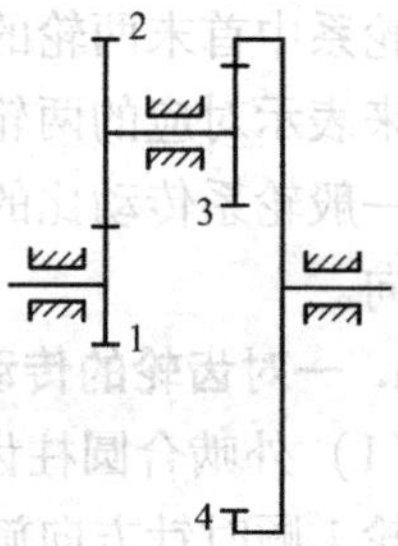

图 7-37 例 7-2 图

*7.5.3 行星轮系传动比的计算

周转轮系中行星轮的运动不是绕固定轴线的简单转动，所以其传动比不能直接用求解定轴轮系传动比的方法来计算。但设想如果能使行星架固定不动，并保持周转轮系中各个构件之间的相对运动不变，则周转轮系就转化为一个假想的定轴轮系，称为转化机构，便可利用该假想定轴轮系传动比的计算式，求出周转轮系的传动比。

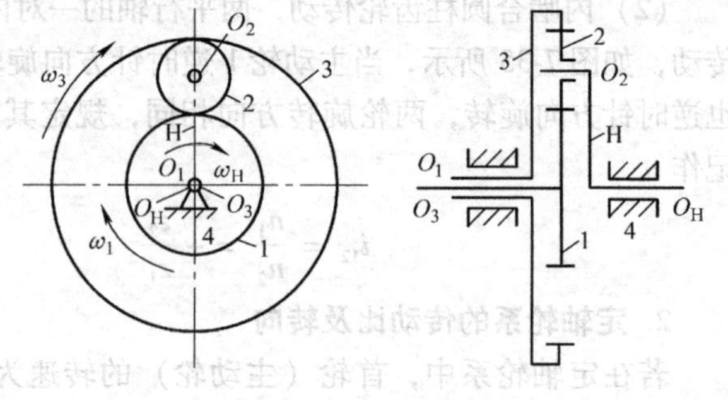

图 7-38 转化机构

1. 转化机构的传动比

假想对整个周转轮系施加一个绕行星架旋转轴线的回转运动 n^H，就可以得到该周转轮系的转化机构，如图 7-38 所示。

各构件转速变化情况见表 7-23。

利用定轴轮系传动比计算方法，可列出转化轮系中任意两个齿轮的传动比。例如，1、3

轮的传动比为：$i_{13}^{H}=\frac{n_1^H}{n_3^H}=\frac{n_1-n_H}{n_3-n_H}$。

表 7-23 转化机构转速变化情况

构件	1	2	3	H
原来的转速	n_1	n_2	n_3	n_H
转化轮系中的转速	$n_1^H=n_1-n_H$	$n_2^H=n_2-n_H$	$n_3^H=n_3-n_H$	$n_H^H=n_H-n_H=0$

2. 行星轮系传动比计算

推而广之，设 n_G 和 n_K 为行星轮系中任意两个齿轮 G 和 K 的转速，n_H 为行星架 H 的转速，则有：

$$i_{GK}^{H}=\frac{n_G-n_H}{n_K-n_H}=(-1)^m\times\frac{\text{从齿轮 G 到 K 之间所有从动齿轮的齿数积}}{\text{从齿轮 G 到 K 之间所有主动齿轮的齿数积}} \tag{7-26}$$

应用上式时，G 为起始主动轮，K 为最末从动轮，中间各轮的主从地位应按这一假定去判别。转化轮系中的符号可酌情采用画箭头或正负号的方法确定。转向相同为“+”，相反为“-”。应当强调，只有当两轴平行时，两轴转速才能代数相加，因此，上式只适用于齿轮 G、K 和行星架 H 的轴线平行的场合。

例 7-3 行星轮系如图 7-39 所示。已知 $z_1=15$，$z_2=25$，$z_3=20$，$z_4=60$，$n_1=200\text{r/min}$，$n_4=50\text{r/min}$，且两太阳轮 1、4 转向相反。试求行星架转速 n_H 及行星轮转速 n_3。

解 由行星轮系的转化机构中任意两个齿轮间传动比公式得

1）$\frac{n_1-n_H}{n_4-n_H}=(-1)^1\frac{z_2z_4}{z_1z_3}$，代入已知量，有

$$\frac{200-n_H}{(-50)-n_H}=-\frac{25\times60}{15\times20}$$

解得 $$n_H=-\frac{50}{6}\text{r/min}$$

说明行星轮架转向与轮 1 相反。

2）$\frac{n_1-n_H}{n_2-n_H}=-\frac{z_2}{z_1}$，代入已知量，

得 $n_2=-\frac{400}{3}\text{r/min}$。又 $n_3=n_2$，$n_3=-\frac{400}{3}\text{r/min}$，轮 3 转向与轮 1 相反。

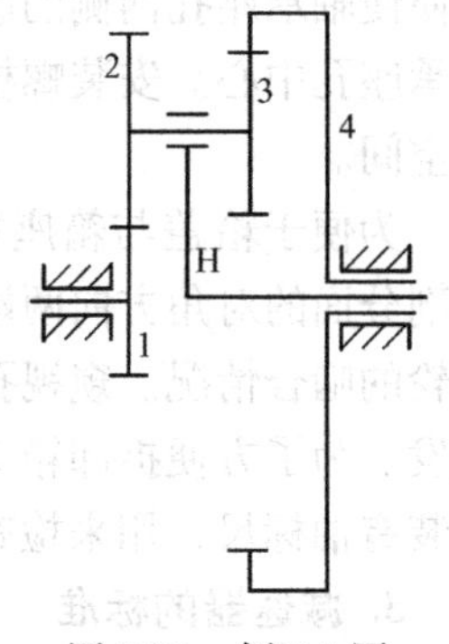

图 7-39 例 7-3 图

> 实践：
> 打开机械式手表后盖，观察并分析应用了哪些传动装置，计算各轴的转速及它们的传动比。

7.5.4 减速器的类型、结构、标准和应用

1. 减速器的类型及应用

减速器是原动机和工作机之间独立的闭式传动装置，用来降低转速，以适应工作机的需要。它一般由封闭在箱体内的齿轮传动或蜗杆传动所组成。由于减速器使用维护方便，在现代机械中应用十分广泛。

减速器的种类很多，常用的减速器按其传动及结构特点可大致分为齿轮减速器、蜗杆减速器和行星减速器三类，而齿轮减速器又有四种分类方法：①按齿轮传动的类型分为圆柱齿轮减速器、锥齿轮减速器和圆锥－圆柱齿轮减速器。②按齿轮传动的级数可分为单级、双级、三级和多极减速器。③按齿轮轴的相对位置可分为卧式、立式和侧式齿轮传动器。④按齿轮轴线的运动可分为定轴轮系和行星轮系减速器。

2. 减速器的结构

减速器的结构一般由箱体、轴承、轴、轴上零件和附件等组成。单级直齿圆柱齿轮减速器，如图7-40所示。

图示箱体为剖分式结构，它由箱盖和箱座组成，剖分面通过齿轮轴线平面。箱体应有足够的强度和刚度，除适当的壁厚外，还在轴承座孔处设加强肋。剖分面上设集油沟，将飞溅到箱盖上的润滑油沿内壁流入油沟，引入箱内或轴承室润滑轴承。

箱盖与箱座用一组螺栓联接，螺栓布置要合理。轴承座安装螺栓处做出凸台，以便使轴承座孔两侧的联接螺栓尽量靠近轴承座孔中心。安装螺栓的凸台应留有扳手空间。

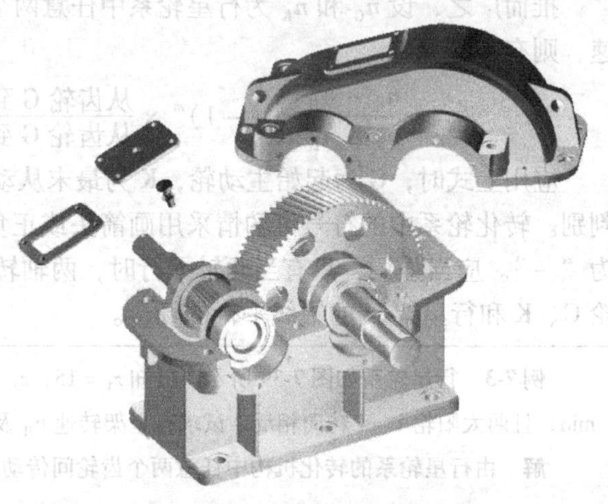
图7-40 单级圆柱齿轮减速器

为便于箱盖与箱座加工及安装定位，在剖分面的对角方向两端各有一个锥形定位销。箱盖上设有窥视孔，以便观察齿轮或蜗杆与蜗轮的啮合情况。窥视孔盖上装有通气器，箱内温度升高，气压增大，气体经过通气器向外散发。为了方便拆卸箱盖，装有两个起盖螺钉。为拆卸和搬运，设置吊耳或吊环螺钉。箱座上装有油标尺，用来检查箱内的油量。最低处设有放油螺塞，以便排除污油和清洗底部。

3. 减速器的标准

目前我国已制定了50～60种齿轮及蜗杆减速器标准系列，并由专业部门的工厂生产，如通用圆柱齿轮减速器标准ZB/J 19004—1988、锥齿轮减速器标准YB/T050—1993、圆柱蜗杆减速器标准JB/ZQ4390—1980等，用户可根据产品目录选购，优先采用合适的标准减速器。只有在选不到合适的标准减速器时，才需自行设计。

减速器的标注代号为：减速器　型号　低速中心距-公称传动比-装配形式　专业标准号。其中，型号用字母组合表示，ZDY、ZLY、ZSY分别表示单级、两级、三级。

例如，代号ZLY 560-11.2-I　ZB/J19004—1988表示：低速中心距为560mm，公称传动比为11.2，第一种装配形式，专业标准号为ZB/J19004—1988的两级支持圆柱齿轮减速器。

7.5.5 新型轮系的应用

1. 渐开线少齿差行星传动

渐开线少齿差行星传动是一种特殊的周转轮系，如图7-41所示。

由固定的渐开线内齿轮2、行星轮1、系杆H及等角速度比输出机构V组成。因行星轮

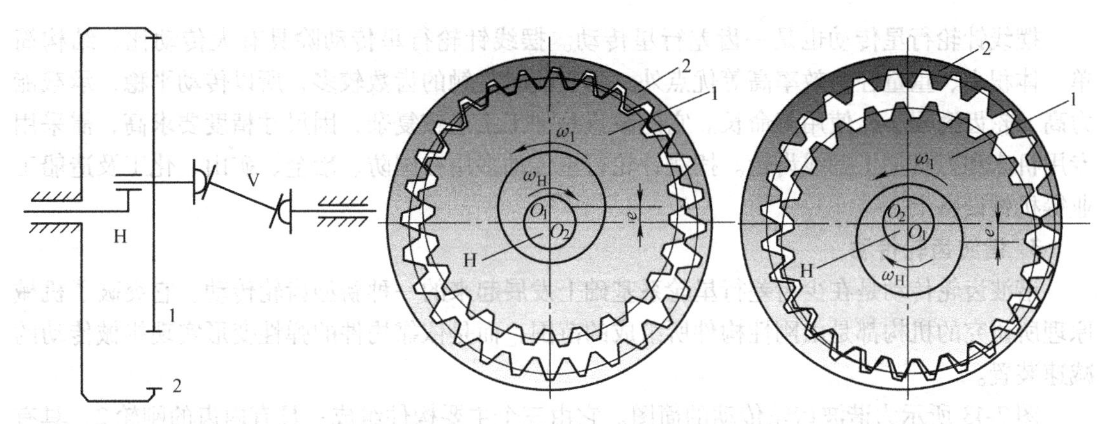

图7-41 渐开线少齿差行星传动

1和内齿轮2采用渐开线齿廓，且两者齿数相差很少，一般为1～4，故称为渐开线少齿差行星传动。工程中以K代表中心轮，H代表系杆，V代表输出机构。因此又称为K-H-V型轮系。

该轮系以系杆H为输入运动构件，行星轮1输出运动构件。因行星轮作平面一般运动，为输出行星轮的绝对速度，故专门采用输出机构V，将行星轮的绝对运动变为定轴转动。

渐开线少齿差行星传动具有传动比大、结构简单、体积小、重量轻、加工维修容易、效率高等优点。但因同时啮合的齿数有限，故传递功率受到一定限制。另外，齿数相差很少的内啮合轮齿易出现干涉，设计加工时需要用变位等特殊方法。渐开线少齿差行星传动在轻工、化工、仪表、机床及起重机械设备中获得广泛应用。

2. 摆线针轮行星传动

摆线针轮行星传动也是一种K-H-V型轮系，其传动原理与渐开线少齿差行星传动基本相同，其运动过程如图7-42所示。

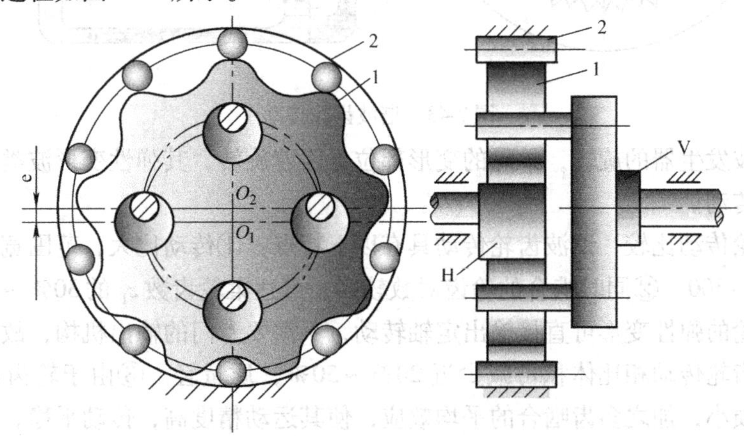

图7-42 摆线针轮行星传动

固定的内齿轮2是用带套筒的圆柱销构成轮齿，故称为针齿轮；行星轮1的齿廓曲线是变形外摆线的等距曲线；其输出机构大多采用销轴式输出机构。

系杆H实为具有偏心量e的偏心轴，作为运动输入构件，行星轮1为运动输出构件。行星轮的变形外摆线等距曲线齿廓与固定针齿轮的圆弧是一对共轭齿廓，构成了实现瞬时传动比为定值的内啮合传动。

摆线针轮行星传动也是一齿差行星传动。摆线针轮行星传动除具有大传动比、结构简单、体积小、重量轻、效率高等优点外，由于同时接触的齿数较多，所以传动平稳，承载能力高，轮齿磨损小，使用寿命长。它的缺点是加工工艺较复杂，因尺寸精度要求高，需采用专用机床和刀具加工摆线齿轮。摆线针轮行星传动多用在国防、冶金、矿山、化工及造船工业等机械设备上。

3. 谐波齿轮传动

谐波齿轮传动是在少齿差行星轮系基础上发展起来的一种新型齿轮传动。它突破了机械原理所研究的机构都是由刚性构件所组成的范围，而是依靠构件的弹性变形实现机械传动的减速装置。

图7-43所示为谐波齿轮传动的简图。它由三个主要构件组成：具有内齿的刚轮2，具有外齿的柔轮1和波发生器H。这三个构件和前述的少齿差行星传动中的内齿轮2、行星轮1和系杆H相当。通常波发生器H为运动输入构件，柔轮1为运动输出构件，刚轮2固定。柔轮为一个弹性的薄壁件齿轮，当波发生器H装入柔轮内孔时，由于前者的总长度略大于后者的内孔直径，故柔轮产生弹性变形而呈椭圆形。

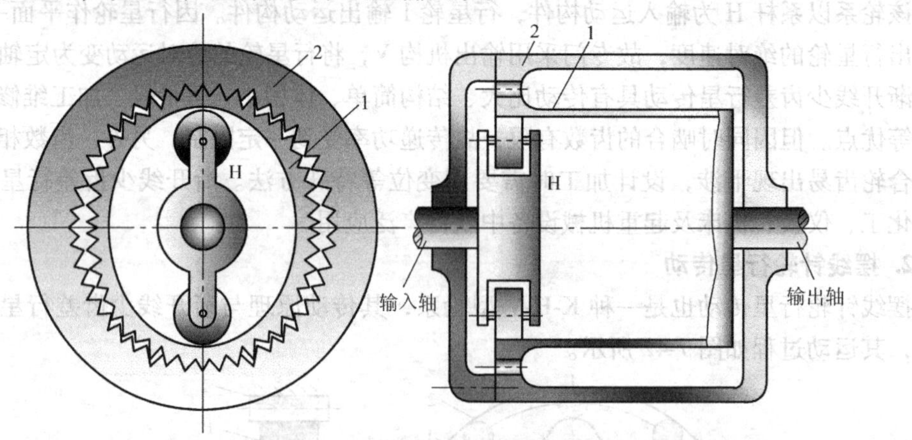

图7-43 谐波齿轮传动

因为随着波发生器的旋转，柔轮的变形部位也跟着旋转，其弹性变形波类似于谐波，故称为谐波齿轮传动。

与一般齿轮传动比较，谐波齿轮传动具有以下特点：①传动比大，范围宽，一般一级传动比范围为50～500。②同时啮合的轮齿对数较多，可达柔轮齿数z_1的30%～40%，故承载能力大。靠柔轮的弹性变形可直接输出定轴转动，不需要专门的输出机构，故结构紧凑，体积小，与普通齿轮传动相比体积可减少近20%～50%，质量轻。③由于轮齿齿面相对滑动速度低，故磨损小，加之多齿啮合的平均效应，使其运动精度高，传动平稳，噪声低，效率高，其单级效率在69%～96%之间。④能实现密封空间的运动传递，这是其他传动装置所不具备的。⑤由于传动中柔轮处于周期性变形状态，故材料的疲劳损坏是影响谐波齿轮传动使用寿命的关键。

由于谐波齿轮传动的优点突出，故近几年来此种传动技术得到迅速发展，应用日趋广泛。在机械制造、冶金、纺织、矿山、造船及国防工业（如雷达天线控制装置、宇航技术）等行业中都得到了广泛应用。

知识要点

1. 带传动是依靠带轮与带之间的摩擦（或啮合）来传递运动或动力的装置。

2. 链传动是一种具有中间挠性件的啮合传动。链可分为传动链、起重链和输送链三类。链传动的平均传动比为主、从动链轮的齿数的反比。

3. 齿轮传动能传递两个平行轴或相交轴或交错轴间的回转运动和转矩。传动比等于从动齿轮与主动齿轮齿数之比。

4. 蜗杆传动是用来传递空间交错轴之间的运动和动力的。蜗杆传动能得到很大的单级传动比。

5. 轮系是由一对以上齿轮组成的齿轮传动系统。轮系可分为定轴轮系和周转轮系。

第8章　支承零部件

作回转运动的零件，如带轮、齿轮等必须被固定在轴类零件上才能进行运动，才能传递动力和扭矩，而轴类零件又需要轴承将其支承和固定并承受作用于轴上的载荷。

学习目标

◎ 了解轴系的组成。

◎ 了解轴系的分类、材料、结构和应用；

◎ 了解滑动轴承、滚动轴承的特点、主要结构与应用的类型及特点；

◎ 了解轴的强度计算（传动轴扭转、心轴弯曲、转轴弯扭组合）；

◎ 了解滚动轴承的选择方法。

8.1　轴

8.1.1　轴的分类及材料

1. 轴的分类

（1）按轴线形状分类

1）直轴　直轴的轴线呈直线，根据轴的外形又可分为光轴和阶梯轴两种。光轴主要用于心轴和传动轴，阶梯轴主要用于转轴，在机械中应用非常普遍，如图8-1所示。

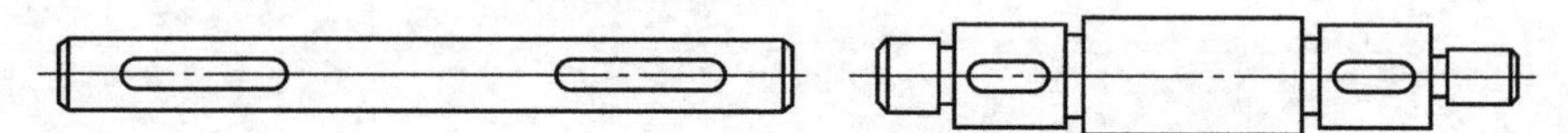

图8-1　光轴、阶梯轴

2）曲轴　曲轴一般是由多段组合而成，每段的轴线相互平行。曲轴可以通过连杆将旋转运动转变为往复直线运动。常用于内燃机、曲柄压力机等机械中，如图8-2所示。

3）钢丝软轴　也叫挠性钢丝轴，它可以把回转运动传递到任意的位置。主要应用于机器人和机械手中，如图8-3所示。

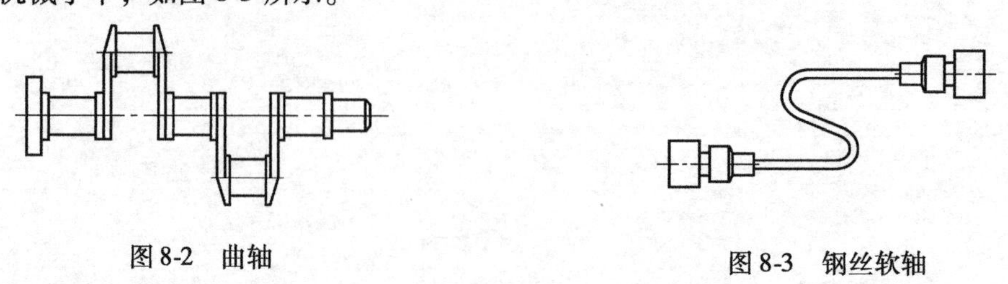

图8-2　曲轴

图8-3　钢丝软轴

（2）根据承载类型分类

1）转轴　既受弯矩又受扭矩的轴称为转轴。这类轴应用十分普遍，如齿轮变速箱中的

轴。如图 8-4 所示。

2）心轴　工作中只承受弯矩而不承受扭矩的轴称为心轴，如图 8-5 所示。

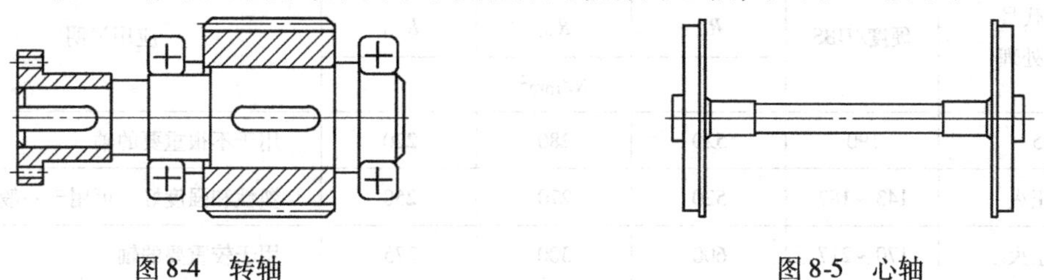

图 8-4　转轴　　　　图 8-5　心轴

3）传动轴　工作中只承受扭矩而不承受弯矩（或弯矩很小）的轴称为传动轴。如图 8-6 所示。

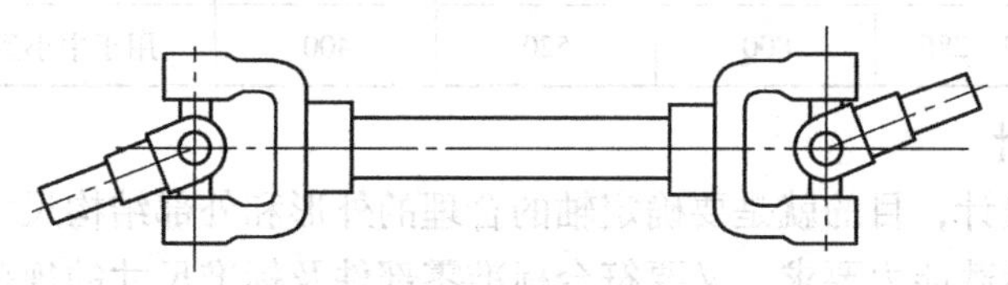

图 8-6　传动轴

2. 轴的常用材料

合理选择轴的材料是保证轴的强度的重要条件之一，是决定其承载能力的重要因素。轴的材料种类很多，选择时应主要考虑如下因素：

1）轴的强度、刚度及耐磨性要求。

2）轴的热处理方法及机加工工艺性的要求。

3）轴的材料来源和经济性等。

轴的常用材料是碳钢和合金钢。

碳钢比合金钢价格低廉，对应力集中的敏感性低，可通过热处理改善其综合性能，加工工艺性好，故应用最广。一般用途的轴，多用碳的质量分数为 0.25% ~ 0.5% 的中碳钢，尤其是 45 钢。对于不重要或受力较小的轴也可用 Q235A 等普通碳素钢。

合金钢具有比碳钢更好的力学性能和热处理性能，但对应力集中比较敏感，且价格较贵，多用于对强度和耐磨性有特殊要求的轴。如 20Cr、20CrMnTi 等低碳合金钢，经渗碳处理后可提高耐磨性；20CrMoV、38CrMoAl 等合金钢，有良好的高温力学性能，常用于在高温、高速和重载条件下工作的轴。

值得注意的是：由于常温下合金钢与碳素钢的弹性模量相差不多，因此当其他条件相同时，如想通过选用合金钢来提高轴的刚度是难以实现的。

低碳钢和低碳合金钢经渗碳、淬火处理后，可提高其耐磨性，常用于韧性要求较高或转速较高的轴。

球墨铸铁和高强度铸铁因其具有良好的工艺性，吸振性好，对应力集中的敏感性低，近年来被广泛应用于制造结构形状复杂的曲轴等。

轴的毛坯多用轧制的圆钢或锻钢。锻钢内部组织均匀，强度较好，因此，重要的大尺寸的轴，常用锻造毛坯。

轴的常用材料及其力学性能见表 8-1。

表 8-1　轴的常用材料及其力学性能

材料代号及热处理	硬度/HBS	抗拉强度 R_m	屈服强度 R_{eH}	弯曲疲劳极限 R_{-1}	应用说明
		N/mm²			
A5	190	520	280	220	用于不很重要的轴
35 正火	143～187	520	270	250	塑性和强度好，可用于一般轴
45 正火	170～217	600	300	275	用于较重要的轴
45 调质	217～255	650	360	300	应用最为广泛
40Cr 调质	241～286	750	550	350	用于较大载荷和较小冲击载荷的轴
35SiMn 调质	229～286	800	520	400	用于中小型轴

3. 轴的结构设计

进行轴的结构设计，目的就是要确定轴的合理的外形和外部结构尺寸，使轴的各段直径和长度，既要满足承载能力要求，又要符合标准零部件及标准尺寸的规范，还要符合零件的安装、固定、调整原则以及轴的加工工艺规范。

总而言之，轴的结构和形状取决于下面几个因素：①轴的毛坯种类；②轴上作用力的大小及其分布情况；③轴上零件的位置、配合性质及其联接固定的方法；④轴承的类型、尺寸和位置；⑤轴的加工方法、装配方法以及其他特殊要求。

虽然影响轴的结构与尺寸的因素很多，但是没有固定的标准结构，设计轴时要全面综合的考虑各种因素，灵活掌握。

通常轴的结构应满足以下要求：轴和轴上零件定位准确，固定可靠；轴上零件装拆方便；轴的受力合理；便于加工等。

（1）轴的各部分名称及其功能　轴的各部分名称如图 8-7 所示。

1）轴头　轴上安装轮毂的轴段叫轴头。轴头的长度应稍小于轮毂的宽度，以便于实现回转件轴向固定。

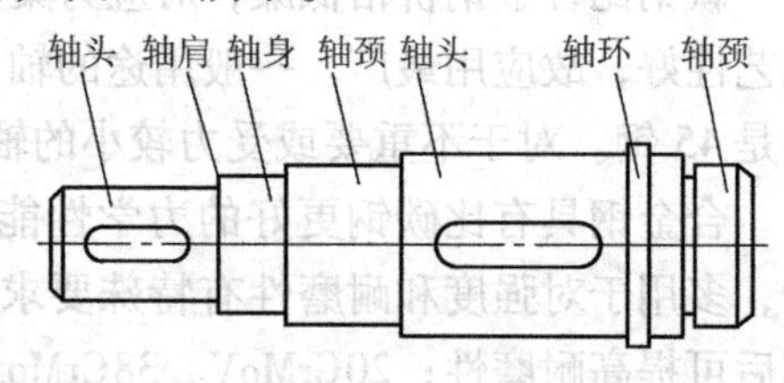

图 8-7　轴的一般结构

2）轴颈　轴上与轴承配合的部分叫轴颈。当用滑动轴承支承轴时，轴承与轴颈之间通过轴瓦联接，为间隙配合；当用滚动轴承支承轴时，轴承与轴颈之间多为过渡或过盈配合。

3）轴肩、轴环　为轴向固定轴上零件所制作出的阶梯称为轴肩或轴环。轴肩或轴环可做为轴向定位面，它是齿轮、滚动轴承等轴上零部件的安装基准。轴肩或轴环的圆角半径应小于毂孔的圆角半径或倒角高度，以保证零部件安装时准确到位。

4）轴身　联接轴颈、轴头等的非配合部分叫轴身。

（2）轴上零件的固定　零件在轴上的固定，是指回转件安装在轴的确定位置并与轴联接成一体的方式。可分为轴向固定和周向固定。

1）周向固定　周向固定的作用主要是传递运动和转矩。常用的有键联接、花键联接、过盈联接以及成形联接等。

2）轴向固定　轴上零件的轴向固定形式很多，特点各异，常用的有轴肩、轴环、套筒、圆螺母、弹性挡圈、圆锥销等。各种形式的示意图如图 8-8 所示。

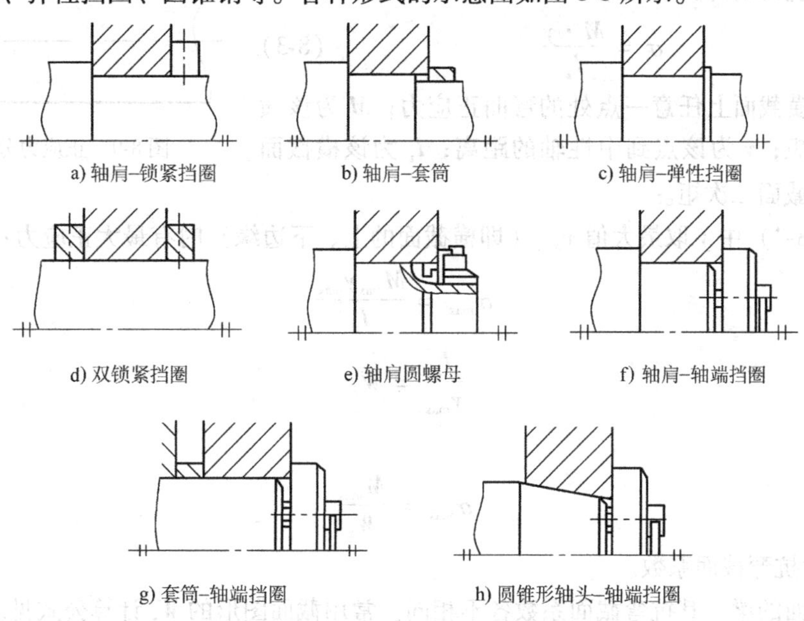

a) 轴肩–锁紧挡圈　b) 轴肩–套筒　c) 轴肩–弹性挡圈

d) 双锁紧挡圈　e) 轴肩圆螺母　f) 轴肩–轴端挡圈

g) 套筒–轴端挡圈　h) 圆锥形轴头–轴端挡圈

图 8-8　轴上零件的固定方法

*8.1.2　轴的强度计算（传动轴扭转、心轴弯曲、转轴弯扭组合）

1. 传动轴扭转的强度计算

考虑到弯矩的影响，轴受扭时，其强度条件为

$$\tau = \frac{T}{W_T} = \frac{9.55 \times 10^6 \frac{P}{n}}{\frac{\pi d^3}{16}} \leqslant [\pi] \tag{8-1}$$

式中，τ、$[\tau]$ 为扭转时的切应力和许用切应力（MPa）；T 为扭矩（N · mm）；W_T 为抗扭截面系数（mm^3）；d 为轴径（mm）；P 为轴传递的功率（kW）；n 为轴的转速（r/min）。

由式（8-1）可得轴的直径为

$$d \geqslant \sqrt[3]{\frac{9.55 \times 10^5}{0.2[\tau]}} \sqrt[3]{\frac{P}{n}} = C \sqrt[3]{\frac{P}{n}} \tag{8-2}$$

式中，C 是由材料的许用切应力 $[\tau]$ 所决定的系数，见表 8-2。

表 8-2　几种常用材料的许用切应力 $[\tau]$ 和系数 C

轴的材料	A3，20	A5，35	45	40Cr，35SiMn
$[\tau]$ /MPa	12 ~ 20	20 ~ 30	30 ~ 40	40 ~ 52
C	158 ~ 134	134 ~ 117	117 ~ 106	106 ~ 97

2. 心轴弯曲的强度计算

可以假设梁是由无数根纤维组成，梁上部的纤维缩短是由于受到压缩作用所致，下部伸长是由于受到拉伸所致。在轴的中间部位存在一层既不伸长又不缩短的中性层。中性层与横截面的交线称为中性轴。梁的横截面上任意点上的正应力的大小与该点到中性轴的距离成正

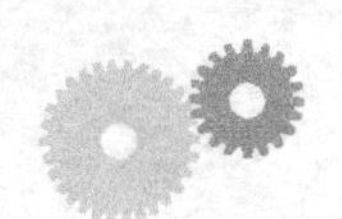

比，如图 8-9 所示。

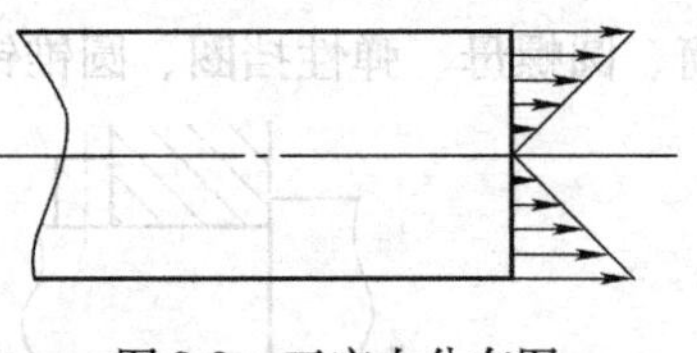

图 8-9　正应力分布图

弯曲正应力的计算公式

$$\sigma = \frac{M \cdot y}{I_z} \tag{8-3}$$

式中，σ 为横截面上任意一点处的弯曲正应力；M 为该横截面上的弯矩；y 为该点到中性轴的距离；I_z 为该横截面对中性轴的截面二次矩。

当式（8-3）中 y 取最大值 y_{max}（即横截面的上、下边缘）时有最大正应力：

$$\sigma_{max} = \frac{M_{max} y_{max}}{I_z}$$

令

$$\frac{I_z}{y_{max}} = W_z$$

则有

$$\sigma_{max} = \frac{M_{max}}{W_z} \tag{8-4}$$

式中，W_z 为抗弯截面系数。

不同截面的梁，其抗弯截面系数各不相同。常用截面图形的 W_z 计算公式见表 8-3。

表 8-3　常用截面图形的 W_z 计算公式

截面图形				
抗弯截面模量	$W_z = \frac{bh^2}{b}$ $W_y = \frac{b^2 h}{b}$	$W_z = \frac{bh^3 - b_1 h_1^3}{6h}$ $W_y = \frac{b^3 h - b_1^3 h_1}{6b}$	$W_z = W_y = \frac{\pi D^3}{32}$ $\approx 0.1D^3$	$W_z = W_y = \frac{\pi D^3}{32}(1-\alpha^4)$ $\approx 0.1D^3(1-\alpha^4)$ $\alpha = \frac{d}{D}$

3. 转轴弯扭组合的强度计算

按弯扭合成方法对轴进行转强度计算时，可应用第三强度理论：

$$\sigma = \frac{M_e}{W} = \frac{1}{0.1d^3}\sqrt{M^2 + (\alpha T)^2} \leqslant [\sigma_b]_{-1} \tag{8-5}$$

式中，M_e 为当量弯矩（N · mm），$M_e = \sqrt{M^2 + (\alpha T)^2}$；$\alpha$ 为根据转矩性质而定的折合系数，转矩不变时，$\alpha = 0.3$，转矩为脉动循环变化时，$\alpha \approx 0.6$，对于频繁正反转的轴，转矩可看做对称循环变化，则取 $\alpha = 1$；$[R_m]_{-1}$ 为对称循环状态下的许用弯曲应力，见表 8-4；T 为转矩（N · mm）。

由于外载荷通常是一空间作用力，为简化问题，常把空间力分解为铅垂面 V 上的分力和水平面 H 上的分力，并在各分力作用面内求出支点反力，绘制出水平面弯矩图 M_H 和铅垂面

弯矩图 M_V，再将各面上的分力运用计算式 $M=\sqrt{M_H^2+M_V^2}$ 求得合成弯矩 M，并绘制弯矩图。

表 8-4　轴的许用弯曲应力

材料	R_m	$[R_m]_{+1}$	$[R_m]_0$	$[R_m]_{-1}$
	MPa			
碳素钢	400	130	70	40
	500	170	75	45
	600	200	95	55
	700	230	110	65
合金钢	800	270	130	75
	900	300	140	80
	1000	330	150	90
铸铁	400	100	50	30
	500	120	70	40

计算轴径 d（mm）时，可将式（8-5）改为

$$d \geqslant \sqrt[3]{\frac{M_e}{0.1[\sigma_b]_{-1}}} \tag{8-6}$$

当截面上开有一个键槽时，轴径应增大 3% 左右；有两个键槽时，轴径应增大 7%。

想 一 想

我们常见的轴有哪些？举例说明。

视频教学：观看视频《轴与轴承》，了解轴与轴承的结构与应用。

知识要点

转轴的结构设计与强度校核可根据扭矩、抗扭截面系数和外力偶矩之间的关系计算。心轴的结构设计与强度校核可根据弯矩、抗弯截面系数和截面弯矩之间的关系计算。

8.2　滑动轴承

8.2.1　滑动轴承特点和应用

滑动轴承是指在滑动摩擦下工作的轴承。滑动轴承工作平稳、可靠、无噪声。在液体润滑条件下，滑动表面被润滑油分开而不发生直接接触，可以大大减小摩擦损失和表面磨损，油膜还具有一定的吸振能力。但滑动轴承的起动摩擦阻力较大。

在下列情况下，滑动轴承的应用较为广泛：

1）工作转速特别高。高速运转的场合，对于滚动轴承来说，其使用寿命将会大大降低。

2）承受特大冲击和振动。因为润滑油膜可起到缓冲和阻尼作用。

3）径向空间尺寸受到限制。

4）必须剖分安装的场合。如曲轴，不能安装滚动轴承。

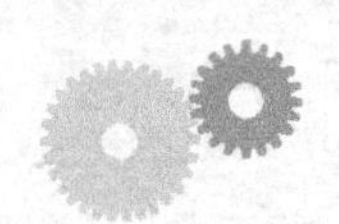

5）需要在水或腐蚀性介质中工作时。

滑动轴承在轧钢机、汽轮机、铁路机车车辆、航空发电机附件、雷达等方面应用十分广泛。

8.2.2 滑动轴承的主要结构

滑动轴承的类型很多：①按能承受载荷的方向可分为径向（向心）滑动轴承和推力（轴向）滑动轴承两类；②按润滑剂种类可分为油润滑轴承、脂润滑轴承、水润滑轴承、气体轴承、固体润滑轴承、磁流体轴承和电磁轴承7类；③按润滑膜厚度可分为薄膜润滑轴承和厚膜润滑轴承两类。④按轴瓦材料可分为青铜轴承、铸铁轴承、塑料轴承、宝石轴承、粉末冶金轴承、自润滑轴承和含油轴承等；⑤按轴瓦结构可分为圆轴承、椭圆轴承、三油叶轴承、阶梯面轴承、可倾瓦轴承和箔轴承等。

下面以径向滑动轴承和推力滑动轴承为例进行介绍。

1. 径向滑动轴承

径向滑动轴承又可分为整体式和剖分式两种。

1）整体式滑动轴承　整体式滑动轴承的结构如图8-10所示，它由轴承座和轴套组成。轴承座常用铸铁材料制造，它可用螺栓固定在机架上，轴承座的顶部还设有装油杯的螺纹孔。轴套用减磨材料制成，上面开有油孔，并在其内表面上开有油槽以输送润滑油。

整体式滑动轴承具有结构简单、成本低廉、拆装方便等特点。其缺点是轴套磨损后，轴承间隙过大时无法调整，而且只能从轴径端部装拆；对于重型机器的轴或具有中间轴颈的轴装拆不便；这种轴承多用于低速、载荷不大的场合。

2）剖分式滑动轴承　剖分式滑动轴承的结构如图8-11所示。它由轴承座、轴承盖、剖分式轴瓦和双头螺栓等组成。轴承盖上部开有螺纹孔，用来安装油杯或油管。轴瓦内表面开有油孔和油槽，便于润滑。剖分式滑动轴承拆装方便，轴承孔与轴颈之间的间隙可适当调整，因此应用比较广泛。

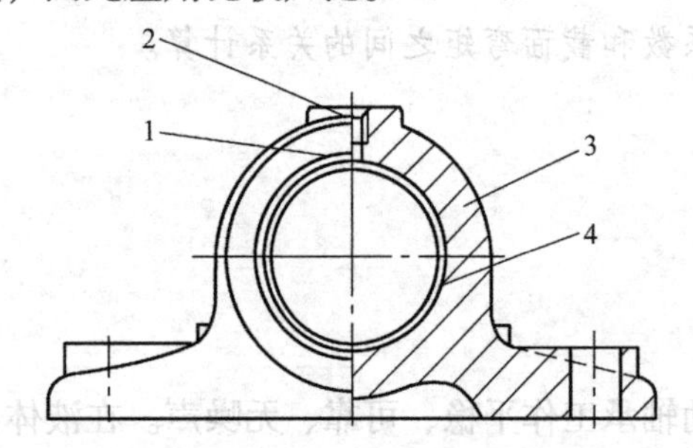

图8-10　整体式滑动轴承

1—油孔　2—油杯螺纹孔　3—轴承座　4—轴套

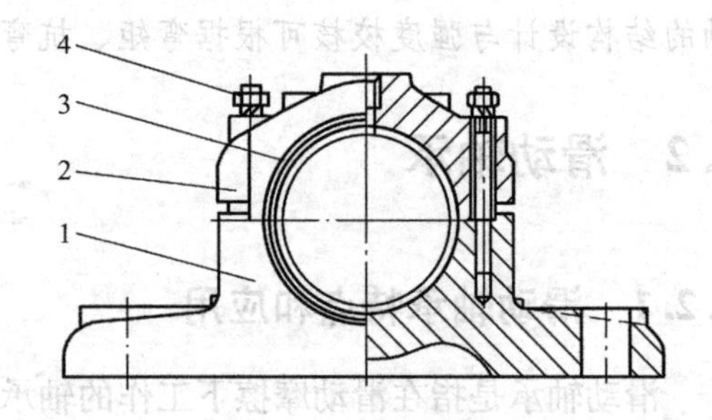

图8-11　剖分式滑动轴承

1—轴承座　2—轴承盖　3—剖分式轴瓦　4—双头螺栓

2. 推力滑动轴承

推力滑动轴承由轴承座和推力轴颈组成。常用的结构形式有空心式、单环式和多环式等，其结构如图8-12所示。空心式推力轴承利用轴端面推力，单环式和多环式推力轴承利用轴上的环形轴肩推力。多环式推力轴承不仅能承受较大的轴向载荷，有时还可以承受双向轴向载荷。

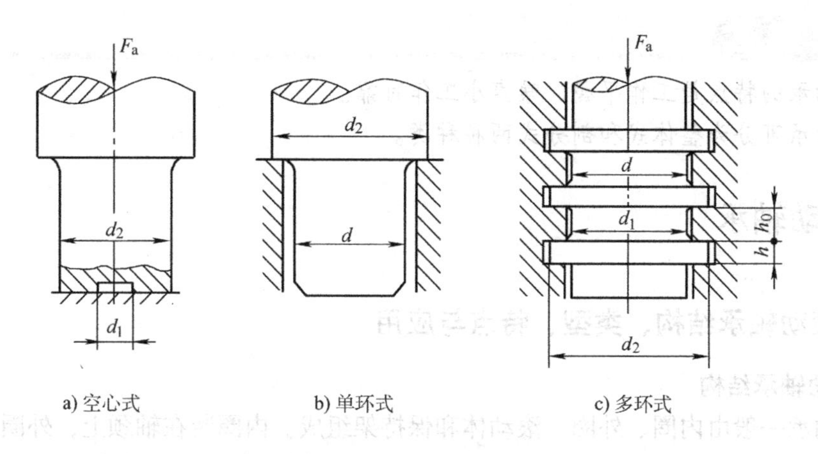

a) 空心式　　b) 单环式　　c) 多环式

图 8-12　推力滑动轴承

8.2.3　滑动轴承的失效形式、常用材料

1. 滑动轴承的失效形式

滑动轴承的主要失效形式是磨损、腐蚀和断裂。

2. 滑动轴承的常用材料

轴瓦和轴承衬是滑动轴承的重要零件，轴瓦和轴承衬的材料统称为轴承材料。由于轴瓦或轴承衬与轴颈直接接触，一般轴颈部分比较耐磨，因此轴瓦的主要失效形式是磨损。轴瓦的磨损与轴颈的材料、轴瓦自身材料、润滑剂和润滑状态直接相关，选择轴瓦材料应综合考虑这些因素，以提高滑动轴承的使用寿命和工作性能。

滑动轴承的常用材料有：

1）金属材料，如轴承合金、青铜、铝基合金、锌基合金等。

2）多孔质金属材料（粉末冶金材料）。

3）非金属材料。

其中：

轴承合金：轴承合金又称白合金，主要是锡、铅、锑或其他金属的合金，由于其耐磨性好、塑性高，跑合性能好，导热性好，抗胶和性好及与油的吸附性好，故适用于重载、高速情况下。轴承合金的强度较小，价格较贵，使用时必须浇筑在青铜、钢带或铸铁的轴瓦上，形成较薄的涂层。

多孔质金属材料：多孔质金属是一种粉末材料，它具有多孔组织，若将其浸在润滑油中，使微孔中充满润滑油，变成了含油轴承，具有自润滑性能。多孔质金属材料的韧性小，只适应于平稳的无冲击载荷及中、小速度情况下。

轴承塑料：常用的轴承塑料有酚醛塑料、尼龙、聚四氟乙烯等，塑料轴承有较大的抗压强度和耐磨性，可用油和水润滑，也有自润滑性能，但导热性差。

想 一 想

我们常见的滑动轴承有哪些？举例说明。

视频教学：观看视频《轴与轴承》，了解轴与轴承的结构与应用。

知识要点

滑动轴承的特点是工作平稳、噪声小工作可靠。

滑动轴承可分为整体式和剖分式两种种类。

8.3 滚动轴承

8.3.1 滚动轴承结构、类型、特点与应用

1. 滚动轴承结构

滚动轴承一般由内圈、外圈、滚动体和保持架组成。内圈装在轴颈上，外圈装在机座或零件的轴承孔内。多数情况下，外圈不转动，内圈与轴一起转动。当内外圈之间相对旋转时，滚动体沿着滚道滚动。保持架使滚动体均匀分布在滚道上，并减少滚动体之间的碰撞和磨损。滚动轴承的基本结构如图 8-13 所示。

2. 滚动轴承的类型

滚动轴承的类型很多，根据滚动体的形状，滚动轴承分为球轴承与滚子轴承。按照滚动轴承所能承受的主要负荷方向，又可分为向心轴承（主要承受径向载荷）、推力轴承（承受轴向载荷）、向心推力轴承（能同时承受径向载荷和轴向载荷）等。常见的滚动轴承类型如图 8-14 所示。

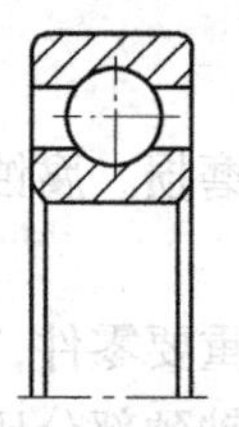
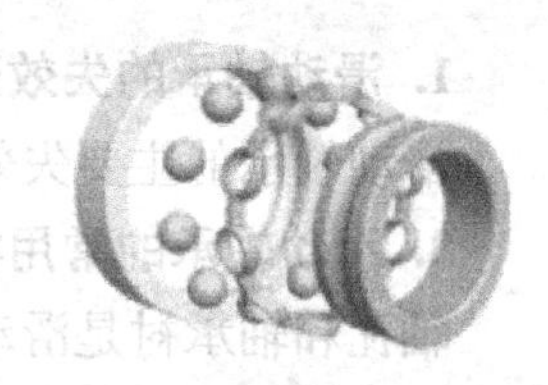

图 8-13　滚动轴承的基本结构

3. 滚动轴承的特点与应用

滚动轴承的内外圈和滚动体应具有较高的硬度和接触疲劳强度、良好的耐磨性和冲击韧性。一般用特殊轴承钢制造，常用材料有 GCr15、GCr15SiMn、GCr6、GCr9 等，经热处理后硬度可达 60～65HRC。滚动轴承的工作表面必须经磨削抛光，以提高其接触疲劳强度。保持架多用低碳钢板通过冲压成形方法制造，也可采用有色金属或塑料等材料。为适应某些特殊要求，有些滚动轴承还要附加其他特殊元件或采用特殊结构，如轴承无内圈或外圈、带有防尘密封结构或在外圈上加止动环等。滚动轴承具有摩擦阻力小、起动灵敏、效率高、旋转精度高、润滑简便和装拆方便等优点，被广泛应用于各种机器和机构中。滚动轴承为标准零部件，由轴承厂批量生产，设计者可以根据需要直接选用。

8.3.2 滚动轴承的选择

滚动轴承的选择包括类型选择、精度选择和尺寸选择。

1. 类型选择

选择滚动轴承类型时，应根据轴承的工作载荷（大小、方向和性质）、转速、轴的刚度及其他要求，结合各类轴承的特点进行。

1）载荷较大时应选用线接触的滚子轴承。受单纯轴向载荷时选用推力轴承；主要承受径向载荷时应选用深沟球轴承；同时承受径向和轴向载荷时应选择角接触轴承；当轴向载荷比径向载荷大很多时，常用推力轴承和深沟球轴承的组合结构；承受冲击载荷时宜选用滚子

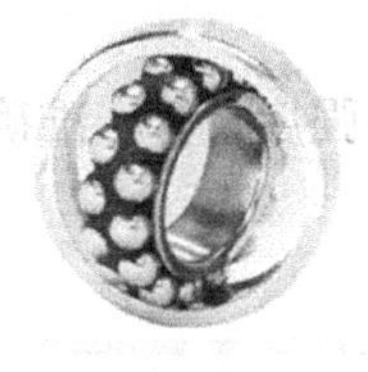

a) 调心球轴承1000

b) 调心滚子轴承2000

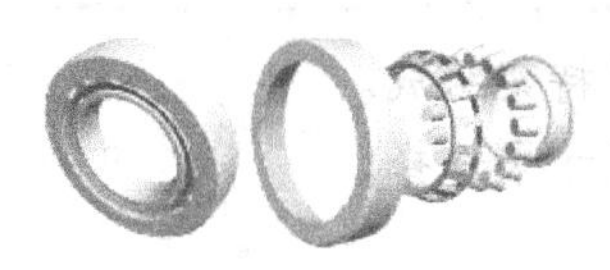

c) 双列深沟球轴承4000

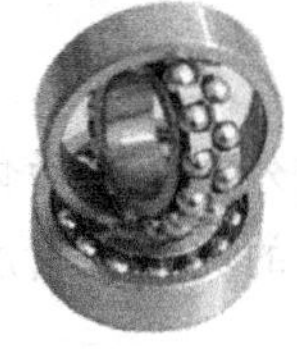

d) 圆锥滚子轴承3000

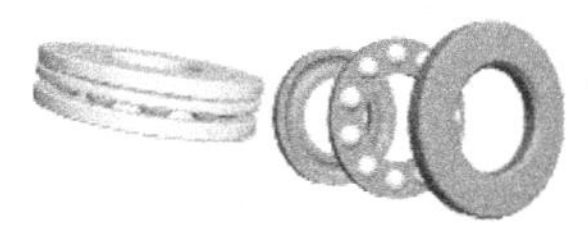

e) 推力球轴承5000

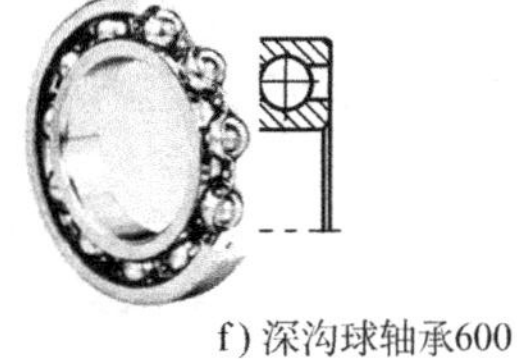

f) 深沟球轴承600

g) 角接触球轴承7000

h) 推力圆柱滚子轴承8000

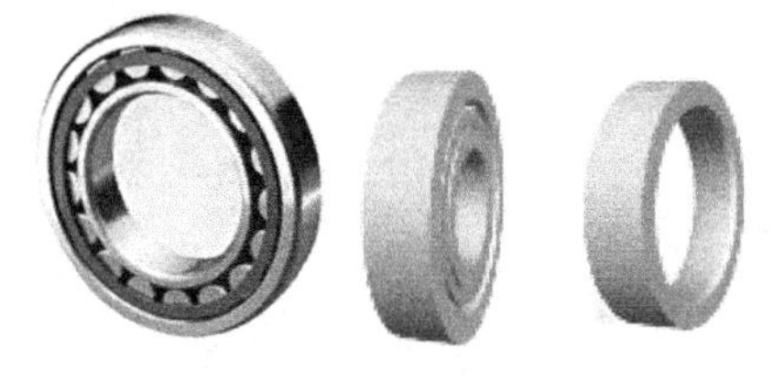

i) 圆柱滚子轴承

图 8-14　常见的滚动轴承类型

轴承。注意：推力轴承不能承受径向载荷，圆柱滚子轴承不能承受轴向载荷。

2）跨距较大或难以保证两轴承孔的同轴度的轴及多支点轴，宜选用调心轴承。

3）为了便于安装、拆卸和调整轴承游隙，可选用内外圈分离的圆锥滚子轴承。

4）从经济性考虑，一般球轴承的价格低于滚子轴承。精度越高价格越高。同精度的轴承，深沟球轴承价格最低。在满足使用要求的前提下，应尽量选用价格低的轴承。

2. 精度选择

同型号的轴承，精度越高，价格越高。一般的机械传动宜选用普通级精度。

3. 尺寸选择

根据轴颈直径，初步选择适当的型号，然后根据轴承寿命计算法和静强度计算，准确确定其尺寸。

想一想

常见的滚动轴承有哪些？举例说明。

视频教学： 观看视频《轴与轴承》，了解轴与轴承的结构与应用。

知识要点

滚动轴承的结构：由内圈、外圈、滚动体和保持架组成。

滚动轴承的选择可根据轴承的类型、精度、尺寸来选择。

第9章 机械的节能环保与安全防护

机械设备在运行过程中将有1/3～1/2的能量消耗在各种形式的摩擦中，约有80%的零件因磨损而报废，为了节约能源，提高效率，保护环境，应将各种无用的损耗降到最低。为保证生产过程中设备、工作人员的安全，必须进行有效的防护。

学习目标

◎ 了解润滑剂的种类、性能及选用；
◎ 了解机械常用润滑剂和润滑方法；
◎ 了解接触式密封和非接触式密封；
◎ 了解机械噪声和机械伤害的形成和防护。

9.1 机械润滑

各类机器在工作时，其中各相对运动的零件的接触部分都存在着摩擦。摩擦是机器运转过程中不可避免的物理现象。摩擦不仅消耗能量，而且使零件发生磨损，甚至导致零件失效。据统计，机械设备在运行过程中有1/3～1/2的能源消耗在摩擦上，而各种机械零件因磨损失效的也占全部失效零件的一半以上。磨损是摩擦的结果，润滑则是减少摩擦和磨损的有效措施，这三者是相互联系不可分割的。在摩擦副间加入润滑剂，以降低摩擦、减轻磨损，这种措施称为润滑。润滑的主要作用是：①减小摩擦因数，提高机械效率；②减轻磨损，延长机械的使用寿命。同时润滑还可起到冷却、防尘以及吸振等作用。

9.1.1 润滑剂的种类、性能及选用

润滑剂可分为液体润滑剂、半固体润滑剂、固体润滑剂和气体润滑剂四大类。

润滑剂的直接作用是在摩擦表面间形成润滑膜，以减少摩擦、减轻磨损。润滑膜还具有缓冲、吸振的能力。循环润滑还能起到散热的作用。而使用润滑脂还能起到密封作用。

选用润滑油主要是确定油品的种类和牌号（粘度）。一般根据机械设备的工作条件、载荷和速度，先确定合适的粘度范围，再选择适当的润滑油品种。

1. 润滑油选择原则

1）在下列情况下应选择粘度高的润滑油：①高温、重载、低速；②机器工作中有冲击、振动、运转不平稳，并经常起动、停车、反转、变载变速；③轴与轴承间的间隙较大，加工表面粗糙等。

2）在高速、轻载、低温、采用压力循环润滑、滴油润滑等情况下，可选用粘度低的润滑油。

2. 润滑脂选择原则

润滑脂选择时要综合考虑使用条件和润滑脂的性能，以确定合适的润滑脂品种和牌号。选择润滑脂最重要的是确定适当的稠度，其选择原则是：①润滑脂的稠度应根据使用条件和润滑方法来确定；②机器在高温、高速、重载下工作时，应选择抗氧化性好蒸发损失小、滴点高的润滑脂；③转速高时，一般选用针入度较大的润滑脂；④对于重载荷（大于 4.9×10^3MPa），或有严重冲击振动时，选用针入度较小的润滑脂，以提高油膜的承载能力；如果载荷特别高，要加极压添加剂；⑤对潮湿和有水的环境，选用抗水性好的润滑脂。

9.1.2 机械常用润滑剂和润滑方法

1. 常用润滑剂

机械常用润滑剂分为液体润滑剂和半固体润滑剂。

常用润滑油的性能和用途见表 9-1。

表 9-1 常用润滑油的性能和用途

类别	品种代号	牌号	运动粘度/$mm^2\cdot s^{-1}$	粘度指数不小于	闪点不低于/℃	倾点不低于/℃	主要性能及用途	说明
工业闭式齿轮油	L-CKB 抗氧防锈工业齿轮	46 68	41.4~50.6 61.2~74.8	90	180	-8	具有良好的抗氧化性、抗腐蚀性、抗浮化性	L-润滑剂类
	L-CKC 中载荷工业齿轮	68 100	61.2~74.8 90~110	90	180	-8	具有良好的极压抗磨和热氧化安全性	
主轴油	L-FD 主轴油（SH0017-1990）	2 3	2.0~2.4 2.9~3.5	—	60 70	凝点不高于-15	主要用于精密机床主轴轴承的润滑	SH 为石化部代号
全损耗系统用油	L-AN 全损耗系统用油（GB443-1989）	5 7	4.145.06 6.127.48		80 110	-5	适用于一次性润滑和要求较低的场合	包括全损耗系统用油和车轴油

常用润滑脂的性能和用途见表 9-2。

表 9-2 常用润滑脂的性能和用途

润滑脂名称		牌号	针入度 1/10mm	滴点 $C\geqslant$	性能	主要用途
钙基	钙基润滑脂	1 2	310~340 265~295	80 85	抗水性好，适用于潮湿环境，但耐热性差	广泛应用于中速、中低载荷轴承
钠基	钠基润滑脂	2 3	265~295 220~250	160 160	耐热性很好，粘附性强，但不耐水	使用温度不超过 110℃，适用于无水环境
锂基	通用锂基润滑脂	1 2 3	310~340 265~295 220~250	170 175 180	具有良好的润滑性、机械安定性、耐热性、泵送性、抗水性	为多用途、长寿命通用脂，适用温度范围为 -20~120℃ 的重载机械设备齿轮轴承
铝基	复合铝基润滑脂	0 1 2	355~385 310~340 265~295	235	具有良好的流动性、机械安定性、耐热性、防锈性、抗水性	称为“万能润滑脂”，适用于高温设备的润滑

（续）

润滑脂			针入度	滴点	性 能	主要用途
名 称		牌号	1/10mm	$C\geqslant$		
合成润滑脂	7412号齿轮脂	00 00	400~430 445~475	200	具有良好的涂覆性、粘覆性和极压润滑性，使用温度为-40~150℃	为半流体脂，适用于各种减速箱齿轮的润滑

2. 润滑方法

（1）润滑油

1）手工加油润滑　操作人员用油壶或油枪将油注入设备的油孔、油嘴或油杯中，使油利用自重流至需要润滑的部位。

2）滴油润滑　常用的滴油润滑的方法主要有以下几种。

① 压配式注油杯，如图9-1所示。不进行润滑时，油杯中的油通过弹簧压力被钢球封住。当需要润滑时，通过外力（如手压），顶开钢球，润滑油流动到需要润滑的部位。

② 旋套式注油杯，如图9-2所示。通过旋转油杯上的螺旋盖，将润滑油压出油杯，进行润滑。

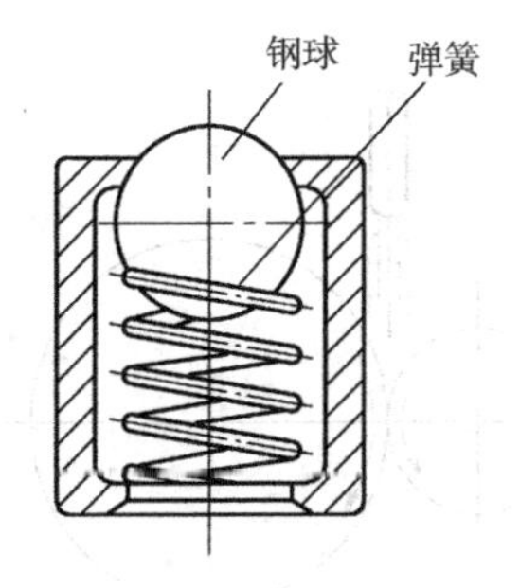

图9-1　压配式注油杯

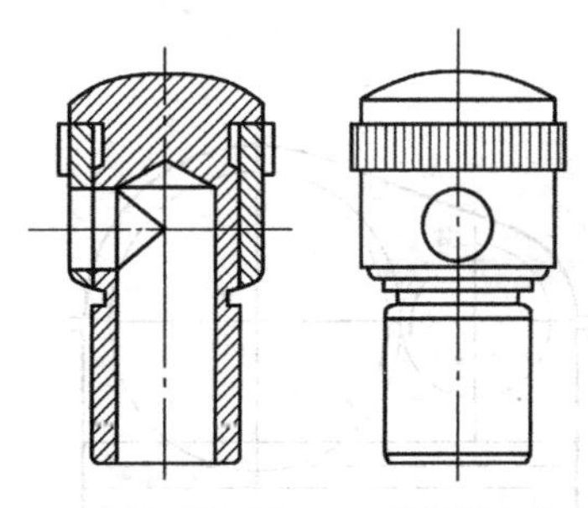
图9-2　旋套式注油杯

③ 针阀式油杯，如图9-3所示。供油时，将手柄竖起，提起针阀，油通过针阀与阀座间的间隙、油孔流出，停车时可扳倒油杯上端的手柄以关闭针阀而停止供油。通过调节螺母，可控制油量的多少。

④ 油芯（绳）式油杯，如图9-4所示。油芯（绳）的吸油端浸入油池中，利用毛细管

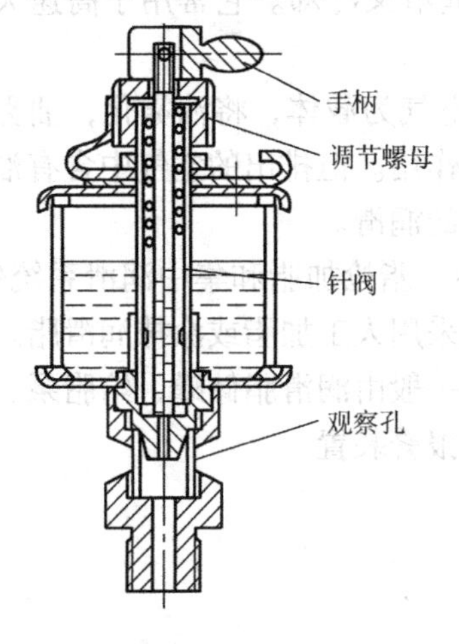

图9-3　针阀式油杯

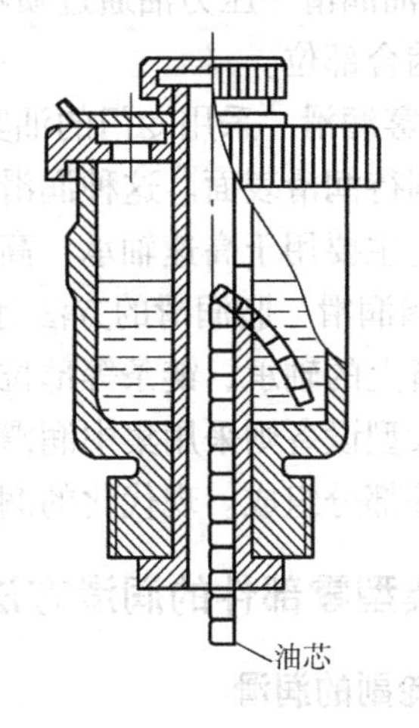

图9-4　油芯式油杯

的虹吸作用吸油，油顺着油芯（绳）滴入需要润滑的部位。油芯（绳）兼有过滤作用，供油连续，但供油量有限，不能调节，在停车时仍继续滴油，引起无用的消耗。

3）油环润滑　图9-5所示为油环润滑。油环套在轴颈上，下部浸在油中。当轴颈转动时带动油环转动，将油带到轴颈表面进行润滑。轴颈速度过高或者过低，油环带油都会不足，通常用于转速不低于50～60r/min、轴线水平布置的轴承的润滑。

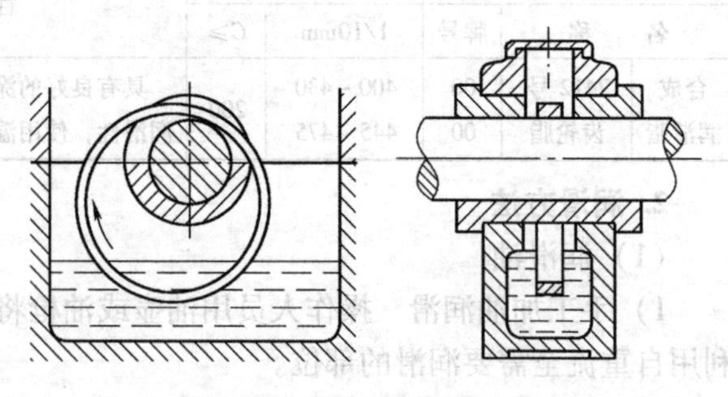
图9-5　油环润滑

4）油浴和飞溅润滑　对于闭式传动，利用转动件（例如齿轮）等的一部分浸入油池中，旋转时将润滑油带到摩擦部位进行润滑称为油浴润滑；将油溅起散布到其他零件上进行润滑称为飞溅润滑。如图9-7所示，油浴和飞溅润滑简单可靠，连续均匀，但有搅油损失，易使油发热和氧化变质。它们常用于转速不高的齿轮传动、蜗杆传动中的齿轮、轴承等。

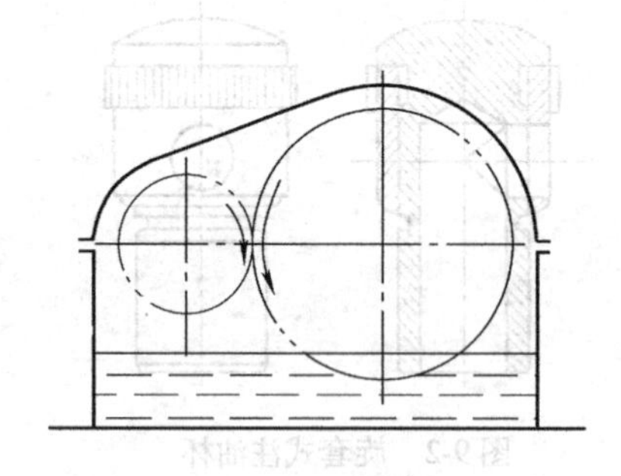
图9-6　油浴润滑

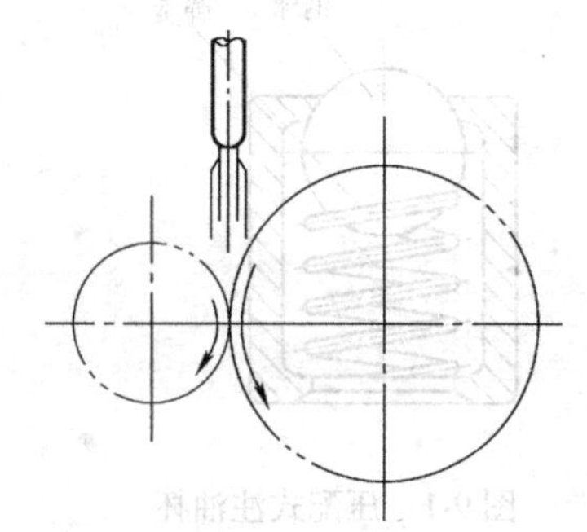
图9-7　喷油润滑

5）压力循环润滑　用液压泵进行压力供油润滑，可保证供油充分，能带走摩擦热以冷却轴承。这种润滑方法多用于高速、重载轴承或齿轮传动上。

6）喷油润滑　压力油通过喷嘴喷至摩擦表面，既润滑又冷却。它常用于高速大功率闭式传动的啮合部位。

7）油雾润滑　采用专门的油雾润滑装置，以压缩空气为载体，将油雾化，油雾随压缩空气喷射到待润滑表面。这种润滑方法具有冷却、清洗作用。但排出的空气中含有油粒，污染环境。它主要用于高速轴承、高速齿轮传动、导轨等的润滑。

（2）脂润滑　脂润滑的方法有人工加脂、脂杯加脂、脂枪加脂和集中润滑系统供脂等。对单机设备上的轴承、链条等部位，润滑点不多，大多采用人工加脂或涂抹润滑脂。对于润滑点多的大型设备则采用集中润滑系统。集中供脂装置一般由润滑脂储罐、给脂泵、给脂管和分配器等部分组成。现代化的润滑系统，还有监控和报警装置。

9.1.3　典型零部件的润滑方法

1. 齿轮副的润滑

齿轮的润滑方法可按传动的发热情况而定。对于闭式齿轮传动，当齿轮的圆周速度 $v=$

1 ~ 12m/s 时，采用油浴润滑，一般是将大齿轮的轮齿浸入油池中，借助齿轮的转动，将油带到啮合齿面，同时也可将油甩到箱壁上，对轴承进行润滑和散热。圆柱齿轮浸入油中的深度，最深为齿高的 3 倍，最浅为齿高的 1/3。其结构如图 9-6 所示。

当齿轮圆周速度 $v > 12$m/s 时，为避免搅油损失过大，常采用喷油润滑，通过液压泵或中心给油站以一定的压力给油并经喷嘴射向齿轮啮合处，如图 9-7 所示。

2. 轴承的润滑

轴承的润滑方式可根据轴承平均载荷系数 $K = \sqrt{pv^3}$ 来选择。式中 p 为轴承压强，单位为 MPa；v 为轴颈圆周速度，单位为 m/s。$K \leqslant 2$ 时，常采用润滑脂润滑；$K > 2$ 时，常用润滑油润滑。其中 $2 < K < 16$ 时，用针阀油杯滴油；$16 < K < 32$ 时，用飞溅式或压力循环润滑；$K > 32$ 时，用压力循环润滑。载荷大、温度高时宜选用粘度大的润滑油；载荷小、速度高时，宜选用粘度小的润滑油。

滚动轴承一般可按 dn 值选择润滑剂，d 为轴承内径，单位为 mm；n 为转速，单位为 r/min。当 $dn < 2 \times 10^5 \sim 3 \times 10^5$ mm · r/min 时采用脂润滑。润滑剂的填充量一般不超过轴承空间的 1/3 ~ 1/2。在高速和高温场合应优先选用油润滑。

想一想

机械润滑剂有哪些种类？机械润滑方法有哪些？

知识要点

润滑剂可分为润滑油和润滑脂两大类。

常见的润滑方法有手工加油润滑、滴油润滑、油环润滑、油浴和飞溅润滑、压力循环润滑、喷油润滑和油雾润滑等。

9.2　机械密封

为了使润滑持续、可靠、不漏油，同时为了防止外界脏物进入机体，必须采用相应的密封装置。密封装置从总体上可分为两大类：一类是固定密封，即密封后密封件之间固定不动；另一类是动密封，即密封后两密封件之间有相对运动。动密封又分为接触式、非接触式、半接触式密封。

下面介绍常用的动密封的几种形式。

9.2.1　接触式密封

1. 毡圈密封

如图 9-8 所示，它是利用各种密封圈或毡圈密封进行密封的，各种密封件都已标准化，可查阅手册选取适当的形式。毡圈内径略小于轴的直径。将毡圈套在轴上并置于轴承盖的梯形槽中，利用其弹性变形后对轴表面的压力，封住轴与轴承盖间的间隙，起到密封作用。

2. 唇形密封圈密封

唇形密封圈又称油封，如图 9-9 所示。一般由橡胶 1、金属骨架 2 和弹簧圈 3 三部分组成，依靠唇部 4 自身的弹性和环形圆柱螺旋弹簧的压力压紧在轴上实现密封。

唇形密封圈密封效果好，易装拆，主要用于接触轴段线速度 $v<15\mathrm{m/s}$ 的油润滑的密封。

3. 机械密封

机械密封的原理如图 9-10 所示。动环 1 固定在轴上，随轴转动。静环 2 固定于轴承盖内。动环与静环的端面在液体压力和弹簧压力下互相贴合，构成良好密封，所以又叫做端面密封。

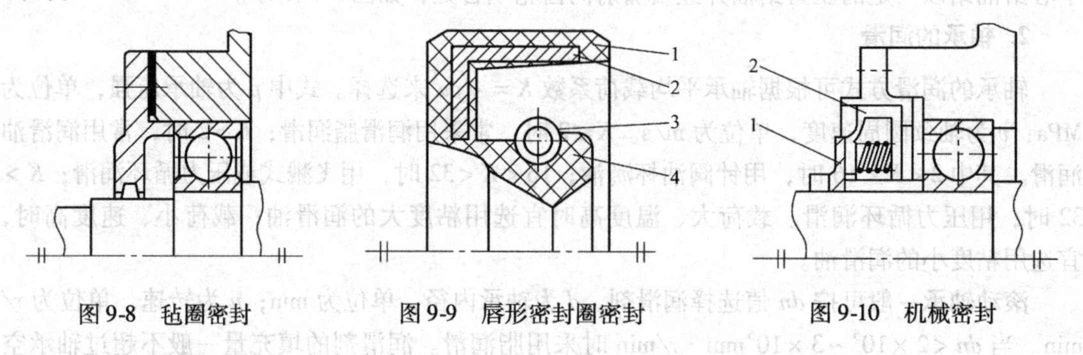

图 9-8　毡圈密封　　图 9-9　唇形密封圈密封　　图 9-10　机械密封

9.2.2　非接触式密封

1. 缝隙沟槽密封

缝隙沟槽密封的示意图如图 9-11 所示。间隙 $\delta=0.1\sim0.3\mathrm{mm}$。为了提高密封效果，常在轴承盖孔内车出几个环形槽，并充满润滑脂。该密封适用于干燥、清洁环境中脂润滑轴承的外密封。

2. 曲路密封

如图 9-12 所示，在轴承盖和轴套间形成曲折的缝隙，并在缝隙中充满润滑脂，形成曲路密封。曲路密封对油润滑或脂润滑都十分可靠，且转速越高效果越好。

3. 组合密封

将几种密封方式结合使用，以提高密封效果，如图 9-13 所示。

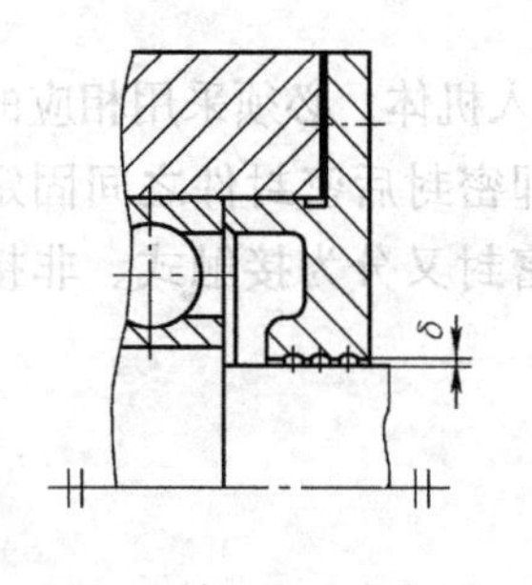

图 9-11　缝隙沟槽密封

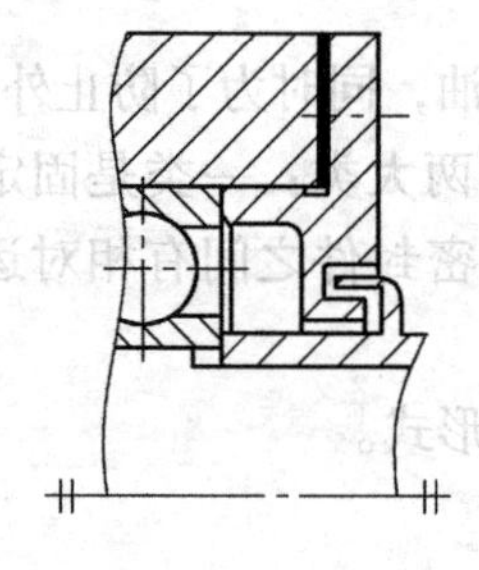

图 9-12　曲路密封

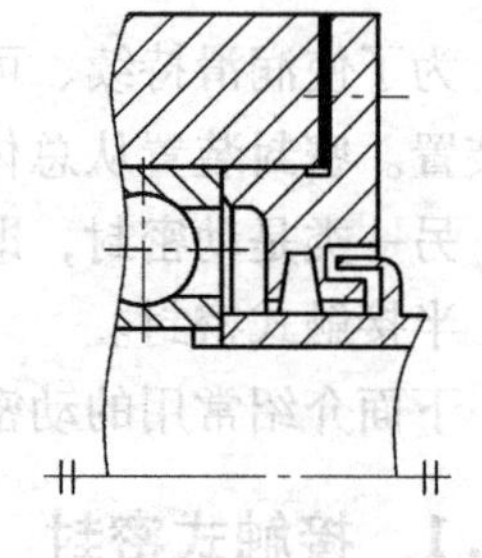

图 9-13　组合密封

想 一 想

动密封都有哪些种类？

知识要点

动密封包括毛圈密封、唇形密封圈密封和机械密封等。

非接触式密封包括缝隙沟槽密封、曲路密封和组合密封等。

9.3　机械环保与安全防护

随着世界经济的发展和科学技术的进步，环境保护已成为人们共同关注的重要问题。目前，世界各国都存在着不同程度的甚至是严重的环境污染，对地球环境、生态平衡、人类健康造成危害和威胁。所谓环境污染是环境中介入直接或间接对人体、生物有害的物质的现象。

环境污染的原因主要有如下方面：①自然资源（包括能源）的利用不合理；②工业和城镇建设的布局不合理；③对发展生产和保护环境的关系处理不当。

环境污染的危害主要有以下几方面：①对人体健康的危害。在被污染的环境中，无论是老弱病残或是健康的成年人均会受其影响。90%以上的癌症与环境污染有关；职业病、地方病均是因环境中某些物质过量或缺少而造成的。②对生物的危害。污染物会使大面积的农田歉收，树木枯死，果实变质，花草凋零，渔业减产，牲畜中毒等。③对器物的危害。工业有害物进入大气后，使暴露于环境中的各种器物、建筑物等的表面发生化学反应，引起变质，长期作用会损坏器物。④污染容易，清除难。污染物进入环境后，即使减少或停止排除污染物，要想从环境中清除是非常困难的。环境污染如图9-14所示。

图9-14　环境污染

9.3.1　机械噪声的形成和防护

1. 机械噪声的形成

噪声也叫噪音，是一类引起人烦躁、或音量过强而危害人体健康的声音。噪声是发生体做无规则振动时发出的声音。

机械噪声的形成可分为以下几类：

（1）敲击噪声　对于有些工种，如钳工、钣金工等，在生产过程中，用榔头之类的工具对工件进行敲击加工而发出的噪声。

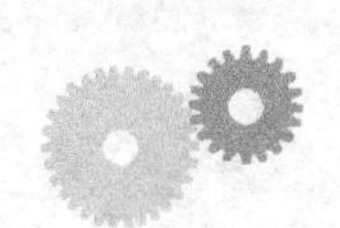

（2）摩擦、冲击噪声　机械设备中，许多构件相互之间总是存在相对的运动，运动会发生相互摩擦、碰撞，从而产生噪声。

（3）爆破噪声　有些矿山机械（如风钻）在工作过程中，将会对被加工物体产生爆破作用而发出噪声；也有一些其他加工方法，如电焊机、碳弧气刨、火焰切割等，强大的气流通过狭小的缝隙时，会产生强大的爆破声。

另外，在进行搬运时，设备、工件等不慎跌落、相互碰撞，也会产生很大的噪声。

2. 机械噪声的防护

（1）控制噪声源　选用低噪声的生产设备和改进生产工艺，对具有相对运动的构件，按要求定期、定量的检修和加润滑剂，调整间隙，防止出现冲击载荷，改变摩擦方式；或者改变噪声源的运动方式（如用阻尼、隔振等措施降低固体发声体的振动）。

（2）阻断噪声传播　在传音途径上降低噪声，控制噪声的传播，改变声源已经发出的噪声传播途径，如采用吸音、隔音、音屏障、隔振等措施，以及合理规划车间和生产现场布局等。

（3）在人耳处减弱噪声　在声源和传播途径上无法采取措施，或采取的声学措施仍不能达到预期效果时，就需要对受音者或受音器官采取防护措施，如长期职业性噪声暴露的工人可以戴耳塞、耳罩或头盔等护耳器。

9.3.2　机械传动装置中的危险零部件

机械零件由于各种原因造成不能完成规定的功能称为机械零件失效，简称失效。机械零件一旦失效，将会存在人身和设备等方面的危险。

机械传动装置中的主要零部件有轴类零件和盘类零件等。这些零件质量的好坏，直接影响到设备的正常运转和生产过程的安全性。

1. 轴类零件的失效形式

轴类零件在机器中起着支承其他零件、传递运动和力的作用。轴件发生失效，往往会降低轴上零件的运动精度，缩短轴上零件的使用寿命，甚至可能导致难以预料的灾难性事故。为此，弄清轴件失效的形式及其产生的原因，可以有针对性地提出稳妥有效的改进措施，大大提高轴件的使用性能。

（1）轴类零件失效形式的种类：①因疲劳强度不足而产生的疲劳断裂；②因静强度不足而产生的塑性变形或脆性断裂、磨损；③因受到超出许用应力的外力作用而导致的较大塑性变形；④因装配间隙过大或磨损严重而导致的强烈振动；⑤因防护不当导致零件与水、酸、碱等物质接触而被腐蚀。

（2）轴类零件失效的原因：①设计原因；②零件加工；③材料成分；④材料处理；⑤操作规程。

2. 盘类零件的失效形式

（1）断裂　盘类零件（如齿轮）大多用铸铁材料制成，该材料脆性大，塑性和韧性差。当某个危险剖面上的应力超过零件材料的强度极限时将会发生断裂。

（2）塑性变形　机械零件在外载荷作用下，当其所受应力超过材料的屈服极限时，就会发生塑性变形。械零件发生塑性变形后，其形状和尺寸产生永久的变化，破坏零件间的正常相对位置或啮合关系，产生振动、噪声、承载能力下降，严重时，机械零件，甚至机器不

能正常工作。

(3) 表面失效　机械零件的表面失效指磨损、胶合和腐蚀等失效。对于高速重载的齿轮传动，齿面间压力大、温度高，可能造成相啮合的齿面发生粘连，由于齿面继续相对运动，粘连部分被撕裂。在齿面上产生沿相对运动方向的伤痕，称为胶合。胶合也会发生在其他高速重载条件下相对运动处。机械零件都要与其他零件或介质接触，将不可避免的发生磨损、腐蚀。机械零件表面失效将会引起零件尺寸、形状的改变和表面粗糙度数值增大，影响机器精度，产生振动和噪声，降低机械零件的承载能力，甚至造成机械零件的卡死（如滚动轴承）或断裂等。

(4) 弹性变形过大　零件在载荷作用下，将发生弹性变形，如弯曲变形、扭转变形、拉伸变形等。过大的弹性变形将导致零件失效，造成被加工零件精度下降。

为了使机械零件可靠工作，设计师在设计机械零件时首先要进行失效分析，即在实际工作条件下，按照理论计算、实验和实际观察，充分预计机械零件可能的失效，并采取有效措施加以避免。失效分析是正确设计机械零件的基础，必须充分注意。还应注意，一个机械零件可以有几种失效形式，应全面考虑。

9.3.3　机械伤害的成因及防护

1. 机械伤害的成因

机械的伤害事故是由人的不安全行为和机械本身的不安全状态所造成的。

(1) 人的不安全行为　大致可分为操作失误和误入危险区两种情况。

操作失误的主要原因有：①机械产生的噪声使操作者的知觉和听觉麻痹，导致不易判断或判断错误；②依据错误或不完整的信息操纵或控制机械造成失误；③机械的显示器、指示信号等显示失误使操作者误操作；④控制与操纵系统的识别性、标准化不良而使操作者产生操作失误；⑤时间紧迫致使没有充分考虑而处理问题；⑥缺乏对动机械危险性的认识而产生操作失误；⑦技术不熟练，操作方法不当；⑧准备不充分，安排不周密，因仓促而导致操作失误；⑨作业程序不当，监督检查不够，违章作业；⑩人为的使机器处于不安全状态，如取下安全罩、切除连锁装置等；⑪走捷径，图方便，忽略安全程序。

误入危险区的原因主要有：①操作机器的变化，如改变操作条件或改进安全装置时；②图省事、走捷径的心理，对熟悉的机器，会有意省掉某些程序而误入危区；③条件反射下忘记危区；④单调的操作使操作者疲劳而误入危区；⑤由于身体或环境影响造成视觉或听觉失误而误入危区；⑥错误的思维和记忆，尤其是对机器及操作不熟悉的新工人容易误入危区；⑦指挥者错误指挥，操作者未能抵制而误入危区；⑧信息沟通不良而误入危区；⑨异常状态及其他条件下的失误。

(2) 机械的不安全状态　机械的不安全状态，如机器的安全防护设施不完善，通风、防毒、防尘、照明、防振、防噪声以及气象条件等安全卫生设施缺乏等均能诱发事故。动机械所造成的伤害事故的危险源常常存在于下列部位：

1) 旋转的机件具有将人体或物体从外部卷入的危险；机床的卡盘、钻头、铣刀等传动部件和旋转轴的突出部分有钩挂衣袖、裤腿、长发等而将人卷入的危险；风扇、叶轮有绞碾的危险；相对接触而旋转的滚筒有使人被卷入的危险。

2) 作直线往复运动的部位存在着撞伤和挤伤的危险。冲压、剪切、锻压等机械的模

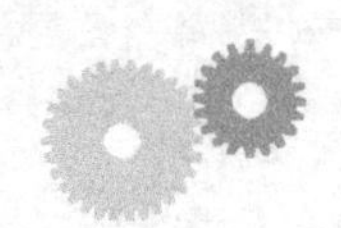

具、锤头、刀口等部位存在着撞压、剪切的危险。

3）机械的摇摆部位存在着撞击的危险。

4）机械的控制点、操纵点、检查点、取样点、送料过程等也都存在着不同的潜在危险因素。

2. 机械伤害的防护

机械伤害的防护除了设计与制造的本质安全措施和机械化自动化技术有关外，还主要与安全防护措施有关。

安全防护是通过采用安全装置、防护装置或其他手段，对一些机械危险进行预防的安全技术措施，其目的是防止机器在运行时产生各种对人员的接触伤害。安全防护的重点是机械的传动部分、操作区、高处作业区、机械的其他运动部分、移动机械的移动区域，以及某些机器由于特殊危险形式需要采取的特殊防护等。安全防护措施的选择原则如下。

1）安全防护装置必须满足与其保护功能相适应的安全技术要求。

2）遵循全防护装置的设置原则。

3）安全防护装置的选择。选择安全防护装置的型式应考虑所涉及的机械危险和其他非机械危险，根据运动件的性质和人员进入危险区的需要决定。对特定机器安全防护应根据对该机器的风险评价结果进行选择。

想 一 想

噪声是如何形成的？常见的噪声污染有哪些？举例说明。

视频教学：观看视频《噪声污染》，了解噪声污染的危害性。

知识要点

噪声污染的防护方法有：1. 控制噪声源；2. 阻断噪声传播；3. 在人耳处减弱噪声。

机械伤害的成因：1. 人的不安全行为；2. 机械的不安全状态。

机械伤害的防护：1. 设计与制造的本质安全措施；2. 采用机械化和自动化技术；3. 安全防护措施。

选 学 模 块

第10章 机械零件的精度

一台机器性能的优劣，首先取决于其零件的设计与制造精度。要保证机械零件的精度，必须对其提出几何精度要求。所谓几何精度就是零、部件容许的几何误差。经过机械加工后的零件，由于机床夹具、刀具及工艺操作水平等因素的影响，零件的尺寸、几何形状、相互位置及表面质量均不能做到完全理想而会出现加工误差。一般来说，零件上任何一个几何要素的误差都会以不同的方式影响其功能。例如，曲柄-连杆-滑块机构中的连杆长度尺寸的误差，将导致滑块的位移误差，从而影响使用功能。

学习目标

◎ 了解极限与配合的基本概念、主要内容及应用；

◎ 了解形状和位置公差的概念，熟记形位公差项目的名称及符号；

◎ 熟悉直线度、圆跳动、平行度、对称度等形位误差。

10.1 极限与配合

“极限”用于协调机器零件使用要求与制造经济性之间的矛盾，而“配合”则反映零件组合时相互之间的关系。对“极限”与“配合”的标准化，有利于机器的设计、制造、使用和维修，有利于保证机械零件的精度、使用性能和寿命等要求，也有利于刀具、量具、机床等工艺装备的标准化。

10.1.1 有关孔和轴的定义

1. 孔

通常指工件的圆柱形内表面，也包括非圆柱形内表面（由二平行平面或切面形成的包容面）。

2. 基准孔

在基孔制配合中选作基准的孔。

3. 轴

通常指工件的圆柱形外表面，也包括非圆柱形外表面（由二平行平面或切面形成的被包容面）。

4. 基准轴

在基轴制配合中选作基准的轴。在极限与配合中，孔和轴的关系表现为包容和被包容的关系，即孔为包容面，轴为被包容面。在加工过程中，随着余量的切除，孔的尺寸由小变大，轴的尺寸则由大变小。

孔和轴的定义明确了极限与配合国家标准的应用范围。在极限与配合中，孔和轴都是由

单一尺寸确定的，例如圆柱体的直径、键与键槽的宽度等。由单一尺寸*A*所形成的内、外表面，如图 10-1 所示。

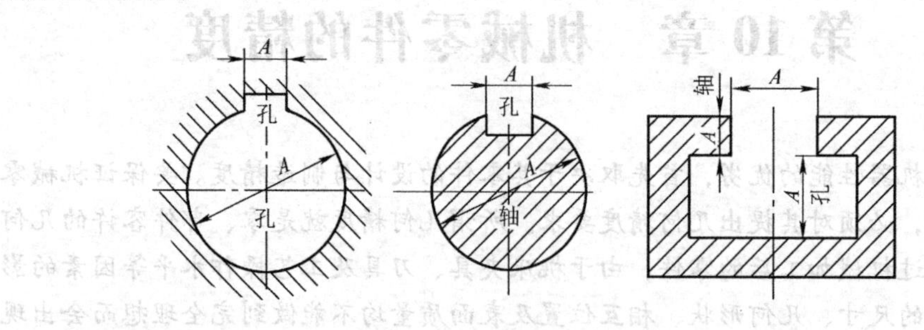

图 10-1　孔和轴的定义示意图

10.1.2　有关尺寸的术语及定义

1. 尺寸

以特定单位表示线性尺寸值的数字。尺寸表示长度的大小，它由数字和长度单位（如 mm）组成。如：孔的直径是 50mm，轴的直径是 35mm 等。

2. 基本尺寸（D、d）

基本尺寸是由设计者经过计算或按经验确定后，再按标准选取的标注在设计图上的尺寸。通过基本尺寸并结合上、下偏差可算出极限尺寸。孔和轴分别用 D、d 表示。一般应选取标准尺寸，以减少定值刀具、量具和夹具的规格数量。

3. 实际尺寸（D_a、d_a）

实际尺寸是通过测量所得的尺寸。但由于测量存在误差，所以实际尺寸并非真值。

4. 局部实际尺寸

一个孔或轴的任意横截面中的任一距离，即任何两相对点之间测得的尺寸。

5. 极限尺寸（D_{max}、D_{min}、d_{max}、d_{min}）

极限尺寸是允许尺寸变化的两个界限值。其中：较大的一个称为最大极限尺寸，较小的一个称为最小极限尺寸。孔或轴允许的最大尺寸为最大极限尺寸（D_{max}、d_{max}），孔或轴允许的最小尺寸为最小极限尺寸（D_{min}、d_{min}）。极限尺寸，如图 10-2 所示。

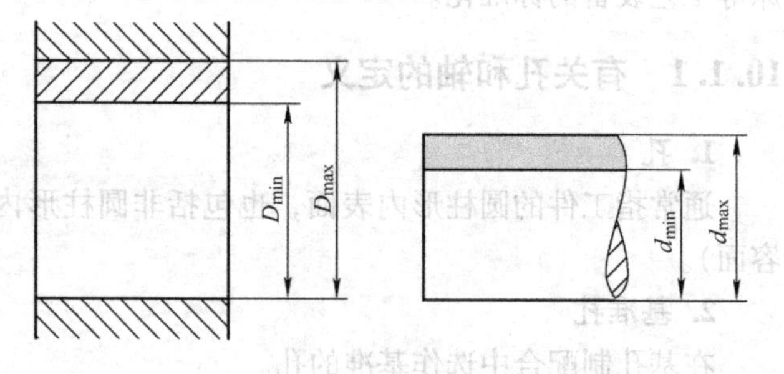

图 10-2　极限尺寸

10.1.3　有关公差和偏差的术语及定义

1. 偏差

同一孔或轴的某一尺寸（实际尺寸、极限尺寸等）减去其基本尺寸所得的代数差。

2. 极限偏差

极限偏差包括上偏差和下偏差。孔的上、下偏差代号用大写字母 ES、EI 表示；轴的上、

下偏差代号用小写字母 es、ei 表示，如图 10-3 所示。

最大极限尺寸减其基本尺寸所得的代数差称为上偏差（ES、es），最小极限尺寸减其基本尺寸所得的代数差称为下偏差（EI、ei），即

孔的上、下偏差　　$ES = D_{max} - D$　　$EI = D_{min} - D$

轴的上、下偏差　　$es = d_{max} - d$　　$ei = d_{min} - d$

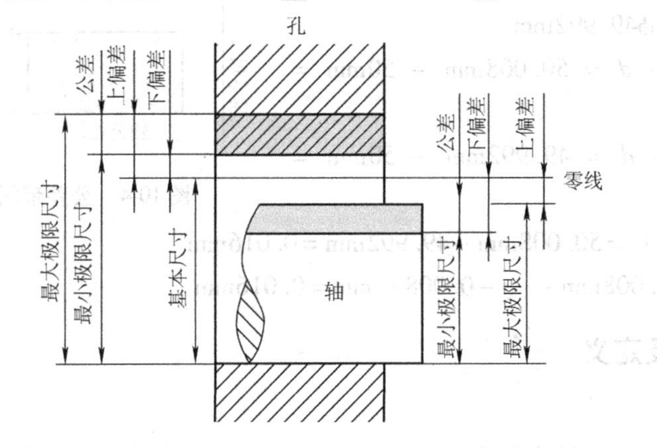

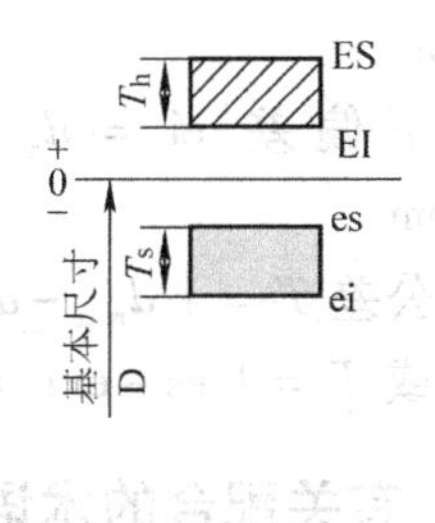

图 10-3　尺寸、偏差与公差

3. 实际偏差

指同一孔或轴的实际尺寸减其基本尺寸所得的代数差，应位于极限偏差范围之内。

由于极限尺寸可以大于、等于或小于基本尺寸，所以偏差可以为正、零或负值。偏差值除零外，应标上相应的“+”号或“-”号。极限偏差用于控制实际偏差。

4. 尺寸公差（简称公差）

最大极限尺寸减最小极限尺寸之差（或上偏差减下偏差之差）。它是允许尺寸变化的量，尺寸公差是一个没有符号的绝对值，如图 10-3 所示。

孔的公差　　$$T_h = |D_{max} - D_{min}| = |ES - EI| \tag{10-1}$$

轴的公差　　$$T_s = |d_{max} - d_{min}| = |es - ei| \tag{10-2}$$

6. 偏差与公差区别

偏差是从零线起计算的，是指相对于基本尺寸的偏离量。从数值看，偏差可为正值、负值或零；而公差是允许尺寸的变化量，代表加工精度的要求。由于加工误差不可避免，故公差值不能为零。从作用看，极限偏差用于限制实际偏差，它代表公差带的位置，影响配合松紧；而公差用于限制尺寸误差，它代表公差带的大小，影响配合精度。从工艺看，偏差取决于加工时机床的调整（进刀），而公差反映尺寸制造精度。对单个零件，只能测出尺寸的实际偏差，而对数量足够多的一批零件，才能确定尺寸误差。

7. 零线

在极限与配合图解中，表示基本尺寸的一条直线，以其为基准确定偏差和公差。通常，零线沿水平方向绘制，正偏差位于其上，负偏差位于其下。

8. 公差带

在公差带图解中，公差带是由代表上偏差和下偏差或最大极限尺寸和最小极限尺寸的两条直线所限定的一个区域。公差带图如图 10-4 所示。

公差带是由公差带大小和公差带位置两个要素决定。其大小在公差带中指公差带在零线

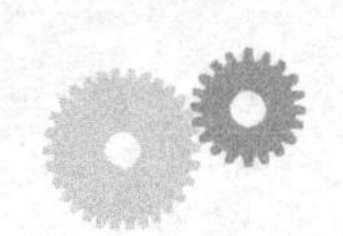

垂直方向的宽度，由标准公差确定；位置指公差带沿零线垂直方向的坐标位置，由基本偏差确定。

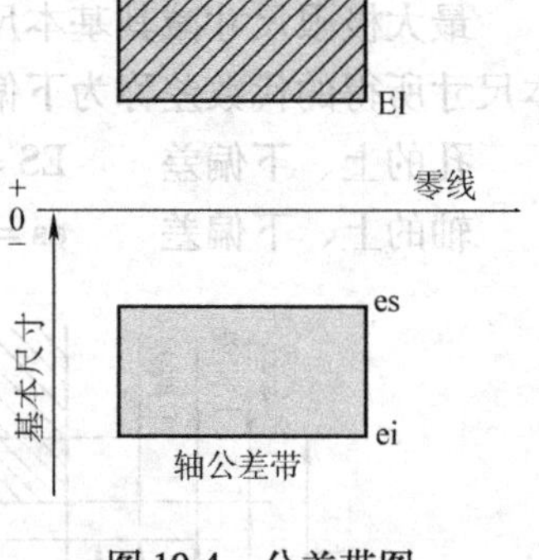

图 10-4　公差带图

例：一根轴的直径为　$\phi 50\text{mm} \pm 0.008\text{mm}$

基本尺寸：$d = \phi 50\text{mm}$

最大极限尺寸：$d_{max} = \phi 50.008\text{mm}$

最小极限尺寸：$d_{min} = \phi 49.992\text{mm}$

上偏差 $es = d_{max} - d = 50.008\text{mm} - 50\text{mm} = +0.008\text{mm}$

下偏差 $ei = d_{min} - d = 49.992\text{mm} - 50\text{mm} = -0.008\text{mm}$

公差 $T_s = |d_{max} - d_{min}| = 50.008\text{mm} - 49.992\text{mm} = 0.016\text{mm}$

或 $T_s = |es - ei| = 0.008\text{mm} - (-0.008)\text{mm} = 0.016\text{mm}$

10.1.4　有关配合的术语及定义

1. 配合

配合就是基本尺寸相同的、相互结合的孔与轴公差带之间的相配关系。根据孔和轴公差带之间的不同关系，配合可分为间隙配合、过盈配合和过渡配合三大类。

2. 间隙或过盈

孔的尺寸减去相配合的轴的尺寸之差为正时是间隙，用符号 X 表示；尺寸之差为负时是过盈，用符号 Y 表示。

3. 间隙配合

具有间隙（包括最小间隙等于零）的配合。此时，孔的公差带在轴的公差带之上，如图 10-5 所示。

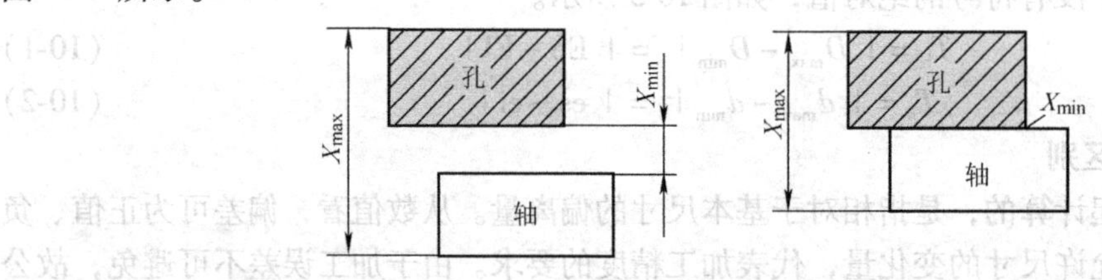

图 10-5　间隙配合

间隙配合的性质用最大间隙 X_{max}、最小间隙 X_{min} 和平均间隙 X_{av} 表示：

$$X_{max} = D_{max} - d_{min} = ES - ei \tag{10-3}$$

$$X_{min} = D_{min} - d_{max} = EI - es \tag{10-4}$$

$$X_{av} = (X_{max} + X_{min})/2 \tag{10-5}$$

4. 过盈配合

具有过盈（包括最小过盈等于零）的配合。此时，孔的公差带在轴的公差带之下，如图 10-6 所示。

过盈配合的性质用最大过盈 Y_{max}、最小过盈 Y_{min} 和平均过盈 Y_{av} 表示：

$$Y_{min} = D_{max} - d_{min} = ES - ei \tag{10-6}$$

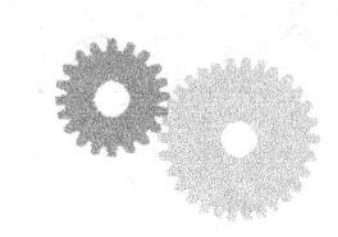

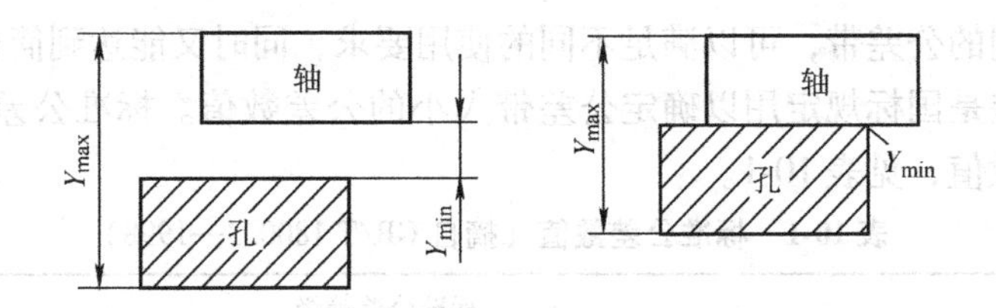

图10-6　盈配合

$$Y_{max} = D_{min} - d_{max} = EI - es \tag{10-7}$$

$$Y_{av} = (Y_{max} + Y_{min})/2 \tag{10-8}$$

5. 过渡配合

可能具有间隙或过盈的配合。此时，孔的公差带与轴的公差带相互交叠，如图10-7所示。

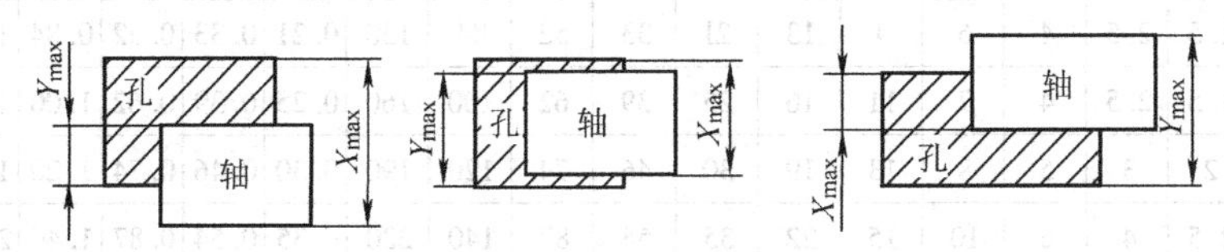

图10-7　过渡配合

过渡配合是介于间隙配合和过盈配合之间的一类配合，但其间隙或过盈都不大。过渡配合的性质用最大间隙 X_{max}、最大过盈 Y_{max} 和平均间隙 X_{av} 或平均过盈 Y_{av} 表示：

$$X_{av}(Y_{av}) = (X_{max} + Y_{max})/2 \tag{10-9}$$

按上式计算，所得的值为正时是平均间隙，表示偏松的过渡配合；所得值为负时是平均过盈，表示偏紧的过渡配合。

6. 配合公差（T_f）

组成配合的孔、轴公差之和。它是允许间隙或过盈的变动量。配合公差是一个没有符号的绝对值，用代号 T_f 表示。

对于间隙配合：　$T_f = T_h + T_s = |X_{max} - X_{min}|$　(10-10)

对于过盈配合：　$T_f = T_h + T_s = |Y_{min} - Y_{max}|$　(10-11)

对于过渡配合：　$T_f = T_h + T_s = |X_{max} - Y_{max}|$　(10-12)

7. 配合性质的判断

正确判断配合性质是工程技术人员必须具备的知识，在有基本偏差代号的尺寸标注中，可由基本偏差代号和公差图来判断其配合性质。但在尺寸中只标注偏差的大小时，就要依据极限偏差的大小来判断配合性质。

即：当EI≥es时，为间隙配合。

当ei≥ES时，为过盈配合。

以上两条同时不成立时，则为过渡配合。

10.1.5　标准公差

1. 标准公差的定义

国标《极限与配合》中，对公差带的两个要素都进行了标准化，从而得到多种多样大

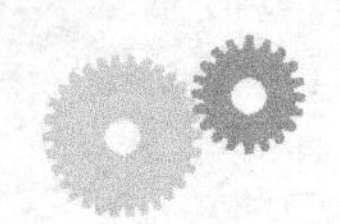

小不等、位置不同的公差带，可以满足不同的使用要求，同时又能达到简化统一、方便生产的目的。标准公差是国标规定用以确定公差带大小的公差数值。标准公差用 IT 表示，国标规定的标准公差数值，见表 10-1。

表 10-1　标准公差数值（摘自 GB/T 1800.3—1998）

基本尺寸 /mm		标准公差等级																	
		IT1	IT2	IT3	IT4	IT5	IT6	IT7	IT8	IT9	IT10	IT11	IT12	IT13	IT14	IT15	IT16	IT17	IT18
大于	至	μm											mm						
—	3	0.8	0.2	2	3	4	6	10	4	25	40	60	0.10	0.14	0.25	0.40	0.60	1.0	1.4
3	6	1	1.5	2.5	4	5	8	12	18	30	48	75	0.12	0.18	0.30	0.48	0.75	1.2	1.8
6	10	1	1.5	2.5	4	6	9	15	22	36	58	90	0.15	0.22	0.36	0.58	0.90	1.5	2.2
10	18	1.2	2	3	5	8	11	18	27	43	70	110	0.18	0.27	0.43	0.70	1.10	1.8	2.7
18	30	1.5	2.5	4	6	9	13	21	33	52	84	130	0.21	0.33	0.52	0.84	1.30	2.1	3.3
30	50	1.5	2.5	4	7	11	16	25	39	62	100	160	0.25	0.39	0.62	1.00	1.60	2.5	3.9
50	80	2	3	5	8	13	19	30	46	74	120	190	0.30	0.46	0.74	1.20	1.90	3.0	4.6
80	120	2.5	4	6	10	15	22	35	54	87	140	220	0.35	0.54	0.87	1.40	2.20	3.5	5.4
120	180	3.5	5	8	12	18	25	40	63	100	160	250	0.40	0.63	1.00	1.60	2.50	4.0	6.3
180	250	4.5	7	10	14	20	29	46	72	115	185	290	0.46	0.72	1.15	1.85	2.90	4.6	7.2
250	315	6	8	12	16	23	32	52	81	130	210	320	0.52	0.81	1.30	2.10	3.20	5.2	8.1
315	400	7	9	13	18	25	36	57	89	140	230	360	0.57	0.89	1.40	2.30	3.60	5.7	8.9
400	500	8	10	15	20	27	40	63	97	155	250	400	0.63	0.97	1.55	2.50	4.00	6.3	9.7

在国标中，基本尺寸小于 500mm 的分为 13 段，即：≤3、>3 ~ 6、>6 ~ 10、>10 ~ 18、>18 ~ 30、>30 ~ 50、>50 ~ 80、>80 ~ 120、>120 ~ 180、>180 ~ 250、>250 ~ 315、>315 ~ 400、>400 ~ 500。大于 500mm 的分为 8 段（表 10-1 未列出）。

2. 标准公差等级

标准公差等级是用以确定尺寸精度等级的。标准公差共分 20 级，用阿拉伯数字 01、0、1、2、3、4、5、6、7、8、9、10、11、12、13、14、15、16、17、18 表示，其中 01 级最高，18 级最低。01 ~ 11 是配合公差等级，12 ~ 18 为非配合公差等级，用同一号字体写在标准公差代号 IT 之后，如 5 级标准公差记作 IT 5，读作公差等级 5 级。这样公差等级是从 IT 01 ~ IT 18 共 20 个标准公差等级；并随着 IT 01 ~ IT 18 公差等级逐渐降低，而相应的标准公差依次加大，即

高 ← 公差等级 → 低

IT 01，　IT 0，　IT 1，…，IT 18

小 ← 标准公差 → 大

显然，同一基本尺寸的孔与轴，其标准公差值的大小随标准公差等级高低的不同而不同，也就是说标准公差等级高，标准公差数值小；标准公差等级低，标准公差数值大。另一方面，同一标准公差等级的孔与轴，随基本尺寸不同其标准公差数值的大小也不同，尺寸小，标准公差数值小；尺寸大，标准公差数值大。总之标准公差的数值，一与标准公差等级有关；二与基本尺寸段有关。

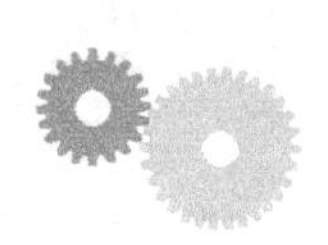

3. 尺寸分段

标准公差数值不仅与标准公差等级有关，而且也与基本尺寸有关。在生产中为了减少公差数值的数量，统一公差数值、简化公差表，在国标《极限与配合》中，对基本尺寸进行了分段，对同一尺寸段落内的所有基本尺寸，在相同公差等级下，规定具有相同的公差数值。

10.1.6　基本偏差系列

1. 基本偏差

基本偏差：在一般情况下靠近零线的偏差为基本偏差（如：公差带在零线上方，其下偏差为基本偏差；公差带在零线下方，其上偏差为基本偏差）。设置基本偏差是为了将公差带相对于零线的位置标准化，以满足各种不同配合性质的需要。

2. 基本偏差代号及特点

GB/T 1800.2—1998 对孔和轴分别规定了 28 种基本偏差，其代号用拉丁字母表示，大写表示孔，小写表示轴。28 种基本偏差代号，由 26 个拉丁字母去掉 5 个容易与其他含义混淆的字母 I（i），L（l），O（o），Q（q），W（w），再加上 7 个双写字母 CD（cd），EF（ef），FG（fg），JS（js），ZA（za），ZB（zb），ZC（zc）组成，反映了 28 种公差带位置，构成基本偏差系列，如图 10-8 所示。

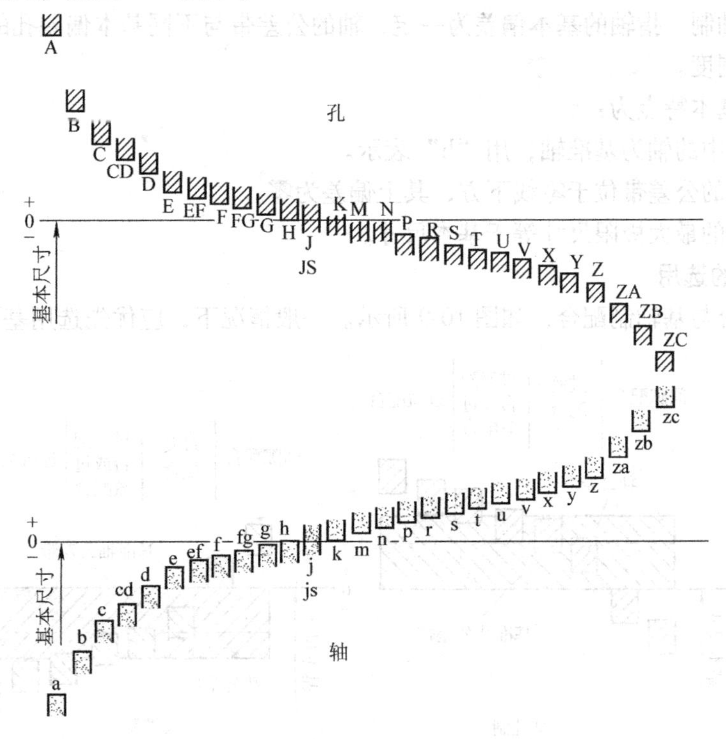

图 10-8　基本偏差系列示意图

在基本偏差系列图中，仅绘出了公差带一端的界线，而公差带另一端的界线未绘出。它将取决于公差带的标准公差等级和这个基本偏差的组合。因此，任何一个公差带都用基本偏差代号和公差等级数字表示，如孔公差带 H7、P8，轴公差带 h6、m7 等。

此外，基本尺寸大于500～3150mm，只列出D、E、F、G、H五个基本偏差。

J～ZC段基本偏差是上偏差（Es），J是正值，K、ZE是负值，其绝对值依次增大。

有了基本偏差和标准公差，就不难求出轴的另一个偏差（上偏差或下偏差）：

$$es = ei + IT$$

$$ei = es - IT$$

10.1.7 基准制

1. 基孔制

基准孔：在基孔制配合中选作基准的孔。

所谓的基孔制，指孔的基本偏差为一定，孔的公差带与不同基本偏差轴的公差带形成各种配合的一种制度。

基孔制的基本特点为：

1）基孔制中的孔为基准孔，用“H”表示。

2）基准孔的公差带位于零线上方，其下偏差为零。

3）基准孔的最小极限尺寸等于基本尺寸。

2. 基轴制

基准轴：在基轴制配合中选作基准的轴。

所谓的基轴制，指轴的基本偏差为一定，轴的公差带与不同基本偏差孔的公差带形成各种配合的一种制度。

基轴制的基本特点为：

1）基轴制中的轴为基准轴，用“h”表示。

2）基准轴的公差带位于零线下方，其上偏差为零。

3）基准轴的最大极限尺寸等于基本尺寸。

3. 基准制的选用

基孔制配合与基轴制配合，如图10-9所示。一般情况下，应优先选用基孔制。

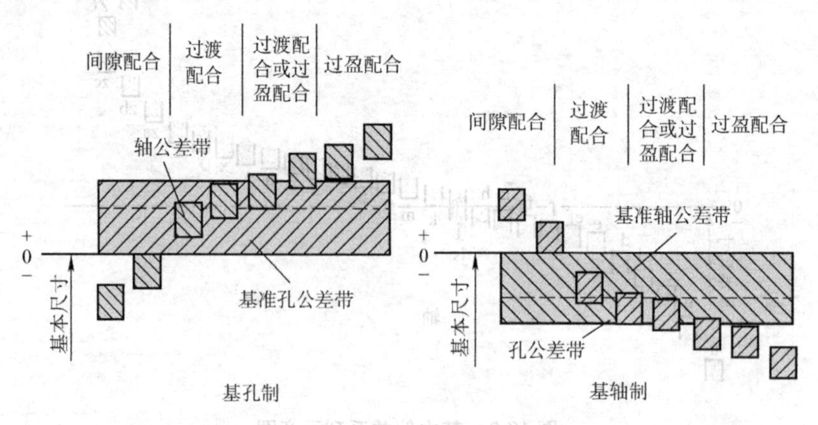

图10-9 基孔制配合与基轴制配合

4. 公差与配合的选用

选择公差与配合的主要内容有：

1）确定基准制。

2）确定公差等级。

3）确定配合种类。

选择公差与配合的原则是在保证机械产品基本性能的前提下，充分考虑制造的可行性，并应使制造成本最低。

10.1.8　公差等级的选择

合理地选用公差等级，就是为了更好地解决机械零、部件使用要求与制造工艺及成本之间的矛盾。因此，选择公差等级的基本原则是：在满足使用要求的前提下，尽量选取低的公差等级。

对一般机械行业来说，常用的公差等级为 IT5 ~ IT12。公差等级的具体选用可参照下列情况确定：IT2 ~ IT4（非常精密的配合）：IT2 ~ IT4 用于非常精密的重要部位的配合，如高精度机床 P4（即原 C 级）滚动轴承的配合，以及精密仪器中非常精密的配合，这种配合的精度很高，加工困难，选择此精度时一定要慎重。

IT5 ~ IT7（精密配合）：IT5 ~ IT7 用于精密配合处，其中 IT5 的轴和 IT6 的孔用于普通精度机床、发动机等机械的非凡重要的关键部位、高精度镗模中镗套内外径处的配合；IT6 的轴和 IT7 的孔用于一般传动轴和轴承、传动齿轮与轴的配合，以及与普通精度滚动轴承相配的轴颈和外壳孔的尺寸精度。

IT7 ~ IT8（中等精度配合）：IT7 ~ IT8 用于中等精度要求的配合部位，如一般速度的带轮、联轴器和轴颈的配合等。

IT9 ~ IT10（一般精度配合）：IT9 ~ IT10 用于一般精度要求的配合部位，例如轴套外径与孔、操纵件与轴、平键与键槽、轮毂槽的配合等。

IT11 ~ IT12（较低精度配合）：IT11 ~ IT12 用于不重要的配合，如农业机械、纺织机械粗糙活动处的配合。

从加工上看，IT6 ~ IT7 的大孔需要粗镗后精镗（或浮动镗）、粗磨后精磨，而 IT7 ~ IT8 的孔只需要半精镗后精镗或半精镗后磨孔，因此要非常注重不要随意提高精度等级。

一般机械制造工厂中，主要加工方法与公差等级的大致对应关系见表 10-2。

表 10-2　主要加工方法与公差等级的大致对应关系

加工方法	公差等级	加工方法	公差等级
研磨	IT01 ~ IT5	铰孔	IT6 ~ IT10
冲压	IT10 ~ IT14	铣	IT8 ~ IT11
锻造	IT10 ~ IT14	圆磨	IT5 ~ IT7
车	IT7 ~ IT12	砂型铸造	IT16
平磨	IT5 ~ IT8	镗	IT7 ~ IT12
塑料成型	IT13 ~ IT17	拉削	IT5 ~ IT8
刨	IT7 ~ IT12	钻	IT11 ~ IT14
粉末冶金成形尺寸	IT7 ~ IT10	金刚石车或镗	IT5 ~ IT8

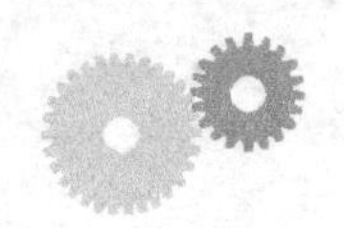

10.2 形状和位置公差

零件在加工过程中不仅有尺寸误差，而且还会产生形状和位置误差（简称形位误差）。形位误差对机械产品工作性能的影响不容忽视。例如，圆柱形零件的圆度、圆柱度误差会使配合间隙不均，加剧磨损，或各部分过盈不一致，影响连接强度；机床导轨的直线度误差会使移动部件运动精度降低，影响加工质量。因此，为保证机械产品的质量和零件的互换性，必须对形位误差加以控制，规定形状和位置公差。

10.2.1 形位公差的研究对象——几何要素

零件的几何要素，如图 10-10 所示。

几何要素（简称要素）是指构成零件几何特征的点、线和面。例如零件的球面、圆锥面、圆柱面、端面、轴线和球心等。几何要素可从不同角度进行分类。

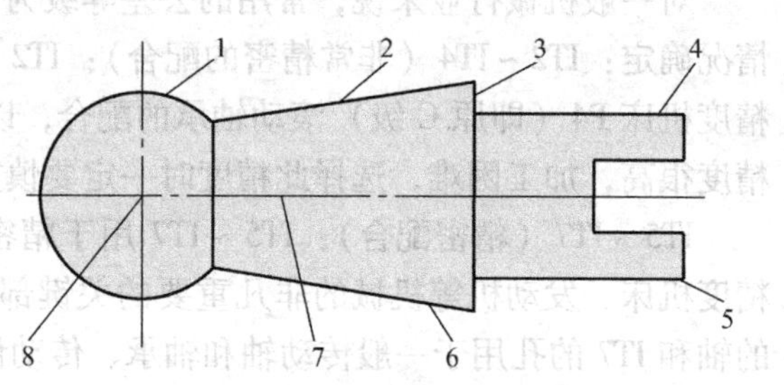

图 10-10 零件的几何要素

1—球面 2—圆锥面 3—断面 4—圆柱面 5—点 6—素线 7—轴线 8—球心

1. 按结构特征分

（1）轮廓要素 轮廓要素是指构成零件外形的点、线、面各要素，如图 10-11 中的球面、圆锥面、圆柱面，端面以及圆柱面和圆锥面的素线。

（2）中心要素 中心要素是指轮廓要素对称中心所表示的点、线、面各要素，如图 10-11 中的球心、轴线等。

2. 按存在状态分

（1）实际要素 实际要素是指零件实际存在的要素。通常，用测量得到的要素来代替实际要素。

（2）理想要素 理想要素是指具有几何学意义的要素，它们不存在任何误差。图样上表示的要素均为理想要素。

3. 按所处地位分

（1）被测要素 被测要素是指图样上给出形状或位置公差要求的要素，是检测的对象。

（2）基准要素 基准要素是指用来确定被测要素方向或位置的要素。

4. 按功能关系分

（1）单一要素 单一要素是指仅对其本身给出形状公差要求的要素。

（2）关联要素 关联要素是指与基准要素有功能关系并给出位置公差要求的要素。

10.2.2 形位公差的特征项目及其符号

按国家标准 GB/T 1182—2008《产品几何技术规范（GPS2 几何公差形状、方向、位置和跳动公差标注》的规定，几何公差共有 19 项。

几何公差各项目的名称、符号及分类见表 10-3。

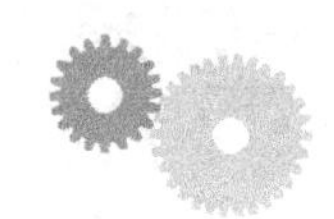

表 10-3　几何特征符号（GB/T 1182—2008）

公差类别	项目特征名称	被测要素	符　号	有无基准
形状公差	直线度	单一要素	—	无
	平面度		⏥	
	圆度		○	
	圆柱度		⌭	
	线轮廓度		⌒	
	面轮廓度		⌓	
方向公差	平行度	关联要素	//	有
	垂直度		⊥	
	倾斜度		∠	
	线轮廓度		⌒	
	面轮廓度		⌓	
位置公差	位置度	关联要素	⌖	有或无
	同心度（用于中心点）		◎	有
	同轴度（用于轴线）		◎	
	对称度		⌯	
	线轮廓度		⌒	
	面轮廓度		⌓	
跳动公差	圆跳动	关联要素	↗	有
	全跳动		⌰	

10.2.3　形位公差的公差带

形位公差带是用来限制被测要素变动的区域。它是一个几何图形，只要被测要素完全落在给定的公差带内，就表示该要素的形状和位置符合要求。

形位公差带具有形状、大小、方向和位置四要素。公差带的形状由被测要素的理想形状和给定的公差特征项目所确定。

公差带的大小是由公差值 t 确定的，指的是公差带的宽度或直径。形位公差带的方向和位置有两种情况：公差带的方向或位置可以随实际被测要素的变动而变动，没有对其他要素保持一定几何关系的要求，这时公差带的方向或位置是浮动的；若形位公差带的方向或位置必须和基准要素保持一定的几何关系，则称为是固定的。所以，位置公差（标有基准）的公差带的方向和位置一般是固定的，形状公差（未标基准）的公差带的方向和位置一般是浮动的。

常见的形位公差带的形状，如图10-11所示。

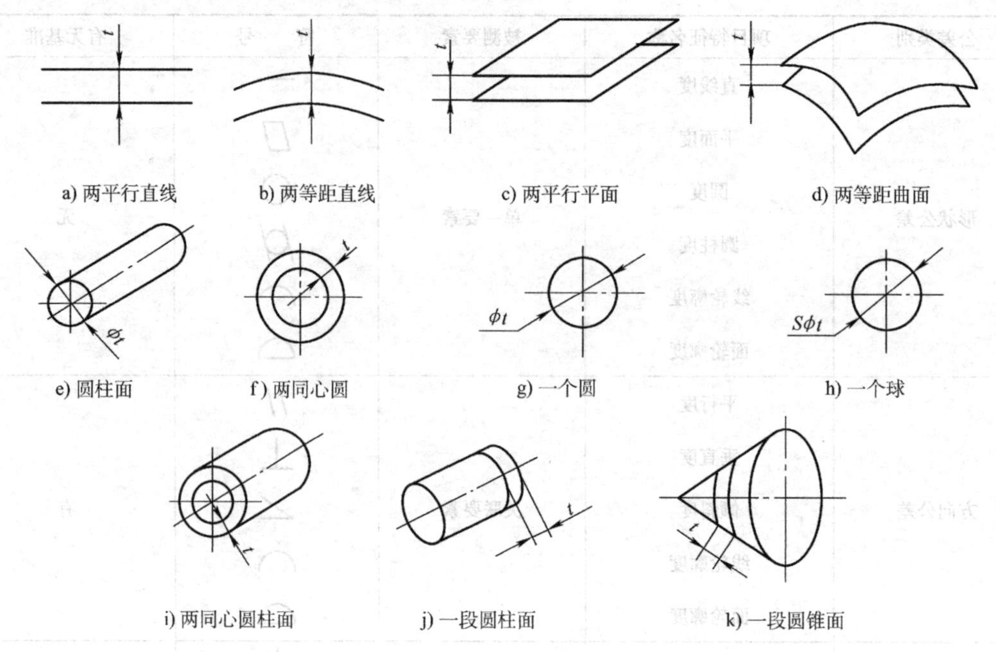

图10-11　形位公差带的形状

10.2.4　形位公差项目的选择

形位公差的选择包括：形位公差项目、形位公差等级、公差原则和基准等的选择，其中形位公差等级的确定是难点。

零件的几何外形精度，主要由机床精度或刀具精度来保证；零件的相互位置精度，主要由机床精度、夹具精度和工件安装精度来保证。零件的尺寸精度、形位精度和表面粗糙度是相互联系的，如尺寸公差值小，外形误差和表面粗糙度值也小，其选择需要根据零件的使用要求来确定，如滚筒的尺寸精度要求不高，但圆度和圆柱度要求却比较高，表面粗糙度值要求较小。因此，要根据实际需要合理选择各精度等级和数值。

形位公差特征项目的选择可从以下几个方面考虑：

零件的几何特征不同，会产生不同的形位误差。例如，轴、套类零件的外形公差项目主要为圆柱面的圆度和圆柱度；位置精度项目主要是配合轴颈（装配传动件的轴颈）相对支承轴颈（装配轴承的轴颈）或套筒内外圆之间的同轴度；轴类件安装传动齿轮、滚动轴承的定位端面相对支承轴颈轴心线的端面圆跳动（或垂直度）；箱体类零件的主要表面有基准面及支承面，有一对或数对要求较高的轴承支承孔，主要外形精度为基准面及支承面的平面度；同一轴线上孔的同轴度、孔与安装基面的平行度、相关孔轴线之间的平行度；平面零件可选择平面度；窄长平面可选直线度；槽类零件可选对称度；阶梯轴、孔可选同轴度等。

零件的功能要求根据零件不同的功能要求，给出不同的形位公差项目。例如，圆柱形零件，当仅需要顺利装配时，可选轴心线的直线度；假如孔、轴之间有相对运动，应均匀接触，或为保证密封性，应标注圆柱度公差以综合控制圆度、素线直线度和轴线直线度（如柱塞与柱塞套、阀心及阀体等）。又如，为保证机床工作台或刀架运动轨迹的精度，需要对

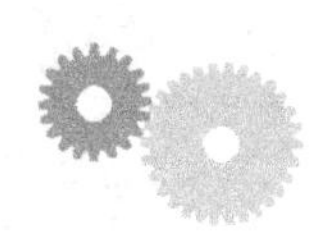

导轨提出直线度要求；对安装齿轮轴的箱体孔，为保证齿轮的正确啮合，需要提出孔心线的平行度要求；为使箱体、端盖等零件上各螺栓孔能顺利装配，应规定孔组的位置度公差等。

检测的方便性确定形位公差特征项目时，要考虑到检测的方便性与经济性。例如，对轴类零件，可用径向全跳动综合控制圆柱度、同轴度；用端面全跳动代替端面对轴线的垂直度，因为跳动误差检测方便，又能较好地控制相应的形位误差。在满足功能要求的前提下，尽量减少项目，以获得较好的经济效益。

应用实例：齿轮的形位公差标注与注释，如图 10-12 所示。

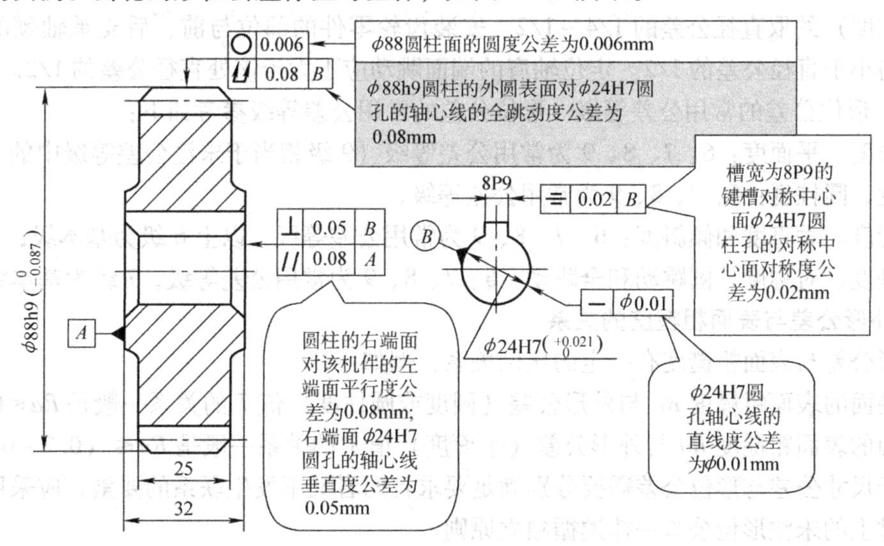

图 10-12 齿轮的形位公差标注与注释

*10.2.5 形位公差值的确定

形位公差值的确定要根据零件的功能要求，并考虑加工的经济性和零件的结构、刚度等情况，在保证满足要素功能要求的条件下，选用尽可能大的公差数值。

1. 需注出的形位公差

零件图中形位公差需要标注的有：

1）凡选用形位公差标准中公差等级 IT01 ~ IT12 级的，均应在图样上注出公差值。

2）对低于未注公差等级中最低一级的特大公差值，也应在图样上注出公差值，其目的是为了避免不必要的提高精度而增加加工成本。

2. 形位公差与尺寸公差的对应关系

就使用情况而言，在采用独立原则时，外形公差与尺寸公差两者不发生联系，需分别满足各自的要求；而对于同一表面，形位公差与尺寸公差又是相互联系的。

（1）形位公差与尺寸公差的关系　同一要素上给出的外形公差值应小于位置公差值，而位置公差值应小于尺寸公差值，即：$T_{外形} < T_{位置} < T_{尺寸}$。

例如：要求平行的两个平面，其平面度公差值应小于平行度公差值，平行度公差值应小于其相应长度的尺寸公差值。

当采用尺寸公差来限制外形误差时，外形公差占尺寸公差的比例应合理。对于尺寸公差

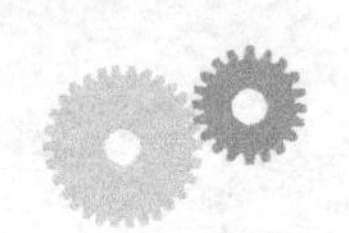

为 IT5 ~ IT8 这一范围内的外形公差值，一般可取：$T_{外形}=(0.25\sim0.65)T_{尺寸}$。

除轴线的直线度之外，圆柱形零件的形位公差值应小于其直径尺寸的公差值，其公差值应占尺寸公差值50%以下。对于圆柱面的外形公差（圆度、圆柱度）等级，可选取相应尺寸公差的公差等级，如对 $\phi25k6$ 的轴颈，可选择圆柱度公差为6 级，这样可保证圆柱度公差值在尺寸公差值的50%以下。

按同一被测表面，位置公差的值应大于外形公差的值的要求。即：位置公差的公差等级，一般应低于至多等于外形公差的公差等级。一般情况下，阶梯轴轴颈的外形公差（圆度、圆柱度）约取直径公差的1/4 ~1/2，安装齿轮零件的部位与前、后支承轴颈的同轴度公差可略小于直径公差的1/2。定位轴肩的端面跳动应不大于该处直径公差的1/2。

（2）形位公差的常用公差等级　形位公差的常用公差等级参考如下：

直线度、平面度：6、7、8、9 为常用公差等级（9 级相当于未注公差等级中的 H 级）；

圆度、圆柱度：6、7、8、9 为常用公差等级；

平行度、垂直度和倾斜度：6、7、8、9 为常用公差等级，以上6 级为基本级；

同轴度、对称度、圆跳动和全跳动：6、7、8、9 为常用公差等级，7 级为基本级。

3. 外形公差与表面粗糙度的关系

外形公差与表面粗糙度有一定的比例关系，例如：

圆柱面的表面粗糙度 Ra 与外形公差（圆度或圆柱度）值 T 的关系一般是 $Ra\leqslant0.15T$；

平面的表面粗糙度 Ra 与外形公差（平面度）值 T 的关系一般是 $Ra\leqslant(0.2\sim0.25)T$。

对于尺寸公差与形位公差需要分别满足要求且两者又不发生联系的要素，应采用独立原则，零件上的未注形位公差一律遵循独立原则。

当需要严格保证配合性质，如齿轮毂孔与轴颈的配合，应选用包容要求，即要求被测要素的实体处处不得超越最大实体边界。

当只要求保证可装配性，如凸缘上的螺栓孔组，控制螺栓中心线的位置度公差可选用最大实体要求。最大实体要求是要求被测要素的实体处处不得超越实效边界的一种公差原则。

当零件要确保某一尺寸必须大于某一临界数值且形位公差用以控制关联中心要素时，可采用最小实体要求。最小实体要求是要求被测实际要素应遵守其最小实体实效边界。

根据以上的数据和相互关系所确定的公差数据，有时还要进行适当的调整。如对于刚性较差的细长轴或孔，跨距较大的轴，由于工艺性差，加工时轻易产生较大的外形误差（圆度、圆柱度）和位置误差（平行度、垂直度），因此可根据具体情况，将正常选用的形位公差等级降低1 ~2 级选用。

知识要点

标准公差就是国家标准所确定的公差；

基本偏差就是用来确定公差带相对于零线位置的上偏差或下偏差；

配合类型有间隙配合、过渡配合、过盈配合，允许间隙或过盈的变动量称为配合公差；

GB/T 1182—2008 规定了19 种形位公差特征项目。

第11章 液压与气压传动

液压与气压传动是以流体（液体或气体）作为工作介质，并利用流体的压力能变化实现能量传递和运动控制的一种传动方式。随着现代科学技术的发展，液压传动在机床、工程机械、交通运输机械、农业机械、化工机械、船舶及航空航天等领域都得到了广泛的应用。例如：飞机起落架、汽车气动制动系统、加工中心气压换刀装置、机器人等。

学习目标

◎ 了解液压与气压传动的工作原理、基本参数和传动特点；

◎ 了解液压与气压传动的动力、执行、控制和辅助元件原理及其应用；

◎ 识读一般气压传动与液压传动系统图。

11.1 液压传动概述

11.1.1 液压传动的工作原理

液压千斤顶的工作原理图，如图11-1所示。

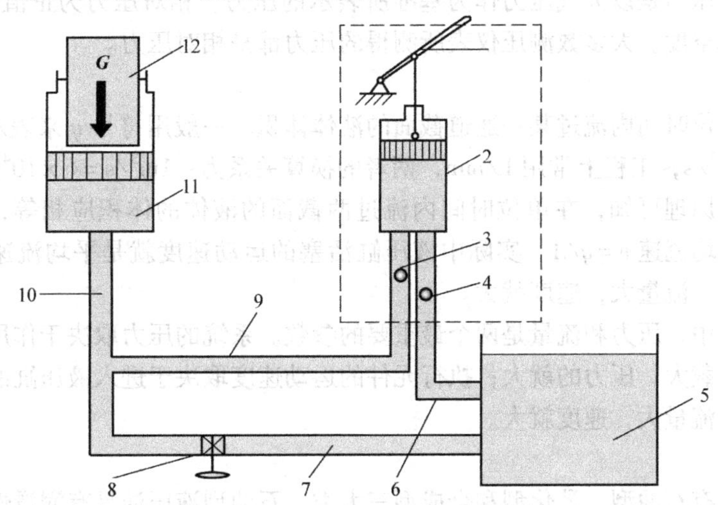

图11-1 液压千斤顶的工作原理

1—杠杆 2—泵 3—排油单向阀 4—吸油单向阀 5—油箱

6、7、9、10—油管 8—放油阀 11—液压缸 12—重物

当提升杠杆1时，泵2活塞上移，其下部密封腔容积增大，腔内压力下降，形成局部真空。油箱5中的油液在大气压力作用下，通过吸油管6并顶开吸油单向阀4进入密封腔，实现吸油。当压下杠杆1时，活塞下移，密封腔容积减小，腔内压力升高，吸油单向阀4关

闭，排油单向阀3开启，油液进入液压缸下腔，推动活塞上移，将重物12顶起一段距离。如果反复提升和压下杠杆1，就能使油液不断地被压入缸11，使重物不断升高，达到起重的目的。如将放油阀8打开使液压缸下腔与油箱5接通时，液压缸下腔内的油液流回油箱，重物12在重力作用下向下运动。

液压传动系统一般由以下五个部分组成。

1）动力元件：一般是液压泵，功用是把机械能转换成液体压力能。

2）执行元件：一般指液压缸和液压马达，功用是把液体的压力能转换成机械能。

3）控制调节元件：一般指阀类元件，功用是控制和调节液压系统中流体的压力、流量和流动方向。

4）辅助元件：上述三种元件之外的元件，如油管、油箱、滤油器等。

5）工作介质：通常指液压油，传递能量的液体。

11.1.2 液压传动的基本参数

1. 压力

液体在单位面积上所受的法向力称为压力。用 p 表示，$p=F/A$。在物理学中称为压强，在液压传动中通常称压力。在国际单位制（SI）中压力的单位为 N/m^2 即 Pa。由于 Pa 单位太小，在工程上常用其倍数单位表示：$1MPa=10^3kPa=10^6Pa$。

液体压力传递原理：在密封容器内，施加于静止液体上的压力，可以等值地传递到液体内各点，也称为帕斯卡原理。例如，液压千斤顶就是利用此原理工作的。

压力表示方法有两种，即绝对压力和相对压力。绝对压力是以绝对真空作为基准所表示的压力，而相对压力是以大气压力作为基准所表示的压力。相对压力为正值时称为表压力，为负值是称为真空度。大多数测压仪表所测得的压力都是相对压力。

2. 流量

流量是指单位时间内流过某一通道截面的液体体积。一般用符号 q 来表示。在 SI 制中，流量的单位为 m^3/s，工程上常用 L/min，两者的换算关系为：$1m^3/s=6\times10^4L/min$。

根据连续性原理可知，在单位时间内流过两截面的液体的体积应相等，即 $q=v_1A_1=v_2A_2=$常量，平均流速 $v=q/A$。实际中液压缸活塞的运动速度就是平均流速，其取决于输入的流量的大小，流量大，速度就大。

在液压传动中，压力和流量是两个最重要的参数。系统的压力取决于作用于执行元件上的负载大小，负载大，压力的就大；执行元件的运动速度取决于进入液压缸的流量或输入液压马达的流量，流量大，速度就大。

3. 液压油

液压油主要有石油型、乳化型和合成型三大类。石油型液压油具有润滑性能好、腐蚀性小、粘度较高和化学稳定性好等优点，在液压传动系统中应用最广。选用液压油时，一般根据液压元件产品样本和说明书所推荐的工作介质来选。或者根据液压系统的工作条件（系统压力、运动速度、工作温度）和环境条件等全面考虑。

液体在外力的作用下流动时，由于液体分子间内聚力（称为内摩擦力）的作用，而产生阻止液层间的相对滑动，液体的这种性质称为粘性。粘性的大小用粘度来表示，粘度越大，流动的液体内摩擦力也越大。粘度分动力粘度 μ、运动粘度 ν、相对粘度三种。液压油

的牌号就是以 40℃时的运动粘度（mm^2/s）平均值来标号的。例如，L-HL32 普通液压油在 40℃时的运动粘度的平均值为 32 mm^2/s。

温度升高，液压油的粘度将显著降低。液压油的粘度随温度变化的性质称为粘温特性。当压力增大时，液体分子间距离减小，内聚力增大，粘度也增大。

11.1.3　液压传动的特点及应用

液压传动与机械传动、电气传动相比有以下特点：

1. 液压传动的优点

1）能方便地实现无级调速，且调速范围大。

2）容易实现较大的力和转矩的传递。

3）在输出功率相同时，液压传动装置的体积小、重量轻、运动惯性小。

4）液压传动装置工作平稳，反应速度快，换向冲击小，便于实现频繁换向。

5）易于实现过载保护，而且工作油液能实现自行润滑，从而提高元件的使用寿命。

6）操作简单，易于实现自动化。液压元件易于实现标准化、系列化和通用化。

2. 液压传动的缺点

1）液体的泄漏和可压缩性使液压传动难以保证严格的传动比。

2）在工作过程中能量损失较大，传动效率较低。

3）对油温变化比较敏感，不宜在很高或很低的温度下工作。出现故障时，不易诊断。

20 世纪 60 年代以来，随着原子能、空间技术、计算机技术的发展，液压传动技术得到了很大的发展，并渗透到各个工业领域中去。当前液压技术正向高压、高速、大功率、高效、低噪声、经久耐用、高度集成化的方向发展。

11.2　液压元件

液压元件按组成划分为动力元件、执行元件、控制元件和辅助元件。

11.2.1　动力元件

1. 液压泵的工作原理

单柱塞液压泵的工作原理，如图 11-2a 所示。

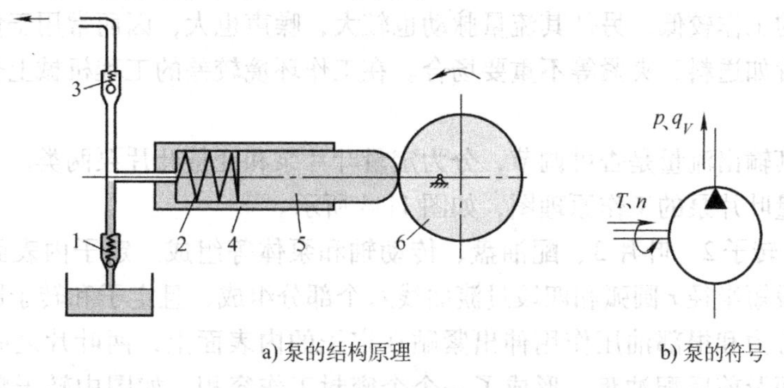

a) 泵的结构原理　　b) 泵的符号

图 11-2　泵的工作原理

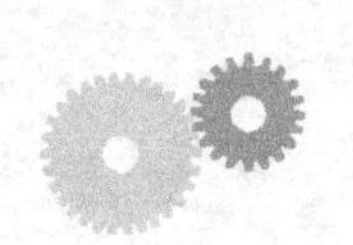

泵体 4 和柱塞 5 构成一个密封的容积。偏心轮 6 由电动机带动旋转。当偏心轮转到下方时，柱塞在弹簧 2 的作用下向下移动，容积逐渐增大，形成了局部真空，油箱内的油液在大气压力的作用下，顶开单向阀1 进入油腔中，实现吸油。当偏心轮向上转动时，推动柱塞向上移动，容积逐渐减小，油液受到柱塞挤压而产生压力，使单向阀 1 关闭，油液顶开单向阀 3 而进入系统，这就是压油。周而复始，液压泵就把电动机输入的机械能转化成液压能。由此可见，液压泵是通过密封容积的变化来完成吸油和压油的，其排油量的大小取决于密封容积的变化大小，故称为容积泵。为了保证液压泵的正常工作，单向阀1 和 3 的作用是限定油从左到右流动，反方向截止，并保证任意时刻吸油腔和压油腔不串通，起配油的作用。为了保证液压泵吸油充分，油箱必须和大气相通。

2. 齿轮泵

齿轮泵按其结构可分为外啮合、内啮合齿轮泵两种。外啮合齿轮泵的工作原理，如图11-3 所示。

在泵体内有一对模数相同、齿数相等的齿轮 1、2，当吸油口 4 和压油口 5 各用油管与油箱和系统接通后，齿轮各齿槽和泵体，以及齿轮前后端面贴合的前后端盖（图中未表示）间形成密封工作腔，而啮合线又把它们分隔为两个互不串通的吸油腔和压油腔。当齿轮按图示方向旋转时，右侧轮齿脱开啮合（齿与齿分离时），挤出空间使容积增大而形成真空，在大气压力作用下从油箱吸进油液，并被旋转的齿轮带到左侧。左侧齿与齿进入啮合时，使密封容积缩小，油液从齿间被挤出而压油输入系统。

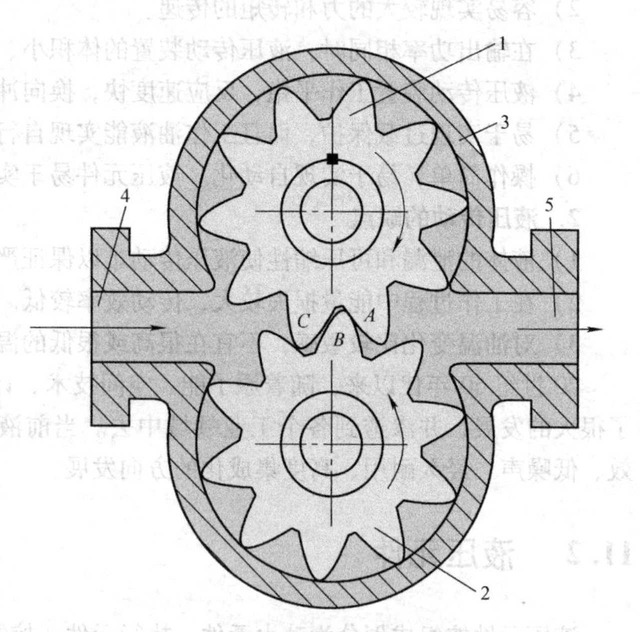

图 11-3　外啮合齿轮泵工作原理

1—齿轮　2—齿轮　3—泵体　4—吸油口　5—压油口

外啮合齿轮泵结构简单，制造方便，重量轻，自吸性好，价格低廉，对油液污染不敏感；但由于径向力不平衡及泄露的影响，一般使用的工作较低，另外其流量脉动也较大，噪声也大，因而常用于负载小、功率小的机床辅助装置如送料、夹紧等不重要场合。在工作环境较差的工程机械上也广泛应用。

3. 叶片泵

叶片泵按其输出流量是否可调节，分为定量叶片泵和变量叶片泵两类。

双作用定量叶片泵的工作原理图，如图 11-4 所示。

由定子 1、转子 2、叶片 3、配油盘、传动轴和泵体等组成。定子内表面是由两段长半径尺圆弧、两段短半径 r 圆弧和四段过渡曲线八个部分组成，且定子和转子同心。转子旋转时，叶片靠离心力和根部油压作用伸出紧贴在定子的内表面上，两叶片之间和转子的圆柱面，定子内表面及前后配油盘，形成了一个个密封工作容积。如图中转子顺时针方向旋转时，左上角和右下角处密封工作腔的容积在逐渐增大，形成局部真空而吸油。在右上角和左

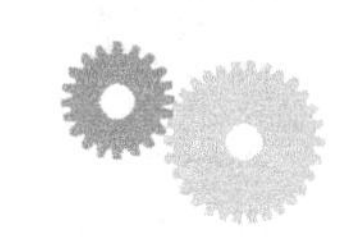

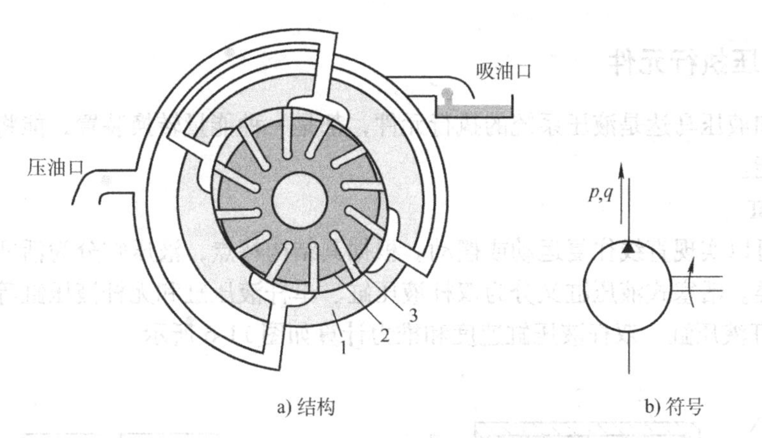

a) 结构　　b) 符号

图 11-4　双作用叶片泵工作原理图

1—定子　2—转子　3—叶片

下角处逐渐减小而压油。转子每转一周，每个密封工作腔吸油、压油各两次，故称双作用叶片泵。

叶片泵应用很广，和其他液压泵相比，具有结构紧凑、外形尺寸小、流量均匀、运转平稳、噪声小等优点，但结构比较复杂，自吸性能差，对油液污染较敏感，多应用于机床的进给系统。

4. 柱塞泵

根据其柱塞相对转轴轴线方向不同，可分为径向柱塞泵和轴向柱塞泵。目前，径向柱塞泵已很少用。轴向杆塞泵又可分为斜盘式和斜轴式。斜盘式轴向柱塞泵的工作原理，如图 11-5 所示。

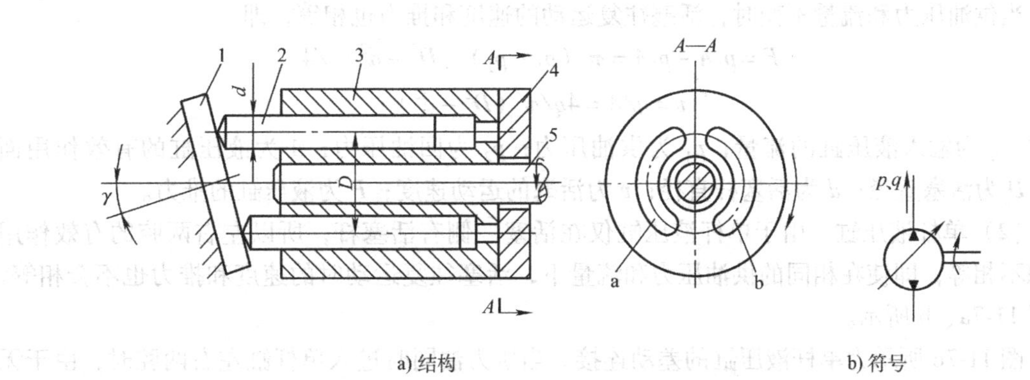

a) 结构　　b) 符号

图 11-5　斜盘式轴向柱塞泵的工作原理

1—斜盘　2—柱塞　3—缸体　4—配油盘　5—传动轴

如果改变斜盘倾角 γ 的大小，就能改变柱塞的行程长度，泵的排量随之改变，也即实现了变量。在变量轴向柱塞泵中均设有专门的变量机构，变量方式有手动、伺服、压力补偿等多种形式。如果改变斜盘倾角 γ 的方向，就能改变泵的吸、压油方向，就成为双向变量轴向柱塞泵。

柱塞泵具有压力高、结构紧凑、效率高、流量调节方便等优点，因此常用于大功率高压系统中。

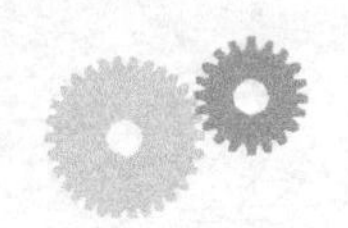

11.2.2 液压执行元件

液压缸和液压马达是液压系统的执行元件，都是一种能量转换装置，能将液体的压力能转变为机械能。

1. 液压缸

液压缸可以实现直线往复运动或摆动。根据其结构特点，液压缸分为活塞式、柱塞式和摆动式三大类。活塞式液压缸又分为双杆液压缸、单杆液压缸和无杆液压缸等几种。

（1）双杆液压缸　双杆液压缸速度和推力计算如图 11-6 所示。

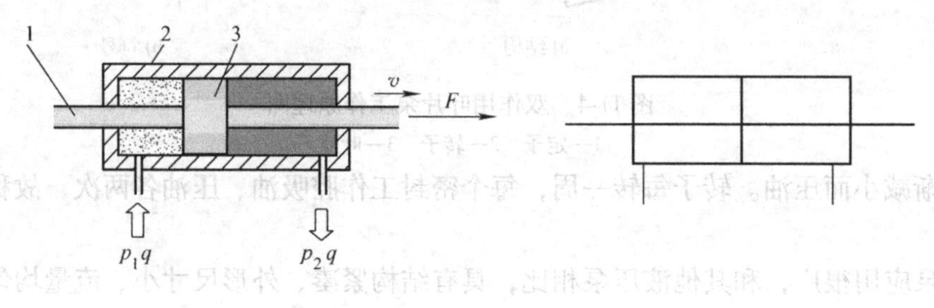

a) 速度和推力计算　　b) 符号

图 11-6　双杆缸

1—活塞杆　2—缸体　3—活塞

活塞杆 1 与活塞 3 通过机械连接成一体，活塞 3 在液压力 F 作用下在缸体 2 的配合孔轴线移动。由于双杆液压缸在活塞 3 两侧有活塞杆 1，所以双杆液压缸两腔的有效作用面积相等。当供油压力和流量不变时，活塞往复运动的速度和推力也相等，即

$$F = p_1A - p_2A = \pi\ (p_1 - p_2)\ (D^2 - d^2)\ /4$$

$$v = q/A = 4q/\pi\ (D^2 - d^2)$$

式中，q 为输入液压缸的流量；p_1 为供油压力；p_2 为回油压力；A 为液压缸的有效作用面积；D 为活塞直径；d 为活塞杆直径；v 为活塞的运动速度；F 为液压缸的推力。

（2）单杆液压缸　由于单杆液压缸仅在活塞一侧有活塞杆，所以左右两腔的有效作用面积不相等，即使在相同的供油压力和流量下，活塞往复运动时的速度和推力也不会相等，如图 11-7a、b 所示。

图 11-7c 所示为单杆液压缸的差动连接。当压力油同时进入单杆缸左右两腔时，由于无杆腔总推力较大，迫使活塞向左移动，从有杆腔排出的油液与泵供给的油液汇合后，一起流入无杆腔，以达到提高活塞运动速度的目的。

$$F_3 = p_1\ (A_1 - A_2)\ = \pi d^2 p_1/4$$

$$v_3 = q + q_1/A_1 = q + v_3A_2/A_1$$

整理后得

$$v_3 = q/A_1 - A_2 = 4q/\pi d^2$$

快进一般为空行程，负载较小，v_3 和 F_3 正符合要求；工进时负载大，但速度较慢，v_1 和 F_1 可以满足。为保证快进与快退速度相等，可使有杆腔面积等于无杆腔面积的一半。

（3）其他类型液压缸（见图 11-8）。

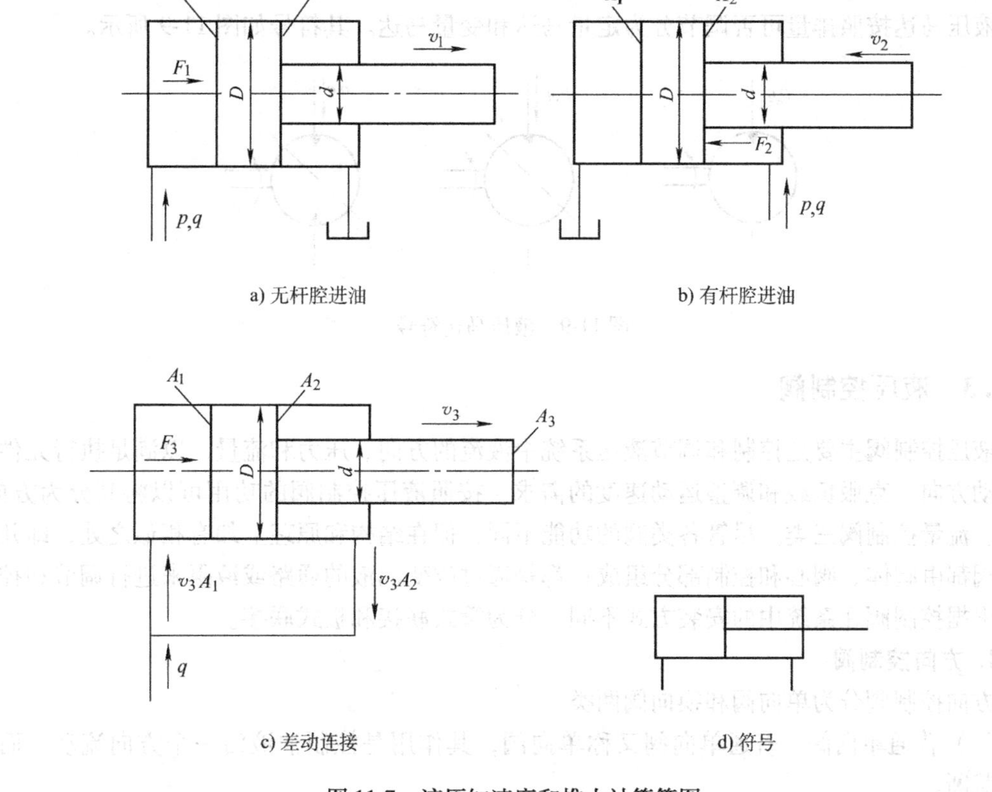

图 11-7　液压缸速度和推力计算简图

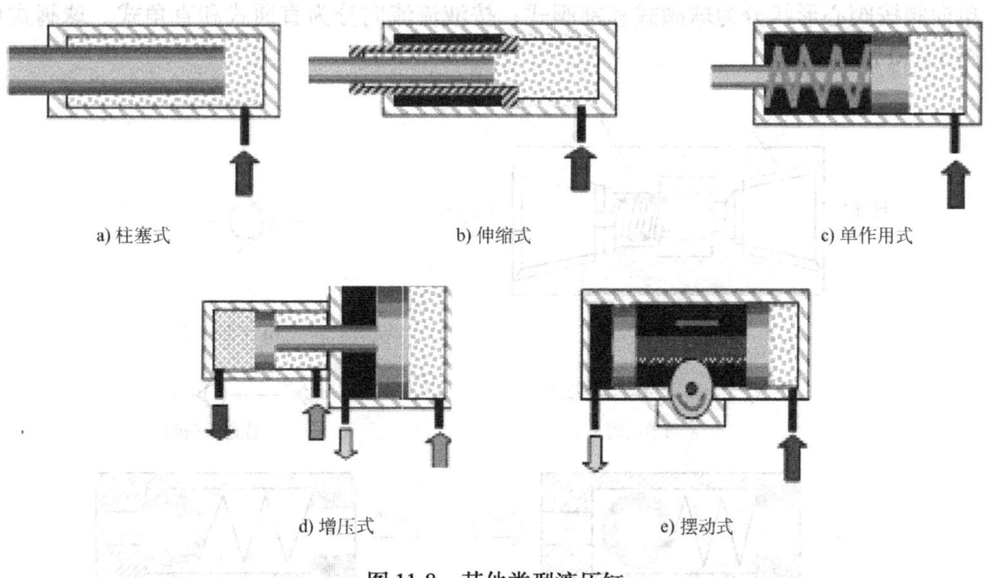

图 11-8　其他类型液压缸

2. 液压马达

液压马达把输入油液的压力能转换为输出轴转动的机械能。常见的液压马达也有齿轮式、叶片式和柱塞式等几种主要形式。马达和泵在工作原理上是互逆的，当向泵输入压力油时，其轴输出转速和转矩则成为马达。但由于二者的功能和要求有所不同，而实际结构也有所差异，故只有少数泵能直接做马达使用。

液压马达按照排量可否调节分为定量马达和变量马达。其符号如图 11-9 所示。

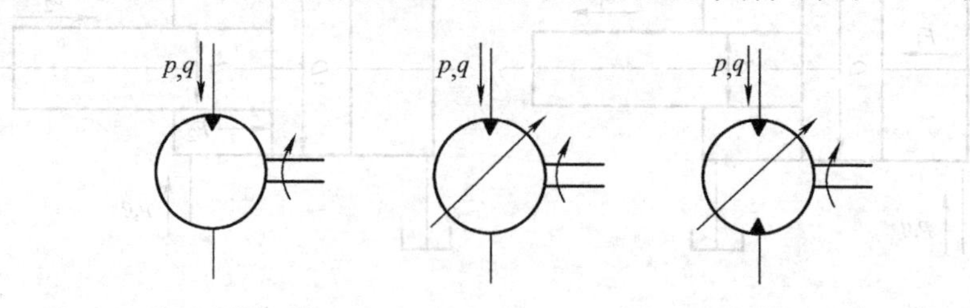

图 11-9　液压马达符号

11.2.3　液压控制阀

液压控制阀主要是控制和调节液压系统中液流的方向、压力和流量，以满足执行元件改变运动方向、克服负载和调整运动速度的需求。按照液压控制阀的功用可以将其分为方向、压力、流量控制阀三类。尽管各类阀的功能不同，但在结构和原理上却有相似之处，即几乎所有阀都由阀体、阀心和控制部分组成；都是通过改变油液的通路或液阻来进行调节和控制的。根据控制阀在系统中的安装方式不同，分为管式联接和板式联接。

1. 方向控制阀

方向控制阀分为单向阀和换向阀两类。

(1) 普通单向阀　普通单向阀又称单向阀，其作用是控制油液沿一个方向流动，而反方向截断。

单向阀按阀心形状分为球阀式和锥阀式；按液流流向分为直通式和直角式。球阀式单向阀如图 11-10 所示。

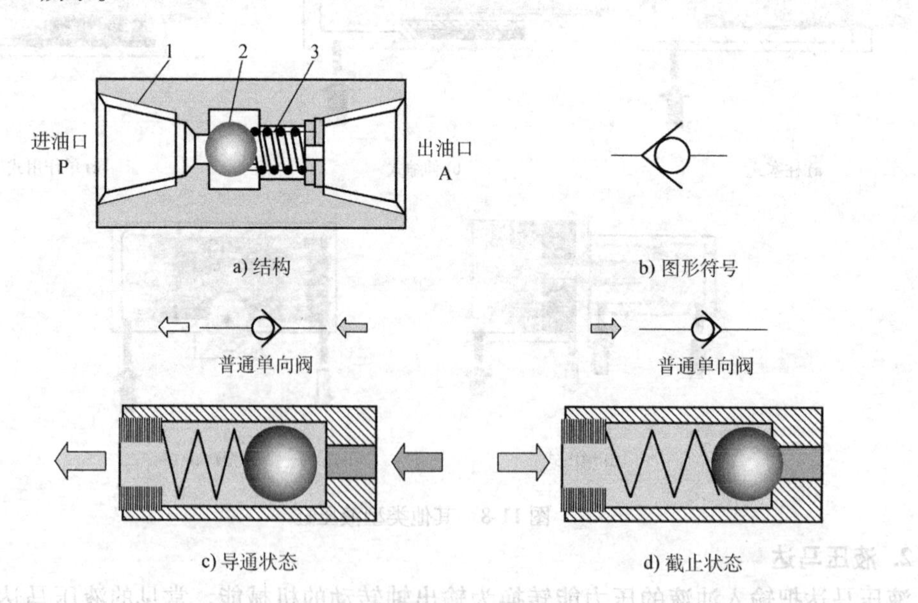

图 11-10　球阀式单向阀

1—阀体　2—阀心　3—弹簧

液压系统对单向阀的要求是，液体正向流动时的能量损失要小；反向截止时的密封性要好；动作灵敏。单向阀中的弹簧主要用来克服阀心的摩擦阻力和惯性力，通常选取的弹簧刚度较小，以使单向阀动作灵敏、可靠，避免产生较大的压力降。一般单向阀的开启压力为 0.035～0.05MPa，以额定流量通过时，压力损失不应超过 0.1～0.3MPa。作为背压阀使用时，应换上较大刚度的弹簧，开启压力约为 0.2～0.6MPa。

(2) 液控单向阀（见图 11-11）

液控单向阀是在普通单向阀的基础上加设了控制油口 K。

1）当控制油口 K 不通压力油时，与普通单向阀作用相同：

图 11-11a 为 A 口来油，A 和 B 通；图 11-11b 为 B 口来油，A 和 B 不通。

2）当控制油口 K 接通压力油时，压力油推动控制活塞 1，经推杆 2 顶开阀心 3，使油口 A 和 B 接通，油液即可双向流动：

图 11-11c 为 A 向 B 流；图 11-11d 为 B 向 A 流。

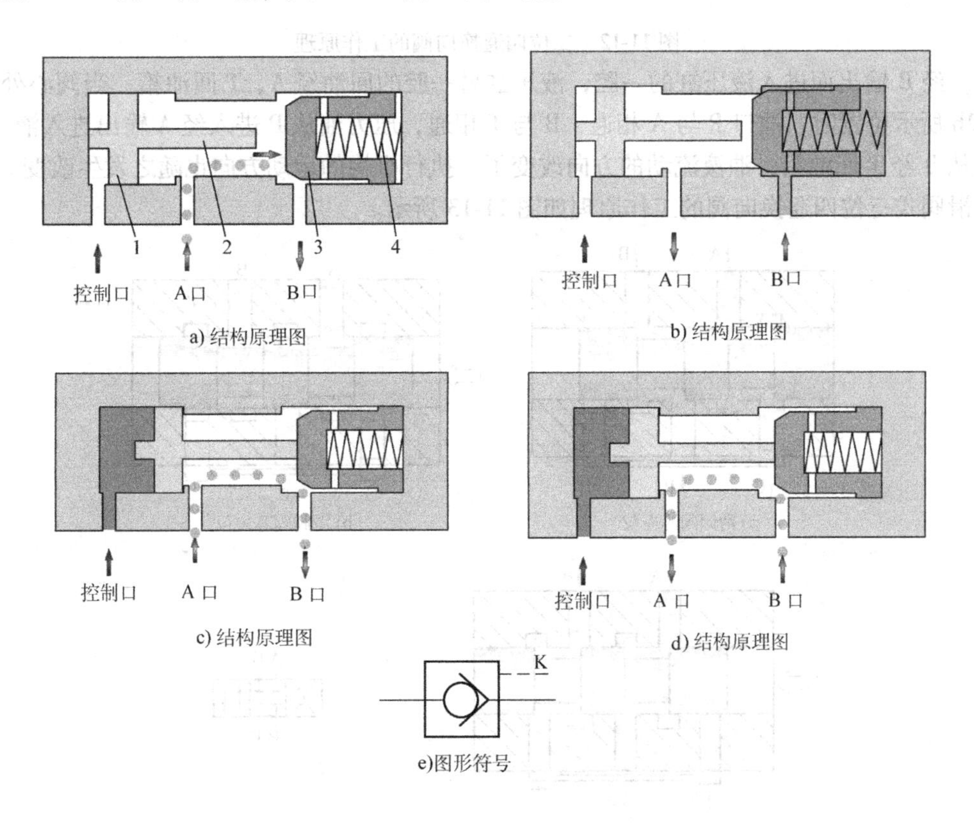

图 11-11　液控单向阀

1—控制活塞　2—推杆　3—阀心　4—弹簧

(3) 换向阀　换向阀的作用是利用阀心和阀体间相对位置的改变，控制油液流动的方向及液流的接通或断开。对换向阀的要求是，油路接通时压力损失要小；油路断开时泄漏要小；换向可靠，动作平稳、迅速。

1）换向阀的工作原理。例如，滑阀式二位四通换向阀的工作原理，如图 11-12 所示。

当阀心处于图 11-12a 所示位置时，油口 P 与 B 相通，A 与 T 相通。此时压力油可从 P

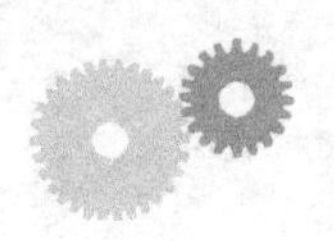

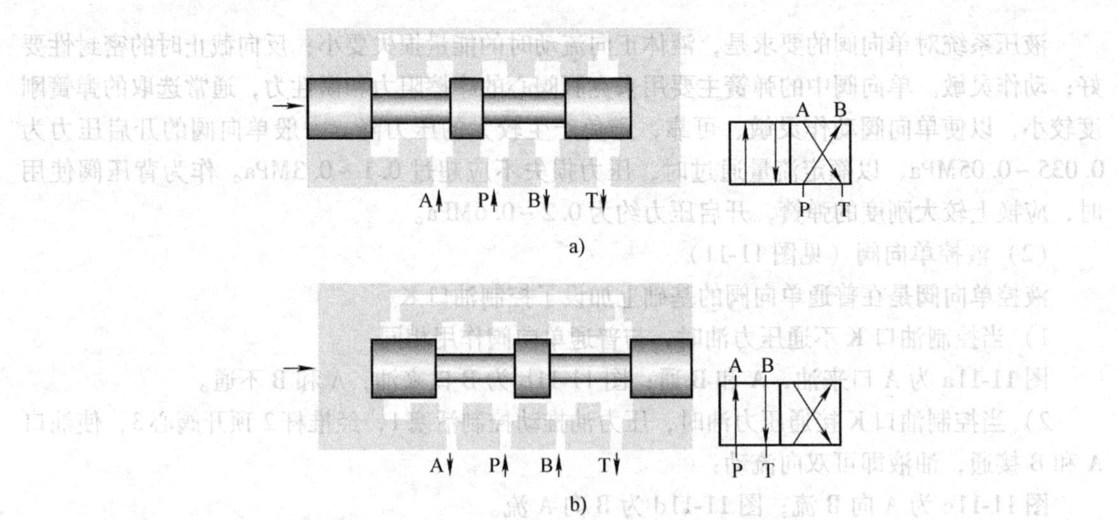

图 11-12　二位四通换向阀的工作原理

进入，经 B 输出而进入液压缸的一腔，液压缸另一腔的回油经 A、T 回油箱。当阀心处于图 11-12b 所示位置时，油口 P 与 A 相通，B 与 T 相通，压力油从 P 进入经 A 输出进入液压缸，回油从 B 经 T 回油箱，油液流动的方向改变了，执行机构的运动方向也随之发生改变。

滑阀式三位四通换向阀的工作原理如图 11-13 所示。

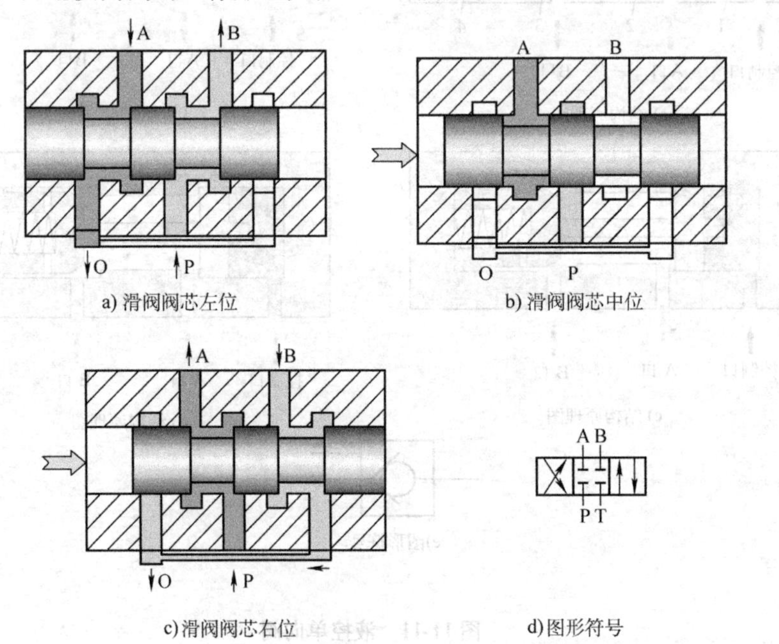

图 11-13　三位四通换向阀的工作原理

国标规定换向阀职能符号的含义如下：

① 方框表示滑阀的工作位置，有几个方框就表示是几位阀。

② 方框内的箭头表示相应油口的接通，“┴”或“┬”表示液流通道被关闭。

③ 箭头首尾、“┴”或“┬”与方框的交点表示阀的接出通路，有几个交点即为几通。

④　靠近控制方式的方框表示在此控制力作用下的工作位置。

⑤　P 表示与系统供油路接通的压力油口，T 表示与油箱连通的回油口，A、B 表示与执行元件相通的工作油口。

2）换向阀的分类。换向阀分类方法，见表 11-1。

表 11-1　换向阀的分类

分类方式	形　式
按阀心运动方式	滑阀、转阀、锥阀
按阀的工作位置数和通路数	二位三通、二位四通、三位四通；三位五通等
按阀的操纵方式	手动、机动、电动、液动、电液动
按阀的安装方式	管式、板式、法兰式

通常按阀的操纵方式和按阀的工作位置数和通路数命名。

机动换向阀也称行程阀，它利用安装在工作台上的挡铁或凸轮迫使阀心移动而实现换向。机动阀以二位阀居多，有二通、三通、四通、五通等；二位二通阀有常开和常闭两种形式。

电磁换向阀是利用电磁铁吸力操纵阀心换位的方向控制阀，它操作方便，便于布局，易于实现动作转变的自动化，是换向阀中品种最多、应用最广泛的一种。

液动换向阀利用控制压力油改变阀心的位置而实现换向。阀心的移动由阀心两端控制油液的压力差来实现，当控制油口 K_1 接通压力油时，K_2 接回油箱，阀心右移，使油口 P 与 A 相通、B 与 T 相通。反之，当 K_2 通入压力油时，阀心左移，使油口 P 与 B 相通、A 与 T 相通。

电液换向阀实际上是一个组合阀，它由两部分组成，即大流量、带阻尼器的液动换向阀和小流量电磁换向阀。电磁换向阀起先导阀的作用，用来控制油液的方向，使液动阀换向，液动阀则用来控制执行元件的运动方向。

换向阀图形符号，如图 11-14 所示。

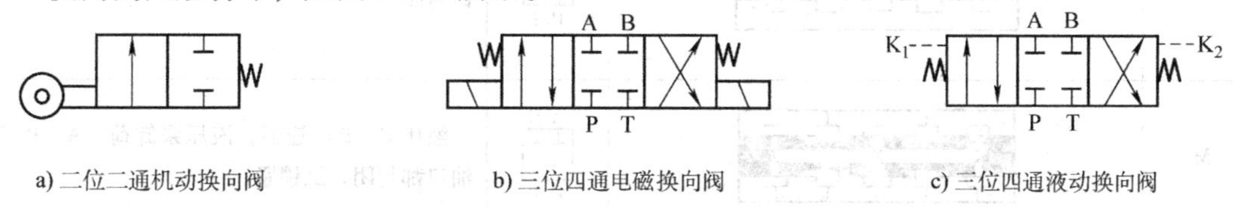

a) 二位二通机动换向阀　b) 三位四通电磁换向阀　c) 三位四通液动换向阀

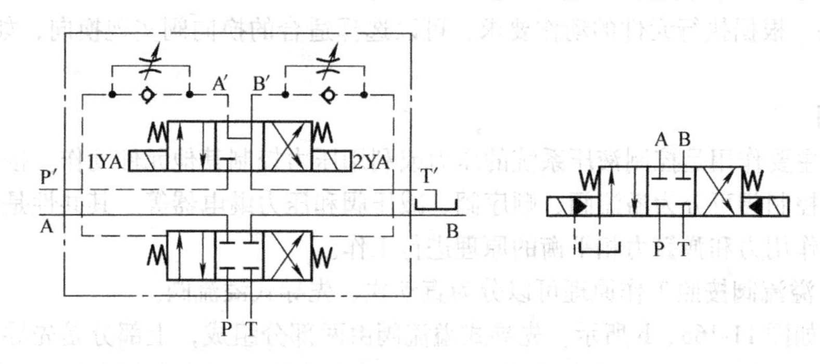

d) 三位四通电液动换向阀

图 11-14　换向阀图形符号

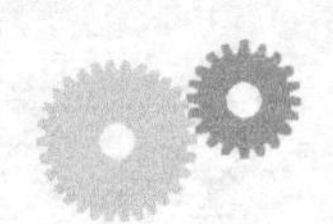

三位换向阀常用的滑阀机能见表11-2。

表 11-2　三位换向阀常用的滑阀机能

机能形式	结构简图	中间位置符号	作用、机能特点
O	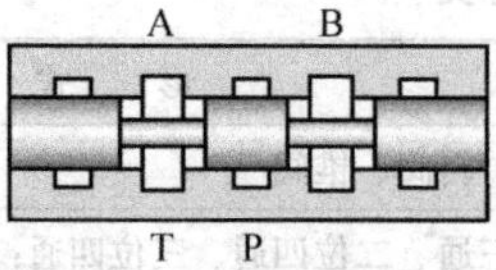 A B T P	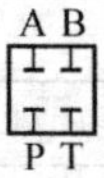 A B P T	各油口全部关闭，系统保持压力，液压缸锁紧
H	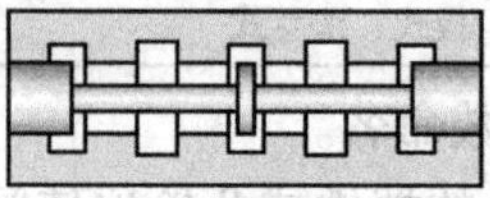	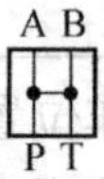 A B P T	各油口 P、T、A、B 全部连通，液压泵卸荷，液压
Y	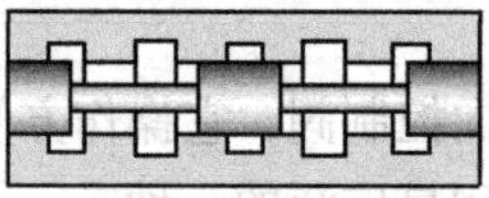	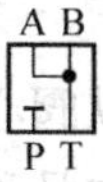 A B P T	A、B、T 口连通。P 口保持压力，液压缸活塞处于浮动状态
P	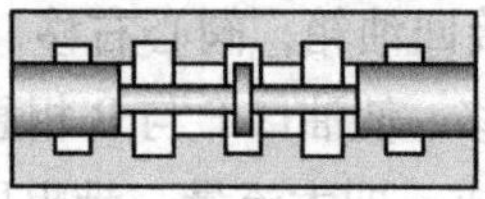	 A B P T	P 口和 A、B 口连通，单杆缸可实现差动连接，回油口封闭
K	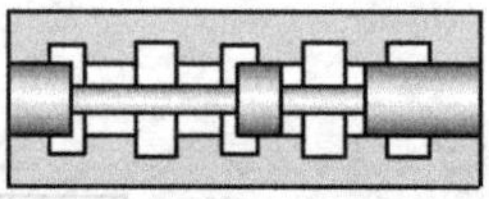	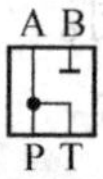 A B P T	P、A、T 口连通，液压泵卸荷，液压缸 B 口封闭
M	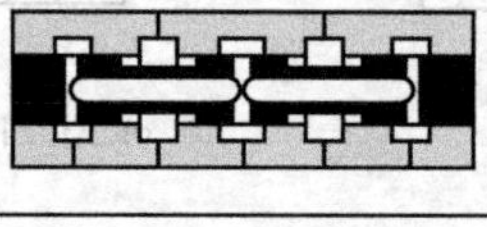	 A B P T	液压 P、T 口连通，液压泵卸荷，A、B 两油口都封闭，缸锁紧

（4）换向回路　根据执行元件的动作要求，可以选择适合的换向阀实现换向，如图 11-15 所示。

2. 压力控制阀

压力控制阀的主要作用是控制液压系统的压力或利用压力控制其他元件动作。按照功能和用途不同，压力控制阀可分为溢流阀、顺序阀、减压阀和压力继电器等。其共性是利用作用于阀心上的液压作用力和弹簧力相平衡的原理进行工作。

（1）溢流阀　溢流阀按照工作原理可以分为直动式、先导式溢流阀。

先导式溢流阀如图 11-16a、b 所示。先导式溢流阀由两部分组成，上部分是先导调压阀（相当于一种直动式溢流阀），下部分是主滑阀。压力油由进油口进入主阀心下端，同时又经细长孔 e 流入主阀心上腔→作用于锥阀 3 的右端。当系统压力 p 较低时，锥阀 3 闭合，没

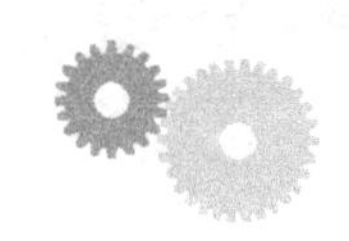

有持续油液流过细长孔 e，主阀心两端的压力相等，液压作用力抵消，只有弹簧 4 的弹力使阀心处于最下端位置，溢流口关闭。当系统压力升高到能打开先导锥阀时，压力油通过阻尼细长 e 经锥阀回油箱。细长孔 e 的阻尼作用使主阀心上端的压力 p_1 小于下端的压力 p，压差产生的力超过弹簧 4 的作用力时，主阀心上移，溢流口打开，进油口 P 与回油口 T 接通，实现溢流。

先导式溢流阀反应不如直动式溢流阀快，适用于压力较高的场合。

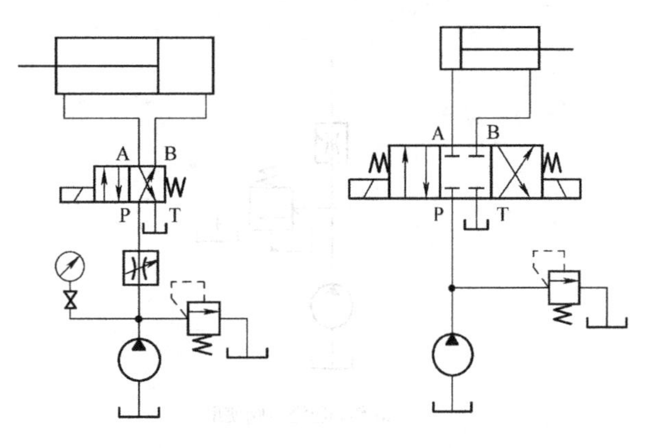

a) 二位二通电磁换向阀换向回路　b) 三位二四通电磁换向阀换向回路

图 11-15　换向回路

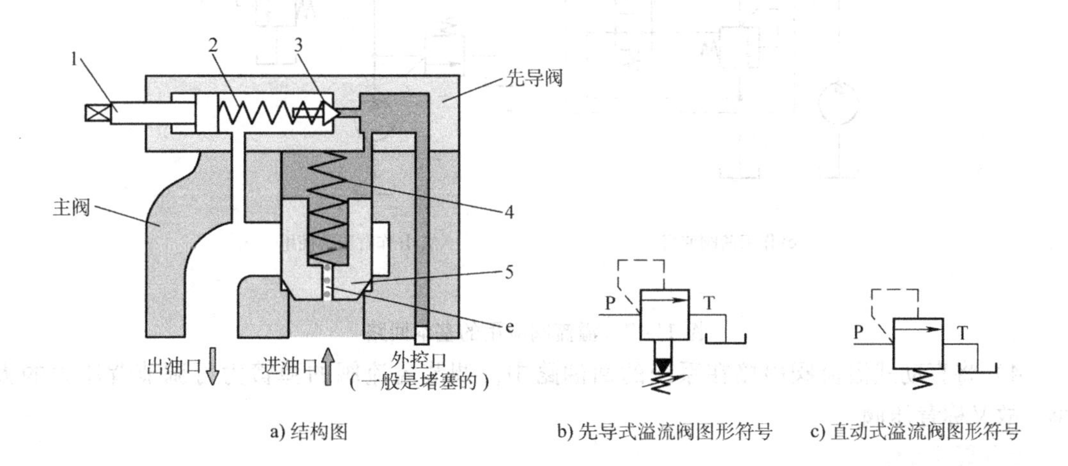

a) 结构图　b) 先导式溢流阀图形符号　c) 直动式溢流阀图形符号

图 11-16　溢流阀

1—螺母　2—调压弹簧　3—锥阀　4—弹簧　5—阀心

溢流阀应用的基本回路如图 11-17 所示。

1）溢流阀用在定量泵供油系统，与节流阀并联使用。工作时溢流阀口常开，通过溢去多余的流量配合节流阀的调速，同时保持液压泵的工作压力基本恒定。调节溢流阀可以控制液压系统的工作压力。

2）用在变量泵供油系统，可根据液压缸的需要自行调整供油量，因此正常工作时，溢流阀的阀口是关闭的。只有当系统压力超过最大允许值（由溢流阀调整，比系统最大工作压力高 10% 左右）时，阀口才打开，将压力油引回油箱，使系统压力不再升高，起安全保护作用，故又称安全阀。

3）用在定量泵供油系统，当二位二通电磁铁通电时，先导式溢流阀弹簧腔（控制腔）的油液经远程控制口 K 和电磁换向阀被引回油箱，主阀心上端压力近似降为零压，导致主阀心上移，溢流口大开，液压泵输出的压力油经溢流口溢回油箱，主油路卸荷。故又称卸荷阀。

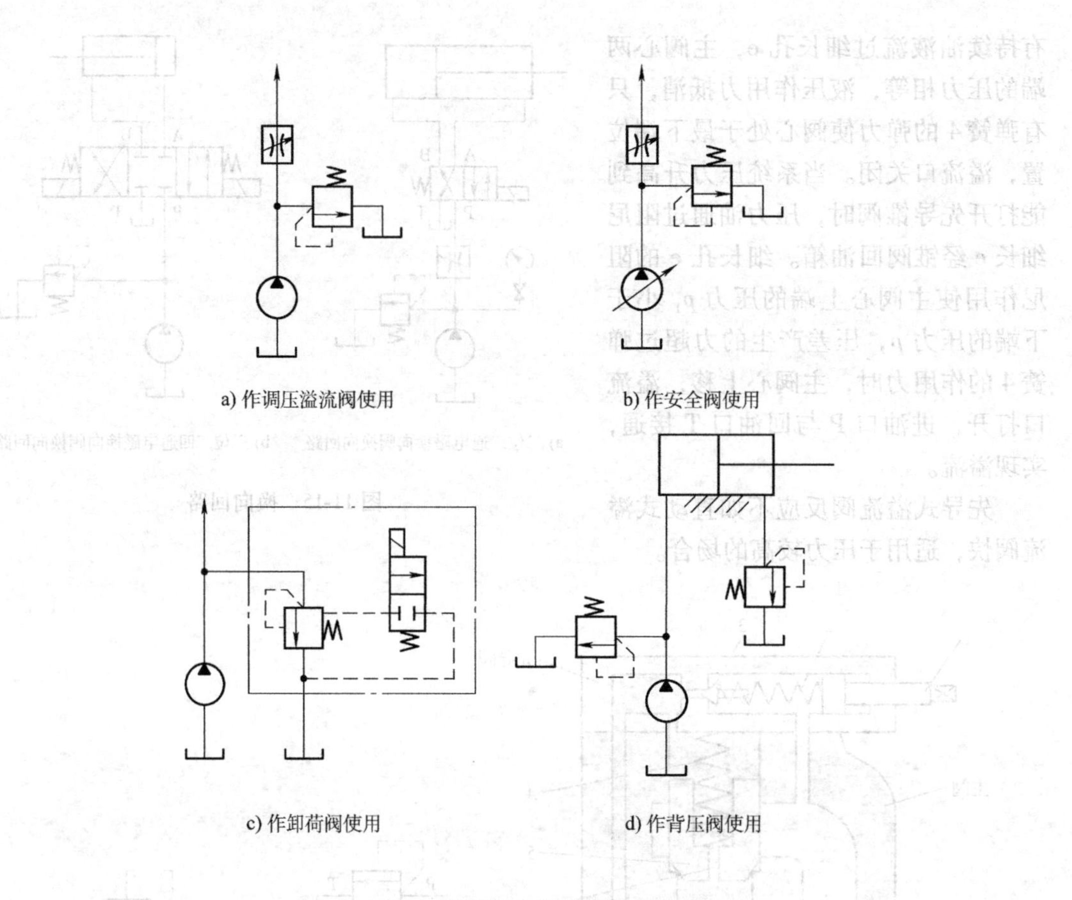

a) 作调压溢流阀使用　b) 作安全阀使用

c) 作卸荷阀使用　d) 作背压阀使用

图 11-17　溢流阀应用的基本回路

4）将直动式溢流阀串接在系统的回油路中，调节溢流阀的弹簧力可调节背压力的大小。故又称背压阀。

知识要点

溢流阀只要开启溢流，就能维持其进口压力近似为溢流阀的调定压力。

（2）顺序阀　顺序阀是以油路中的压力变化为控制信号，自动接通或切断某一油路，以实现执行元件顺序动作的压力阀。顺序阀按结构分为直动式和先导式两种，其中先导式用于压力较高的场合。直动式顺序阀如图 11-18 所示。

直动式顺序阀与 P 型溢流阀类似，所不同的是，溢流阀出口接油箱，顺序阀出口接下一执行元件；也正是因为顺序阀进、出油口都通压力油，所以顺序阀的泄漏油口单独接回油箱。当顺序阀利用外部油液的压力进行控制时，称为液控顺序阀，与直动式顺序阀的差别是多了一个控制油口 K，顺序阀的启闭由 K 口的压力控制，而与其本身进油口 P 的压力大小无关。

顺序阀多用于控制执行元件的顺序动作回路，也可与单向阀一起用于平衡回路。

知识要点

顺序阀开启的条件是进口压力大于或等于顺序阀的调定压力。

液控顺序阀开启的条件是有控制油压。

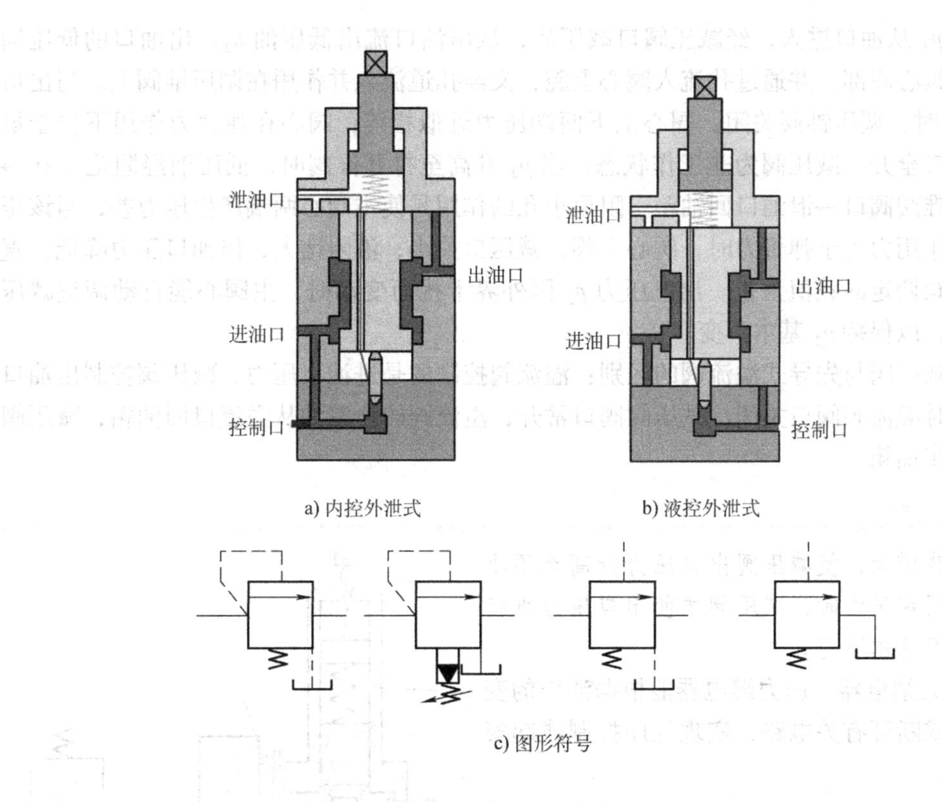

a) 内控外泄式　　b) 液控外泄式

c) 图形符号

图 11-18　直动式顺序阀

（3）减压阀　减压阀用来获得较低而稳定的压力，常用在一个液压泵同时向几个执行元件供油的场合。减压阀也分直动式和先导式两种，先导式使用较多。

先导式减压阀的结构图及职能符号，如图 11-19 所示。

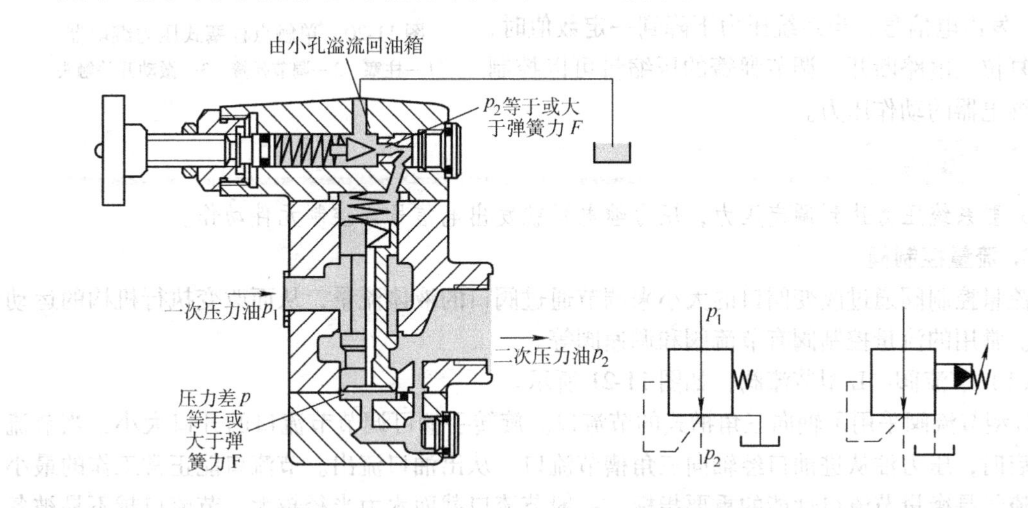

a) 结构图　　b) 直动式图形符号　　c) 先导式图形符号

图 11-19　减压阀

高压油 p_1 从油口进入，经减压阀口减压后，从出油口流出低压油 p_2。出油口的低压油经小孔通入阀心底部，并通过孔流入阀心上腔，又经孔道流入并作用在调压锥阀上。当出口压力 p_2 较低时，调压锥阀关闭，阀心上下两端压力近似相等，阀心在弹簧力作用下位于最下端，减压口全开，减压阀为非工作状态。当 p_2 升高至打开锥阀时，低压油经阻尼小孔→孔道→调压锥阀阀口→泄油口回油箱。阻尼小孔的作用是使主阀心两端产生压力差，当该压力差产生的作用力大于弹簧力时，阀心上移，减压口关小，液阻增大，出油口压力降低，直至等于先导阀调定的数值为止。出口压力 p_2 因外界干扰而变动时，主阀心能自动调整减压阀口的大小，以保持 p_2 基本不变。

先导式减压阀与先导式溢流阀的区别：溢流阀控制的是进油口压力，减压阀控制出油口压力；常态时溢流阀阀口关闭，减压阀阀口常开；溢流阀的泄漏油从溢流口回油箱，减压阀泄漏油单独接油箱。

知识要点

只有负载增大，使减压阀出口压力升高至不小于减压阀的调定压力时，减压阀才使出口压力维持为调定压力而基本不变。

(4) 压力继电器　压力继电器能根据油压的变化自动接通或断开有关电路，实现程序控制或起安全保护作用。

单触点柱塞式压力继电器结构及符号，如图 11-20 所示。

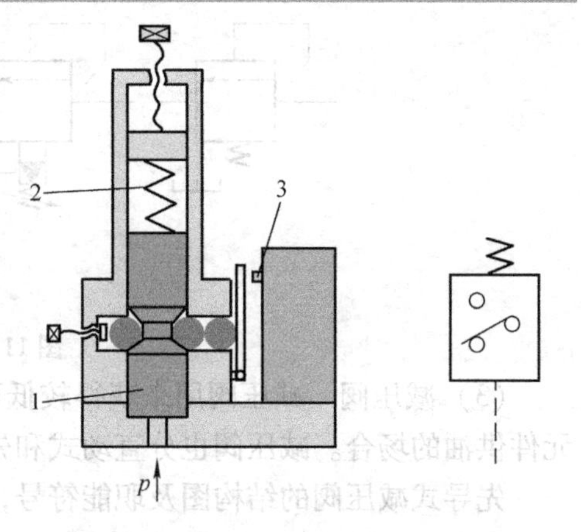

图 11-20　单触点柱塞式压力继电器

1—柱塞　2—调节弹簧　3—微动开关触头

压力油作用在柱塞 1 上，当系统压力达到调压弹簧 2 的调定值时，弹簧被压缩，压下微动开关触头 3，发出电信号。当系统压力下降到一定数值时，弹簧复位，电路断开。调节弹簧的压缩量可以控制压力继电器的动作压力。

知识要点

只要系统压力达到调定压力，压力继电器就发出电信号以控制元件动作。

3. 流量控制阀

流量控制阀通过改变阀口的大小来调节通过阀口的液体流量，从而改变执行机构的运动速度。常用的流量控制阀有节流阀和调速阀等。

(1) 节流阀　L 型节流阀，如图 11-21 所示。

L 型节流阀采用了轴向三角槽式的节流口。旋转手柄可调节节流口的开口大小，当节流口开启时，压力油从进油口经轴向三角槽节流口，从出油口流出。节流口能正常工作的最小稳定流量是衡量节流口性能的重要指标。一般节流口截面水力半径越大，节流口越不易被各种杂质堵塞，越易获得较小的最小稳定流量。

L 型节流阀结构简单，工艺性好，但负载和温度变化对流量稳定性均有影响，只适用于负载和温度变化不大或速度稳定性要求不高的场合。

(2) 调速阀　调速阀是由定差减压阀和节流阀组合而成的，节流阀用来调节流量，定

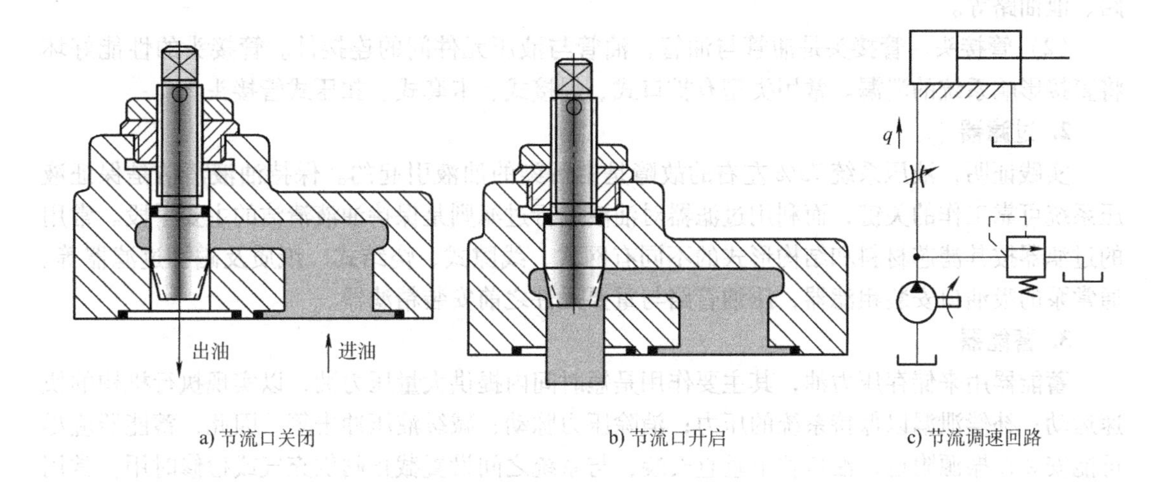

图 11-21　L 型节流阀

差减压阀则用来补偿负载导致的压差变化对流量的影响，以提高流量稳定性。

调速阀如图 11-22 所示。

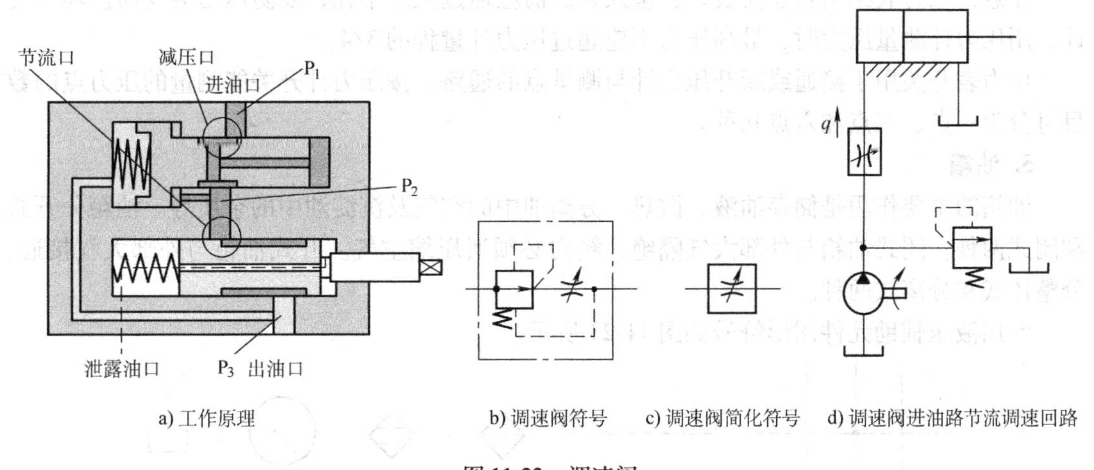

图 11-22　调速阀

知识要点

节流口大小决定节流阀、调速阀的通过流量。

11.2.4　液压辅助元件

液压辅助元件是液压系统不可缺少的组成部分，对整个液压系统的工作性能仍有着重要的影响。

1. 油管及管接头

油管和管接头用以把液压元件连接起来构成封闭的循环系统。

（1）油管　液压系统中常用的油管有钢管、纯铜管、橡胶软管、尼龙管、塑料管等多种类型。考虑配管和工艺的方便，在中、低压系统一般用纯铜管，高压系统中常用无缝钢管。橡胶软管可用于两个相对运动件之间的连接，尼龙管和塑料管承压能力差，可用于回油路、泄油路等。

（2）管接头　管接头是油管与油管，油管与液压元件间的连接件。管接头的性能好坏将直接影响系统的泄漏。常用类型有扩口式、焊接式、卡套式、扣压式管接头。

2. 过滤器

实践证明，液压系统75%左右的故障是由污染的油液引起的。保持油液清洁是保证液压系统可靠工作的关键，而利用过滤器对油液进行过滤则是保持油液清洁的主要手段。常用的过滤器按其滤芯材料和结构形式的不同有网式、线隙式、烧结式、纸质及磁性过滤器等。通常泵的吸油口安装粗滤器，压油管路与重要元件之前安装精滤器。

3. 蓄能器

蓄能器用来储存压力油，其主要作用是短时间内提供大量压力油，以实现执行机构的快速运动；补偿泄漏以保持系统的压力；消除压力脉动；减缓液压冲击等。因此，蓄能器应尽可能安装在振源附近，油口朝下垂直安装，与系统之间设置截止阀供充气或检修时用。常用蓄能器为充气式蓄能器，可分为活塞式和气囊式。

4. 压力表及压力表开关

压力表是用来观察测量系统工作点的工作压力的。常用弹簧管式压力表。

注意：压力表必须直立安装，且接入管道前应通过阻尼小孔，以防压力突变而损坏压力计。用压力计测量压力时，最高压力不应超过压力计量程的3/4。

压力表开关用于接通或断开压力计与测量点的通路。按压力计开关能测量的压力点的数目可分为一点、三点和六点几种。

5. 油箱

油箱的主要作用是储存油液、散热、分离油中的空气及沉淀油中的杂质等。油箱分开式和闭式两种。闭式油箱与外部大气隔绝，箱内必须通压缩空气。开式油箱与外部大气接通，分整体式和分离式两种。

常用液压辅助元件图形符号如图11-23所示。

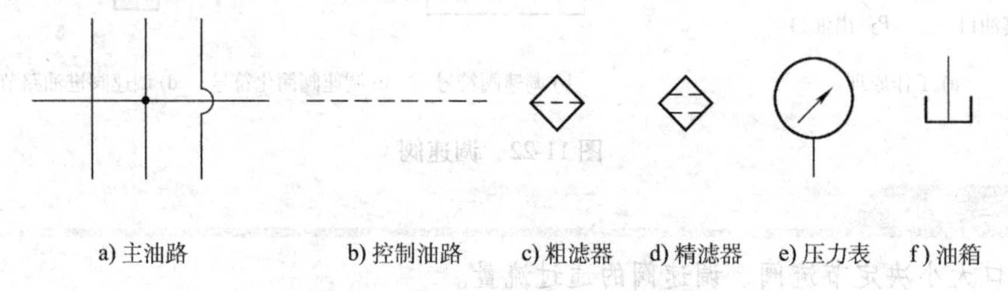

a) 主油路　　b) 控制油路　　c) 粗滤器　　d) 精滤器　　e) 压力表　　f) 油箱

图11-23　常用液压辅助元件图形符号

视频教学：观看视频《液压元件》，了解液压元件的原理。

11.3　液压传动系统图的识读

阅读液压传动系统图的大致步骤：首先要了解设备的功用及对液压系统动作和性能的要求，如工作循环、顺序动作、互锁运动等；然后按执行元件将液压系统图分解为若干个子系统；其次对每个子系统进行分析，按执行元件的工作循环分析实现每步动作的进油和回油路线；最后根据设备对各子系统之间的顺序、同步、互锁、防干扰等要求，分析其相互之间的

联系。

11.3.1　概述

数控车床主要用于轴类和盘类回转体零件的加工。一般卡盘、刀架、尾座套筒等采用液压驱动。MJ-50 数控车床液压系统图如图 11-24 所示。

11.3.2　动作原理

1. 卡盘的夹紧与松开

主轴卡盘的夹紧与松开，由电磁阀 1 控制。卡盘的高压与低压夹紧转换，由电磁阀 2 控制。

1）当卡盘处于正卡且在高压夹紧状态下，夹紧力的大小由减压阀 6 来调节。

卡盘夹紧时，活塞杆左移，1YA 通电，3YA 断电，油路为：

进油路：泵→减压阀 6→阀 2→阀 1→夹紧缸右腔

回油路：夹紧缸左腔→阀 1（左位）→油箱

卡盘松开时，2YA 通电，活塞杆右移。油路为：

进油路：泵→减压阀 6→阀 2→阀 1→夹紧缸左腔

回油路：夹紧缸左腔→阀 1（右位）→油箱

2）当卡盘处于反卡且在低压夹紧状态下，夹紧力的大小由减压阀 7 来调整。

卡盘夹紧时，1YA、3YA 通电，活塞杆左移。油路为：

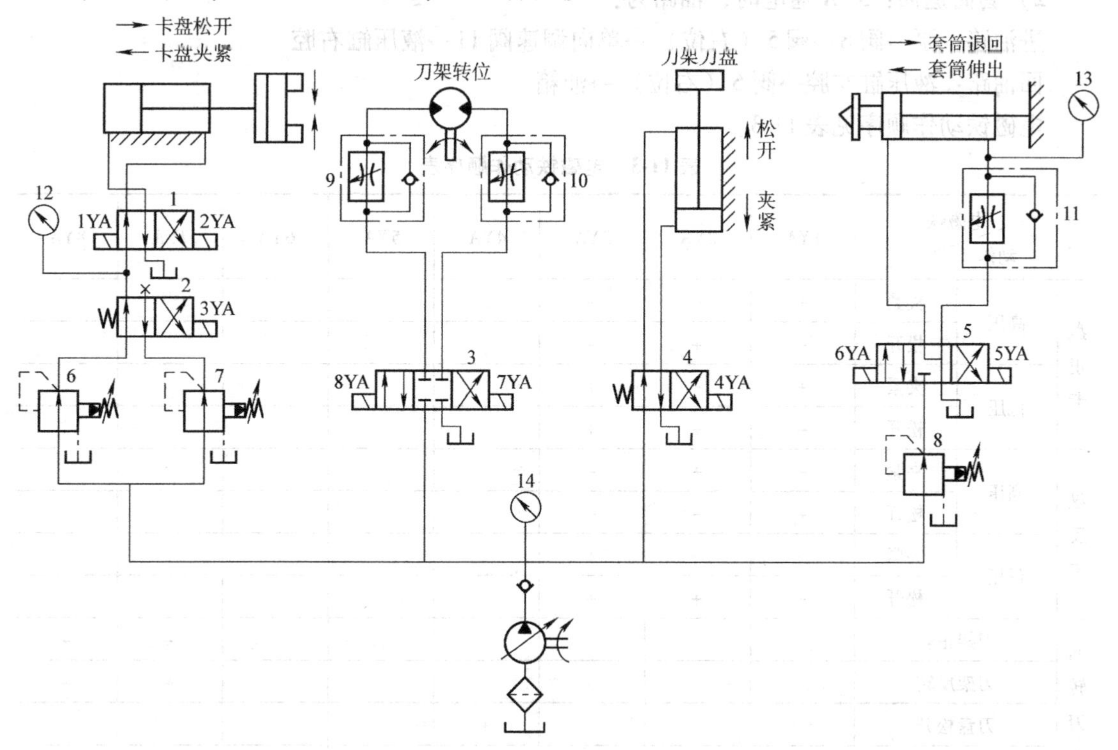

图 11-24　数控车床液压系统原理图

进油路：泵→减压阀 7→阀 2→阀 1→夹紧缸右腔

回油路：夹紧缸左腔→阀 1（左位）→油箱

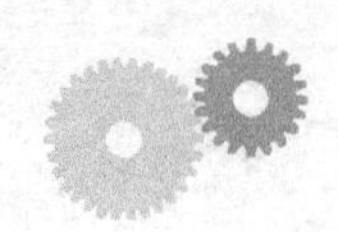

卡盘松开时，2YA、3YA 通电，

进油路：泵→减压阀 7→阀 2→阀 1→夹紧缸左腔

回油路：夹紧缸左腔→阀 1（右位）→油箱

2. 回转刀架动作

回转刀架换刀时，首先是刀盘松开，之后刀盘就转到指定的刀位，最后刀盘夹紧。刀盘的夹紧与松开，由电磁阀 4 控制。刀盘的旋转可正反转，由电磁阀 3 控制，其转速分别由单向调速阀 9 和 10 调节控制。

1）刀架正转：4YA 先通电，刀盘松开；当 8YA 通电时，油路为：

进油路：泵→阀 3→单向调速阀 9→液压马达

2）刀架反转时，7YA 通电，油路为：

进油路：泵→阀 3→单向调速阀 10→液压马达

当 4YA 断电时，刀盘夹紧。

3. 尾座套筒伸缩动作

尾座套筒伸出与退回由电磁阀 5 控制。

1）套筒伸出：6YA 通电，油路为：

进油路：泵→阀 8→阀 5（左位）→液压缸左腔

回油路：液压缸右腔→单向调速阀 11→阀 5（左位）→油箱

2）套筒退回：5YA 通电时，油路为：

进油路：泵→阀 8→阀 5（右位）→单向调速阀 11→液压缸右腔

回油路：液压缸左腔→阀 5（右位）→油箱

电磁铁动作顺序见表 11-3。

表 11-3　电磁铁动作顺序表

动作＼电磁铁			1YA	2YA	3YA	4YA	5YA	6YA	7YA	8YA
盘正卡	高压	夹紧	+	−	−					
		松开	−	+	−					
	低压	夹紧	+	−	+					
		松开	−	+	+					
盘反卡	高压	夹紧	−	+	−					
		松开	+	−	−					
	低压	夹紧	+	−	+					
		松开	−	+	+					
回转刀架	刀架正转								−	+
	刀架反转								+	−
	刀盘松开					+				
	刀盘夹紧					−				
尾座套筒	套筒伸出						−	+		
	套筒退回						+	−		

11.4　气压传动基础

气压传动系统的组成与液压传动类似，由气源装置、执行元件、控制元件、辅助元件及工作介质等五部分组成，但气压传动系统中所用的工作介质是空气。

11.4.1　气压传动的特点

1）工作介质为空气，来源经济方便，用过之后可直接排入大气，处理简单，不污染环境。

2）由于空气流动损失小，压缩空气可集中供气，作远距离输送。

3）气压传动具有动作迅速、反应快、维护简单、管路不易堵塞的特点，且不存在介质变质、补充和更换等问题。

4）对工作环境的适应性好，可安全应用于易燃易爆场所。

5）气压传动装置结构简单、重量轻、安装维护简单，能够实现过载自动保护。

6）由于空气可压缩性较大，所以受负载的影响比较大。空气没有自润滑性，需要另行给油润滑。

11.4.2　气源装置

气源装置的主体部分是空气压缩机，还包括气源净化装置，常见的气源净化装置有后冷却器、除油器、储气罐、干燥器等。其作用是产生具有足够压力和流量的压缩空气，同时将其净化、处理及储存。

1. 空气压缩机

空气压缩机按结构分活塞式、离心式、螺杆式和叶片式空气压缩机等。

活塞式空气压缩机的工作原理如图 11-25 所示。

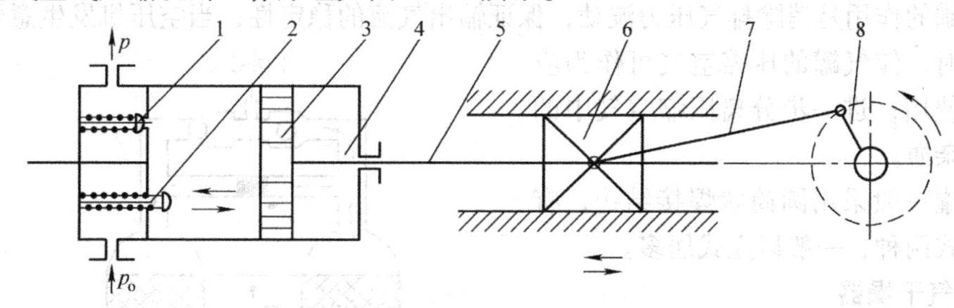

图 11-25　活塞式空气压缩机工作原理

选择空气压缩机主要以气动系统所需要的工作压力和流量为依据。一般气动系统的工作压力为 0.5 ~ 0.8MPa，选用额定排气压力为 0.7 ~ 1MPa 的空气压缩机。排气流量是把所有气动元件和装置在一定时间内的平均耗气量之和作为确定空气压缩机站供气量的依据，并将各元件和装置在其不同压力下的压缩空气流量转换为大气压下的自由空气流量。

活塞式空气压缩机适用于压力较高的中、小流量场合，离心式空气压缩机运转平稳、排气均匀，适用于低压、大流量的场合，螺杆式适用于低压力的中、小流量的场合，叶片式空气压缩机适用于低、中压力的中、小流量的场合。

2. 后冷却器

后冷却器是将空气压缩机产生的高温压缩空气由140～170℃降低到40～50℃，使压缩空气中的油雾和水汽达到饱和，使其大部分析出并凝结成油滴和水滴分离出来，以便将其清除，达到初步净化压缩空气的目的。后冷却器主要有风冷式和水冷式两种。风冷式后冷却器及符号如图11-26所示。

3. 除油器

除油器用于分离压缩空气中凝聚的灰尘、水分和油分等杂质。撞击折回并环形回转式除油器结构如图11-27所示。

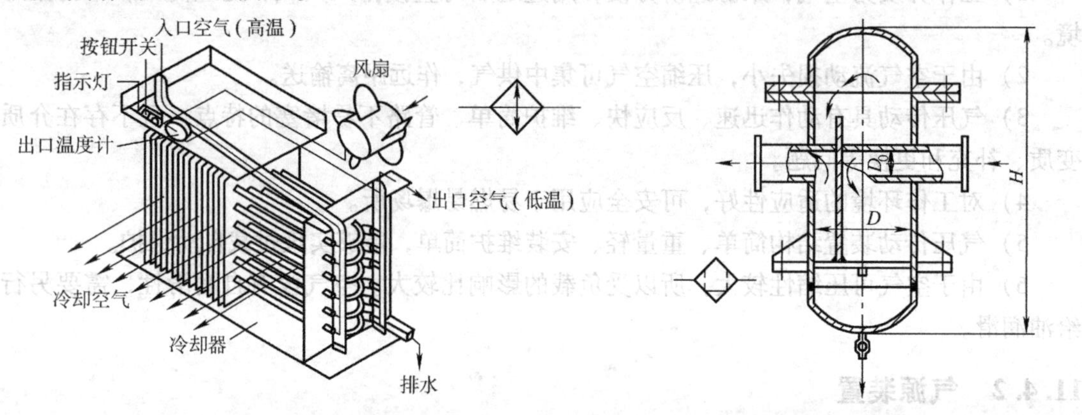

图11-26　风冷式后冷却器

图11-27　撞击折回并环形回转式除油器结构

压缩空气自入口进入后，因撞击隔板而折回向下，继而又回升向上，形成回转环流，使水滴、油滴和杂质在离心力和惯性力作用下，从空气中分离析出，并沉降在底部。定期打开底部阀门将分离物排出。

4. 储气罐

储气罐的作用是消除排气压力波动，保证输出气流的稳定性；当空压机发生意外事故如突然停电时，储气罐的压缩空气可作为应急动力源使用；进一步分离压缩空气中的水和油等杂质。

储气罐一般采用圆筒状焊接结构，有立式和卧式两种，一般以立式居多。

5. 空气干燥器

空气干燥器用于吸收和排除压缩空气中的水分、油分和杂质。满足一些精密机械、仪表等装置要求，需要进行干燥和再精过滤。在工业上常用冷冻法和吸附法。

不加热再生式干燥器如图11-28所示。

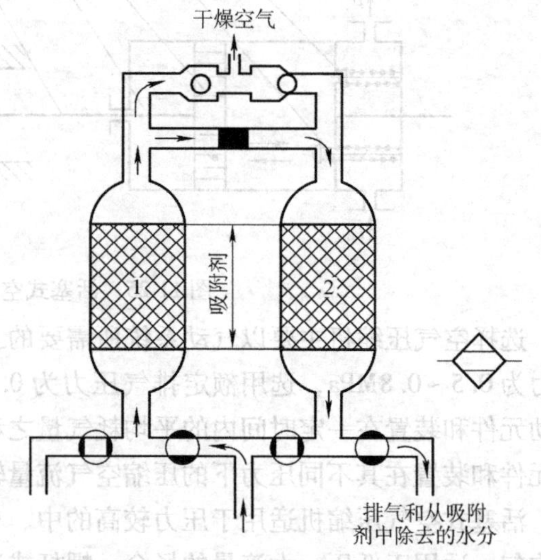

图11-28　不加热再生式干燥器及符号

11.4.3　辅助元件

主要辅助元件有过滤器、油雾器、消

声器、转换器、管道及管接头等。

1. 过滤器

过滤器的作用是滤除压缩空气中的油污、水分和灰尘等杂质。不同的使用场合对气源的过滤程度要求不同，所使用的过滤器亦不相同。常用的过滤器分一次过滤器、二次过滤器和高效过滤器。

2. 油雾器

油雾器是一种特殊的注油装置，它以压缩空气为动力，将润滑油喷射成雾状并混合于压缩空气中，随着压缩空气进入需要润滑的部位，达到润滑气动元件的目的，图形符号如图 11-29a 所示。油雾器分一次油雾器和二次油雾器两种。

3. 消声器

常用的消声器有三种型式：吸收型、膨胀干涉型和膨胀干涉吸收型。吸收型消声器主要用于消除中高频噪声，特别对刺耳的高频声波消声效果显著，其图形符号如图 11-29b 所示。膨胀干涉型消声器主要用于消除中、低频噪声。膨胀干涉吸收型消声器消声效果好，低频可消声 20dB，高频可消声 45dB 左右。

4. 转换器

转换器是一种可以将电、液、气信号发生相互转换的辅件。常用的有气电、电气、气液转换器，其图形符号如图 11-29c 所示。

气-液转换器是一种把空气压力转换成相同液体压力的气动元件。根据气与油之间接触的状况分为隔离式与非隔离式两种结构。电-气转换器的工作原理，是将电信号转换为气信号的元件。

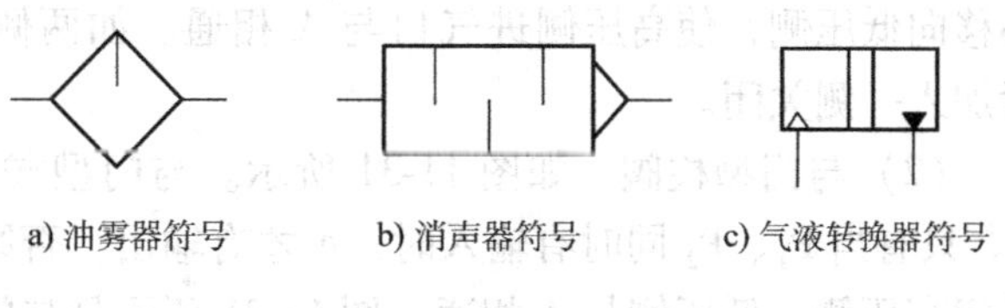

a) 油雾器符号　b) 消声器符号　c) 气液转换器符号

图 11-29　图形符号

11.4.4　气动执行元件

1. 气缸分类

1）按压缩空气在活塞端面作用力方向分单作用气缸、双作用气缸。

2）按气缸的结构特点有活塞式、薄膜式、柱塞式、摆动式气缸等。

3）按气缸的功能分普通气缸和特殊气缸。普通气缸包括单作用式和双作用式气缸。特殊气缸包括冲击气缸、缓冲气缸、气液阻尼缸、步进气缸、摆动气缸、回转气缸和伸缩气缸等。

4）按气缸的安装方式分为耳座式、法兰式、轴销式和凸缘式。

2. 气动马达

常用气动马达有叶片式、活塞式、薄膜式等类型。常用气马达的特点及应用见表 11-4。

表 11-4　常用气马达的特点及应用

类　型	转矩速度	功　率	每千瓦耗气量 /$m^3 \cdot min^{-1}$	特点及应用范围
叶片式	低转矩 高速度	由不足 1kW 到 13kW	小型：1.8～2.3 大型：1～1.4	制造简单，结构紧凑，低速启动转矩小，低速性能不好。适用于要求低或中功率的机械，如手提工具，复合工具传送带、升降机等

（续）

类　型	转矩速度	功　率	每千瓦耗气量 /$m^3 \cdot min^{-1}$	特点及应用范围
活塞式	中、高转矩低速和中速	由不足1kW到17kW	小型：1.9～2.3 大型：1～1.4	在低速时，有较大的功率输出和较好的转矩特性。起动准确，且起动和停止特性均较叶片式好。适用载荷较大和要求低速转矩较高的机械，如手提工具、起重机、绞车、拉管机等
薄膜式	高转矩	小于1kW	1.2～1.4	适用于控制要求很精确、起动转矩极高和速度低的机械

11.4.5　气动控制阀

1. 方向控制阀

方向控制阀可分为单向型控制阀和换向型控制阀；按控制方式分为手动控制、气动控制、电磁控制、机动控制等。多数元件原理与液压元件相似，不再赘述，本书只介绍单向型方向控制阀，包括单向阀、或门型梭阀、与门型梭阀和快速排气阀等。

（1）或门型梭阀　如图11-30所示。或门型梭阀有两个输入口P_1、P_2，一个输出口A，阀芯在两个方向上起单向阀的作用。当P_1进气时，阀心将P_2切断，P_1与A相通，A有输出。当P_2进气时，阀心将P_1切断，P_2与A相通，A也有输出。如P_1和P_2都有进气时，阀心移向低压侧，使高压侧进气口与A相通。如两侧压力相等，先加入压力一侧与A相通，后加入一侧关闭。

（2）与门型梭阀　如图11-31所示。与门型梭阀有P_1和P_2两个输入口和一个输出口A。只有当P_1、P_2同时有输入时，A才有输出，否则A无输出；当P_1和P_2压力不等时，则关闭高压侧，低压侧与A相通。图11-31所示是与门型梭阀应用回路。

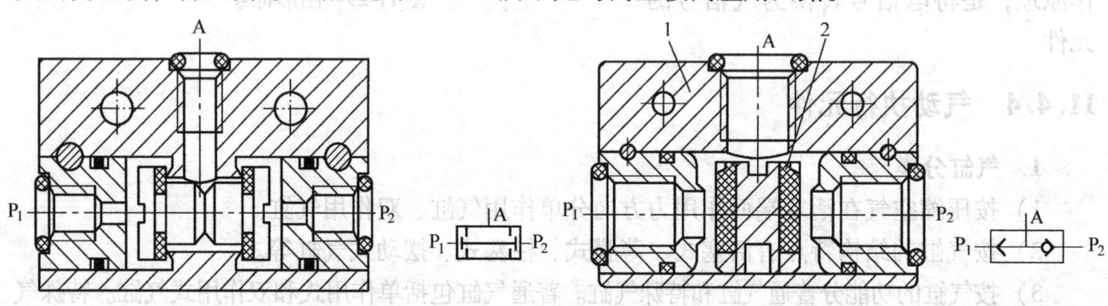

图11-30　或门型梭阀结构及符号　　图11-31　与门型梭阀结构及符号

（3）快速排气阀　如图11-32所示。快速排气阀简称快排阀，是为了使气缸快速排气。快速排气阀通常安装在气缸排气口。

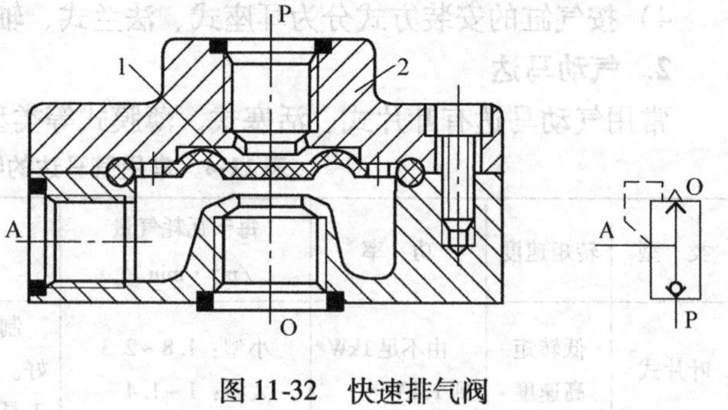

图11-32　快速排气阀

2. 压力控制阀

压力控制阀按其控制功能可分为减压阀、溢流阀和顺序阀三种，以下仅介绍减压阀。

减压阀　又称调压阀，可分为直动式、先导式，其中先导式又分为内部先导式和外部先导式两种。其符号如图 11-33 所示。

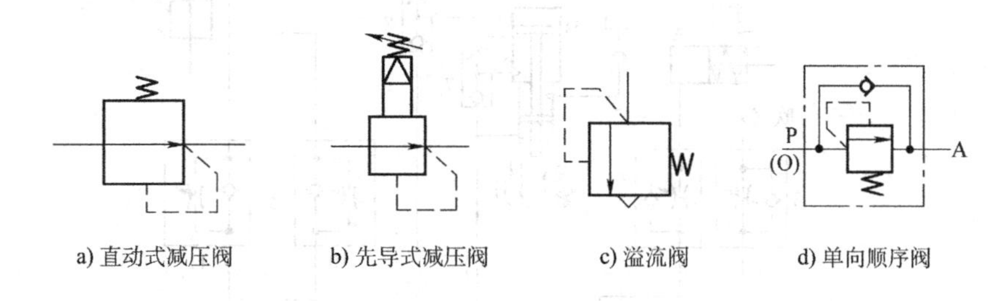

图 11-33　减压阀

11.4.6　流量控制阀

流量控制阀是通过改变阀的通流截面积来实现流量控制的元件，它包括节流阀、单向节流阀和排气节流阀等。

图 11-34 所示为排气节流阀的工作原理图，气流进入阀内，由节流口 1 节流后经消声套 2 排出，因而它不仅能调节执行元件的运动速度，还能起到降低排气噪声的作用。排气节流阀只能安装在气动装置的排气口处。

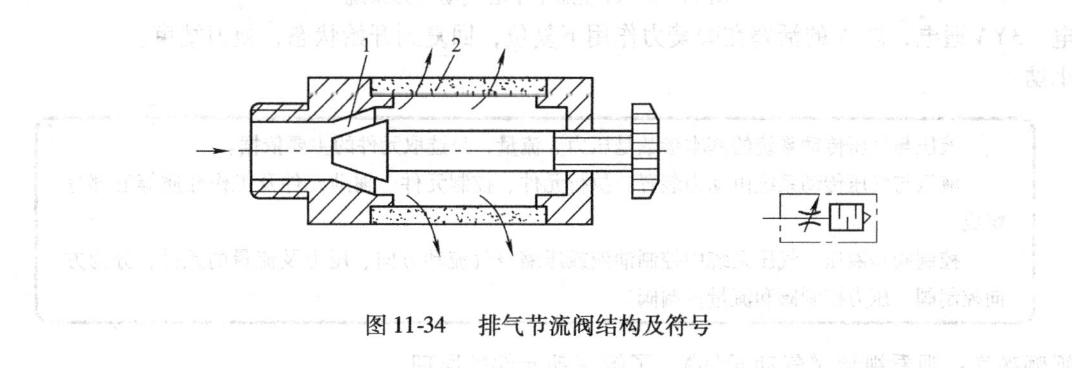

图 11-34　排气节流阀结构及符号

11.5　气压传动系统图的识读

阅读和分析气压传动系统原理图时的方法类似液压系统。

某数控加工中心气动换刀系统原理图，如图 11-35 所示。换刀过程中动作要求：主轴定位→主轴松刀→拔刀→向主轴锥孔吹气→插刀的。

工作原理如下：当数控系统发出换刀指令时，主轴停止旋转，同时 4YA 通电，压缩空气经气动三联件 1、换向阀 4、单向节流阀 5 进入主轴定位缸 A 的右腔，缸 A 的活塞左移，使主轴自动定位。定位后压下无触点开关，使 6YA 通电，压缩空气经换向阀 6、快速排气阀 8 进入气液增压器 B 的上腔，增压器的高压油使活塞伸出，实现主轴松刀，同时使 8YA 通电，压缩空气经换向阀 9、单向节流阀、11 进入缸 C 的上腔，缸 C 下腔排气，活塞下移实现拔刀。由回转刀库交换刀具，同时 1YA 通电，压缩空气经换向阀 2、单向节流阀 3 向主轴锥孔吹气。稍后 1YA 断电，2YA 通电，停止吹气，8YA 断电，7YA 通电，压缩空气经换向阀 9、单向节流阀 10 进入缸 C 的下腔，使活塞退回，主轴的机械机构使刀具夹紧。4YA 断

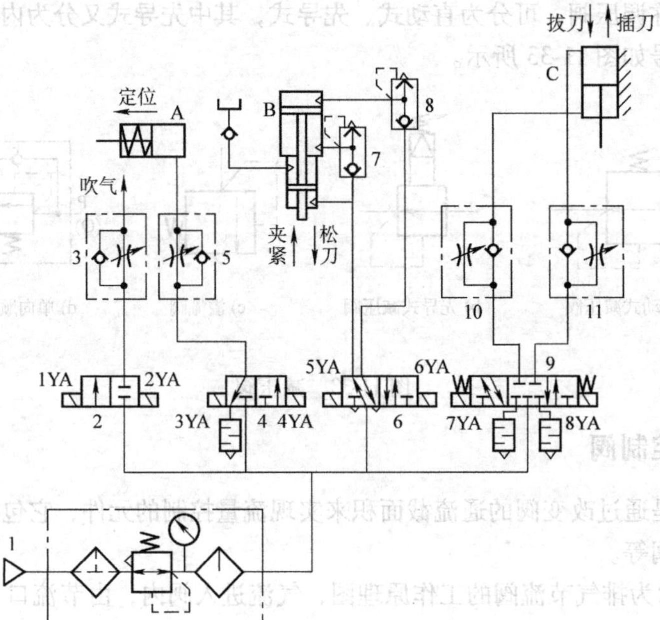

图 11-35　数控加工中心气动换刀系统

电，3YA 通电，缸 A 的活塞在弹簧力作用下复位，回复到开始状态，换刀结束。

小结：

液压与气压传动系统的基本参数是压力、流量，是选取元件的主要依据。

液压与气压传动系统由动力装置、执行元件、控制元件、辅助元件及工作介质等五部分组成。

控制阀是液压、气压系统中控制油液或压缩空气流动方向、压力及流量的元件，分为方向控制阀、压力控制阀和流量控制阀。

视频教学：观看视频《气动元件》，了解气动元件的原理。

参考文献

[1] 黄森彬．机械设计基础［M］．北京：机械工业出版社，2005.

[2] 李世维．机械基础［M］．北京：高等教育出版社，2001.

[3] 胡荆生．极限配合与技术测量［M］．北京：中国劳动社会保障出版社，2000.

[4] 马振福．液压与气压传动［M］．北京：机械工业出版社，2008.

[5] 刘建明．液压与气压传动［M］．北京：机械工业出版社，2009.

[6] 左键民．液压与气压传动［M］．北京：机械工业出版社，2009.

信 息 反 馈 表

尊敬的老师：

您好！机工版大类专业基础课中等职业教育课程改革规划新教材与您见面了。为了进一步提高我社教材的出版质量，更好地为我国职业教育发展服务，欢迎您对我社的教材多提宝贵意见和建议。如贵校有相关教材的出版意向，请及时与我们联系。感谢您对我社教材出版工作的支持！

<table>
<tr><td colspan="8">您的个人情况</td></tr>
<tr><td>姓　名</td><td></td><td>性　别</td><td></td><td>年　龄</td><td></td><td>职务/职称</td><td></td></tr>
<tr><td>工作单位及部门</td><td colspan="3"></td><td>从事专业</td><td colspan="3"></td></tr>
<tr><td>E-mail</td><td></td><td>办公电话/手机</td><td colspan="2"></td><td>QQ/MSN</td><td colspan="2"></td></tr>
<tr><td>联系地址</td><td colspan="4"></td><td>邮　编</td><td colspan="2"></td></tr>
<tr><td colspan="8">您讲授的课程情况</td></tr>
<tr><td>序号</td><td colspan="3">课程名称</td><td colspan="2">学生层次、人数/年</td><td colspan="2">现使用教材</td></tr>
<tr><td>1</td><td colspan="3"></td><td colspan="2"></td><td colspan="2"></td></tr>
<tr><td>2</td><td colspan="3"></td><td colspan="2"></td><td colspan="2"></td></tr>
<tr><td>3</td><td colspan="3"></td><td colspan="2"></td><td colspan="2"></td></tr>
<tr><td colspan="8">贵校机械大类专业基础课程的相关情况</td></tr>
<tr><td colspan="8">1. 在哪些方面有优势、特色？特色课程有哪些？
2. 您觉得贵校在专业基础课程中是否存在教材短缺或不适用的情况？都有哪些？
3. 贵校老师是否有创新教材希望出版？如何联系？</td></tr>
<tr><td colspan="8">您对《机械基础（多学时）》教材的意见和建议</td></tr>
<tr><td colspan="8">1. 本教材错漏之处：
2. 本教材内容和体系不足之处：</td></tr>
</table>

请用以下任何一种方式返回此表（此表复印有效）：

联 系 人：汪光灿

通信地址：100037 北京市西城区百万庄大街 22 号机械工业出版社中职教育分社

联系电话：010-88379193　E-mail：seawgc@sohu.com　传真：010-88379181

教学资源网上获取途径

为便于教学，机工版大类专业基础课中等职业教育课程改革规划新教材配有电子教案、助教课件、视频等教学资源，选择这些教材教学的教师可登录机械工业出版社教材服务网（www. cmpedu. com）网站，注册、免费下载。会员注册流程如下：

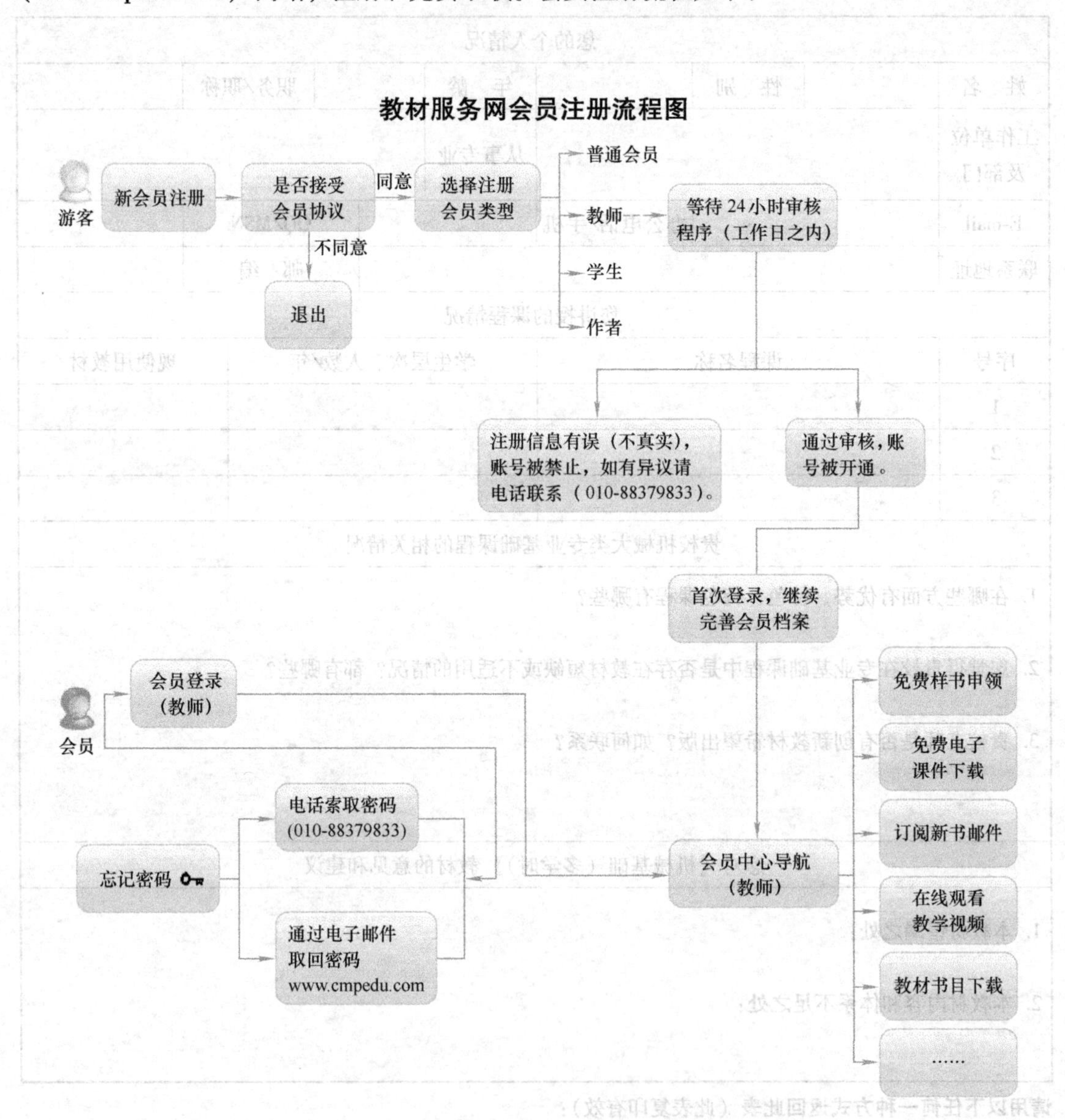

机械基础练习册

班级____________

姓名____________

学号____________

机 械 工 业 出 版 社

本练习册是与李宗义主编的《机械基础》教材的配套教学辅助教材。

本练习册主要涉及《机械基础》教材中绪论、杆件的静力分析、直杆的基本变形、工程材料、联接、机构、机械传动、支承零部件、机械的节能环保与安全防护、机械零件的精度和液压与气压传动等十一章内容。本练习册的难度和数量有一定的伸缩性，选题力求实用、典型和多样化，以适应教学要求。

本练习册适用于中等职业学校机械类及工程技术类相关专业使用。

前　言

本练习册是与李宗义主编的《机械基础》教材相配套的教学辅助教材，符合教育部最新的《中等职业学校机械基础教学大纲》的要求。

本练习册遵循《机械基础》教材的章节内容顺序，涉及绪论、杆件静力分析、直杆的基本变形、工程材料、联接、常用机构、机械传动、支承零部件、机械的节能环保与安全防护、机械零件的精度和液压与气压传动等11章知识内容。结构上分思考练习题、阶段测试及综合测试三大部分，其中思考练习题部分是学生学完每章节内容后思考、练习使用；阶段测试是供教学组织1～2学时的阶段性检测或学生自我检测使用；综合测试是课程临近结束时的模拟试卷，供应试参考。

本练习册的难度和数量有一定的伸缩性，选题力求实用、典型和多样化，可供教师布置作业时选用，其中打有*号的习题略有难度，以适应教学要求。

本练习册适用于中等职业学校机械类及工程技术类相关专业使用。

本练习册由李宗义任主编，黄建明任副主编，编写人员还有闫官君、王泽荫、陈俐。

目　录

第 1 章　绪　　论

1.1　思考练习题

1-1　机械产品应满足哪些要求?

1-2　用实例说明机器、机构的特征。

1-3　用实例说明机器与机构的区别。

1-4　用实例说明构件和零件的区别。

1-5　举例说明一般机器设备由哪几个部分组成?各自作用是什么?

1-6　简述摩擦与磨损。

1-7　磨损有哪几种类型？

1-8　何谓润滑？润滑类型有几种？

1-9　何谓静摩擦、滑动摩擦？

1-10　何谓通用零件、专用零件？

1-11　按照本章所学知识，请说出下列物品的归属：

齿轮	气门	螺栓	轴	轴承	发动机
曲轴	活塞	汽车	飞机	机床	钳子
榔头	计算机	电动机	连杆组件	电话机	自行车
水龙头	门	窗	折叠椅	课桌	拖拉机
榨油机	压面机	豆浆机	保温杯	电冰箱	电视机
吸尘器	气泵	水泵			

1.2　阶段测试

班级：________　姓名：________　学号______　测试时间：45 分钟

题号	一	二	三	四	总分
得分					

一、填空题（每空 2 分，共 50 分）

1. 机器或机构，都是由________________组合而成。
2. 机器或机构的________________之间，具有确定的相对运动。
3. 机器可以用来________________人的劳动，完成有用的________________。
4. 组成机构，并且相互间能作________________的物体，叫做构件。

5. 组成构件，但相互之间________________相对运动的物体，叫零件。

6. 从运动的角度看，机构的主要功用在于________________________________运动。

7. 构件是机器的________________单元。

8. 零件是机器的________________单元。

9. 一般常以________________这个词作为机构和机器的通称。

10. 机器的原动部分是________________的来源。

11. 机器的工作部分须完成机器的________________动作，且处于整个传动的________________。

12. 机器的传动部分是把________________的运动和________________传递给工作部分________________。

13. 任何一种机械，基本上都是由________________、________________、________________和________________部分等四部分组成的。

14. 带动其他构件________________的构件，叫主动件。

15. 构件之间具有________________的相对运动，并能完成________________的机械功或实现能量转换的________________组合，叫机器。

二、判断题（对的画✓，错的画×，每小题3分，共10分）

1. 机器是构件之间具有确定的相对运动，并能完成有用的机械功或实现能量转换的构件的组合。(　　)

2. 机器磨合阶段可以重载。(　　)

3. 构件都是可动的。(　　)

4. 构件是制造单元。(　　)

5. 机器的传动部分都是机构。(　　)

6. 机构都是可动的。(　　)

7. 互相之间能作相对运动的物体是构件。(　　)

8. 只从运动角度讲，机构是具有确定的相对运动构件的组合。(　　)

9. 整体式连杆是最小的制造单元，所以它是零件而不是构件。(　　)

10. 润滑可以减轻磨损。(　　)

三、选择题（每小题2分，共10分）

1. 车床上的刀架属于机器的（　　）。

A. 工作部分　　B. 传动部分　　C. 原动部分　　D. 自动控制部分

2. 下列关于构件概念的正确表述是（　　）。

A. 构件是机器零件组合而成的　　B. 构件是机器的装配单元

C. 构件是机器的制造单元　　D. 构件是机器的运动单元

3. 机器与机构的主要区别是（　　）。

A. 机器的运动较复杂

B. 机器的结构较复杂

C. 机器能完成有用的机械功或实现能量转换

D. 机器能变换运动形式

4. 组成机器的运动单元是（　　）。

A. 机构　　　　B. 构件　　　　C. 部件　　　　D. 零件

5. ________是构成机械的最小单元，也是制造机械时的最小单元。

A. 机器　　　　B. 零件　　　　C. 构件　　　　D. 机构

四、简答题（每小题 5 分，共 10 分）

1. 机器与机构的主要区别是什么？

2. 构件与零件的主要区别是什么？

第 2 章　杆件的静力分析

2.1　思考练习题

2-1　力的三要素是什么？两个力相等的条件是什么？

2-2　二力平衡条件与作用和反作用定律有何异同？

2-3　合力是否一定比分力大？

2-4　试比较力矩和力偶两者的异同？

2-5　在图 2-1 各图中，力或力偶对点 A 的矩都相等，问它们引起的支反力是否相同？

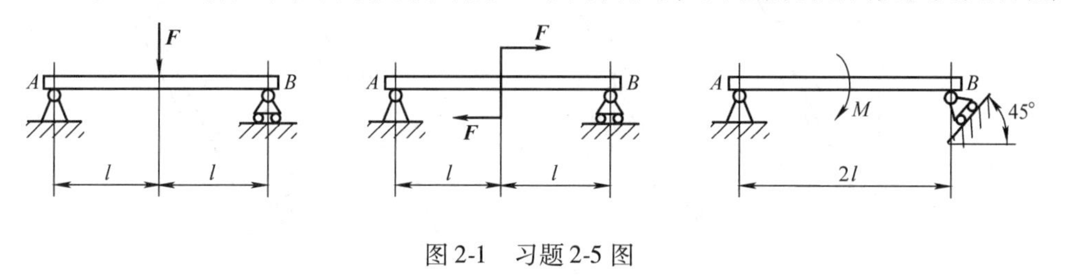

图 2-1　习题 2-5 图

2-6　试用力向一点平移说明：图 2-2 所示两种情况在轴承 A 和 B 处的约束反力有何不同？设 $\boldsymbol{F}'=\boldsymbol{F}''=\boldsymbol{F}/2$，轮的半径均为 R。

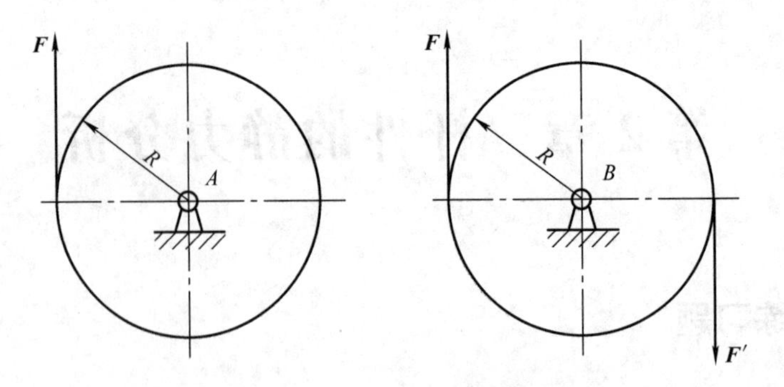

图 2-2　习题 2-6 图

2-7　如图 2-3 所示三铰拱，在构件 *CB* 上分别作用一力偶 *M* 或力 **F**，当求铰链 *A*、*B*、*C* 的约束反力时，能否将力偶或力 **F** 移到构件 *AC* 上？为什么？

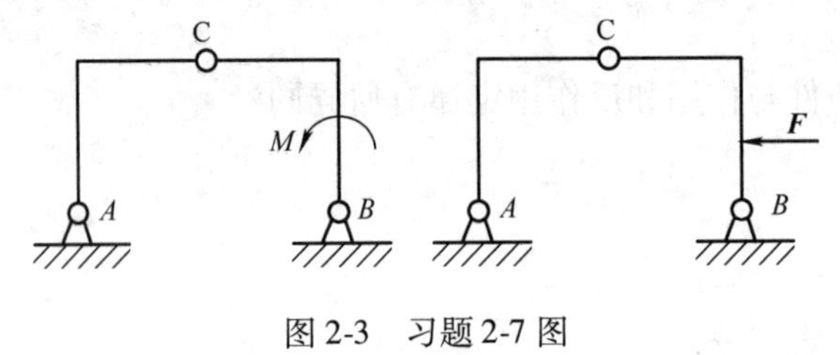

图 2-3　习题 2-7 图

2-8　试改正图 2-4 所示受力图中的错误。

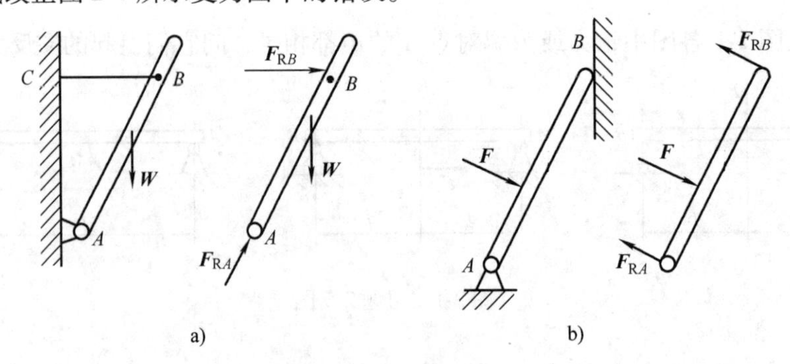

图 2-4　习题 2-8 图

2.2 阶段测试

班级：________ 姓名：________ 学号______ 测试时间：45分钟

题号	一	二	三	四	总分
得分					

一、填空题（每小题4分，共24分）

1. 力的三要素是指________________、________________和________________。

2. 平面汇交力系平衡的必要和充分条件是________________。

3. *平面力偶系平衡的必要和充分条件是________________。

4. *平面任意力系平衡的必要和充分条件是________________。

5. 力的合成与分解应遵循法则________________。

6. 物体的平衡是指物体相对于地面________________或作________________运动的状态。

二、判断题（对的画√，错的画×，每小题3分，共36分）

1. 二力平衡的必要和充分条件是：二力等值、反向、共线。(　　)

2. 合力一定大于分力。(　　)

3. 只受两力作用但不保持平衡的物体不是二力体。(　　)

4. *平面汇交力系平衡的必要和充分条件是力系的力多边形封闭。(　　)

5. 画力多边形时，变换力的次序将得到不同的结果。(　　)

6. 力的作用点沿作用线移动后，其作用效果改变了。(　　)

7. 力对一点之矩，会因力沿其作用线移动而改变。(　　)

8. 作用在物体上的力，向一指定点平行移动必须同时在物体上附加一个力偶。(　　)

9. 力偶可以合成为一个合力。(　　)

10. *力偶在任何坐标轴上的投影代数和恒为零。(　　)

11. 力偶就是力偶矩的简称。(　　)

12. 合力偶矩等于每一个分力偶矩的矢量和。(　　)

三、简答题（每小题5分，共10分）

1. 什么叫二力杆？

2. 作用力、反作用力与平衡力的区别。

四、分析题（每小题15分，共30分）

1. 如图 2-5 所示结构，画 AD、BC 的受力图。

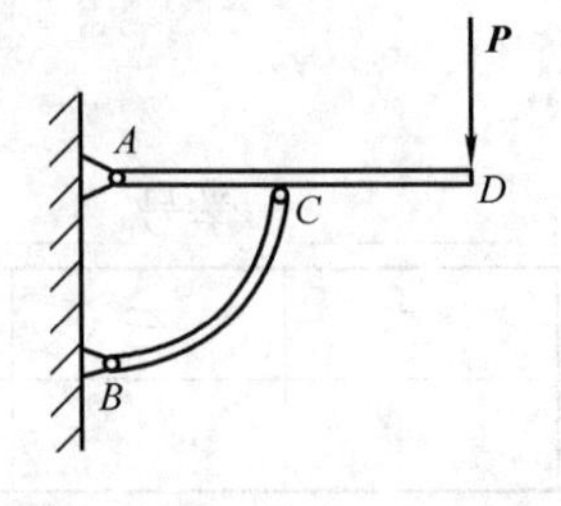

图 2-5

2. 画出图 2-6 所示滑轮、CD 杆、AB 杆和整体受力图。

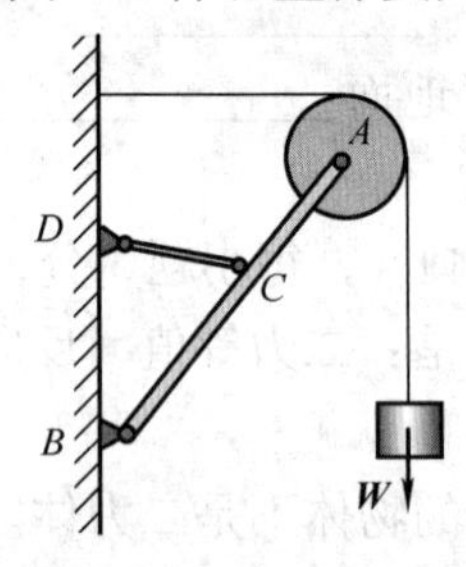

图 2-6

第3章　直杆的基本变形

3.1　思考练习题

3-1　杆件有哪几种基本变形形式?

3-2　什么是内力?

3-3　什么是应力?什么是应变?

3-4　试述用截面法求内力的方法和步骤。

3-5　拉、压杆在横截面上产生何种内力?轴力的符号是怎样规定的?

3-6*　胡克定律的含义是什么?它有几种表达式?

3-7　拉、压杆的变形有什么特点?

3-8　低碳钢在拉伸过程中的表现有几个阶段?各阶段的特性与物理意义是什么?

3-9　何谓切应力和挤压应力？

3-10* 直径相同的实心轴和空心轴哪个扭转强度高？相同截面积的实心轴和空心轴哪个抗扭强度高？

3-11　什么是扭矩？其正负号怎样规定的？

3-12　何谓平面弯曲？

3-13　何谓纯弯曲？

3-14　对于圆截面梁，当横截面尺寸直径增大 l 倍时，该梁的抗弯能力增大几倍？

3-15　已知：铆接钢板如图 3-1 所示，其厚度 $\delta = 10\text{mm}$，铆钉直径为 18mm，铆钉的 $[\tau] = 140\text{MPa}$，$[\sigma_B] = 320\text{MPa}$，$F = 24\text{kN}$，试校核其强度。

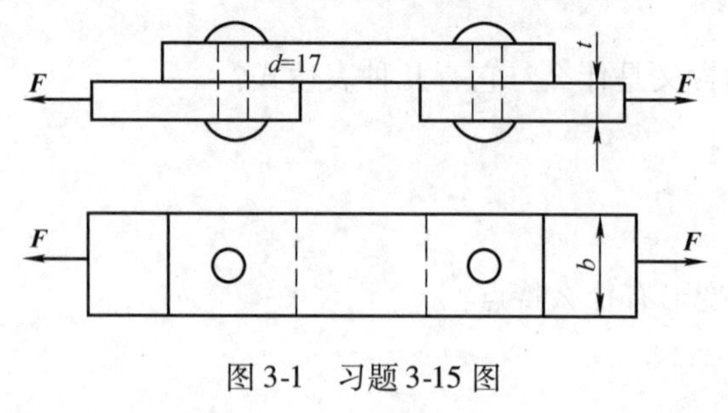

图 3-1　习题 3-15 图

3-16　为提高梁的强度常采用哪些措施?

3-17　什么是组合变形?

3-18* 如图 3-2 所示，已知钢板厚 $\delta=10\text{mm}$，其极限切应力 $\tau=300\text{MPa}$，若用冲床将钢板冲出直径 $d=25\text{mm}$ 的孔，问需多大的冲力?

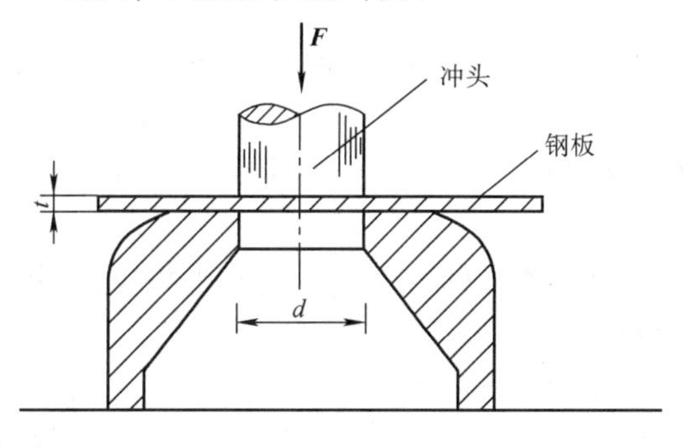

图 3-2　习题 3-18 图

3-19* 实心轴和空心轴通过牙嵌式离合器连在一起，已知轴的转速为 80r/min，传递的功率 $P=8\text{kW}$，材料的许用应力 $[\sigma]=40\text{MPa}$，试选择实心轴直径 d_1 和内、外径比值为 1/2 的空心轴的外径 D_2。

3-20* 直径 $D=50\text{mm}$ 的圆轴，受到 2.5kN · m 扭矩的作用，试求距轴心 10mm 处的切应力，并求横截面上的最大切应力。

3.2 阶段测试

班级：________ 姓名：________ 学号______ 测试时间：45 分钟

题号	一	二	三	四	总分
得分					

一、填空题（每空 2 分，共 40 分）

1. 刚体的平面运动可以分解为随________________的平动和绕________________的转动。

2. 用低碳钢制成的拉伸试件进行拉伸试验时，得到的平均应力-应变关系曲线（σ-ε 关系曲线）可分为________、________、________、________等阶段。

3. 设 R_P、σ_e、σ_s 和 R_m 分别表示拉伸试件的________、________、________、________极限。

4. 内力在截面上的集度称为________，其中垂直于杆横截面的应力称为________，平行于横截面的应力称为________。

5. 剪切时产生相对错动的截面称为________。剪切产生时被剪构件截面的内力称为________，用________表示。

6. 当挤压力很大时，作用面将可能________、________、________。

7. 梁的支撑和受力很复杂，计算中常将梁简化为________典型形式。

二、选择题（每小题 4 分，共 20 分）

1. 物体上的力系位于同一平面内，各力既不汇交于一点，又不全部平行，称为（　　）。

A. 平面汇交力系　　B. 平面任意力系　　C. 平面平行力系　　D. 平面力偶系

2. 沿着横截面的内力，称为（　　）。

A. 扭矩　　B. 弯矩　　C. 轴力　　D. 剪力

3. 梁弯曲变形时，横截面上存在（　　）两种内力。

A. 轴力和扭矩　　B. 剪力和扭矩　　C. 轴力和弯矩　　D. 剪力和弯矩

4. * 零件在（　　）长期作用下将引起疲劳破坏。

A. 静应力　　B. 剪应力　　C. 交变应力　　D. 正应力

5. 为提高梁的抗弯强度，下列措施正确的是（　　）。

A. 合理安排梁的支座和载荷，以降低最大弯距

B. 采用等强度梁

C. 采用合理的截面形状，以增大 W_z/A 的值

三、简答题（每小题 5 分，共 20 分）

1. 杆件有哪些基本变形？

2. 挤压变形和压缩变形的区别是什么？

3. 直梁弯曲时，横截面上产生什么应力？怎样分布？

4. 圆轴扭转时，横截面上产生什么应力？怎样分布？

四、绘图题（20 分）

绘制图 3-3 示简支梁的剪力图和弯矩图。

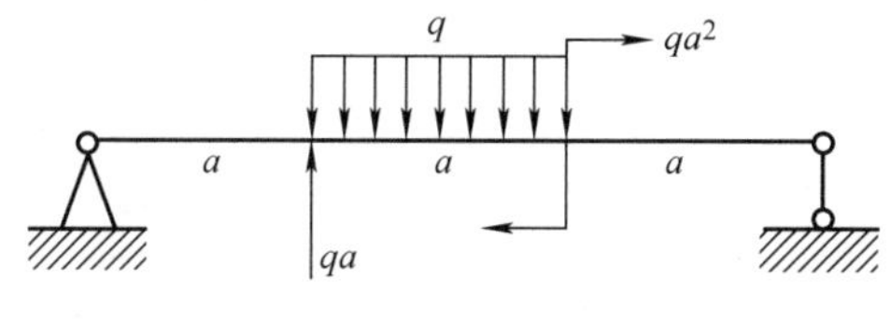

图 3-3

第4章　工 程 材 料

4.1　思考练习题

4-1　默画简化的 $Fe\text{-}Fe_3C$ 相图，说明相图中各特性点、线的含义，并填写各区域组织。

4-2　钢的普通热处理工艺有哪些？简述热处理在机械制造业中的作用。

4-3　钢的淬火、退火、正火的温度如何确定？

4-4　碳钢常用分类方法有哪几种？

4-5　举例说明灰铸铁，可锻铸铁、球墨铸铁和铸钢的牌号表示方法。

4-6　指明下列金属材料牌号的类别、合金元素的作用、热处理特点、性能及应用：
Q235-AF、16Mn、20CrMnTi、40Cr、60Si2Mn、GCr15、T8、9SiCr、CrWMn、W18Cr4V、Cr12MoV、5CrMnMo、5CrNiMo、3Cr2W8V、1Cr13、1Cr18Ni9Ti、ZGMn13

4-7　铝合金是如何分类的？

4-8　铝合金的强化方法有哪些？举例说明哪些牌号的铝合金可以进行热处理强化？

4-9　铜合金主要分为哪几类？试述锡青铜的主要性能特点和应用。

4-10　滑动轴承合金应具有哪些性能？为确保这些性能，滑动轴承合金应具有什么样的组织？

4-11　与工具钢相比，硬质合金的性能有哪些特点？

4-12　下列零件采用哪种铝合金来制造？

A. 建筑用的铝合金门窗　B. 飞机用铆钉　C. 飞机大梁及起落架　D. 发动机缸体及活塞　E. 小电机壳体　F. 铝制饭盒

4-13　什么是工程塑料？举例说明它在工业上的应用。

4-14　橡胶分哪几类？有什么用途？

4-15　什么是复合材料？简述其特点与应用。纳米材料有哪些特殊的性能？

4.2　阶段测试

班级：________　姓名：________　学号______　测试时间：45 分钟

题号	一	二	三	四	总分
得分					

一、名词解释（每小题 5 分，共 20 分）

1. 淬透性

2. 淬硬性

3. 普通热处理

4. 表面热处理

二、判断题（对的画✓，　错的画×，每小题 2 分，共 40 分）

1. 合金的基本相包括固溶体、金属化合物和这两者的机械混合物。(　　)

2. 黑色金属就是钢和铁。(　　)

3. 为便于机械加工，低碳钢、中碳钢和低碳合金钢在锻造后都应采用正火处理。(　　)

4. 在钢中加入多种合金元素比加入少量单一元素效果要好些，因而合金钢将向合金元素少量多元化方向发展。(　　)

5. 渗碳体硬度都很高，脆性都很大。(　　)

6. 40Cr 钢的淬透性与淬硬性都比 T10 钢要高。(　　)

7. 铸铁中的可锻铸铁是可以在高温下进行锻造的。(　　)

8. 45 钢淬火并回火后力学性能是随回火温度上升，塑性、韧性下降，强度、硬度上升。(　　)

9. 淬硬层深度是指由工件表面到实体内的深度。(　　)

10. 钢的回火温度应在 Ac_1 以上。(　　)

11. 热处理可改变铸铁中的石墨形态。(　　)

12. 奥氏体是碳在 α-Fe 中的间隙式固溶体。(　　)

13. 高频表面淬火只改变工件表面组织，而不改变工件表面的化学成份。(　　)

14. 钢中的杂质元素“硫”会引起钢的“冷脆”。(　　)

15. 碳的质量分数低于 0.25% 的碳钢，退火后硬度低，切削时易粘刀并影响刀具寿命，工件表面粗糙度值大，所以常采用正火。(　　)

16. 金属中的固溶体一般说塑性比较好，而金属化合物的硬度比较高。(　　)

17. 高速钢反复锻造的目的是为了锻造成形。(　　)

18. 含 Mo、W 等合金元素的合金钢，其回火脆性倾向较小。(　　)

19. 铸钢的铸造性能比铸铁差，但常用于制造形状复杂，锻造有困难，要求有较高强度和塑性并受冲击载荷，铸铁不易达到的零件。(　　)

20. 陶瓷硬而脆，韧性差。(　　)

三、回答题（每小题 5 分，共 40 分）

1. 零件设计时图样上为什么常以其硬度值来表示材料力学性能的要求？

2. 简化的铁碳合金状态图见课本。试回答下列问题填空：

1）＿＿＿＿＿＿＿＿＿＿＿＿＿＿＿＿称铁素体，其符号为＿＿＿＿，晶格类型是＿＿＿＿＿＿＿＿，性能特点是强度＿＿＿＿＿＿＿＿，塑性＿＿＿＿＿＿＿＿。

2）＿＿＿＿＿＿＿＿＿＿＿＿＿＿＿＿称奥氏体，其符号为＿＿＿＿，晶格类型是＿＿＿＿＿＿＿＿，性能特点是强度＿＿＿＿＿＿＿＿，塑性＿＿＿＿＿＿＿＿。

3）渗碳体是＿＿＿＿＿＿＿＿与＿＿＿＿的＿＿＿＿，碳的质量分数为＿＿＿＿%，性能特点是硬＿＿＿＿，脆性＿＿＿＿。

4）ECF 称＿＿＿＿线，所发生的反应称＿＿＿＿反应，其反应式是＿＿＿＿＿＿＿＿得到的组织为＿＿＿＿＿＿＿＿。

5）PSK 称＿＿＿＿线，所发生的反应称＿＿＿＿反应，其反应式是＿＿＿＿＿＿＿＿得到的组织为＿＿＿＿＿＿＿＿。

3. *45 钢及 T10 钢小试件经 850℃水冷、850℃空冷、760℃水冷、720℃水冷处理后的组织各是什么？（45 钢：$Ac_1=730℃$，$Ac_3=780℃$；10 钢：$Ac_1=730℃$，$Ac_{cm}=800℃$）

4. * 用 45 钢制造机床齿轮，其工艺路线为：锻造→正火→粗加工→调质→精加工→高频感应加热表面淬火→低温回火→磨加工。说明各热处理工序的目的。

5. * 某汽车齿轮选用 20CrMnTi 材料制作，其工艺路线如下：

下料→锻造→正火①→切削加工→渗碳②→淬火③→低温回火④→喷丸→磨削加工。请分别说明上述①、②、③和④项热处理工艺的目的。

6. 有人提出用高速钢制锉刀，用碳素工具钢制钻木材的 ϕ10mm 的钻头，你认为合适吗？说明理由。

7. 说出下列钢号的含义？并举例说明每一钢号的典型用途。

Q235，20，45，T8A，40Cr，GCr15，60Si2Mn，W18Cr4V，ZG25，HT200

8. *下列零件应采用何种材料和最终热处理方法比较适合？

零件名称	锉刀	沙发弹簧	汽车变速箱齿轮	机床床身	桥梁
材料					
最终热处理					

第5章　联　　接

5.1　思考练习题

1. 在制造业和我们的生活中常用联接的类型有哪些?

2. 松键联接和紧键联接有何异同。

3. 平键是标准件吗?其标记方法?

4. 花键联接有何特点?

5. 销联接的类型有哪些?试举例说明。

6. 试说明常用螺纹的特点及应用。

7. 螺纹联接的基本类型有哪些?

8. 常用的螺纹联接防松措施有哪些?

9. 试比较联轴器和离合器的异同。

10. 螺纹的旋向如何判定?

11. 说明标记含义：键 20×125 GB/T 1096—2003 B。

12. *已知某减速器中的齿轮安装在轴的两支点之间，构成静联接。齿轮与轴的材料均为锻钢，齿轮精度为7级，安装齿轮处的轴径 $d=50\text{mm}$，齿轮轮毂宽度为90mm。要求传递的转矩 $T=1000\text{N}\cdot\text{m}$，载荷有轻微冲击。试设计此联接。

5.2 阶段测试

班级：________ 姓名：________ 学号______ 测试时间：45 分钟

题号	一	二	三	总分
得分				

一、填空题（每小题2分，共60分）

1. 键联接主要用于联接________，起到________作用，以传递________。
2. 键联接根据装配时的松紧程度可分为________和________。
3. 常用松键联接有________、________和________。
4. 平键联接分为________、________和________三类。
5. 花键联接按其齿形不同分为________________和________两种。
6. 销主要有________________和________________两种。
7. 螺纹按用途不同可分为________________和________________两大类。
8. 平键的主要尺寸为________、________和________。
9. 联轴器和________的功用是用来联接________使之一起转动，并传递________，有时还用作________以防止因过载而使机器中的其他零件损坏。
10. 常用联轴器有刚性联轴器、________________和________________等形式。
11. 自行车飞轮的内部结构是属于________________离合器。
12. ________________离合器能在任何转速下使被联接的两轴平稳地

________________或________________。

二、简答题（每小题5分，共20分）

1. 试述键联接的功用和种类。

2. 试述普通平键的应用特点。

3. 联轴器和离合器有何相同与不同之处？

4. 怎样判断螺杆（或螺母）的移动方向？试举例说明。

三、设计题（共20分）

选用减速器输出轴与齿轮的平键联接。已知轴在轮毂处的直径 $d=80\text{mm}$，齿轮和轴的材料为45 钢，轮毂的长度 $B=130\text{mm}$，试选用平键。

第6章　机　　构

6.1　思考练习题

6-1　什么是运动副？根据两构件的接触形式，运动副可分为哪两种？

6-2　间歇机构运动的特点是什么？

6-3　槽轮机构的由哪几部分组成？如何实现间歇运动？其特点是什么？

6-4　运动副的优缺点？

6-5　凸轮机构推杆运动规律的选择原则？

6.2　阶段测试

班级：________　姓名：________　学号______　测试时间：45 分钟

题号	一	二	三	四	总分
得分					

一、填空题（每空2分，共30分）

1. 运动副是指能使两构件之间既保持______________接触，而又能产生一定形式相对运动的联接。

2. 由于组成运动副中两构件之间的________形式不同，运动副分为高副和低副。两构件之间作________接触的运动副，叫低副。两构件之间作________或________接触的运动副，叫高副。

3. 带动其他构件________的构件，叫原动件。在原动件的带动下，作________运动的构件，叫从动件。

4. 暖水瓶螺旋瓶盖的旋紧或旋开，是低副中的________副在接触处的复合运动。

5. 房门的开关运动，是________副在接触处所允许的相对转动。

6. 抽屉的拉出或推进运动，是________副在接触处所允许的相对移动。

7. 火车车轨在铁轨上的滚动，属于________副。

8. 当平面铰链四杆机构中的运动副都是________副时，就称之为铰链四杆机构；它是其他多杆机构的________。

9. 在平面铰链四杆机构中，能绕机架上的铰链作整周________的________叫曲柄，能绕机架上的铰链作________的________叫摇杆。

10. 若以曲柄滑块机构的曲柄为主动件时，可以把曲柄的________运动转换成滑块的________运动。

11. 机构从动件所受力方向与该力作用点速度方向所夹的锐角，称为________角，用它来衡量机构的________性能。

12. 凸轮机构能使从动件按照________________，实现各种复杂的运动。凸轮机构是________副机构。

13. 凸轮机构从动杆的形式有________从动杆，________从动杆和________从动杆。

14. 凸轮机构从动杆的运动规律，是由凸轮决定的。以凸轮的________半径所做的圆，称为基圆。

15. 将从动杆运动的整个行程分为两段，前半段作________运动，后半段作________运动，这种运动规律就称为________运动规律。

二、选择题（每小题 2 分，共 30 分）

1. 两个构件之间以线或点接触形成的运动副，称为（　　）。

A. 低副　　B. 高副　　C. 移动副　　D. 转动副

2. 在下列平面四杆机构中，有急回性质的机构是（　　）。

A. 双曲柄机构　　B. 对心曲柄滑块机构　　C. 摆动导杆机构　　D. 转动导杆机构

3. 在下列平面四杆机构中，（　　）存在死点位置。

A. 双曲柄机构　　B. 对心曲柄滑块机构　　C. 曲柄摇杆机构　　D. 转动导杆机构

4. 图 6-1 所示平面铰链四杆机构是（　　）。

A. 曲柄摇杆机构　　B. 双曲柄机构　　C. 双摇杆机构

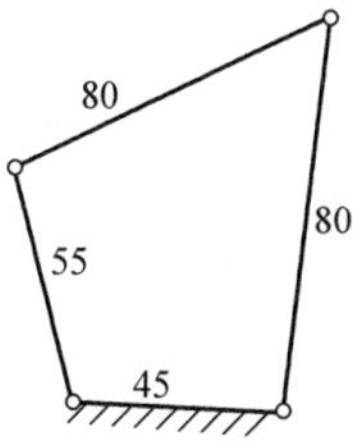

80
80
55
45

图　6-1

5. 能实现间歇运动的机构是（　　）。

A. 曲柄摇杆机构　B. 双摇杆机构　C. 槽轮机构　D. 齿轮机构

6. 公共汽车的车门启闭机构属于（　　）。

A. 曲柄摇杆机构　B. 双摇杆机构　C. 双曲柄机构

7. 滚动轴承组成的运动副属（　　）。

A. 转动副　B. 移动副　C. 螺旋副　D. 高副

8. 门、窗组成的运动副属（　　）。

A. 转动副　B. 移动副　C. 螺旋副　D. 高副

三、判断题（对的画✓，错的画×，每小题3分，共30分）

1. 两个构件之间为面接触形成的运动副，称为低副。（　　）

2. 局部自由度是与机构运动无关的自由度。（　　）

3. 虚约束是在机构中存在的多余约束，计算机构自由度时应除去。（　　）

4. 在四杆机构中，曲柄是最短的连架杆。（　　）

5. 压力角越大对传动越有利。（　　）

6. 在曲柄摇杆机构中，空回行程比工作行程的速度要慢。（　　）

7. 偏心轮机构是由曲柄摇杆机构演化而来的。（　　）

8. 曲柄滑块机构是由曲柄摇杆机构演化而来的。（　　）

9. 飞机起落架机构利用死点进行工作，使降落更加可靠。（　　）

10. 凸轮机构按从动杆的结构形式分为移动从动杆凸轮机构和摆动从动杆凸轮机构。（　　）

四、简答题（每小题2分，共10分）

1. 铰链四杆机构的基本形式有哪几种？各有何特点？

2. 什么是机架、连架杆、连杆？最短的连架杆是否一定是曲柄？

第7章　机械传动

7.1　思考练习题

7-1　带传动有什么特点？适用哪些场合？

7-2　带轮有哪几种形式？常用哪些材料制成？

7-3　带传动为何要设张紧装置？

7-4　常用的链有哪几种？各应用于什么地方？

7-5　与带传动相比，链传动有什么特点？

7-6　齿轮传动有哪些特性？它分哪几类？

7-7　标准直齿圆柱齿轮的基本参数有哪些？其值是多少？

7-8　有标准直齿圆柱齿轮 $m=4$mm，$z=32$。求 d、h、d_a、d_f。

7-9 标准直齿圆柱齿轮相啮合应符合什么条件？

7-10 相啮合的一对标准直齿圆柱齿轮，$z_1=20$，$z_2=50$，中心距 $a=210\text{mm}$，求分度圆直径 d_1，d_2。

7-11 相啮合的一对标准直齿圆柱齿轮，$n_1=900\text{r/min}$，$n_2=300\text{r/min}$，$a=200\text{mm}$，$m=5\text{mm}$，求齿数 z_1。

7-12 常见齿轮的失效形式有哪些？

7-13 齿轮材料是怎样选用的？为什么小齿轮硬度要比大齿轮硬一些？

7-14 蜗杆传动的特点是什么？

7-15 常用的蜗杆、蜗轮有哪些材料？有哪些结构形式？

7-16 已知一蜗杆传动，蜗杆头数 $z_1=2$，转速 $n_1=1350\text{r/min}$，蜗轮齿数 $z_2=60$，求传动比 i_{12}和蜗轮转速 n_2。

7-17 什么是轮系？轮系有哪些功用？

7-18 如图 7-1 所示轮系，已知主动轮 1 的转速 $n_1=2800\text{r/min}$，各轮的齿数分别为 $z_1=30$，$z_2=20$，$z_3=12$，$z_4=36$，$z_5=18$，$z_6=45$，求传动比 i_{16} 及齿轮 6 的转速大小 n_6 及转向。

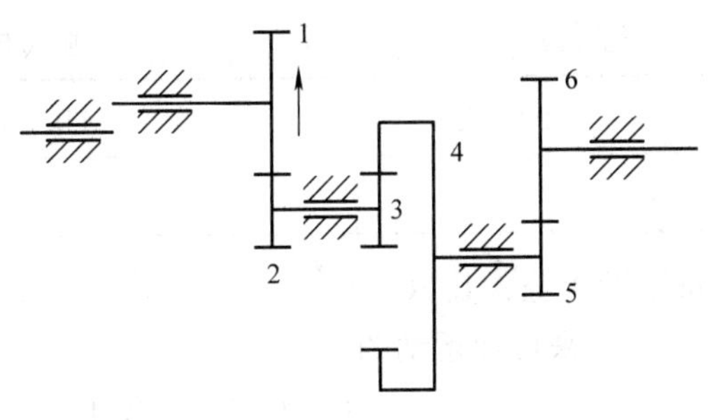

图 7-1 习题 7-18 图

7-19 何谓带传动的弹性滑动和打滑？能否避免？

7-20 齿轮为什么会发生根切现象？怎样避免根切现象的发生？

7-21 蜗杆与蜗轮的正确啮合条件是什么？

7-22 何谓定轴轮系？何谓周转轮系？

7-23 周转轮系是如何组成的？一般用什么方法求周转轮系的传动比？

7.2 阶段测试

班级：________ 姓名：________ 学号______ 测试时间：90 分钟

题号	一	二	三	四	总分
得分					

一、单项选择题（每小题4分，共20分）

1. 带传动是依靠（　　）来传递运动的。

A. 主轴动力　　B. 主动轮的转矩

C. 带与轮的摩擦力　　D. A、B、C 的组合

2. 平带交叉式带传动，两轮（　　）。

A. 转向相同，线速度相等　　B. 转向相同，线速度不等

C. 转向相反，线速度相等　　D. 转向相反，线速度不等

3. 有一对传动齿轮，已知主动齿轮转速 $n_1=960$r/min，齿数 $z_1=25$，从动轮齿数 $z_2=50$，从动轮的转速应为（　　）。

A. 1920r/min　　B. 960r/min　　C. 480r/min　　D. A、B、C 都不是

4. 下列的传动方式中，有超载保护作用的是（　　）。

A. 螺旋传动　　B. 齿轮传动

C. 带传动　　D. 链传动

5. 下列关于蜗杆传动的说法中错误的是（　　）。

A. 蜗杆传动是啮合传递动力的　　B. 蜗杆传动蜗轮与蜗杆轴线空间相互垂直

C. 蜗杆传动中蜗轮为主动件　　D. 蜗杆传动的优点是可获得较大的降速比

二、多项选择题（每小题3分，共30分）

1. 机械传动的主要作用有（　　）。

A. 传递功率　　B. 改变运动速度

C. 增加功率　　D. 改变运动方向

E. 改变运动形式

2. 在机械传动中，属于啮合传动的有（　　）。

A. 带传动　　B. 链传动　　C. 螺旋传动　　D. 齿轮传动

E. 蜗杆传动

3. 与带传动相比，齿轮传动（　　）。

A. 传动效率高　　B. 结构紧凑　　C. 外廓尺寸小

D. 有超载保护作用　　E. 瞬时传动比恒定

4. 蜗杆传动的优点是（　　）。

A. 降速比大　　B. 效率高　　C. 传动平稳

D. 具有自锁功能　　E. 外廓尺寸小

5. 下列论述正确的有（　　）。

A. 带传动是通过传动胶带对从动轮的拉力来传递运动的

B. 链传动和带传动相比，链传动有准确的平均传动比

C. 在蜗杆传动中，蜗杆可以作主动件，也可以作从动件

D. 齿轮传动是用齿轮的轮齿相互啮合传递轴间的动力和运动的机械传动

6. 具有自锁性能的传动方式有（　　）。

A. 带传动　　B. 链传动　　C. 齿轮传动　　D. 蜗杆传动

E. 螺旋传动

7. 下列论述不正确的有（　　）。

A. 带传动具有传动平稳，能缓冲和吸振，过载时有打滑现象，传动比不准的特点

B. 凸轮机构中的主动件和从动件可以互换

C. 链传动需在清洁的环境下工作

D. 齿轮传动由于制造简单，成本低，因而在机床传动系统中得到广泛的应用

E. 蜗杆传动中，蜗杆和蜗轮轴线在空间是相互垂直交错布置的

8. 能保证准确瞬间传动比的机械传动有（　　）传动。

A. 带　　B. 螺旋　　C. 链　　D. 齿轮

E. 蜗轮蜗杆

9. 齿轮传动的传动比与（　　）有关。

A. 主动齿轮的转速　　B. 从动齿轮的转速

C. 从动齿轮的齿数　　D. 主动齿轮的齿数

E. 主动齿轮与从动齿轮的中心距的大小

10. 轮系的应用（　　）

A. 分路传动　　B. 运动转换　　C. 获得大的传动比

D. 实现换向传动　　E. 实现变速传动　　F. 运动的合成与分解

三、简答题（每小题6分，共30分）

1. 何谓带传动的弹性滑动和打滑？能否避免？

2. 一对相啮合齿轮的正确啮合条件是什么？

3. 齿轮为什么会发生根切现象？怎样避免根切现象的发生？

4. 何谓定轴轮系，何谓周转轮系？

5. 周转轮系是如何组成的？一般用什么方法求周转轮系的传动比？

四、计算题（每计算值2分，共20分）

一对标准安装的渐开线标准直齿圆柱齿轮外啮合传动，已知：$a=90\text{mm}$，$z_1=20$，$z_2=40$，$\alpha=20°$。试计算下列几何尺寸：

1）齿轮的模数 m；

2）两轮的分度圆直径 d_1，d_2；

3）两轮的齿根圆直径 d_{f1}，d_{f2}；

4）两轮的齿顶圆直径 d_{a1}，d_{a2}；

5）齿距 p、齿厚 s 和齿槽宽 e。

第 8 章　支承零部件

8.1　思考练习题

8-1　名词解释

1）心轴

2）传动轴

3）转轴

4）轴头

5）轴颈

6）轴肩

8-2　轴的分类方法有哪些？

8-3　轴的常用材料有哪些？各适用于什么场合？

8-4　设计轴时，其结构和形状取决于哪些因素？

8-5　轴上零件的固定方法有哪些?

8-6　利用公式 $d \geqslant \sqrt[3]{\frac{9.55 \times 10^5}{0.2[\tau]}} \sqrt[3]{\frac{P}{n}} = C\sqrt[3]{\frac{P}{n}}$ 估算轴的直径时，d 是转轴上的哪一个直径？系数 C 与什么有关？如何选择？

8-7　滑动轴承的应用范围是什么?

8-8　滑动轴承的类型有哪些?

8-9　滚动轴承由哪些零部件组成?

8-10　常见的滚动轴承有哪些?

8-11　滚动轴承的选择原则是什么?

8.2　阶段测试

班级：________　姓名：________　学号______　测试时间：45 分钟

题号	一	二	三	总分
得分				

一、填空题（每小题 4 分，共 20 分）

1. 滚动轴承轴系两端固定支承方式常用在________和________时。

2. 常用的轴系支承方式有________支承和________支承。
3. 角接触球轴承7208B较7208C轴向承载能力________，这是因为________。
4. 轴承6308，其代号表示的意义为________________________________。
5. 轴按所受载荷的性质分类，自行车前轴是________。

二、选择题（每小题4分，共40分）

1. 自行车车轮的前轴属于________轴。

A. 传动轴　B. 转轴　C. 固定心轴　D. 转动心轴

2. 自行车的中轴属于________轴。

A. 传动轴　B. 转轴　C. 固定心轴　D. 转动心轴

3. 自行车的后轴属于________轴。

A. 传动轴　B. 转轴　C. 固定心轴　D. 转动心轴

4. 30000型轴承是代表________。

A. 调心球轴承　B. 深沟球轴承
C. 圆柱滚子轴承　D. 圆锥滚子轴承

5. 推力球轴承的类型代号为________。

A. 10000　B. 30000　C. 50000　D. 60000

6. 在各种类型轴承中，________不能承受轴向载荷。

A. 调心球轴承　B. 深沟球轴承
C. 圆锥滚子轴承　D. 圆柱滚子轴承

7. 下列密封方法，其中________是属于接触式密封。

A. 毡圈式密封　B. 间隙式密封
C. 迷宫式密封

8. 下列密封方法，其中________是属于非接触式密封。

A. 毡圈式密封　B. 皮碗式密封
C. 迷宫式密封

9. 转轴承受________。

A. 扭矩　B. 弯矩　C. 扭矩和弯矩

三、简答题（每小题5分，共40分）

1. 为什么阶梯轴能得到广泛的应用？

2. 在阶梯轴上对零件周向固定常用的方法有哪些？

3. 在阶梯轴上对零件轴向固定常用的方法有哪些？

4. 轴承的功用是什么？

5. 对滑动轴承进行润滑有什么作用？

6. 滚动轴承是由哪几部分组成的？

7. 滚动轴承滚动体的形状有哪几种？

8. 滚动轴承类型的选择取决于哪些因素？

第9章　机械的节能环保与安全防护

9.1　思考练习题

9-1　润滑剂的种类有哪些？

9-2　润滑剂的选用原则是什么？

9-3　常用的润滑方法有哪些？

9-4　什么是噪声污染？噪声污染对人体有哪些伤害？

9-5　机械噪声有哪些类型？如何防护？

9-6　轴类零件的失效形式有哪些种类？产生的原因是什么？

9-7　盘类零件的失效形式有哪些种类？产生的原因是什么？

9-8　机械伤害的成因有哪几种？

9-9　如何有效地防止机械伤害？

9.2　阶段测试

班级：________　姓名：________　学号______　测试时间：45 分钟

题号	一	二	三	总分
得分				

一、填空题（每空 2 分，共 40 分）

1. 齿轮轮齿的常见失效形式有__________、__________、__________、__________。

2. 轴类零件在使用过程中的主要失效形式为：__________、__________和__________。

3. 常用的机械零件按其形状特征和用途不同，可分为__________、__________和__________三大类。

4. 评定润滑油性能的重要指标是__________。

5. 一个零件的磨损通常包括__________、__________、__________三个阶段，其中__________阶段代表了零件的使用寿命。

6. 润滑剂具有__________、__________、__________、__________、__________和__________作用。

7. 防止噪声必须以__________、声音的传播途径和接受者三个环节入手。

二、选择题（每小题 5 分，共 30 分）

1. 为保护机器的重要零、部件不因过载或冲击而被破坏，应在传动轴上加装（　　）。

A. 弹性圈柱销联轴器　　B. 安全联轴器
C. 制动器　　D. 向联轴节

2. 新买的汽车行驶 5000km 后需要更换机油，该阶段是（　　）阶段。

A. 跑合阶段　　B. 稳定磨损　　C. 剧烈磨损

3. 噪声可造成对听觉影响、对生理的影响、对心理的影响和干扰语言通讯和听觉信号。以下非噪声源的是（　　）。

A. 温度噪声　　B. 空气动力噪声　C. 电磁噪声　　D. 机械噪声

4. 以下设备可产生空气动力噪声、机械噪声、电磁性噪声的设备依次是（　　）。

A. 球磨机、变压器、风机　　B. 变压器、风机、球磨机
C. 风机、球磨机、变压器　　D. 变压器、球磨机、风机

5. 噪声按照振动性质可分为（　　）。

A. 气体动力噪声、工业噪声、电磁性噪声
B. 气体动力噪声、机械噪声、电磁性噪声
C. 机械噪声、电磁性噪声、建筑施工噪声

D. 机械噪声、气体动力噪声、工业噪声

6. 为保护环境，汽车应减少有害气体排放，同时采用（　　）减低噪声。

A. 排气管　　B. 进气管　　C. 消声器　　D. 空滤器

三、简答题（每小题 6 分，共 30 分）

1. 零件失效的主要原因是什么？

2. 常用的润滑方式有哪几种？各有何特点？各适用于什么场合？

3. 环境污染的危害主要有哪几方面？

4. 如何有效地防止机械伤害？

5. 机械噪声是如何形成的？如何防护？

第10章 机械零件的精度

10.1 思考练习题

10-1 计算下表中空格处的数值，并按规定填写在表中。

（单位：mm）

基本尺寸	最大极限尺寸	最小极限尺寸	上偏差	下偏差	公差	尺寸标注
孔 $\phi12$	12.050	12.030				
孔 $\phi30$		29.959				
轴 $\phi80$			-0.010	-0.056		
孔 $\phi50$				-0.034	0.039	
轴 $\phi60$			0.072		0.019	

10-2 查表 $\phi25$H8/p8、$\phi25$P8/h8 孔与轴的极限偏差，并计算配合的极限盈隙。

配合	H7/g6	H8/f7	H9 /h9	K7/h6	S7/h6
基准制					
配合种类					

10-3 自绘图样标注下列各项形位公差：

1）左端面的平面度公差为0.01mm。

2）右端面对左端面的平行度公差为0.02mm。

3）$\phi30$mm 中心通孔的轴线对左端面的垂直度公差为0.02mm。

4）$\phi100$mm 外圆的轴线对 $\phi30$mm 孔的轴线的同轴度公差为 $\phi0.03$mm。

10-4 解释图10-1所示支承轴中所标注的形位公差要求。

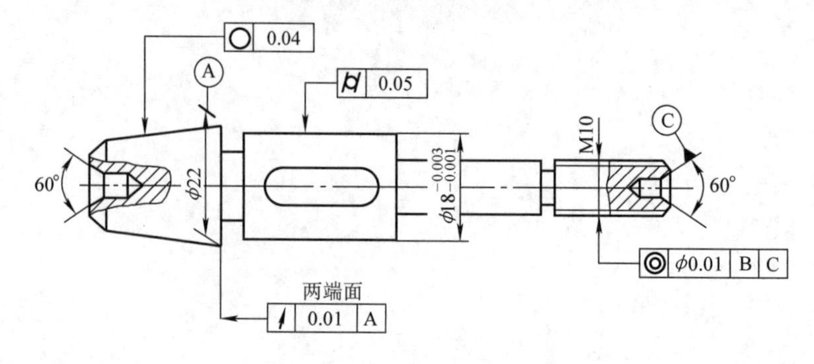

图10-1 支承轴（习题10-4）

*10-5 已知一基孔制的孔轴配合，基本尺寸为 $\phi30$mm，配合的最小过盈 Y_{min} = -0.020mm，最大过盈 Y_{max} = -0.054mm。试确定孔、轴的公差等级、极限偏差和配合代号。（注：有关本题数据查表）

10.2 阶段测试

班级：________ 姓名：________ 学号______ 测试时间：90 分钟

题号	一	二	三	四	五	总分
得分						

一、选择题（每题 5 分，共 30 分）

1. 互换性生产的保证是（　　）。

A. 大量生产　B. 公差　C. 检测　D. 标准化

2. （　　）属于设计要求。

A. 作用尺寸　B. 绝对尺寸　C. 极限尺寸　D. 实际尺寸

3. 比较加工难易程度高低是根据（　　）的大小。

A. 公差值　B. 公差等级系数　C. 公差单位　D. 基本尺寸

4. 径向全跳动公差带的形状和（　　）公差带形状相同。

A. 圆度　B. 同轴度　C. 圆柱度　D. 位置度

5. 平键联接中，其配合尺寸为（　　）。

A. 键宽　B. 键长　C. 键高

6. 滚动轴承 ϕ30mm 的内圈与 ϕ30k6 的轴颈配合形成（　　）。

A. 间隙配合　B. 过盈配合　C. 过渡配合

二、填空题（每空 5 分，共 30 分）

1. 利用同一加工方法，加工 ϕ50H7 孔和 ϕ100H7 孔，两孔的加工难易程度____________；加工 ϕ50H7 孔和 ϕ100H6 孔，两孔的加工难易程度________________。

2. 某孔、轴配合，最大间隙 $X_{max} = +23\mu m$，配合公差 $T_f = 30\mu m$，则此配合应为____________配合。

3. 位置度公差带相对于基准的方向和位置是____________________。

4. 滚动轴承内圈与轴颈配合采用________制，若内径公差为 10μm，与其配合的轴颈公差为 13μm。若要求最大过盈 $Y_{max} = -8\mu m$，则该轴的上偏差为 $-2\mu m$，下偏差为____________。

三、问答题（每题 5 分，共 15 分）

1. 试述滚动轴承相配件形位公差有何要求？装配图应标柱什么公差要求？

2. 平键联接采用何种基准制？配合尺寸是什么？平键联接有哪些形位公差要求？

3. 试述形位公差带与尺寸公差带的异同点。

四、标注题（每处5分，共15分）

请自绘轴的图样标注下列各项形位公差：

1）圆锥面的圆度公差为0.006mm，素线的直线度公差为0.005mm，圆锥面轴线对两个Φ30mm的圆柱面公共轴线的同轴度公差为0.015mm。

2）两个ϕ30mm圆柱面的圆柱度公差为0.009mm，ϕ30mm轴线的直线度公差为0.012mm。

3）右端面对两个ϕ30mm圆柱面轴线的圆跳动公差为0.01mm。

五、计算题（每问2分，共10分）

已知一对间隙配合的孔轴基本尺寸$D=\phi 40$mm，孔的下偏差EI=0，轴的公差T_s=16μm，配合的最大间隙$X_{max}=+61$μm，平均间隙$X_{av}=+43$μm，试求：

1）孔的上偏差ES，公差Th。

2）轴的上偏差es、下偏差ei。

3）配合的最小间隙X_{min}。

4）配合公差T_f。

5）画出孔、轴公差带图。

第 11 章　液压与气压传动

11.1　思考练习题

11-1　从能量转换的角度说明液压泵、马达和缸的作用。

11-2　常用的液压泵有哪几种？具体说明一种液压泵的工作原理。

11-3　活塞式、柱塞式和摆动式液压缸各有哪些特点？

11-4　液压控制阀的类型有哪些？画出学过的所有所液压元件的符号。

11-5　何谓换向阀的“位”和“通”？试举例说明。

11-6　三个外观形状相似的溢流阀、减压阀和顺序阀铭牌已看不清，如何不用拆开就可将三者区分开？

11-7　请分析如图 11-1 所示组合机床用液压动力滑台系统图。要求的工作循环为：快进→一工进→二工进→死挡铁停留→快退→原位停止。

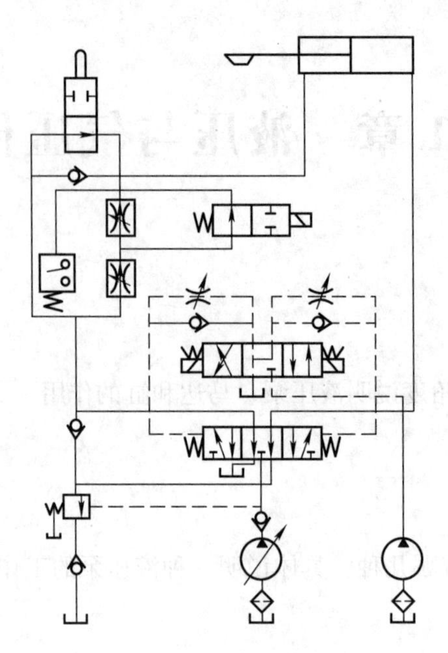

图 11-1　液压动力滑台系统

11-8　某液压泵的输出压力 $p=250\text{MPa}$，输出流量 $q=60\times10^{-3}\text{m}^3/\text{min}$，容积效率 $\eta_v=0.9$，机械效率 $\eta_m=0.95$。试求该泵输出的液压功率及驱动泵的电动机功率。

11-9　请比较气压传动与液压传动有哪些异同？

11-10　气源装置的作用是什么？有哪些元件？

11-11　画出学过的液压、气压元件图形符号。

11-12　请分析如图 11-2 所示某数控加工中心气动换刀系统图，要求实现“主轴定位→主轴松刀→拔刀→向主轴锥孔吹气→插刀”。

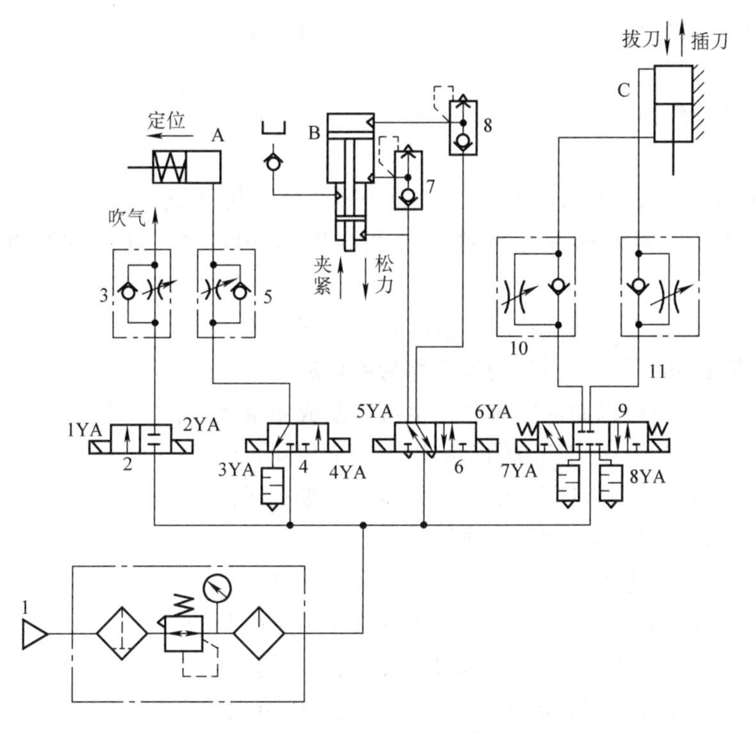

图 11-2　数控加工中心气动换刀系统

11.2　阶段测试

班级：________　姓名：________　学号______　测试时间：90 分钟

题号	一	二	三	四	总分
得分					

一、填空题（每空 1 分，共 30 分）

1. 我国采用的相对粘度是（　　　　），它是用（　　　　）测量的。

2. 斜盘式轴向柱塞泵的特点是改变（　　　　）就可以改变输油量，改变（　　）就可以改变输油方向。

3. 当油液压力达到（　　　　）值时便发出电信号。（　　　）信号转换元件是（　　　）。

4. 液体的粘性是由分子间的相互运动而产生的一种（　　　　　）引起的，其大小可用（　　）来度量。温度越高，液体的粘度越（　　）；液体所受的压力越大，其粘度越（　　　）。

5. 绝对压力等于大气压力（　　），真空度等于大气压力（　　　　　）。

6. 液压泵将（　　　　　）转换成（　　　　），为系统提供（　　　）；液压马达将（　　　）转换成（　　　　），输出（　　　）和（　　　　）。

7. 单杆液压缸可采用（　　　）连接，使其活塞缸伸出速度提高。

8. 在先导式溢流阀中，先导阀的作用是（　　），主阀的作用是（　　　　　）。

9. 过滤器可安装在液压系统的（　　　　　）、（　　　　　）和（　　　　　）管路上等。

10. 气源装置包括（　　　　　）、（　　　　　）、（　　　　　）、（　　　　　）等。

二、判断题（对的画✓，错的画×，每小题2分，共50分）

1. 标号为N32的液压油是指这种油在温度为40℃时，其运动粘度的平均值为32mm²/s。（　　）

2. 当溢流阀的远控口通油箱时，液压系统卸荷。（　　）

3. 由间隙两端的压力差引起的流动称为剪切流动。（　　）

4. 轴向柱塞泵既可以制成定量泵，也可以制成变量泵。（　　）

5. 双作用式叶片马达与相应的泵结构不完全相同。（　　）

6. 改变轴向柱塞泵斜盘倾斜的方向就能改变吸、压油的方向。（　　）

7. 活塞缸可实现执行元件的直线运动。（　　）

8. 液压缸的差动连接可提高执行元件的运动速度。（　　）

9. 液控顺序阀阀心的启闭不是利用进油口压力来控制的。（　　）

10. 液压传动适宜于在传动比要求严格的场合采用。（　　）

11. 液压缸差动连接时，能比其他连接方式产生更大的推力。（　　）

12. 作用于活塞上的推力越大，活塞运动速度越快。（　　）

13. 滤清器的选择必须同时满足过滤和流量要求。（　　）

14. M型中位机能的换向阀可实现中位卸荷。（　　）

15. 背压阀的作用是使液压缸的回油腔具有一定的压力，保证运动部件工作平稳。（　　）

16. 当液控顺序阀的出油口与油箱连接时，称为卸荷阀。（　　）

17. 液压泵的工作压力取决于液压泵的公称压力。（　　）

18. 液压马达的实际输入流量大于理论流量。（　　）

19. 通过节流阀的流量与节流阀的通流截面积成正比，与阀两端的压力差大小无关。（　　）

20. 直控顺序阀利用外部控制油的压力来控制阀心的移动。（　　）

21. 液压泵在公称压力下的流量就是液压泵的理论流量。（　　）

22. 顺序阀可用作溢流阀用。（　　）

23. 高压大流量液压系统常采用电液换向阀实现主油路换向。（　　）

24. 在节流调速回路中，大量油液由溢流阀溢流回油箱，是能量损失大、温升高、效率低的主要原因。（　　）

25. 双作用式叶片马达与相应的双作用式叶片泵结构完全相同。（　　）

三、简答题（每小题2分，共10分）

1. 液压缸按其结构特点的不同可分为哪三大类？什么是单作用、双作用液压缸？

2. 液压、气压系统常用的阀根据用途不同可分为哪三大类?

3. 换向阀按操纵方式不同可分为哪几种?

4. 何谓换向阀的“位”和“通”?

5. 溢流阀有哪几种用途?

四、分析题（10 分）

已知液压泵以 $Q=25\text{L/min}$ 的流量向系统供油，液压缸的直径 $D=50\text{mm}$，活塞杆的直径 $d=30\text{mm}$，油管的直径 $d_1=15\text{mm}$。试求：活塞的速度及两油管中的油液的平均流速。

综合测试题一

班级：________ 姓名：________ 学号______ 测试时间：90 分钟

题号	一	二	三	四	总分
得分					

一、填空题（每空 1 分，共 30 分）

1. 两直齿圆柱齿轮正确啮合条件为____________________，____________________。
2. 力的三要素为________________，__________________，________________。
3. 已知键 A18 ×200，说明该键长为____________mm，__________型平键。
4. 按照磨损机理分类，磨损分为________________，________________，________________，________________，__________________。
5. 常见的运动副类型有______________，______________，____________，__________。
6. 杆件的基本变形有____________，______________，______________，______________。
7. 普通热处理为__________，__________，______________，______________，俗称“四把火”。
8. 梁的基本形式有____________、____________和____________三种典型形式。
9. 轴承可分为______________，______________两种。
10. __________是最小的运动单元，____________是最小的制造单元。

二、判断题（对的画✓，错的画×，每小题 2 分，共 30 分）

1. 能作确定独立运动的运动单元体是机构。(　　)
2. 金属材料中，钢铁生锈是属于腐蚀现象。(　　)
3. 教室中静止的灯管处于作用力与反作用力状态。(　　)
4. 力偶的作用效果是仅使物体转动或改变物体转动状态。(　　)
5. 任何多个共点的力，都可以采用力的平行四边形公理来合成。(　　)
6. 截面法是分析杆件内力的唯一方法。(　　)
7. 杆件拉伸同时拌有剪切发生。(　　)
8. 直梁弯曲时危险截面永远是中间段。(　　)
9. 黄铜是以锡为主加元素的铜合金。(　　)
10. 轴上零件轴向固定可采用轴环。(　　)
11. M20 ×2 表示螺纹为双线螺纹。(　　)
12. V 带的工作面是两侧面。(　　)
13. 模数相同的两齿轮就能啮合。(　　)
14. 轮系可作较远距离传动。(　　)

15. 气压传动无污染。(　　)

三、名词解释及说明（每小题 4 分，共 20 分）

1. 螺距：

2. 淬火：

3. T10：

4. 简述使力矩为零的条件

5. 叙述联轴器与离合器的主要作用。

四、计算题（共 20 分）

已知轴受最大拉力 $F=10\text{kN}$，$[\sigma]=300\text{MPa}$，最细处的直径 $d=10\text{mm}$，试校核该轴强度。

综合测试题二

班级：________ 姓名：________ 学号______ 测试时间：90 分钟

题号	一	二	三	四	五	总分
得分						

一、填空题（每空 1 分，共 30 分）

1. 机构是由____________和____________组成的。

2. 四杆机构中压力角越________，则传动角越大，传动性能越________。当压力角为 90°时，机构处于____________位置。

3. 为了保证带传动能正常工作，应避免____________。

4. 螺纹联接预紧力常用________________和________________扳手控制。

5. 齿轮传动的失效形式是____________、____________、____________和____________等。

6. 一般规定斜齿轮的法向参数为________，并与直齿轮的参数标准________。

7. 斜齿圆柱齿轮正确啮合条件是________、________、________。

8. 既承受弯矩又承受扭矩的轴是________；只承受扭矩的轴是________；只承受弯矩的轴是________。

9. 能够把连续回转运动转化为间歇运动的机构是____________机构和____________机构。

10. 带传动中带轮的直径越小，带的________应力越大，带的寿命越________。

11. 已知键 A18×200，说明该键长为________mm，________型平键。

12. 标准直齿圆柱齿轮最小齿数为________。

13. 钢铁是指________________材料，除钢铁外还有____________、____________等工程。

二、判断题（对的画✓，错的画×，每小题 2 分，共 30 分）

1. 对运动不起独立限制作用的约束称虚约束。(　　)

2. 曲柄摇杆机构的最短杆是曲柄。(　　)

3. 曲柄摇杆机构中，当摇杆为主动件时，在曲柄与连杆共线的位置出现死点。(　　)

4. 滚珠轴承的极限转速高于滚柱轴承。(　　)

5. 螺纹的公称直径是指螺纹的大径。(　　)

6. 带传动需定期润滑以免带的磨损。(　　)

7. 带传动的打滑多发生在大带轮上，因为大带轮速度高。(　　)

8. 齿轮传动可以传递任意两轴之间的运动和动力。(　　)

9. 蜗杆传动传递的是空间两交错轴之间的运动和动力且效率较低。(　　)

10. 传动轴既承受弯距又承受转距，心轴只承受弯距，转轴只承受转距。(　　)

11. 半圆键以两侧面为工作面，平键以上下表面为工作面。(　　)

12. 联轴器和离合器都可以用来联接两轴，并且工作中随时实现两轴的接合和分离。(　　)

13. 渗碳属于普通热处理。(　　)

14. 构建是制造单元体。(　　)

15. 小轿车是一个机构。(　　)

三、选择题（每小题2分，共20分）

1. 当两轴（　　）时，可采用蜗杆传动。

A. 平行　　B. 相交　　C. 垂直交错

2. 火车轮子在铁道上行驶，车轮与钢轨构成（　　）运动副。

A. 转动副　　B. 移动副　　C. 高副

3. 两联接件之一太厚，且不经常拆卸的场合，适合（　　）。

A. 螺钉联接　　B. 螺栓联接　　C. 螺柱联接

4. 带传动是依靠（　　）来传递运动和动力的。

A. 带与带轮间的正压力　　B. 带与带轮间的摩擦力

C. 带与带轮间的啮合力

5. 链传动是依靠（　　）来工作的。

A. 链与链轮间的摩擦力　　B. 链与链轮间的啮合

C. 链与链轮间的正压力

6. 计算蜗杆传动的传动比时，下列公式错误的是（　　）。

A. $i=\omega_1/\omega_2$　　B. $i=n_1/n_2$　　C. $i=d_2/d_1$

7. 轮系中至少有一个齿轮的轴线不固定时，则该轮系为（　　）。

A. 定轴轮系　　B. 行星轮系　　C. 组合轮系

8. 普通平键的工作面是（　　）。

A. 键的两侧面　　B. 上下两面　　C. 键的横截面

9. 当要求两轴随时接通、随时断开时，采用（　　）。

A. 联轴器　　B. 离合器

10. 滑动轴承最常用的轴瓦材料是（　　）。

A. 钢　　B. 铸铁　　C. 轴承合金

四、计算题（10分）

已知铰链四杆机构中，$AB=30$mm，$BC=50$mm，$CD=60$mm，$AD=70$mm，AD为机架，请判断四杆机构是什么类型机构。

五、分析题（10分）

图示回路，溢流阀的调整压力为5MPa，顺序阀的调整压力为3MPa，问下列情况时A、B点的压力各为多少？

1）液压缸活塞杆伸出时，负载压力 $p_L=4\text{MPa}$ 时；

2）液压缸活塞杆伸出时，负载压力 $p_L=1\text{MPa}$ 时；

3）活塞运动到终点时。

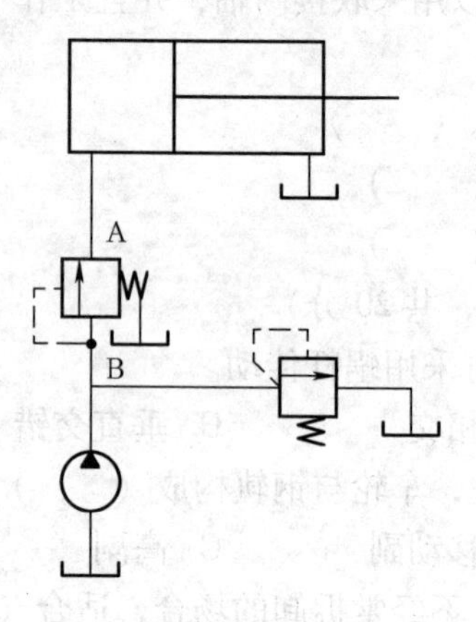

综合测试题三

班级：________ 姓名：________ 学号______ 测试时间：90分钟

题号	一	二	三	四	五	总分
得分						

一、填空题（每空1分，共20分）

1. 影响磨料磨损的主要因素：材料的硬度越高，耐磨性越____________。

2. 物体的平衡是指物体相对于地面____________或作____________运动的状态。

3. 45MnVB钢的平均碳的质量分数是____________。它按用途分类属于结构钢中的____________，适合生产____________类零件，此类零件在____________热处理条件下使用。

4. 既承受弯距又承受转距作用的轴称为____________。铰链四杆机构中，当两曲柄的长度相等而且平行时，称为______________机构。

5. 铰链四杆机构中，当两曲柄的长度相等而且平行时，称为____________机构。

6. 在棘轮机构中，为使棘轮静止可靠和防止棘轮反转，要安装________。

7. 外啮合齿轮泵由____________、__________和____________把齿轮泵的内腔分为两部分，即__________腔和__________腔。

8. 液压泵是液压系统的__________元件，将电动机输出的____________转化为__________能。

9. 液压传动中，用来传递运动和动力的工作介质是____________________。

二、选择题（每小题2分，共20分）

1. 机件以平稳而缓慢的速度磨损，标志摩擦条件保持恒定不变，此阶段为（　　）阶段。

A. 跑合　　B. 稳定磨损　　C. 剧烈磨损

2. 力系简化时若取不同的简化中心，则（　　）。

A. 力系的主矢、主矩都会改变

B. 力系的主矢不会改变，主矩一般会改变

C. 力系的主矢会改变，主矩一般不改变

D. 力系的主矢，主矩都不会改变，力系简化时与简化中心无关

3. 空气干燥器用于吸收和排除压缩空气中的（　　）。

A 水分　　B. 油分　　C. 杂质　　D. 水分、油分和杂质

4. 灰铸铁中碳主要以（　　）石墨形式存在。

A. 片状　　B. 团絮状　　C. 球状

5. 下列各轴中，（　　）轴是转轴？

A. 自行车前轮轴　　B. 减速器中的齿轮轴

C. 汽车的传动轴　　D. 铁路车辆的轴

6. 轴肩与轴环的作用是（　　）。

A. 对零件轴向定位和固定　　B. 对零件进行轴向固定

C. 使轴外形美观　　D. 有利于轴的加工

7. 以下（　　）为曲柄摇杆机构。

A. 缝纫机踏板机构　　B. 机车车轮联动装置

C. 惯性筛机构　　D. 港口用起重吊车

8. 流阀主要作用是（　　）。

A. 限压　　B. 限流　　C. 限速　　D. 控制温度

9. 液压系统中流量是由（　　）控制的。

A. 调速阀　　B. 减压阀　　C. 单向阀　　D. 溢流阀

10. 属于位置误差的是（　　）。

A. 尺寸误差　　B. 圆度误差　　C. 同轴度误差　　D. 直线度误差

三、判断题（对的画✓，错的画×，每小题2分，共30分）

1. 零件的磨损决定机器使用寿命的主要因素。（　　）

2. 凡两端用铰链连接的杆都是二力杆。（　　）

3. ZCuSn10P1 是一种锡基轴承合金。（　　）

4. 螺纹的牙型角越大，螺旋副就越容易自锁。（　　）

5. 由 4 个构件通过平面低副连接而成的机构，称为铰链四杆机构。（　　）

6. 飞机起落架机构利用死点进行工作，使降落更加可靠。（　　）

7. 凸轮机构按从动杆的端部结构形式分为移动从动杆凸轮机构和摆动从动杆凸轮机构。（　　）

8. 气压传动不能将空气直接排放到大气中，以免造成空气污染。（　　）

9. 气压传动工作便于远距离传输，但能源损失大。（　　）

10. 在液压气压传动系统中，蓄能器是储存压力油气的一种装置。（　　）

四、问答题（每小题5分，共20分）

1. 气压传动主要辅助元件有哪些？

2. 常见的气源净化装置有有哪些？

3. 轴的结构应满足的要求有哪些？

4. 什么是换向阀的中位机能?

五、计算题（共 10 分）

一对标准安装的渐开线标准直齿圆柱齿轮外啮合传动，已知：$a=100\text{mm}$，$z_1=20$，$z_2=30$，$\alpha=20°$，$d_{a1}=88\text{mm}$。试计算下列几何尺寸：

1）齿轮的模数 m；

2）两轮的分度圆直径 d_1，d_2；

3）两轮的齿根圆直径 d_{f1}，d_{f2}；

4）两轮的齿顶圆直径 d_{a1}，d_{a2}；

5）顶隙 c；

6）齿厚 s 和齿槽宽 e。